Robert Bouchal • Josef Wirth

Österreichs Höhlenwelt

Versteckte Schatzkammern der Natur

KRAL VERLAG

INHALT

Anhang

ZUM GELEIT

Die Welt unter Tage, geheimnisvoll und faszinierend zugleich, vermittelt ihrem Erforscher auch dann, wenn er nicht als Entdecker in die Höhlen und Schächte im Inneren der Berge vordringt, sondern den Spuren von Vorgängern folgt, den Reiz eines besonderen Erlebnisses und zumindest einen Hauch von Abenteuer. Es drängt ihn, seine Eindrücke von den Vorstößen ins Dunkel der Höhlenwelt anderen mitzuteilen und sie zum Erleben dieser unbekannten Welt zu ermuntern. Die Autoren dieses Buches möchten ihre Begeisterung für das „Paradies unter der Erde", das sich in Österreich in vielfältiger Weise offenbart, dem Leser durch Wort und Bild weitervermitteln.

Höhlen sind aber auch einzigartige, leicht verwundbare Ökosysteme und einmalige Dokumente erdgeschichtlicher Vorgänge. Sie bewahren in ihren Ablagerungen leicht zerstörbare und unwiederbringliche Zeugnisse der Landschaftsentwicklung, der Klimageschichte und der Menschheitsgeschichte. Sie bedürfen daher auch eines besonderen Schutzes. Die höhlenkundlichen Vereine, deren Dachorganisationen in den einzelnen Staaten und die „Internationale Union für Speläologie" als gemeinsame Plattform aller an Höhlen wissenschaftlich, touristisch und sportlich Interessierten aus derzeit mehr als 70 Staaten in allen Kontinenten bemühen sich um einen ökologisch vertretbaren Ausgleich zwischen den unterschiedlichen Erwartungen und Ansprüchen, zwischen Höhlennutzung und Höhlenschutz. Dass die Autoren in diesem Werk nicht nur für den Besuch, sondern auch für den nachhaltigen Schutz der Höhlen eintreten und dem Leser vor Augen führen, wie trotz aller Begeisterung und Abenteuerlust Regeln für den behutsamen Umgang mit dem Phänomen „Höhle" akzeptiert werden können, gibt dem Werk einen besonderen Stellenwert.

Nur wer die Höhlenwelt kennt und von ihrem Wert und ihrer Bedeutung überzeugt ist, wird auch für ihren Schutz eintreten und um die Erhaltung jenes Paradieses unter der Erde besorgt sein, das in den stimmungsvollen und beeindruckenden Fotos dieses Buches dokumentiert ist. Ich bin sicher, dass die Präsentation der ausgewählten österreichischen Höhlen nicht nur den Reichtum und die Vielfalt der unterirdischen Natur einer breiten Öffentlichkeit bewusst macht, sondern dass die Autoren mit diesem Buch auch einen wichtigen und wirksamen Beitrag zu jener Überzeugungsarbeit leisten, die die Voraussetzung dafür ist, dass auch die nächsten Generationen naturbegeisterter Menschen das Reich der Tropfsteine und des Höhleneises, der unterirdischen Abgründe und der tosenden Höhlenbäche besuchen und erleben können.

Univ.-Prof. Mag. Dr. Hubert Trimmel †
Ehrenpräsident der Internationalen Union für Speläologie

VORWORT

Mit den beiden vorangegangenen Büchern über die österreichischen Höhlen gaben wir vor einenhalb Jahrzehnten einen Einblick in die fantastische Welt, die unter unseren Füßen liegt. In unserer kurzlebigen Zeit haben sich die Höhlen zwar kaum verändert, umso mehr jedoch die Umstände und die Organisationen der Schaubetriebe mit ihren geänderten Besuchsmöglichkeiten. Außerdem gibt es bei kleineren Schauhöhlenbetrieben ein „Werden und Vergehen". Daher war es für uns ein Anliegen, mit diesem auf den neuesten Stand gebrachten Buch den Naturinteressierten die aktuellen Möglichkeiten eines beeindruckenden Höhlenbesuchs näherzubringen.

Höhlen sind für große Besucherströme sicherlich nicht geeignet. Bis auf wenige Ausnahmen, nämlich die organisierten Schauhöhlenbetriebe, sind Höhlen immer noch ein Ort der Ruhe, in dessen schützende Dunkelheit sich Lebewesen zurückziehen können, die dort eine artgerechte Umgebung finden. Vieles ist bezüglich des aktiven Höhlenschutzes bereits geschehen und dennoch sind die Auswirkungen des Vandalismus oder die nur aus mangelnder Kenntnis verursachten Schäden beträchtlich und bezeichnend für das heutige Erscheinungsbild von so mancher Höhle. Was in Tausenden von Jahren entstanden ist, wird in wenigen Sekunden vernichtet. Die natürliche Folge solcher Auswirkungen ist das Absperren von Höhleneingängen. Die Höhlen mithilfe mechanischer Barrieren vor den Menschen zu schützen, ist sicherlich der harte, jedoch bei vielen Höhlen der letzte gangbare Weg, um ein Naturjuwel für die Nachwelt zu erhalten und vor den Auswirkungen des Vandalismus zu bewahren. Höhleneingänge, die mit einer Absperrung versehen sind, daher bitte nicht öffnen! Bei Interesse wenden Sie sich an den für dieses Gebiet zuständigen Höhlenverein! Die Höhlenforscher wissen über und um die Gegebenheiten der Höhlen ihres Arbeitsgebiets Bescheid, sie sind mit Erfahrung und entsprechendem Wissen ausgestattet und können über das richtige Verhalten in Höhlen informieren. Beachten Sie die Hinweisschilder bei den Höhleneingängen und befolgen Sie diese auch. Bei der Befahrung von Höhlen unbedingt die absolut notwendigen Grundregeln beachten! (Siehe Abschnitt in diesem Buch: Richtiges Verhalten in und bei Höhlen.) Höhlen sind ein Teil unseres Ökosystems, der nur mit viel Sensibilität und mit einer gewaltigen Portion Respekt aufgesucht werden darf. Die Ehrfurcht vor den vorzufindenden Naturphänomenen und das Bestreben, eine für uns neue Welt kennenzulernen, bieten uns völlig neue Lebenserfahrungen und lassen in uns ein besonderes Naturverständnis heranwachsen. Viele der Höhlen in Österreich dienen indirekt als Wasserreservoir, sie bilden Zugänge zu unseren Trinkwasserreserven, um die wir von vielen Ländern beneidet werden, und sie bleiben auch in Zukunft ein Lager dieses wichtigsten Rohstoffes, den wir auf der Erde zum Überleben benötigen: Trinkwasser. Bestes Trinkwasser ist gegenwärtig anscheinend noch im Überfluss vorhanden. Sorgen wir dafür, dass es so bleibt.

Neben ihrer kulturhistorischen und naturkundlichen Erscheinung bilden die Höhlen aber auch Depots von Zeugnissen unserer Vergangenheit und stellen somit in ihrer Gesamtheit ein wertvolles Zeitdokument dar. Aus diesen Gründen legen wir dem geschätzten Leser und allen durch ihn angesprochenen weiteren Personen, die Höhlen in Österreich zu besuchen beabsichtigen, eindringlich ans Herz, besonders sorgsam mit diesen Naturjuwelen umzugehen und alle regionalen und überregionalen Gesetze und Vorschriften zu deren Schutz einzuhalten. Grabungen, das Aufsammeln von Inhalten oder auch das Abbrechen von Sinterschmuck in allen seinen Formen sind absolut und unbedingt zu unterlassen!

Wenden Sie sich bitte vor dem Besuch einer Höhle, die nicht von einem staatlich geprüften Höhlenführer betreut und geführt wird, an einen der im Anhang aufgelisteten höhlenkundlichen Vereine!

Dieses Buch bietet dem interessierten Menschen einen repräsentativen Querschnitt der österreichischen Höhlenwelt. Wissenswertes und brauchbare Besuchsvorschläge sind darin ebenso enthalten wie Zugangsbeschreibungen für die unterschiedlichen Höhlen. Das Buch soll aber auch auf das sehr sensible Ökosystem Höhle hinweisen und so unser Verständnis für das empfindliche Gleichgewicht dieser Schatzkammern der Natur und Archive der Erdgeschichte wecken. Unsere Höhlen bergen wissenschaftlich wertvolle Informationen über die Entwicklung der Tierwelt und der menschlichen Kulturen, über die Entstehung der Landschaften sowie Klima- und Umweltveränderungen. Aus all diesen Gründen mögen die Höhlen Österreichs, Naturschönheiten in der Welt der ewigen Nacht, für uns und unsere Nachfahren erhalten bleiben.

Robert Bouchal und Josef Wirth

Hier können Sie uns erreichen:

E-mail: cave@kabsi.at
Web: www.bouchal.com
Filmkanal: https://www.youtube.com/user/robertbouchal
Facebook: Robert Bouchal
Instagram: robertbouchal

 Starten Sie den Trailer zu diesem Buch!

Coverfoto: Im „Seeparadies" des Katerloches im Dürntal bei Weiz, Steiermark
Foto Seite 3: Gangabschnitt in der Lurgrotte Peggau, Steiermark

Alle Rechte vorbehalten
Copyright © 2016 by Kral-Verlag, Kral GmbH
J.-F.-Kennedy-Platz 2
2560 Berndorf
Tel.: +43 (0) 660 4357604
Tel.: +43 (0) 2672/82 236-0, Fax: Dw. 4
E-Mail: office@kral-verlag.at

Umschlag- und grafische Innengestaltung:
xl-graphic, Wien | xl-graphic@chello.at

Printed in EU
ISBN: 978-3-99024-488-3

Besuchen Sie uns im Internet:
www.kral-verlag.at
und auf facebook unter:
www.facebook.com/KralverlagBerndorf

WAS SIND HÖHLEN?

Unter Höhlen versteht man durch natürliche Vorgänge entstandene Hohlräume, die zur Gänze oder teilweise vom anstehenden Gestein umschlossen sind. Diese Hohlräume können mit Gas (Luft), Wasser oder anderen Ablagerungen ebenfalls ganz oder zum Teil gefüllt sein.

Dieser wissenschaftlichen Definition setzt die praktische Höhlenkunde noch hinzu, dass der Hohlraum vom Menschen betreten (befahren) werden kann und eine Länge von mindestens fünf Metern aufweist.

Halbhöhlen:

Diese besitzen keine lichtlosen Höhlenabschnitte. Es handelt sich dabei um Nischen, Brandungshöhlen oder Felsdächer, deren Portalbreite meist größer ist als die Erstreckung ins Berginnere.

Naturbrücken:

Felsbögen oder Überdeckungshöhlen, deren Längserstreckung geringer ist als die Breite. Die beiden Portale dieser Objekte weisen annähernd dieselbe Größe auf.

Höhlensystem:

Ein zusammenhängendes, oft durch mehrere Eingänge (Tagöffnungen) zugängliches Netz von Höhlengängen und Höhlenräumen.

Schachthöhlen:

Höhlen mit überwiegender Vertikalerstreckung.

Solche Höhlen werden, um dem Laien die natürliche Entstehungsweise zu verdeutlichen, als Naturhöhlen bezeichnet, obwohl bereits der Begriff „Höhle" als „durch natürliche Vorgänge entstandener Hohlraum" definiert ist.

Grundsätzlich unterscheidet man aufgrund ihrer Entstehung zwei Arten von Höhlen, die Primär- und die Sekundärhöhlen. Primärhöhlen entstanden gleichzeitig mit dem Gestein, in dem sie sich befinden. Hierbei handelt es sich vorwiegend um Lava- und Tuffhöhlen. Der Entstehungsprozess der Sekundärhöhlen setzt erst nach der Entstehung des Gesteins ein. In Österreich sind vorwiegend in den Nördlichen und Südlichen Kalkalpen Sekundärhöhlen zu finden, die hauptsächlich in verkarstungsfähigen Gesteinen vorkommen. Die wesentlichste Voraussetzung für die Entstehung von Karsthöhlen ist das Vorhandensein verkarstungsfähiger Gesteine (vorwiegend Dolomit, Gips, Steinsalz und als wichtigstes Karstgestein der Kalk), die im kohlensäurehaltigen Wasser löslich sind. Diese chemische Löslichkeit des verkarstungsfähigen Gesteins wird als Korrosion bezeichnet. Dabei wird das Gestein durch fließendes oder auch im stehenden Wasser aufgelöst. Das Wasser dringt in den Gesteinskörper durch Risse, Fugen oder Spalten ein, kann jedoch selbst keine Fugen erzeugen, sondern vorhandene nur erweitern! Einen weiteren, raumerweiternden Faktor stellt die mechanische Wirkung des Wassers, die Erosion, dar. Darunter versteht man die mechanische, ausscheuernde und abtragende Wirkung

Die Verbreitung der verkarstungsfähigen Gesteine in Österreich nach G. Stummer (1978).

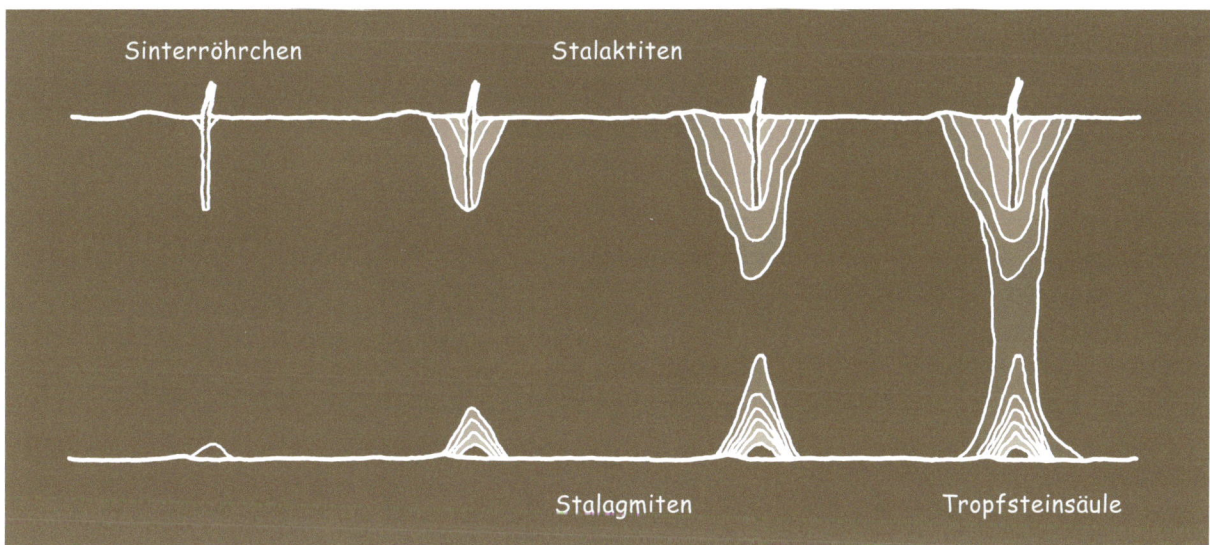

Die Entstehung von Tropfsteinen (schematische Darstellung).

des Wassers, die durch mitgeführte Scheuerstoffe wie Sand oder Schotter verstärkt werden kann. Versturzvorgänge und andere Formen der Verwitterung, sie werden als Inkasion bezeichnet, tragen das Ihre zur Höhlenbildung bei.

Die auffälligsten und sicherlich auch bekanntesten Formen der in Höhlen vorkommenden Minerale stellen neben Wand- und Bodenversinterungen die Tropfsteine dar! Dabei handelt es sich um Mineralausscheidungen aus Tropfwässern, die meist aus Kalzit oder Aragonit gebildet werden. Die Formenvielfalt dieser Bildungen ist außergewöhnlich groß.

Während das mit Kalziumkarbonat angereicherte Wasser durch die Risse der Höhlendecke sickert, lassen an der Tropfstelle aufeinanderfolgende Ringe von Kalzitkristallen eine kleine Röhre entstehen. Diese in unterschiedlicher Geschwindigkeit entstehenden dünnen Sinterröhrchen wachsen durch die Ablagerung des Kalks zu immer größerer Länge und unterschiedlichem Umfang an. Das Wachstum der Tropfsteine kann zu langen und dünnen, aber auch zu kurzen und dicken Exemplaren führen. Diese nun zu größeren Gebilden herangewachsenen Deckenzapfen werden als Stalaktiten bezeichnet. Verschiedenste Faktoren zeichnen für die große Vielzahl der Erscheinungsbilder verantwortlich. Der auf den Höhlenboden herabfallende Wassertropfen hinterlässt ebenfalls eine Kalkablagerung, der daraus entstehende Bodenzapfen wird als Stalagmit bezeichnet. Treffen die beiden Zapfen nach langem Wachstum aufeinander, entstehen Tropfsteinsäulen. Eine Altersdatierung dieser Gebilde ist nur mit größeren

Fehlertoleranzen möglich. Spielen doch die sich oft über einen langen Zeitraum verändernden klimatischen Verhältnisse an der Erdoberfläche eine wesentliche Rolle! Wichtigste Voraussetzung für die Tropfsteinbildung ist das Vorhandensein von Sickerwasser, das durch das Überdeckungsgestein in den Höhlenraum dringt und den Transport des gelösten Kalks vornimmt. Während dieses Vorgangs spricht man von aktiven Tropfsteinen. Tropfsteine entstehen daher auch heute noch. Es ist aber interessant, dass mit der Uran-Thorium-Methode untersuchte Tropfsteine ein höheres Alter als die Nachweisgrenze dieser Methode aufwiesen, also älter als 400 000 Jahre sein müssen.

Eine sehr häufig gestellte Frage ist die nach der Beschaffenheit der Luft in Höhlen. Da Höhlen einen Teil unserer Atmosphäre darstellen, befindet sich in allen Höhlen bis auf ganz wenige Ausnahmen auch Luft, die es dem Menschen erlaubt, sich darin aufzuhalten. Durch die meist hohe Luftfeuchtigkeit ist aber die Staubbelastung in den Höhlen viel geringer als an der Erdoberfläche. Der Mensch macht sich diesen Umstand zunutze und setzt das Höhlenklima gelegentlich auch für therapeutische Zwecke ein.

Verwendete Literatur:
(24): 8, 10–11; (25): 12–14; (69): 11–18; (171): 49–50;

(Von links oben nach rechts unten:)
Fließfacetten — Tropfsteine und hauchdünne Sinterröhrchen — Wandversinterungen — Gipskristalle — Eisauspressungen
— Miniatursinterterrassen.

(Von links oben nach rechts unten:)
Kalzitkristallschichten – Excentriques – Nahaufnahme eines Stalaktiten – Höhlendecke mit Sinterröhrchen –
Hochstegenkalk – Karfiolsinter.

LEBEN IN HÖHLEN

In den Höhlen, in jener Welt ohne Sonne, die sich für viele Menschen als lebensbedrohend präsentiert, gibt es wider Erwarten eine vielfältige Biosphäre. Abgesehen von einer Übergangszone im Eingangsbereich herrscht im Höhleninneren völlige Dunkelheit, die relative Luftfeuchtigkeit beträgt ständig nahezu 100 Prozent und die Temperaturen in unseren heimischen Höhlen sind alles andere als warm und einladend. Aus diesem Grund mussten sich die echten Höhlentiere an ihren Lebensraum anpassen und zeigen daher auch in ihrem Erscheinungsbild eine gewisse Übereinstimmung. Sie sind meist blind oder haben rückgebildete Augen und sind pigmentarm oder farblos. Höhleninsekten haben rückgebildete Flügel und neigen zur Verlängerung der Körperanhänge (Extremitäten, Fühler, Tasthaare usw.).

Die wissenschaftliche Bezeichnung dieses Teilgebiets der Höhlenkunde, das sich mit den Lebewesen in Höhlen beschäftigt, lautet „Biospeläologie". Für die in den Höhlen angetroffenen tierischen Lebewesen haben Biologen natürlich, wie auch in allen anderen zoologischen Teilgebieten, eine komplizierte Ordnung gefunden. Wir wollen hier eine vereinfachte Version für rezente Tiere anführen:

Troglobionte = Das sind echte Höhlentiere, die sich stets in Höhlen aufhalten und nur dort vorkommen.

Troglophile = dabei handelt es sich um Höhlenliebhaber, die die Höhlen als Aufenthaltsort favorisieren, sich aber normalerweise außerhalb derselben aufhalten.

Trogloxene = Das sind Höhlengäste, die zufällig in die Höhle gelangen oder sie nur gelegentlich aufsuchen.

Die echten heimischen Höhlentiere (*Troglobionte*), die sich völlig den „höhlialen" Gegebenheiten angepasst haben, sind meist winzig und recht unscheinbar. Selbst vielen interessierten Höhlenforschern sind sie nur aus der Literatur oder vom Hörensagen bekannt. So werden troglobionte Springschwänze und Milben erst unter dem Mikroskop sichtbar. Etwas größer, aber trotzdem selten anzutreffen, sind mehrere spezialisierte Ar-

ten von Laufkäfern (Familie *Arctaphaenops*), eine Pseudoskorpionart (*Neobisium aueri*) sowie einige Arten von Doppelschwänzen, urtümlichen flügellosen Urinsekten. Die angepasste Kleintierwelt in den Höhlengewässern ist schon weit schwieriger einzuordnen, da sich sofort die Streitfrage entspinnt, ob es sich hierbei um „Höhlentiere" oder um „Grundwassertiere" handle. Tiere, die ausschließlich in unterirdischen Wässern vorkommen, werden *Stygobionte* genannt. Als bekanntester Vertreter der Höhlentiere ist sicherlich der Grottenolm (*Proteus anguinus*) zu bezeichnen, aber sein einziger natürlicher Lebensraum liegt in den Höhlen des Triestiner Karstes und südwärts davon bis zur Herzegowina.

Höhlenheuschrecke (Troglophilus sp.) auf weißer Bergmilch.

Bei den höhlenliebenden Tieren (*Troglophile*) sind schon weit mehr Tierarten aufzuzählen, da sich diese entweder saisonal oder in bestimmten Lebensabschnitten in den unterirdischen Hohlräumen aufhalten. So trifft man hier etliche meist überwinternde Schmetterlingsarten, Weberknechte, Köcherfliegen, Schlupfwespen, Schwebfliegen und auch Stechmücken an. Letztere haben Gott sei Dank während ihrer Winterruhe keinen Appetit auf Höhlenforscherblut! Dieser Kategorie der höhlenliebenden Tiere gehören auch einige Fledermausarten an. Es gibt auch Tierarten, die wohl ihr ganzes Dasein in dem besprochenen Lebensraum verbringen, aber den letzten Schritt zum echten Höhlentier noch nicht geschafft haben. Dazu gehören die Höhlenspinne *Meta men-*

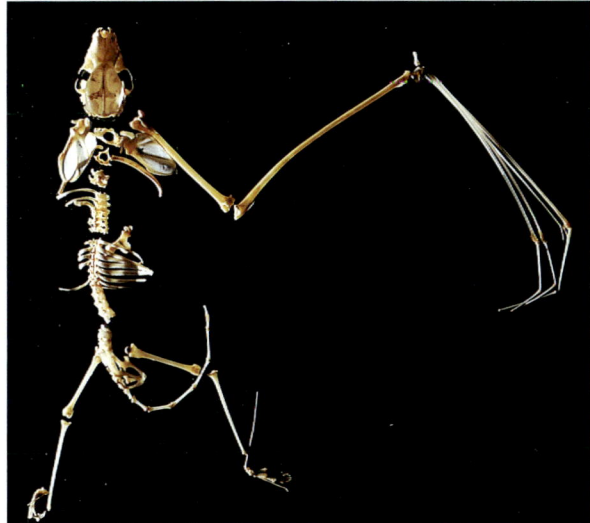

Skelett eines Großen Mausohrs (Myotis myotis).

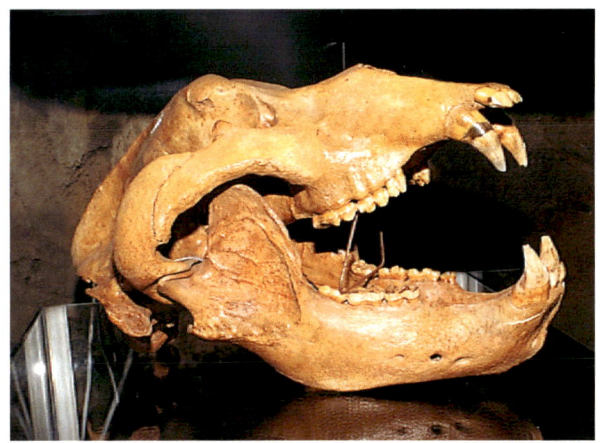

Höhlenbärenschädel in der Lehrschau der Griffner Tropf-steinhöhle.

Der Höhlenbär im Turmmuseum von Breitenbrunn.

ardi und die flügellosen Höhlenheuschrecken (*Troglophilus-Arten*) mit ihren enorm langen Fühlern. Neben verschiedenen Tausendfüßlern, Buckelfliegen, Kurzflügelkäfern, Laufkäfern und einer Pseudoskorpionart (*Neobisium hermanni*) ist die bemerkenswerte Höhlenassel (*Mesoniscus alpicola*) zu erwähnen. Obwohl sie blind und pigmentlos ist, kommt sie im Hochgebirge im Freien vor, wogegen sich ihr Vorkommen in den Tallagen ausschließlich auf Höhlen beschränkt.

Das Kapitel zufälliger Höhlengäste (*Trogloxene*) ist schnell beschrieben, denn es können sich alle möglichen Arten der faunistischen Region in den Höhlen, vor allem im Eingangsbereich, zeitweise niederlassen. Auch nistende Vögel unter Felsdächern oder Dachse und Füchse, die schlufartige Höhlen als Wohnstätte beziehen, sind Zufallsgäste.

An sich zählt der Mensch innerhalb dieser Ordnung auch zu den zufälligen Höhlengästen. Über diese These sollte man zumindest launisch diskutieren. Schon der Frühmensch suchte oftmals Höhlen auf und auch heute noch, vor allem in klimatisch bevorzugten Regionen, gibt es Höhlenbewohner. Aber vor allem der Höhlenforscher, der ja auch eine Art Mensch ist, sucht nicht nur regelmäßig, sondern sogar mit Begeisterung das unterirdische Reich auf. Daher vertreten wir die Meinung, einige der menschlichen Exemplare seien doch als „Troglophile" einzustufen!

Fledermäuse

Nicht von ungefähr dient die Fledermaus als „Wappentier" der Höhlenforscher, denn sie zählt zu den auffallendsten und bekanntesten Tieren in unseren Höhlen.

Eines gleich vorweg: Fledermäuse sind fliegende Säugetiere. Daher gebären sie einmal im Jahr ein bis zwei blinde nackte Junge, die vom Muttertier gesäugt werden. Ihre systematische Stellung in der Klasse der Säugetiere (Mammalia) ist in der Ordnung der Fledertiere (Chiroptera) angesiedelt, die sich in die beiden Unterordnungen Flederhunde (Megachiroptera) und Fledermäuse (Microchiroptera) gliedert. Die Fledertiere mit weltweit etwa 900 Arten sind nach den Nagetieren (ca. 3000 Arten) die artenreichste Säugetierordnung auf unserem Heimatplaneten Erde. Den Flederhunden (Flughunde) gehören ungefähr 160 Arten an, den erheblichen Rest bilden die unterschiedlichsten Fledermäuse, die alleine für Österreich in dieser Hinsicht von Interesse sind.

Fledermäuse besitzen neben ihren sehr auffälligen, zu Flügeln umgeformten Händen ein Fell zum Schutz des Körpers. Zwischen den stark verlängerten Fingern und den Hintergliedmaßen ist eine Flughaut gespannt. Eine meist vorhandene Schwanzflughaut dient u. a. während des Flugs als Steuerorgan. Der immer frei stehende Daumen wird vorwiegend zum Klettern verwendet. Da die Fledermäuse dämmerungs- und nachtaktiv sind, müssen sie sich, obwohl alle Gesichtssinne gut ausgebildet sind (Fledermäuse sehen gut), mittels Echolotung orientieren. Durch das Maul oder durch Nasenaufbauten stoßen sie in kurzen Abständen Ultraschalllaute aus, deren Reflexionen über die Ohren wahrgenommen werden. So können Hindernisse oder die von ihnen gejagten fliegenden Insekten in der absoluten Dunkelheit erkannt werden. Unsere heimischen Fledertiere ernähren sich ausschließlich von Insekten, vielfach von Schadinsekten. Da sie, wenn auch nur eingeschränkt, ihre Körpertemperatur regulieren können, halten unsere heimischen Fledermäuse im Winter, wenn es aufgrund der niedrigen Temperaturen an fliegenden Insekten mangelt, einen Winterschlaf unter herabgesetzten Lebensfunktionen. Ihre außergewöhnliche Lebensweise und die verblüffende Fähigkeit, bei völliger Dunkelheit fliegen zu können, führten bei dieser Tierart zu unrichtigen, sogar zu abergläubischen Vorstellun-

gen. Unsere einheimischen Fledermäuse sind, abgesehen davon, dass sie als Insektenvertilger ungemein nützlich sind, ausgesprochen entzückende Tiere. Sie sind in gewisser Weise ein Indikator für einen giftfreien und im weitesten Sinne auch vielfältigen Lebensraum.

Zu den größten Problemen zählen die Einschränkung, die Störung bzw. die Zerstörung von Lebensraum und dem Quartier unserer nächtlichen Flatterer. Da sie sich in der Nahrungskette beinahe an der obersten Stelle befinden, leiden sie besonders unter den verschiedenen Umweltgiften und Insektiziden. Daher sind alle heimischen Fledermausarten als „gefährdet" bis „vom Aussterben bedroht" anzusehen und derart in den dem Naturschutz dienenden Listen gefährdeter Arten eingestuft. Durch dieses Faktum gehört diese Tiergruppe zu den ganzjährig streng geschützten Tieren. Es ist daher verboten, den Tieren Schaden zuzufügen oder sie zu stören. Besonderen Schutz benötigen auch die Sommerquartiere, die nicht verändert werden dürfen. Um den Erhalt dieser faszinierenden Tierart sicherzustellen, braucht die Fledermaus das Verständnis von uns Menschen, denn „Fledermäuse brauchen Freunde".

In Österreich vorkommende bzw. nachgewiesene Fledermausarten:

Große Hufeisennase	Rhinolophus ferrumequinum	[1]
Kleine Hufeisennase	Rhinolophus hipposideros	[1]
Kleines Mausohr	Myotis blythi	[1]
Großes Mausohr	Myotis myotis	[1]
Bechsteinfledermaus	Myotis bechsteini	[1]
Fransenfledermaus	Myotis nattereri	[1]
Wimperfledermaus	Myotis emarginatus	[1]
Bartfledermaus (Kleine)	Myotis mystacinus	[1]
Große Bartfledermaus	Myotis brandti	[1]
Wasserfledermaus	Myotis daubentoni	[1]
Großfußfledermaus	Myotis capaccinii	[4]
Teichfledermaus	Myotis dasycneme	[6]
Zwergfledermaus	Pipistrellus pipistrellus	[2]
Rauhautfledermaus	Pipistrellus nathusii	[2]
Weißrandfledermaus	Pipistrellus kuhli	[3]
Alpenfledermaus	Pipistrellus savii	[5]
Kleinabendsegler	Nyctalus leisleri	[3]
Abendsegler (Großer)	Nyctalus noctula	[2]
Nordfledermaus	Eptesicus nilssoni	[2]
Breitflügelfledermaus	Eptesicus serotinus	[1]
Zweifarbenfledermaus	Vespertilio murinus	[2]
Mopsfledermaus	Barbastella barbastellus	[1]
Braunes Langohr	Plecotus auritus	[1]
Graues Langohr	Plecotus austriacus	[1]
Langflügelfledermaus	Miniopterus schreibersi	[1]

[1] = in Höhlen regelmäßig
[2] = selten in Höhlen
[3] = in Höhlen nicht nachgewiesen
[4] = Ausnahmeerscheinung (äußerst seltener Gast)
[5] = sehr selten
[6] = nur subfossil nachgewiesen

Wie alt Fledermäuse werden können, zeigt uns Folgendes: Am 9. März 1997 traf Josef Wirth in der Bärenhöhle bei Winden/Burgenland eine beringte Fledermaus der Art „Große Hufeisennase" (Rhinolophus ferrumequinum) an. Bei nachfolgender Durchsicht alter Beringungsprotokolle stellte sich heraus, dass dieses Tier am 7. November 1968 in derselben Höhle markiert wurde. Wenn man bedenkt, dass Fledermäuse nur einmal im Jahr, und zwar im späten Frühjahr bzw. im frühen Sommer, Nachwuchs zur Welt bringen, so war diese Große Hufeisennase zur Zeit ihrer „Beringung" mindestens ein halbes Jahr alt. Somit ergibt sich ein nachgewiesenes Rekordalter (für Fledermäuse) von beinahe 30 Jahren. Die durchschnittliche Lebenserwartung dieser Tiere liegt etwa zwischen 10 und 17 Jahren. Die „Beringung" von Fledermäusen wird - mit wenigen Ausnahmen – in Österreich aus Gründen des Artenschutzes seit mehreren Jahrzehnten nicht mehr durchgeführt.

Höhlenbären

Zu jeder Zeit wurden in den Höhlensedimenten Knochen gefunden, die als Reste jener Tiere, die mit dem Ende der Eiszeit ausstarben, besonderes wissenschaftliches Interesse erwecken konnten. So wurden von den spezialisierten Wirbeltierpaläontologen neben Skelettresten diverser Großsäuger (Höhlenlöwe, Höhlenhyäne, Riesenhirsch, Wildpferd, Mammut, Wollhaarnashorn u. v. m.) vor allem die des Höhlenbären untersucht. Da der Höhlenbär nicht nur die Wissenschaft sehr beschäftigt, sondern auch beim Laien einen großen Bekanntheitsgrad innehat und auch stets dessen Fantasie anzuregen versteht, wollen wir auf das längst ausgestorbene Tier etwas näher eingehen.

Der vor etwa 17 000 Jahren ausgestorbene Höhlenbär (Ursus spelaeus) war mit dem Braunbären (Ursus arctus) stammesgeschichtlich eng verwandt, unterschied sich aber von diesem durch viele Merkmale. Der augenfälligste Unterschied bestand sicherlich in Größe und plumperer Körperform des zeitweisen Höhlenbewohners im Vergleich zu den heute lebenden Bärenarten. So war der Höhlenbär etwa um ein Drittel größer als der in Europa vorkommende Braunbär. Auch in den Ernährungsgewohnheiten unterschieden sie sich, denn der Höhlenbär lebte als reiner Pflanzenfresser, obwohl er mit dem Verdauungssystem eines Raubtiers ausgestattet war. Daher musste diese Tierart einen echten Winterschlaf halten, da es im Winter kaum ein Nahrungsangebot gab.

Es ist natürlich kein Zufall, dass ausschließlich Höhlen wie die Drachenhöhle bei Mixnitz, die Bärenhöhle von Winden, die Tischoferhöhle bei Kufstein u. a. m. die Hauptfundstätten des Höhlenbären darstellen, denn darin hielten sie ihren Winterschlaf, fanden darin vor den Unbilden der Witterung Schutz, brachten dort ihre Jungen zur Welt und suchten diese oft, wenn sie den nahen Tod verspürten, als Sterbeplätze auf. Daher gelangten sehr viele Tiere in die Höhlen, wo zum Unterschied zum freien Feld- und Waldboden ausgesprochen günstige Bedingungen herrschen, die Gebeine der Tiere über längere Zeiträume zu erhalten, das heißt fossil werden zu lassen. Dennoch findet man trotz dieser günstigen Erhaltungsbedingungen in der Höhle fast niemals vollständig erhaltene Skelette, komplette Höhlenbärenskelette in Museen sind meistens aus Knochen verschiedener Individuen zusammengestellt.

Für diesen Umstand sind teilweise Aasfresser verantwortlich, denn Bissspuren an zahlreichen Bärenknochen beweisen, dass sich vor allem Wölfe vom Geruch der Kadaver angelockt an dieser Mahlzeit gütlich getan haben. Sie rissen Stücke aus dem Kadaver und lösten damit die Knochen aus ihrem natürlichen Verband, die dann in weitem Umkreis verstreut wurden. Zum Teil bewirkten auch sicherlich Wassereinbrüche Vergleichbares, indem sie die durch Verwesung gelockerten Verbindungen ganz zerstörten und die einzelnen Stücke verfrachteten, was Abrollungen und Sortierungen von Knochen in vielen Fällen anzeigen, oftmals entstanden sogar auf beide Arten riesige Anhäufungen von Knochen. Auf diese Weise und durch zusätzliche Einwirkung chemischer Vorgänge wurden wohl viele Knochen vernichtet, andere nur teilweise zerstört oder verlagert. Allerdings ist die Chance von Knochenfunden in Höhlen weit größer als dort, wo diese Objekte Wind und Wetter ausgesetzt sind.

Der Neandertaler als Höhlenbärenjäger. Rekonstruierende Darstellung von Z. Burian, 1951.

Bei der Häufigkeit des Vorkommens von Bärenknochen ist es nur selbstverständlich, dass der Höhlenbär und seine Überreste bereits frühzeitig das Interesse des Menschen erregten. So versuchte schon der Eiszeitmensch als dessen Zeitgenosse, ihn mit seinen primitiven Waffen zu erlegen, und verstand es, die Weichteile für Nahrung und Bekleidung und dessen Zähne und Knochen als Werkzeuge zuzurichten und zu benutzen. Im Altertum und im Mittelalter glaubten breite Kreise in diesen fossilen Knochen Gebeine von Drachen und ähnlichen Fabelwesen zu erkennen.

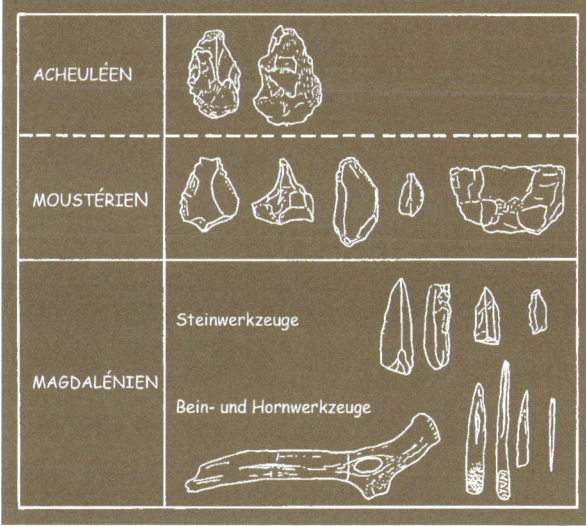

Markante Artefakte aus der Gudenushöhle.
Nach Menghin.

Höhlenflora

Bei der Höhlenflora verhält es sich völlig anders als bei der einschlägigen Fauna. Echte Höhlenpflanzen, vergleichbar mit den Tieren, das heißt Arten, die nur in Höhlen vorkommen, sind nicht bekannt. Der Grund liegt darin, dass Grünpflanzen mit Chlorophyll ausgestattet sind und die Befähigung zum Energiegewinn unbedingt Lichteinwirkung benötigt, um die körpereigenen Stoffe aufbauen zu können. Da dieser wichtige biochemische Prozess, Fotosynthese genannt, im aphotischen Raum nicht möglich ist, sind im Höhleninneren auch keine Grünpflanzen anzutreffen. Daher ist mit Pflanzen, wie Blütenpflanzen, Moosen und Algen, die Licht zum Leben brauchen, nur in Eingangsnähe oder in Abschnitten mit Restlicht zu rechnen.

Dagegen finden die Pilze, bedingt durch ihre lichtunabhängige Ernährung, im aphotischen Höhlenbereich geeignete Lebensbedingungen. Sie können auch in den tagfernsten Abschnitten angetroffen werden. Pilze kann man als Reduzenten oder Zerstörer bezeichnen, die organische Stoffe abbauen. Daher trifft man sie in Höhlen auf Schwemmholz, Fledermausleichen, Guano, diversen Speiseresten oder sonstigen, beim Höhlenbesuch allerdings zu vermeidenden Abfällen an. Alle Pilzarten, die unterirdisch nachgewiesen wurden, können auch außerhalb von Höhlen angetroffen werden. Jedoch ist ihre Gestalt, vielfach bedingt durch die gegebenen „höhlialen" Umwelteinflüsse, drastisch verändert.

Als die Schauhöhlen elektrisches Licht erhielten, kam es zu einem höhlenbotanischen Phänomen, zur sogenannten „Lampenflora". Samen und Sporen, die sich im Bereich der künstlichen Lichtquellen absetzen und in der Lage sind, auszukeimen, können je nach den vorgefundenen Lebensbedingungen ihre ganze Entwicklung oder nur gewisse Abschnitte davon durchlaufen. Vorwiegend handelt es sich dabei um Moose, Farne und auch Algen. Solange sich die Pflanzen nur auf einen eng begrenzten Bereich um die Lichtquelle beschränken, kann dies eine Bereicherung des Schauhöhlenbetriebs sein. Wenn jedoch grüne Algenüberzüge den natürlichen Eindruck von Tropfsteingruppen verfälschen oder gar den Sinter zerstören, müssen Gegenmaßnahmen ergriffen werden. Selbst unwiederbringliche Kulturzeugnisse, wie Höhlenmalereien, Ritzungen des Steinzeitmenschen in Südfrankreich und Spanien mussten unter dem Phänomen „Lampenflora" enorm leiden, weshalb diese betroffenen „Bilderhöhlen" für jeglichen Besuch geschlossen bleiben müssen.

Verwendete Literatur:
(13): Tafel 12, 13, 30; (24): 13–14, 16–18, 157–159; (25): 15–21; (31): 43–49; (123): B4a–B4b; (141): 39–42; (152): 57–63.

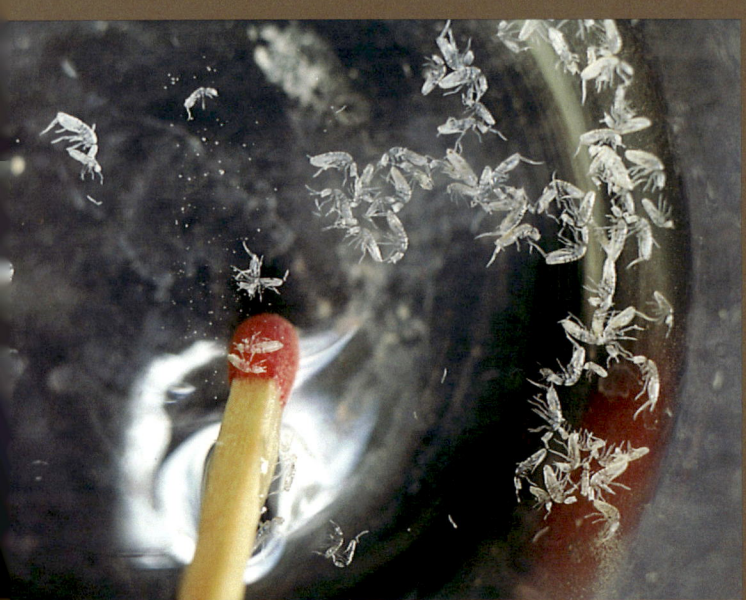

(Von links oben nach rechts unten:)
Ein Höhlengast: Spinne mit den Resten einer erbeuteten Höhlenheuschrecke in ihrem Netz.
Großes Mausohr (Myotis myotis) im Winterschlaf. Höhlenheuschrecke (Troglophilus sp.) auf weißer Bergmilch. Pseudo-
skorpion (Neobisium aueri).
Springschwänze – Collembolen (Pseudosinella sp.).
Springschwänze – Collembolen (Onychiurus sp.) auf der Wasseroberfläche.

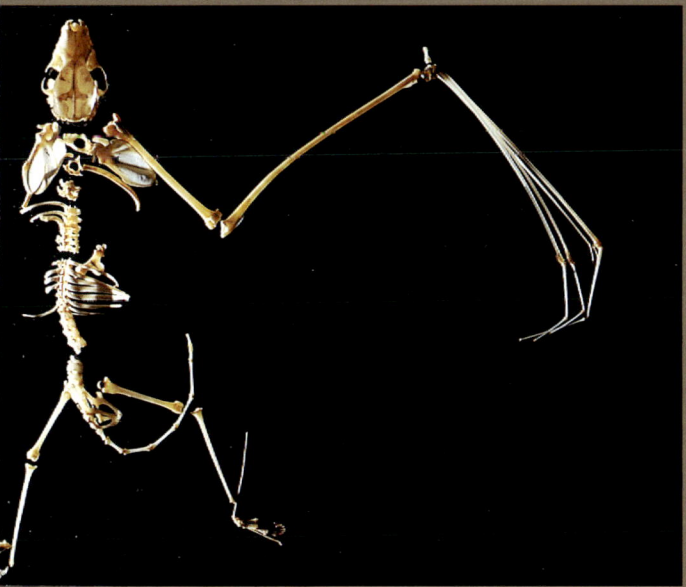

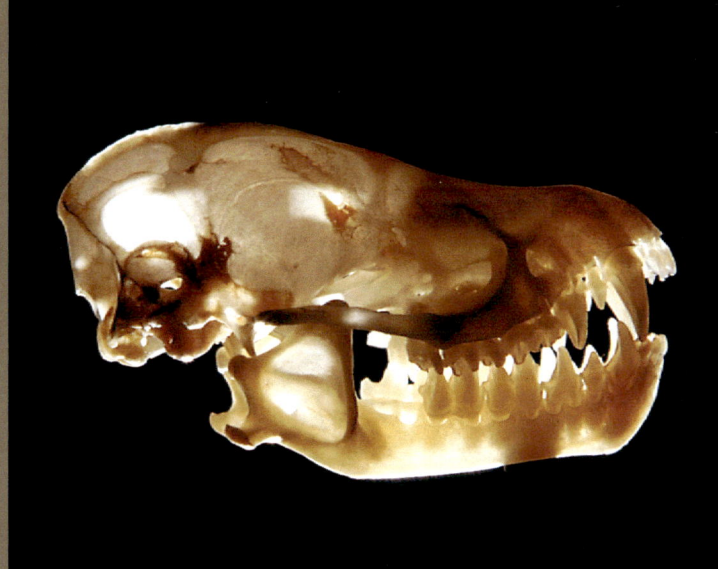

(Von links oben nach rechts unten:)
Detail eines Fledermausflügels mit frei stehendem Daumen. Fledermaus im Ruderflug (Stroboskopaufnahme).
Skelett eines Großen Mausohrs (Myotis myotis). Fledermaus-Wochenstube in einem Dachstuhl. Im Frühsommer bilden
die Fledermausweibchen eine Wochenstuben-Gesellschaft und bringen gemeinsam ihre Jungen zur Welt.
Breitflügelfledermaus (Eptesicus serotinus). Mit dem starken Gebiss kann diese Art u. a. auch den dicken Chitin-Panzer
von flugunfähigen Laufkäfern durchbeißen.
16 mm langer Schädel eines Großen Mausohrs (Myotis myotis).

HÖHLENGESETZ – HÖHLENSCHUTZ

Über die vereinsmäßige Entwicklung des Höhlenschutzes in Österreich und dessen Aufgaben fand Mag. Heinz Hochschorner (ehemaliger Obmann des Landesvereins für Höhlenkunde in Wien und NÖ) im Katasterbuch „Die Höhlen Niederösterreichs", Band 5, die folgenden treffenden Worte: *„Die Schwerpunkte des Natur- und Höhlenschutzes sind naturgemäß zeitlichen Veränderungen unterworfen. Am Beginn lag das Hauptaugenmerk auf der Verhinderung von Zerstörungen der Sedimente, des Tropfsteinschmucks oder der Höhle selbst. Der wissenschaftliche Wert der Höhlen, aber auch ihr „besonderes Gepräge" sollten so erhalten werden. Später galt es, der Tierwelt der Höhlen stärkere Aufmerksamkeit zu schenken und einen Beitrag zum Schutz von teilweise in ihrer Existenz bedrohten Arten zu leisten. Der Schutz der vom Aussterben bedrohten Fledermausarten wurde ein zentrales Anliegen der Höhlenforscher. Auch der zunehmenden Verschmutzung der Höhlen und des Karstes musste der Kampf angesagt werden. Besonders die Frage der Sicherung ausreichender Trinkwasserreserven gewann zunehmend an Bedeutung. Gerade in Niederösterreich versorgen zahlreiche Karstquellen große Teile des Landes und auch der Bundeshauptstadt Wien mit Trinkwasser. Unsachgemäße Abfall- und Abwasserentsorgung, Erschließungsprojekte für den Fremdenverkehr, aber auch Bauvorhaben gefährden diese wichtigen Ressourcen."*

Auf gesetzlicher Ebene existiert seit dem Jahr 1928 eine Regelung bezüglich des Höhlenschutzes, die im Bundesgesetz vom 26. Juli 1928 zum Schutz von Naturhöhlen (Naturhöhlengesetz BGBl. Nr. 169) festgelegt wurde. Dieses Naturhöhlengesetz blieb als Bundesgesetz bis 1974 in Kraft. Die Novelle des Bundesverfassungsgesetzes aus dem Jahr 1974 legte schließlich das Höhlenrecht in die Hände der Bundesländer. Das heißt, dass jedes Bundesland nun seine eigenen Höhlengesetze ausarbeiten konnte. Inzwischen haben zwei Bundesländer eigene „Landeshöhlenschutzgesetze" erlassen (Niederösterreich und Salzburg), vier Bundesländer haben den Höhlenschutz neu im Naturschutzgesetz verankert (Burgenland, Kärnten, Tirol und Vorarlberg), in zwei Bundesländern gilt noch das ehemalige Bundesgesetz als Landesgesetz (Steier-

mark und Oberösterreich) und Wien besitzt keine eigene gesetzliche Regelung für Höhlen mehr. Neben dem bereits angesprochenen Naturhöhlengesetz sind auch Bestimmungen des Naturschutzrechts, Wasserrechts, Bergrechts, Forstrechts und des Denkmalschutzes zu berücksichtigen. Weiters gelten natürlich auch das Raumordnungsrecht, das Allgemeine Bürgerliche Gesetzbuch und in Zukunft auch Verordnungen für Nationalparks, Welterbegebiete und Natura-2000-Gebiete. Ein komplexes Rechtsgefüge bedingt durch die Vielfalt der Rechtsgrundlagen auch unterschiedliche Kompetenzen von Bund, Ländern und Bezirksverwaltungsbehörden. Eine gewaltige Fülle von Gesetzen, die es hier zu beachten und zu befolgen gilt.

Aufgrund der Vielzahl der derzeit modernen „Trend"-Sportarten werden unsere Naturgebiete und deren gesamtes Umfeld von einem im Ansteigen begriffenen Touristenstrom überrollt. Dem gesteigerten Verlangen nach ausgefallener Freizeitgestaltung, das auch vor den Höhlen nicht halt macht, ist eine vermehrte und zielgerechte Information entgegenzusetzen, um den immer größer werdenden Andrang in unsere Naturgebiete in richtige Bahnen zu lenken. Gerade das massenhafte Auftreten von Touristen in derart sensiblen Naturräumen verursacht erfahrungsgemäß viele Probleme.

Daher ist der Besucher von Höhlen nicht nur dem Gesetz, sondern seiner gesamten Umwelt verpflichtet. Das Ergebnis unserer heutigen Taten stellt die Grundlage unseres Vermächtnisses an die Nachkommen dar!

Verwendete Literatur:
(25): 22–23; (57): 25–29; (171): 11.

RICHTIGES VERHALTEN IN UND BEI HÖHLEN

Einleitend ist zu bemerken, dass die Kenntnis des richtigen Verhaltens in Höhlen unbedingte Grundvoraussetzung für das Betreten dieses Teils unserer Natur ist. Wir können hier nur die absolut wichtigsten Grundregeln anführen. Das erweiterte Wissen für technisch anspruchsvollere Höhlenbefahrungen ist bei den höhlenkundlichen Vereinen Österreichs zu erfragen und zu erlernen. Das notwendige Know-how wird erst in Begleitung durch erfahrene Höhlenforscher bei Höhlenbefahrungen gewonnen. Dabei wird ein großer Teil des dementsprechenden Wissens nach dem Motto „Learning by doing" vermittelt.

Die passende Ausrüstung des Höhlengehers unterscheidet sich von Höhle zu Höhle. Ausschlaggebend für die richtige Wahl der Ausrüstung sind die Dauer und der Schwierigkeitsgrad sowohl des Zustiegs zur Höhle als auch innerhalb der Höhle. Die folgenden Punkte stellen einen Leitfaden für eine möglichst sichere Höhlenbefahrung dar. Sie gelten auch als wichtigste Grundregeln, die immer zu beachten sind:

• Höhlen, deren Eingang verschlossen ist, dürfen auf keinen Fall gewaltsam geöffnet und betreten werden. Beim Antreffen zerstörter Absperrungen informieren Sie bitte den für dieses Gebiet zuständigen Höhlenverein, dessen Anschrift Sie in diesem Buch finden. Beachten und respektieren Sie (eventuell auch zeitlich beschränkte) Befahrungsverbote für einzelne Höhlen, die aus den verschiedensten Gründen behördlich erlassen wurden. Beachten und respektieren Sie auch die Wünsche des Grundeigentümers.

• Gehen Sie nie alleine in eine Höhle! Es sollten immer zumindest drei, besser vier Personen teilnehmen, damit im Fall eines Unfalls immer jemand beim Verletzten bleiben kann.

• Beachten, lesen und befolgen Sie die beim Höhleneingang oder auch in der Höhle angebrachten Warn- oder Hinweisschilder.

• Sprechen Sie mit den Höhlenforschern des zuständigen Vereins über die Höhle Ihres Interesses. Diese kennen das Objekt in den meisten Fällen und können Ihnen mittels Landkarten, Höhlenplänen, Zugangsbeschreibungen etc. wertvolle Hinweise liefern. Möglicherweise können Sie sich einer Gruppe von Höhlenforschern anschließen.

• Sprechen Sie vor der Höhlenbefahrung mit einer zuverlässigen Person Ihres Vertrauens (die nicht gleichzeitig mit Ihnen die Höhle besucht) über Ihr Vorhaben. Nennen Sie dieser den Namen und die Katasternummer (siehe Erklärung im Kapitel „Hinweis zum Gebrauch des Führers") der Höhle, welche Sie zu befahren beabsichtigen, sowie den Ort, an dem Ihre Tour beginnt. Wichtig sind auch Anzahl und Namen der Höhlengeher sowie Marke, Type, Farbe und Kennzeichen des Fahrzeugs, mit dem Sie unterwegs sind. Geben Sie auch die Telefonnummern (Handy) der einzelnen Höhlengeher bekannt. Eine realistische Rückmeldezeit von 2 bis 3 Stunden, die Sie unter allen Umständen einhalten müssen, ist ebenfalls zu vereinbaren. Fehlalarme, welche die Höhlenrettung oder andere Rettungsorganisationen grundlos zum Einsatz bringen, können empfindlich hohe Kosten verursachen. Informieren Sie Ihre Vertrauensperson und auch die Ihrer Kameraden, welche Sie in der Höhle begleiten, über die Telefonnummer der Höhlenrettung (Bundesnotruf: 02622/144).

• Planen Sie bei nicht bekannten Zustiegen auch genügend Zeit für die Suche des Höhleneingangs ein. Kalkulieren Sie ausreichende Zeitreserven für den Rückweg, der Ausstieg aus einer Höhle ist oft mühsamer, als man glaubt. Achten Sie besonders darauf, ob ein möglicher Schlechtwettereinbruch (z. B. Gewitter) einen Wassereinbruch in der Höhle verursachen könnte. Informieren Sie sich immer über die Wettersituation in Ihrem Aufenthaltsgebiet. Ein Wassereinbruch infolge eines plötzlichen Wetterumschwungs an der Oberfläche kann ein Betreten von Gängen erschweren oder auch verhindern und so den Rückweg in der Höhle versperren. Auch für den Zu- und Abstieg sind die Wetterverhältnisse zu beachten. Gewitter, Dunkelheit, Nebel und Schnee erschweren die Orientierung und somit auch das Vorwärtskommen. Ein Schlechtwettereinbruch kann auch den Rückweg um einiges erschweren und den Weg ins Tal um Stunden verlängern.

• Tragen Sie in Höhlen zum Schutz Ihres Kopfes immer einen Helm (auf dem Kopf, nicht im Rucksack). Bereits während des Zustiegs zur Höhle, sofern dieser unter Felswänden, in steilen Rinnen o. Ä. verläuft, ist der Helm auf dem Kopf zu tragen.

• Überprüfen Sie vor einer Höhlenfahrt die Funktion Ihrer Ausrüstung. Für ausreichende Beleuchtung in der Höhle ist vor dem Betreten der Höhle zu sorgen. Sie benötigen für jede Person mindestens drei voneinander unabhängige Lichtquellen. Diese müssen mit ausreichender Energie (z. B. Batterie, Karbid) ausgestattet sein. Nehmen Sie immer genügend Reservebatterien/Karbid und Wasser und/oder Ersatzglühbirnchen/Brenner mit! Sie und Ihre Begleiter sollten mit den Lichtquellen so vertraut sein, dass diese auch in der Finsternis bedient werden können.

• Verwenden Sie keine Fackeln! Diese Lichtquelle stammt aus längst vergangener Zeit, in der andere Lichtquellen nicht zur Verfügung standen. Für die Handhabung (das Tragen) einer Fackel benötigt man zumindest eine Hand. Dies behindert beim Klettern wie beim Passieren von Engstellen und erhöht die Unfallgefahr. Durch die große offene Flamme ist ein Anbrennen der eigenen Person oder eines Begleiters leicht möglich! Durch den Rauch und den Ruß der Fackel werden Höhlentiere, die sich in die Wand- und Deckenspalten zurückgezogen haben, gefährdet. Das Befahren von Höhlen mit Fackeln ist äußerst unprofessionell und daher grundsätzlich abzulehnen!

• Verbandszeug und eine ausreichend bestückte Erste-Hilfe-Ausrüstung sind immer mitzuführen! Da es in den Höhlen kalt ist, können Aludecken im Ernstfall den auftretenden Wärmeverlust bei langen Wartezeiten auf die Rettung vermindern.

• Achten Sie auf die Kälte! Da die Temperatur in den Höhlen Österreichs um die 6 Grad Celsius (und darunter) beträgt, ist das Mitnehmen warmer Kleidung zu empfehlen, denn Nässe und Feuchtigkeit lassen rasch Unbehagen aufkommen. Führen Sie immer ausreichend trockene Kleidung mit! Außerdem sollte man Höhlen nur mit festen und rutschsicheren Schuhen (Berg- oder Wanderschuhe, Gummistiefel) befahren.

• Achten Sie auf gefährliche Kletterstellen! Der Fels kann rutschig und feucht sein! Führen Sie immer ein Halteseil mit, um über steile Kletterstellen auch wieder gesichert absteigen zu können. Auch gute Kletterer finden in Höhlen völlig neue und für sie ungewöhnliche Bedingungen vor. Ein guter Alpinist ist nicht automatisch schon ein guter Höhlenforscher! Zur Orientierung dürfen keine Ariadnefäden gelegt oder Wandzeichnungen (Richtungspfeile) angebracht werden. Sich des Öfteren umzudrehen und sich die Gangprofile einzuprägen, stellt die richtige Art und Weise dar,

sich in einer Höhle zu orientieren. An Kreuzungspunkten oder Schlüsselstellen ist ein Markieren durch das Aufschichten von Steinen (Steinmännchen) erlaubt. Das Mitführen eines Höhlenplans und das Vermögen, einen Höhlenplan lesen zu können, stellen wichtige Hilfen bei der Orientierung in der Unterwelt dar.

• Wenn Sie sich während einer Höhlentour unbehaglich fühlen oder Angst verspüren, sagen Sie dies sofort Ihren Begleitern! Dies ist keine Schande, sondern zeugt von Selbsteinschätzung und Verantwortungsbewusstsein. Die Belastbarkeit jedes Menschen unterliegt seiner Kondition und seiner Tagesverfassung! Überschätzen Sie nie die eigene Kondition oder Kraft! Bedenken Sie, dass Sie die vom Höhleneingang weg bewältigte Strecke im Normalfall auch wieder zurück schaffen müssen. In der Gruppe wird immer und ausnahmslos auf das schwächste Mitglied Rücksicht genommen! Sollten Sie einer Tour nicht gewachsen sein, kehren Sie um und verschieben Sie das Vorhaben auf einen späteren Zeitpunkt. Lassen Sie nie eine Person allein den Rückweg zum Höhleneingang antreten. Abenteurer und Helden haben in Höhlen nichts verloren. Beachten Sie, dass Sie eine Heimfahrt mit dem Auto wegen einer anstrengenden Höhlentour eventuell übermüdet antreten müssen! Unfallgefahr im Straßenverkehr!

• Melden Sie sich nach Verlassen der Höhle so bald wie möglich zurück, um eine Fehlalarmierung der Höhlenrettung zu vermeiden. Sollte es zu einem Höhlenunfall kommen, so ist die Österreichische Höhlenrettung unter folgender Telefonnummer zu informieren:

BUNDESNOTRUFNUMMER: 02622 144

• Werfen Sie weder Abfall noch Karbid in der Höhle weg. Höhlen sind kein dunkler Müllabladeplatz! Alles, was Sie mitgebracht haben, tragen Sie auch wieder hinaus. Was Sie nicht mehr benötigen, entsorgen Sie daheim.

• Lagerfeuerromantik ist in Ordnung, aber nicht in oder bei Höhlen! Entzünden Sie Lagerfeuer weder in der Höhle noch in deren Portal! Der in die Höhle hineinziehende und sich in den Gängen stundenlang haltende Rauch tötet und stört auf das Empfindlichste viele kleine Lebewesen (u. a. Fledermäuse), die sich in den Spalten und Ritzen von Decke und Wänden aufhalten. Sie zeigen Professionalität, wenn Sie das Anzünden von Feuer unterlassen! Geschwärzte Höhlenwände beeinträchtigen das natürliche Bild der Höhle.

• Zahlreiche Tiere finden in unseren Höhlen Zuflucht. Berühren und belästigen Sie diese nicht! Bei den Fledermäusen zum Beispiel ist ein erschreckender Rückgang zu verzeichnen; alle in Österreich nachgewiesenen Arten stehen in der „Roten Liste der gefährdeten Säugetiere Österreichs", manche von ihnen sind dem Aussterben nahe. Daher sind die Fledermäuse gesetzlich streng geschützt und dürfen nicht gestört, gefangen und/oder in Gefangenschaft gehalten werden.

• Berühren Sie weder Tropfsteine noch den Sinterschmuck. Brechen Sie keine Tropfsteine oder andere Felsgebilde in der Höhle ab! Souvenirs dieser Art werden an der Oberfläche binnen kurzer Zeit unansehnlich! Begnügen Sie sich mit dem Betrachten der Schönheiten von Höhlen im Licht Ihrer Lampen. Halten Sie sich an das Motto der Höhlenforscher: „Nimm nichts mit als Bilder und Eindrücke, lass nichts zurück als die Spuren deines Fußes, schlage nichts tot als nur deine Zeit."

• Lassen Sie die Sedimente des Höhlenbodens unberührt. Graben Sie nicht in Höhlen herum! Sie könnten wissenschaftlich wertvolle Hinweise vernichten.

• Zeigen Sie Verantwortungsbewusstsein, seien Sie Vorbild und helfen Sie mit, dass die Höhlen Österreichs das bleiben, was sie bis jetzt waren: ein wertvoller Teil unserer Heimat, der in der Geborgenheit der Finsternis liegend unseres Schutzes und unserer Aufmerksamkeit bedarf.

Verwendete Literatur
(25): 24–28.

TIPPS UND HINWEISE ZUM GEBRAUCH DES HÖHLENFÜHRERS

Die einzelnen jeweils einer österreichischen Höhle (oder Höhlengruppe) gewidmeten Kapitel des Höhlenführers gliedern sich in verschiedene Abschnitte. Zu Beginn des Informationsteils sind neben dem „Höhlennamen", wie er im Höhlen-Kataster geführt wird, eventuelle zusätzliche Bezeichnungen angegeben. Die kurze Beschreibung unter dem Stichwort „Lage" soll eine regionale Lokalisierung der Höhle ermöglichen. Die „Katasternummer" (Kat.-Nr.) der österreichischen Höhlen besteht aus der vierstelligen Teilgruppennummer und der nach dem Schrägstrich fortlaufenden Höhlennummer. Mehrere Eingänge ein und derselben Höhle sind meist mit Kleinbuchstaben gekennzeichnet. Die „Seehöhe" gibt Auskunft über die ermittelte Höhe des Haupteingangs (wenn nicht anders angegeben) über Normalnull. Unter der Angabe „Ganglänge" wird die Summe der Längen aller Messstrecken angegeben, wobei jedoch bei den Gängen, Hallen und Domen nur die Längserstreckung der jeweiligen Räume berücksichtigt wird. Der „Gesamthöhenunterschied" ist der Vertikalabstand zwischen dem höchsten und dem tiefsten befahrbaren bzw. erreichten Punkt.

Der Abschnitt „Führungszeiten" gibt Auskunft über die Betriebszeiten einer Schauhöhle, deren Verwaltung und Besitzer bzw. Kontaktpersonen. Meist sind die Adressen der Informationsstellen angeführt und wir haben bewusst, trotz ihrer oftmaligen Kurzlebigkeit, auf Angaben von Telefonnummern nicht verzichtet. „Schauhöhlenbeleuchtung" informiert über die Beleuchtungsart in kommerziell geführten Höhlen. Bei ungeführten unterirdischen Objekten muss der Besucher selbst für geeignetes und ausreichendes Licht (auf keinen Fall Fackeln verwenden!) sorgen. Noch eine Bemerkung zu den touristisch geführten Schaubetrieben: Da die Schauhöhlen ihre Existenz meist privater Initiative verdanken, sind Leben und Sterben eines solchen Unternehmens ganz vom Engagement des Besitzers abhängig. Was heute Gültigkeit hat, kann morgen bereits verworfen sein.

Im Kapitel „Was Sie erwartet" erfahren Sie einiges über den Charakter und Verlauf der Höhle bzw. über den Führungsweg in Schauhöhlen mit ihren Raumformen und Besonderheiten.
Auch über spezifische Höhleninhalte, wie interessante Tropfsteinbildungen oder Eisvorkommen, wird der Leser informiert. Die Beschreibung des Weges in der Höhle erfolgt immer vom Höhleneingang aus und wird meistens durch eine Planskizze der Höhle unterstützt. Bei den „Höhlen-, Zugangs- und Lageplänen" handelt es sich um verkleinerte und meist stark generalisierte Planskizzen, die nach Originalunterlagen oder nach Entwürfen von Josef Wirth angefertigt wurden. Wenn bekannt, wird der Planverfasser des Originals immer im Quellennachweis angegeben.

Wenn keine geografischen Angaben verwendet werden, sind die Begriffe rechts und links immer auf die Richtung der Begehung anzuwenden. Unter „Zu beachten ist" sind nützliche Hinweise zu finden, denen der Besucher unbedingt Aufmerksamkeit schenken sollte.

Der Abschnitt „So kommen Sie hin" enthält Angaben über die Zufahrt und den Zustieg. Da Anfahrtsweg und Zugang zu den meisten Schauhöhlen gut beschildert sind, haben wir bei unserem Höhlenangebot auf unterstützende Planskizzen verzichtet.

Unter dem Hinweis „Wanderkarten" wird in erster Linie auf das fast überall erhältliche und amtliche Kartenwerk hingewiesen. ÖK = Österreichische Karte 1:50 000 (ÖK50) ist das topografische Grundkartenwerk des Bundesamtes für Eich- und Vermessungswesen. In der ersten Dekade des 21. Jahrhunderts kam es bei den topografischen Karten Österreichs zu einem völlig neuen Blattschnitt, und zwar im weltweit standardisierten UTM-Referenzsystem (Universale Transversale Mercator System). Um das gesamte Bundesgebiet abzudecken, sind jetzt 191 Kartenblätter der ÖK50-UTM nötig. Die nationale Nummerierung dieser Kartenblätter basiert auf vier Zahlen, wobei die ersten zwei Ziffern den Blattbereich innerhalb von 2 mal 1 Grad angeben und durch die nachfolgenden, von links nach rechts unten, eine fortlaufende Nummerierung erfolgt. Die internationale Blattnummerierung ist weit komplizierter und weist mit einer Buchstaben-Zahlen-Kombination auf die Position innerhalb des weltweiten UTM-Referenzsystems hin. Außerdem wird vom Bundesamt für Eich- und Vermessungswesen noch ein Kartenwerk mit größerem Maßstab angeboten. Die ÖK25V-UTM (Österr. Karte 1:25 000) stellt eine fotomechanische Vergrößerung der Österreichischen Karte 1:50 000 dar, hat daher den gleichen Blattschnitt und die gleiche Blattbezeichnung (zusätzlich mit einer Ost- bzw. West-Bezeichnung) und bietet nicht mehr Informationen als die ÖK50.

Es folgen Auskünfte über die in Österreich und Deutschland weit verbreiteten Wanderkarten der Firmen „freytag & berndt" und „Kompass". Da die „Alpenvereinskarten" das österreichische Bundesgebiet nicht annähernd abdecken, wurden nur jene Einzelblätter berücksichtigt, in deren Gebietsdarstellung beschriebene Höhlen eingetragen sind.

Die kurz gefasste Forschungsgeschichte soll den Leser über die einzelnen Phasen von der Entdeckung des Objekts bis zum heutigen Forschungsstand informieren. So wird am Ende jedes Artikels in einer knappen Schilderung der Besonderheiten der jeweiligen Höhle sowohl auf Sagen als auch auf interessante Realitäten und Begebenheiten im Zusammenhang mit dem betreffenden Objekt hingewiesen.

Verwendete Literatur
(25): 29–31.

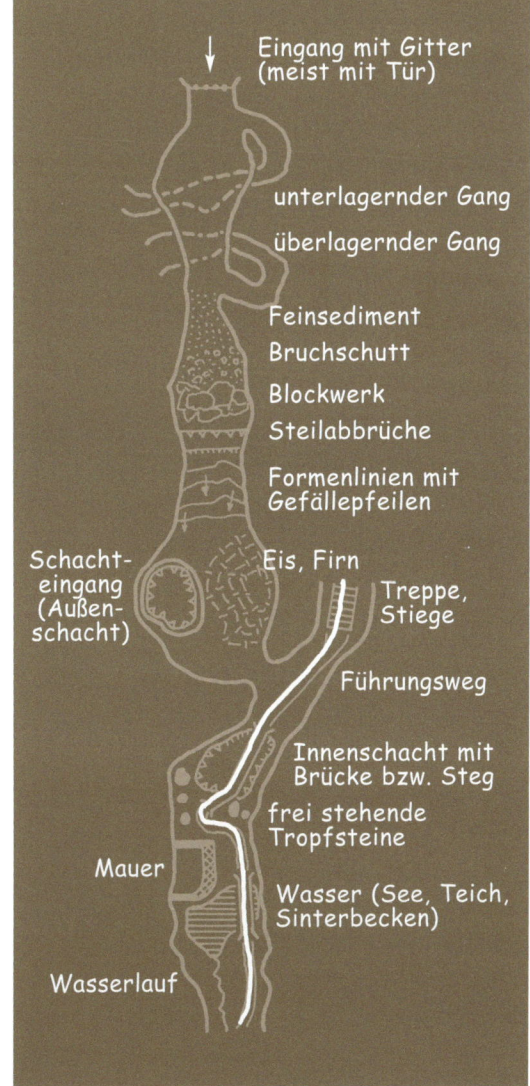

Legende für Lagepläne und Höhlenskizzen.

ÜBERSICHTSKARTE DER BESCHRIEBENEN HÖHLEN

Bregenz
62
58
59
Innsbruck
60

BURGENLAND
BÄRENHÖHLE

Offizieller Name: BÄRENHÖHLE
Weitere Bezeichnungen: Ludlloch, Windener Höhle
Lage: Im Westhang des Zeilerberges, nördlich von Winden am See
Kat.-Nr.: 2911/1
Seehöhe: 190 m
Ganglänge: 70 m (ohne nennenswerten Höhenunterschied)

Offizieller Name: GRAFENLUCKE(N)
Weitere Bezeichnungen: Zigeunerhöhle
Kat.-Nr.: 2911/3
Seehöhe: 170 m
Ganglänge aller Objekte: 40 m

Info
de.wikipedia.org/wiki/B%C3%A4ren-h%C3%B6hle_(Winden_am_See)
www.neusiedlerseewiki.at/B%C3%A4ren-h%C3%B6hle
derstandard.at/2007977/Der-Nacker-te-und-die-Baerenhoehle

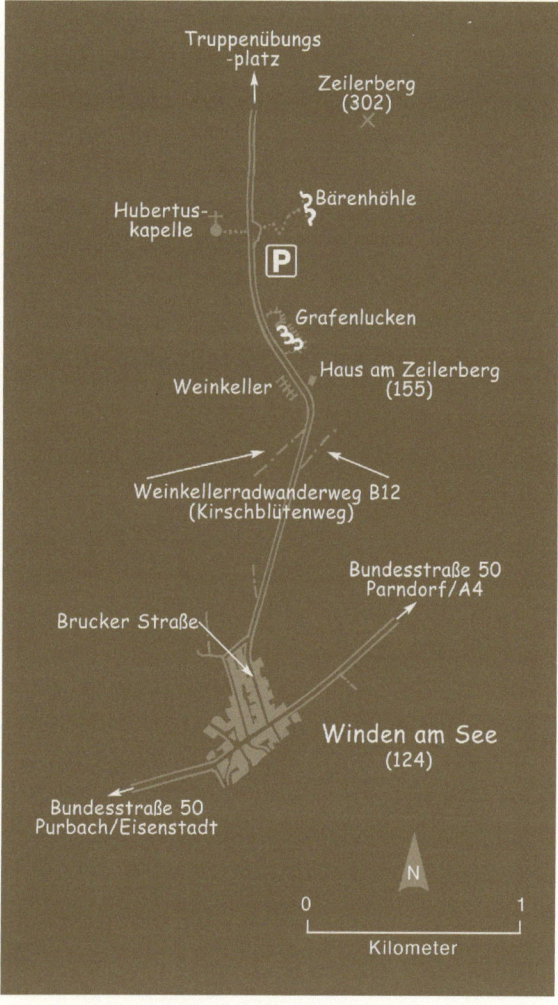

Was Sie erwartet

Bei der 70 m langen Bärenhöhle handelt es sich um eine Schichtfugenhöhle mit einer maximalen Raumhöhe von 2 m und einer durchschnittlichen Breite von 8 m mit einigen niedrigen Nebenstrecken und Seitennischen. Bei einer Besichtigung der Höhle sollte man unbedingt die Auslaugungsformen an der Decke, die sogenannten „Höckerkarren", im geräumigeren der beiden zueinander etwa parallel verlaufenden Gänge nach dem südöstlichen Eingang beachten!

Der Name der z. T. recht geräumigen Halbhöhlen „Grafenlucken" entstammt ebenfalls einer Flurbezeichnung und der Zweitname „Zigeunerhöhlen" weist auf Bewohner hin, die hier bis 1918 hausten. Als Einnahmequelle der Höhlenbewohner diente vorwiegend die Gewinnung von Reibsand und durch den dadurch bedingten Abbau der brekziösen Quarzite veränderten sich die sechs Höhlenräume beträchtlich.

Zu beachten ist

Da der Höhlenraum der Bärenhöhle sehr trocken ist und der Boden aus grobem Blockwerk sowie feinen erdigen Sedimenten besteht, kann sich ein Besuch recht staubig gestalten. Zur Begehung der Höhle genügen sicherlich zwei Taschenlampen, doch da sich die Höhlendecke oftmals bedrohlich absenkt, ist das Tragen eines Helmes durchaus empfehlenswert. Bitte in den Höhlen der Grafenlucken kein Feuer entfachen! Dies ist nicht nur verboten, sondern stört bzw. schädigt neben den sich zeitweise in Spalten aufhaltenden Fledermäusen auch andere in Höhlen lebende Tiere. Vom Betreten der größten, äußerst rechten bzw. südöstlichsten Halbhöhle ist abzuraten, da es dort immer wieder zu Verstürzen kommt. Im Jahre 1995 gab es zuletzt einen größeren Deckenverbruch.

So kommen Sie hin

Eingänge mit Gittertüren
Decke mit Höckerkarren

Als Zufahrt sollte man von der Abfahrt „Neusiedl am See" der Autobahn A4 die Bundesstraße 50 nach Winden am See (Richtung Eisenstadt) wählen. Von der Durchfahrt der Bundesstraße in Winden, der „Neusiedlerstraße", zweigt man in die „Bruckerstraße" in annähernd nördliche Richtung ab. Hier sieht man schon einige Tafeln mit Hinweisen auf die Bärenhöhle. Nach dem verbauten Ortsbereich verengt sich die Bruckerstraße und nimmt den Charakter einer asphaltierten Wirtschaftsstraße, die durch Ackergebiet führt, an. Nach der Querung des Radwanderweges „Kirschblütenweg" (B12) nähert man sich der Hügellandschaft, an deren Fuß der Reithof „Haus am Zeilerberg" steht. In den gegenüberliegenden und gelegentlich geöffneten Weinkellern kann man den herrlichen burgenländischen Wein genießen. Nach einem kurzen Stück erkennt man

an der rechten Seite die auffallenden Grafenlucken hinter dem einladenden Fest- und Grillplatz. Von hier ist es nicht mehr weit bis zur „Hubertskapelle" und dem kleinen Parkplatz (etwa zwei Kilometer nördlich von Winden) an der rechten Straßenseite. Die hier aufgestellte Hinweis- und Erklärungstafel sowie ein Naturdenkmalschild weisen auf die im Westhang des 302 m hohen Zeilerberges befindliche und frei zugängliche Bärenhöhle hin. Sie liegt etwa 20 m über dem Talgrund und ist auf einem ausgebauten Weg mit bequemen Stufen zu erreichen. Vom kleinen Vorplatz gelangt man durch die beiden mit unversperrten Gittern versehenen Eingänge in das Höhleninnere.

Wanderkarten

Österreich-Karte: ÖK-50 5203 (Neusiedl am See) bzw. NL-33-03-03
freytag & berndt: WK 271 (Neusiedler See-Rust-Seewinkel-Nationalpark; 1:50 000)
Kompass-Wanderkarte: Nr. 215 (Neusiedler See; 1:50 000)

Das jüngste und östlichste österreichische Bundesland, das Burgenland, ist nicht gerade ein „Höhleneldorado" zu nennen, dennoch wurden bis heute in diesem Gebiet etwa 60 Klein- und Mittelhöhlen entdeckt und bearbeitet. Als das größte unterirdische Naturobjekt dieses Bundeslandes kann die „Fledermauskluft" bei St. Margarethen mit 250 m Ganglänge bezeichnet werden. Eine weitaus bekanntere und wesentlich bedeutendere Höhle des Burgenlandes aber ist die Bärenhöhle bei Winden.
Der Zweitname „Ludlloch" wird von der Flurbezeichnung „Am Ludl" abgeleitet, die sich aus „Luder" (Gauner) entwickelt haben könnte. Obwohl ihr einst sehr niedriger und nur auf dem Bauch kriechend zu befahrender Eingang Einheimischen schon seit längerer Zeit bekannt war, kam die Höhle auch in ihrer ursprünglichen Form als Aufenthaltsort für lichtscheues Gesindel schwerlich infrage. Erst umfangreiche Grabungen in den Jahren 1927 und 1928 gaben der Bärenhöhle ihr heutiges Erscheinungsbild. Diese vom Paläontologischen Institut der Universität Wien durchgeführten Arbeiten brachten reiche und wissenschaftlich bedeutende Funde an eiszeitlichen Tierresten. So fanden sich Knochen von

Höhlenbären, Höhlenhyänen, Höhlenlöwe und von weiteren fossilen Arten, die an Größe deren heutige Formen durchaus übertrafen. 17 große Kisten Knochenmaterial wurden wissenschaftlich ausgewertet, wovon Skelettreste des Höhlenbären (Ursus spelaeus) den Hauptanteil bildeten.

Heutzutage kann man im Turmmuseum von Breitenbrunn ein mächtiges und vollständiges Höhlenbärenskelett aus der Bärenhöhle bewundern. Obwohl aus der unmittelbaren Umgebung urgeschichtliche Funde bekannt sind, konnte ein eindeutiger Nachweis, dass bereits der steinzeitliche Mensch die Höhle aufsuchte, noch nicht erbracht werden.

Die Bärenhöhle weist ein verhältnismäßig mildes Höhlenklima auf, daher ist es nicht verwunderlich, dass in ihr verschiedene Tierarten einen Überwinterungsplatz finden.

Seit 4. Februar 1929 steht die Bärenhöhle unter dem Schutze des Status eines Naturdenkmals nach dem Naturhöhlengesetz, sie wurde mit der BVG-Novelle vom 1. Jänner 1975 in das Bgld. Naturschutz- und Landschaftspflegegesetz übernommen.

Verwendete Literatur:
(24): 9, 12–14; (25): 32–35; (41): 273, 274; (56): 497; (57): 482–483; (82): 56–60; (84): 8–10; (177): 32.

Ausblick aus der größten Halbhöhle der Grafenlucken.

Der Höhlenbär im Turmmuseum von Breitenbrunn.

Die „Höckerkarren" beim südöstlichen Eingang der Bärenhöhle.

„Höhlenfeeling" im Burgenland, die beiden Eingänge der Bärenhöhle.

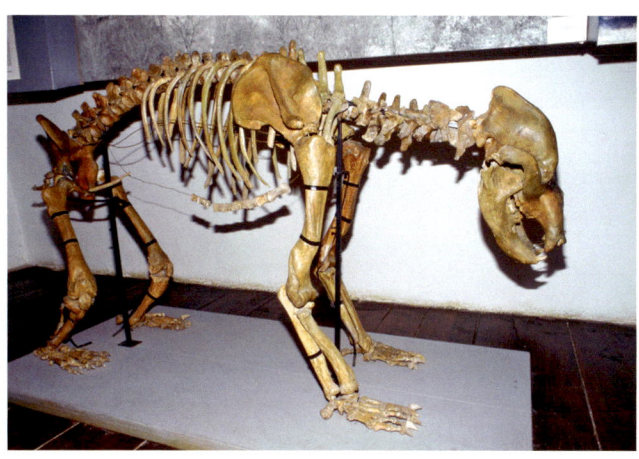

Das mächtige Höhlenbärenskelett im Turmmuseum von Breitenbrunn.

KÄRNTEN
EGGERLOCH

Offizieller Name: EGGERLOCH
Weitere Bezeichnungen: Hossé-Tropf-steinhöhlen, Hossé-Höhlen, Eckartshöhle, Napoleongrotte, Fledermausgrotte
Lage: In den Südabstürzen des Tscheltsch-nigkogels oberhalb der Schießstattwiese, bei Warmbad Villach
Kat.-Nr.: 3742/2
Seehöhe: 527 m
Ganglänge: 709 m
Höhenunterschied: 123 m

Info
de.wikipedia.org/wiki/Tscheltschnigko-gel#Eggerloch
www.kleinezeitung.at/kaernten/vil-lach/3999011/Villach_Hohlenkunst-fur-im-mer-zerstort
kaernten.orf.at/news/stories/2558283/

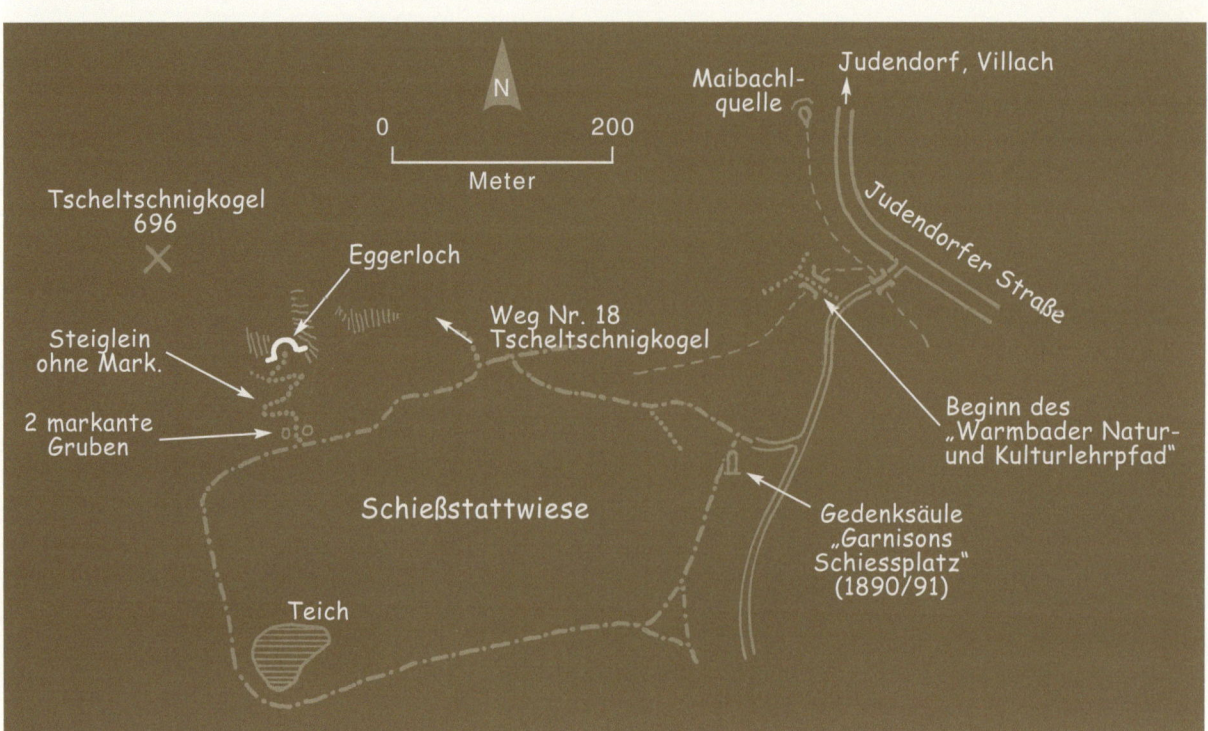

Was Sie erwartet

Eines vorweg, das Eggerloch kann zurzeit nicht betreten werden! Anlass für die wirksame Absperrung der vielbesuchten Höhle war ein unfassbarer Vandalenakt im Jahr 2012, bei dem bedeutsame rund 500 Jahre alte Höhlenzeichnungen bzw. -Gravuren zerstört wurden. Von Fledermaus-Schützern wurde schon seit längerer Zeit eine winterliche Gitterabsperrung gefordert.
Wir hoffen jedoch, dass in Zukunft von Fachleuten geführte Sommertouren veranstaltet werden.

Deshalb wollen wir auf die Beschreibung des Eggerlochs nicht verzichten. Vom lichtdurchfluteten Vorplatz führt ein gewundener Gang großräumig ins Berginnere. Nach einem durch Steinstufen erleichterten Aufstieg mit einem abschließenden Türstock verändert sich die Raumform abrupt. Die ansteigende enge „Klamm" führt in die „Gnomenhalle" und nach einem weiteren engen Gangabschnitt gelangt der Besucher in die „Titanenhalle". In dieser Halle allerdings sollte der touristische Besucher umkehren, da es in der Folge sehr rutschig wird. Auf dem beschriebenen Weg passiert man oftmals leider stark beschädigte, aber dennoch eindrucksvolle Gruppen von Tropfsteinen mit klingenden Namen. So trifft man beispielsweise auf die „Strouhal-Sinterwand", die „Gnomen", die „Keulen", das „Glockenspiel" und den „Reifrock der Titanenfrau".

Bodentrichtern (Dolinen?) ein unscheinbares Steiglein mit roten Markierungsresten ab. Dieser Serpentinenweg leitet über eine Halde zum Fuß der Tauernwand und zum Eingang des Eggerlochs hinauf.

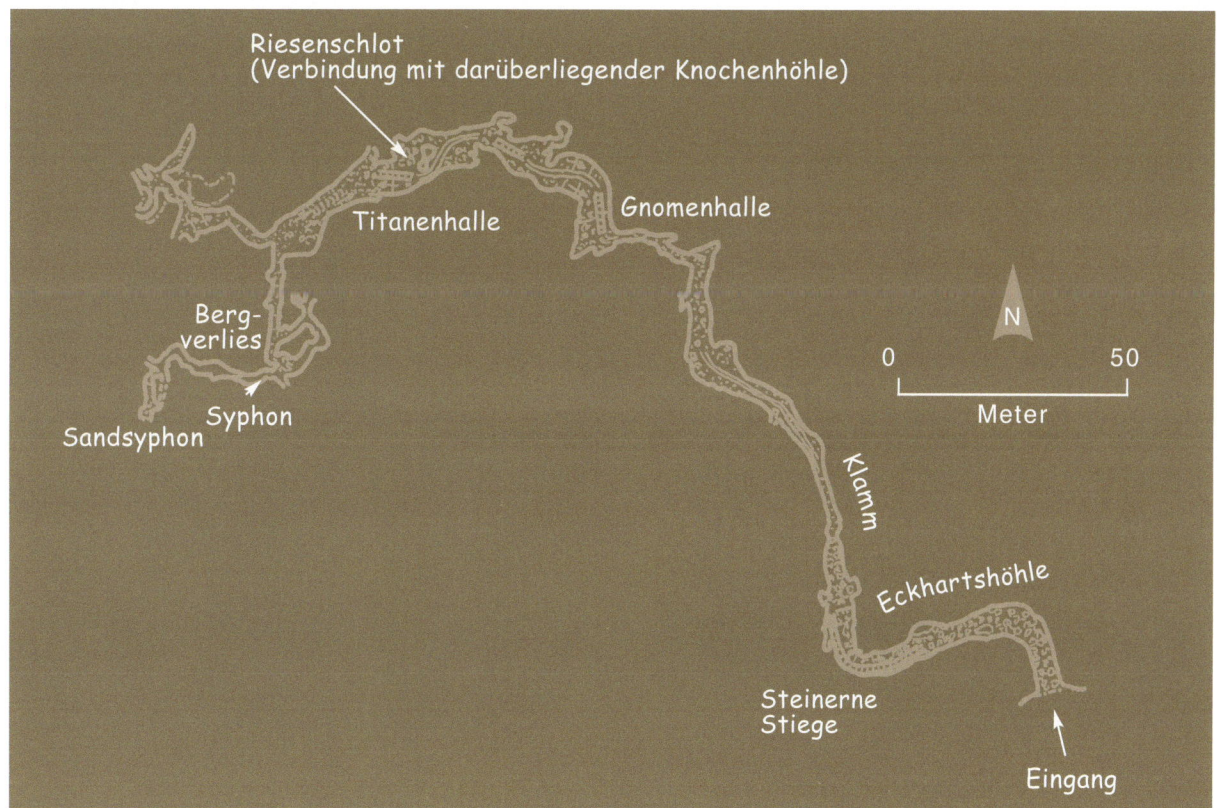

Zu beachten ist

Die massive Absperrung wird mittels versteckter Wildkameras zusätzlich überwacht.

So kommen Sie hin

Der beste Zugang erfolgt von Warmbad Villach aus. Man geht durch die Anlage beim Kurhaus Warmbad nordwärts bis zur Judendorfer Straße, bei der man auf das meist trockene Bett des „Maibachls" trifft. Auf einem Fahrweg steigt man nun durch das Tal des Maibachls, an dessen periodisch aktiven thermischen Quellaustritten vorbei zur Schießstattwiese aufwärts. Am Nordrand der Schießstattwiese führt der Weg „Rundgang Napoleonwiese" westwärts und am Südabsturz des Tscheltschnigkogels (auch Kradischen bzw. Pungart) vorbei. Bis zu einer großen Erklärungstafel mit dem Thema Eggerloch ist der Zugang gut ausgewiesen. Von der Erklärungstafel wenige Meter westwärts zweigt ohne Hinweis zwischen zwei

Wanderkarten des Gebiets

Österreich-Karte: ÖK-50 3118 (Arnoldstein) bzw. NL-33-04-18
freytag & berndt-Wanderkarte: WK 224 (Faaker See – Ossiacher See – Villach – Dreiländereck – Unteres Gailtal; 1:50 000) und Villach, Stadtplan (1:20 000)
Kompass-Wanderkarte: WK 062 (Villach – Faaker See; 1:25 000) und WK 61 (Wörthersee – Karawanken West; 1:50 000)

In den Südabstürzen des Tscheltschnigkogels, unweit von Warmbad Villach, etwa 40 m oberhalb der Schießstattwiese, befindet sich das Eggerloch. Da der kurze Zustieg nicht markiert ist und bei unserer Tour zum Teil verwachsen war, muss man derzeit einige pfadfinderische Ambitionen mitbringen, um das doch relativ große Höhlenportal zu finden.

Obwohl der Eingangsbereich des Eggerlochs schon seit Langem bekannt ist und im 16. Jahrhundert das erste Mal urkundliche Erwähnung fand, erfolgten die frühesten ernsthaften Forschungen erst durch Felix Luschan im Jahr 1872. In der folgenden Zeit wurde von vielen Höhlenforschern aus dem In- und Ausland versucht, im damals tagfernsten Höhlenteil eine vermutete Fortsetzung zu finden bzw. freizugraben. Nach mühevollen Arbeiten und Sprengungen war schließlich Oskar Hossé und seinen Kameraden am 23. Oktober 1937 mit dem Erreichen der „Gnomenhalle" der große Erfolg beschieden. Dieses Team blieb weiter hartnäckig: Fünf Wochen darauf entdeckte es die „Titanenhalle" und später die „Echokapelle" sowie die beiden „Titanenverliese". An sich war Oskar Hossé ein eigenbrötlerischer Einzelgänger, der nach diesen bedeutenden Entdeckungen der Meinung war, er sei hiermit nun auch Besitzer der Höhle. Er baute die Höhle für den allgemeinen Besuch aus und meldete sie als „Hossé-Tropfsteinhöhlen" bei dem für ein derartiges Vorhaben nach 1938 im Dritten Reich zuständigen „Reichsbund deutscher Höhlen und Schaubergwerke" als Schauhöhle an. Dies war aber dem Grundeigentümer nun doch zu viel des Guten und es entspann sich daher ein unübersichtlicher und verworrener Rechtsstreit, 1950 wurde sogar ein Entmündigungsverfahren – allerdings erfolglos – gegen den alternden Forscher Oskar Hossé angestrengt. Während dieser Streitigkeiten und durch die Wirren der Kriegszeit hatte der Tropfsteinschmuck in der Höhle leider großen Schaden erlitten.

Eine neue Ära der Forschung im Eggerloch begann 1969 durch Mitglieder des „Landesvereins für Höhlenkunde in Kärnten". Dessen bedeutendsten Erfolge waren im Jahr 1970 die Entdeckung des „Heinz-Gruber-Domes", im Oktober 1975 die Herstellung einer Verbindung zur „Knochenhöhle" und 1993 nach entbehrungsreichen Vorarbeiten das Auffinden von weiteren, sehr feuchten Gangteilen.

Waren im Eggerloch ursprünglich nur 140 m Ganglänge bekannt, so konnten diese durch die Forschungen in den Neunzigerjahren auf 709 m bei einem Höhenunterschied von 123 m erhöht werden, womit das Eggerloch als derzeit längstes unterirdisches Naturobjekt im Bereich der Villacher Alpe war. Wegen ihrer zoologischen Bedeutsamkeit wurde diese Höhle schon 1941 unter Schutz gestellt.

Verwendete Literatur:
(24): 9, 23–24; (25): 43–45; (107): 22–23; (125): 55–56; (154): – ; (178): 115–124.

Der Eingangsbereich des seit Langem bekannten Eggerlochs.

In der „Titanenhalle", entdeckt 1937 von Oskar Hossé.

KÄRNTEN
GRIFFENER TROPFSTEINHÖHLE

Offizieller Name: GRIFFENER TROPF-
STEINHÖHLE
Lage: Am Fuß des Griffener Schlossbergs
Kat.-Nr.: 2751/1
Seehöhe: 485 m
Gesamtlänge: etwa 200 m
Höhenunterschied: 17 m

Führungszeiten
Im Mai, Juni und September beginnen die
Führungen jeweils zur vollen Stunde von 9 bis
11 und von 13 bis 16 Uhr. In den Hauptsaison-
monaten Juli und August sind die stündlichen
Besichtigungen zwischen 9 und 16 Uhr möglich. Im Oktober erfolgen die Führungen um
10, 13 und 16 Uhr, jedoch nur ab fünf erwachsenen Teilnehmerinnen und Teilnehmern.
Pro Führung beträgt die Gruppengröße bis 25
Personen, daher wird um telefonische Voranmeldung gebeten. Auch bei einem Besuchs-
wunsch außerhalb der Führungszeiten sollte
vorher telefonisch Kontakt aufgenommen
werden.
Informationen und Karten für die Führungen
erhält man im Vereinshaus des Verschöne-
rungsvereins in unmittelbarer Nähe des
Höhleneingangs.

Schauhöhlenbeleuchtung: elektrisch und Multimediashow.

Kontakte
Verwaltung: Verschönerungsverein Markt
Griffen, A-9112
Tel.: +43 (0) 4233 2029

Info
www.schauhöhlen.at
www.tropfsteinhoehle.at
griffen@tropfsteinhoehle.at
de.wikipedia.org/wiki/Griffener_Tropfstein-
h%C3%B6hle

Was Sie erwartet
Durch die fast prunkvoll anmutende Absperrung,
ein ehemaliges Kirchengitter aus dem Jahr 1730,
betritt der Besucher die in Dämmerlicht gehaltene Vor- bzw. Eingangshalle. Die Teilnehmerinnen und Teilnehmer an der Führung erreichen
das eigentliche Höhleninnere durch eine Tür an
der Rückwand der Vorhalle, die erst während der
letzten Kriegsmonate des Jahres 1945 zufällig bei
Grabungsarbeiten durch französische Kriegsge-
fangene aufgefunden wurde. Hinter der gut schlie-
ßenden Tür (Wettertür) liegt der sogenannte „Erste Höhlenraum"; weiter führt der Führungsweg
unterhalb der „Brücke" in die „Seitenkammer"
und danach aufsteigend in den „Hauptraum". Der

folgende Rundgang, vor allem in der „Fleischer-
kammer", weist sehr schönen Tropfsteinschmuck
auf. Nach dem nochmaligen Besuch der über 10 m
hohen Haupthalle wird der innere Teil der Höhle
über die „Brücke" verlassen. Durch eine weitere
Tür leitet die Führung in den oberen Abschnitt
der Eingangshalle, wo sich die Lehrschau und die
später beschriebene „Multimediashow" befinden.

Zu beachten ist
Während der Hochsaison und bei Schlechtwetter
kann es zu stärkerem Andrang und daraus resul-
tierenden Wartezeiten kommen.

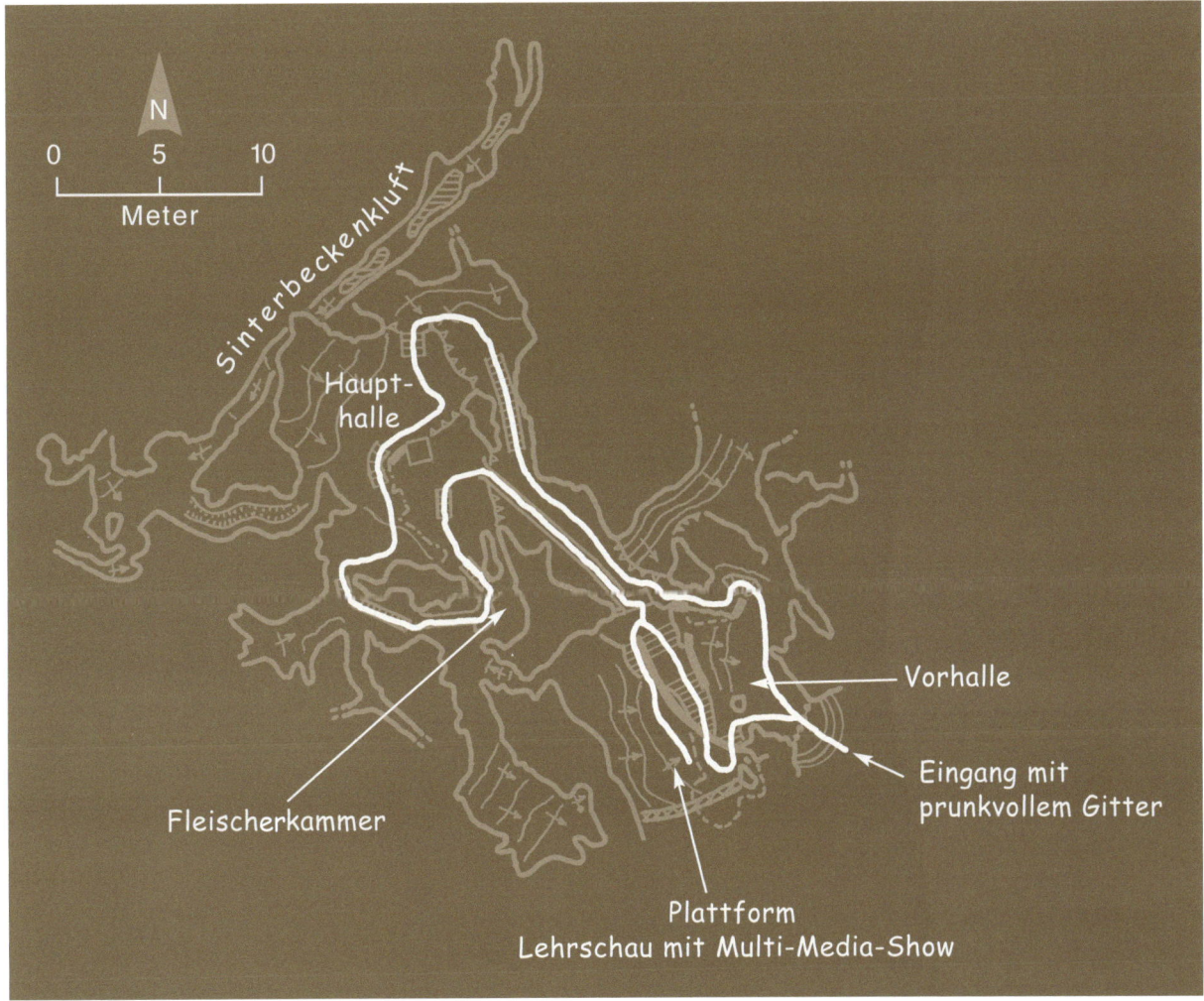

So kommen Sie hin

Die Höhle liegt am Fuß des Griffener Schlossbergs, unmittelbar neben der Pfarrkirche im Ortszentrum von Griffen. Gute Parkmöglichkeit gibt es am Kirchenplatz. Durch die in Unterkärnten liegende Marktgemeinde Griffen führt die Bundesstraße 70, der Ort ist auch über ein kurzes Straßenstück von der Südautobahn (A2, E66) über die Abfahrt „Exit 273" zu erreichen.

Wanderkarten des Gebiets

Österreich-Karte: ÖK-50 4109 (Sankt Paul im Lavanttal) bzw. NL-33-05-09
freytag & berndt-Wanderkarte: WK 237 (Saualpe – Region Lavanttal – Koralpe – Region Schilcherheimat; 1:50 000)
Kompass-Wanderkarte: WK 219 (Lavanttal – Saualpe – Koralpe; 1:50 000)

Die Griffener Tropfsteinhöhle ist jene Schauhöhle Österreichs, die über den kürzesten und bequemsten Zugang verfügt. Der raffiniert und klug angelegte, etwa 100 m lange Führungsweg bietet heute dem Besucher nicht nur überraschend vielfältige Raumformen, sondern er lässt ihn auch die im elektrischen Scheinwerferlicht aufleuchtenden mehrfarbigen Tropfsteingebilde bewundern. Wegen der ungewöhnlichen Färbung ihrer Kalksteingebilde – schwarz, rot, ocker mit vielen Zwischentönen – wurde die Griffener Höhle mit dem Attribut „bunteste Tropfsteinhöhle Österreichs" versehen.

Im Eingangsbereich fanden unter Einbeziehung aller Höhlenetagen von 1957 bis 1960 mehrere Grabungskampagnen statt, die den Archäologen große Erfolge brachten. So wurden neben zahlreichen Resten noch heute lebender bzw. subfossiler Säugetiere auch solche von ausgestorbenen Arten wie Mammut, Wollhaarnashorn, Steppenwisent, Riesenhirsch, Wildpferd, Höhlenlöwe, Höhlenhyäne und Höhlenbär geborgen. Noch sensationeller war damals sicherlich der Nachweis von vier Kulturstufen aus dem Paläolithikum, Mesolithikum, Neolithikum und aus der Hallstattzeit. Aufgrund des Fundes von zwei Feuerstellen und Artefakten aus der Altsteinzeit zählt daher Griffen zu den ältesten Orten in Kärnten mit nachgewiesener menschlicher Besiedelung.

Nachdem man die wirkungsvoll beleuchteten Höhlenräume und -gänge im Zuge einer Führung durchstreift hat, bietet sich zum Abschluss noch eine weitere Attraktion an: Im oberen Teil der Vorhalle wurde auf einer Plattform eine kleine Lehrschau eingerichtet. Seit Juni 1998 gibt es in diesem kleinen Museum noch eine zusätzliche Multimediashow. Diese zurzeit in Österreich einzigartige Höhlen-Show wird mittels Licht, Ton, figuraler Darstellungen und einer Nebelmaschine gestaltet und behandelt die Entwicklung der Erde und des Lebens, beginnend mit dem Urknall; ihr Schwerpunkt liegt jedoch auf der Evolution der Lebewesen, vor allem jener des Menschen. Ein eigener Abschnitt behandelt auch die regionale Geschichte des Ortes Griffen und seiner Tropfsteinhöhle.

Die am 24. Juni 1956 eröffnete Schauhöhle wurde mit Bescheid des Bundesdenkmalamts vom 13. März 1957 zur geschützten Höhle erklärt.

Verwendete Literatur_
(24): 9, 15–16; (25): 36–38; (76): 122; (111): 201; (169): – .

Der Eingang zur Höhle: ein prachtvolles ehemaliges Kirchengitter als Absperrung.

Höhlenbärenschädel in der Lehrschau der Griffener Tropfsteinhöhle.

Die effektvoll beleuchtete Haupthalle der Griffener Tropfsteinhöhle.

Szenische Darstellung des Frühmenschen.

Verschiedenfarbige Sinterbildungen in der Griffener Tropfsteinhöhle, die zu den buntesten Höhlen Österreichs zählt.

Offizieller Name: OBIR-TROPFSTEINHÖHLEN
Kat.-Nr.: 3925/1–3
Seehöhe des Eingangs „Wilhelm-Stollen": 1078 m
KLEINE GROTTE: Kat.-Nr. 2925/1
Gesamtganglänge: 130 m
LANGE GROTTE: Kat.-Nr. 3925/2
Gesamtganglänge: 260 m
WARTBURGHÖHLE: Kat.-Nr. 3925/3
Gesamtganglänge: 700 m

Führungszeiten

Fahrplan (für das Jahr 2016) des Pendelbusses ausgehend von Bad Eisenkappel zur Höhle (geringfügige jährliche Datumsänderungen möglich):

16. bis 30. April: Montag, Mittwoch, Freitag, Samstag um 14.00 Uhr

16. bis 30. April: Sonntag und Feiertag um 11.00 und 14.00 Uhr

Mai und Juni täglich um 11.00 und 14.00 Uhr

Juli und August: täglich um 9.30, 10.00, 11.00, 11.30, 12.30 und 13.00 Uhr

(an Regentagen oder auf Anfrage auch nachmittags)

September: täglich um 11.00 und 14.00 Uhr

1. bis 16. Oktober: Montag, Mittwoch, Freitag, Samstag um 14.00 Uhr

1. bis 16. Oktober: Sonntag und Feiertag um 11.00 Uhr und 14.00 Uhr

Neben den normalen Führungen, dem Klassiker, werden noch folgende Möglichkeiten geboten:

- Kombination Obir-Tropfsteinhöhlen und Geopark Karawanken – im Geoparkzentrum kann man sich auf spielerische Art auf eine Entdeckungsreise durch die Erdgeschichte begeben. Auf diese Weise kann man mit einem Kombiticket zwei tolle Glanzpunkte besuchen.
- Kinderführung – mittels Spaß-Erlebnissen ist diese Führung für alle Kinder recht lehrreich.
- Exklusive Führungen für spezielle Wünsche – z. B. Privatführung durch die Höhle, nur zu zweit – Jubiläum feiern – Heiratsantrag – spezielle Musikwünsche bei den Stationen u. v. m.

Aus Sicherheitsgründen dürfen Kinder erst ab dem Alter von vier Jahren teilnehmen.
Schauhöhlenbeleuchtung: elektrisch, Ton-Diashow und Lichteffekte.

Kontakte

Verwaltung: Obir-Tropfsteinhöhlen, Christian Varch, Hauptplatz 79, A-9135 Bad Eisenkappel
Tel.: 43 (0) 4238-8239 Fax: -8239-10
obir@hoehlen.at

Info

www.hoehle.at
www.schauhöhlen.at
www.kaernten-top10.at/de/obir-tropfsteinhoehlen/
www.erlebnis.net/obir-tropfsteinhoehlen

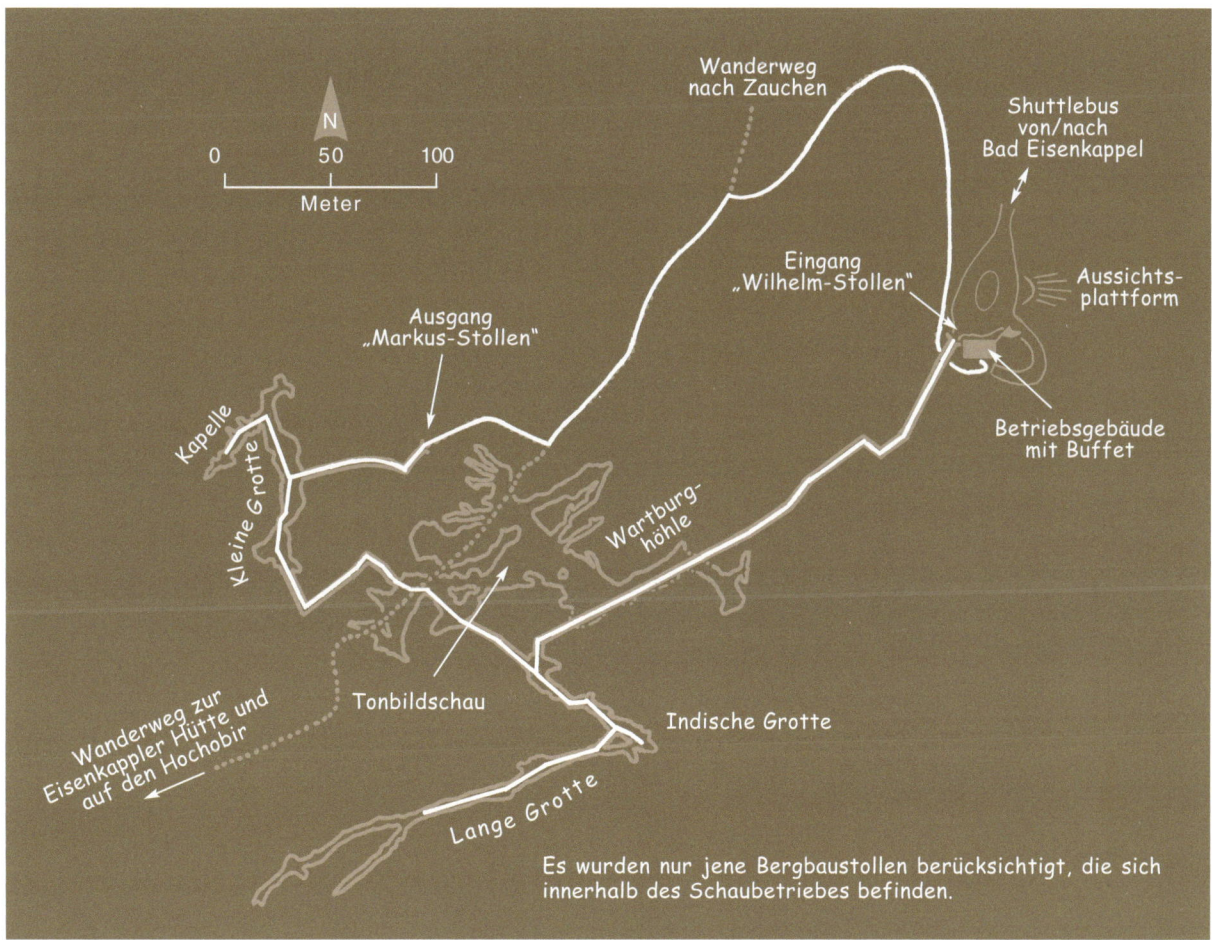

Was Sie erwartet

Ausgangspunkt für den Besuch des Tropfstein-Juwels im Obir ist das Lokal der Höhlenverwaltung im Zentrum der Marktgemeinde Bad Eisenkappel. Hier befindet sich nicht nur der Kartenverkauf, sondern der Besucher kann sich auch in diversen Sprachen über den professionell geführten Schauhöhlenbetrieb informieren und sich reichlich mit Höhlenliteratur sowie Souvenirs eindecken. Das Geschäftslokal dient auch als Abfahrtsstelle der Autobusse des regelmäßigen Pendelverkehrs zur Unterschäffleralpe. Durch diesen Zubringerdienst wird auf der mit „allgemeinem Fahrverbot" belegten Bergstraße nicht nur zur Verkehrssicherheit beigetragen, sondern auch dem Umweltschutzgedanken Rechnung getragen. Die Führung nimmt beim Betriebsgebäude auf der Unterschäffleralpe ihren Anfang. Das „unterirdische Zauberreich" selbst betreten die erwartungsvollen Besucher durch den „Wilhelm-Stollen". An und für sich ist die Bezeichnung „Obir-Tropfsteinhöhlen" ein Sammelbegriff für die drei bei den Bergbauarbeiten angefahrenen einzelnen Höhlenräume. In den Schaubetrieb sind die folgenden Naturhöhlen eingebunden und durch Bergwerksstollen miteinander verbunden: die „Kleine Grotte" (ca. 130 m lang), die „Lange Grotte" (ca. 260 m lang) und die „Wartburghöhle" (ca. 700 m lang). Wer Tropfsteinschmuck gerne sieht und sich daran erfreuen kann, wird von dem gebotenen Schauspiel begeistert sein: Im Licht elektrischer Lampen erstrahlen die Naturschönheiten der unzähligen Sinterformationen von Stalagmiten, Stalaktiten, Tropfsteinsäulen, Sinterbecken bis hin zu Kalzitkristallen und den bizarren Excentriques. Während der eineinhalbstündigen Höhlentour legt der Besucher 1,3 km im Berginneren zurück und passiert dabei verschiedene Präsentationen, die mit Ton- und Lichteffekten sowohl über Höhlenkundliches als auch über den Bergbau unterhaltsam informieren. In der großen Halle der „Wartburg" wird der Besucher noch zusätzlich mit einer Ton-Diashow überrascht.

So kommen Sie hin

Bad Eisenkappel, die südlichste Marktgemeinde Österreichs, erreicht man entweder von Völkermarkt aus über die Bundesstraße 82 oder von

Klagenfurt auf der B85. Das Geschäftslokal der Höhlenverwaltung am Hauptplatz von Bad Eisenkappel ist der Ausgangspunkt für die Auffahrt mit dem Spezialbus zum Höhleneingang bzw. dem Betriebsgebäude mit Buffet und Souvenirshop.

Wanderkarten des Gebiets

Österreich-Karte: ÖK-50 4114 (Bad Eisenkappel/ Železna Kapla) bzw. NL-33-05-14
freytag & berndt-Wanderkarte: WK 238 (Südkärnten – Klopeiner See – Völkermarkt – Bleiburg – Karawanken; 1:50 000)
Kompass-Wanderkarte: WK 65 (Klopeiner See – Karawanken Ost – Steiner Alpen; 1:50 000)

Im Bereich des Hochobirs gab es ab 1720 etwa ein Dutzend Bergbaureviere, die vorwiegend Blei- und Zinkabbau betrieben und eine Stollenlänge von über 600 km aufwiesen. Die größten Fördermengen und die daraus resultierende Blütezeit der Bergwerke fielen in die zweite Hälfte des 19. Jahrhunderts, dann folgte allmählich der Niedergang. 1941 wurde schließlich der gesamte Blei- und Zinkabbau wegen Unrentabilität eingestellt; das Revier auf der Unterschäffleralpe, auf der sich die Obirhöhlen befinden, war schon 1913 stillgelegt worden; im Jahr 1903 fanden die wundersamen Auskleidungen der Naturhöhlen erstmals Erwähnung in einem Fremdenführer. Ihre Besichtigung

Der Umsichtigkeit der Bergmänner ist es zu verdanken, dass dieses Naturjuwel der Obir-Tropfsteinhöhlen erhalten geblieben ist.

Entdeckt wurden die Obir-Tropfsteinhöhlen, ein wahres Zauberreich von großen und wunderschönen Tropfsteinen, um das Jahr 1870 von einem uns heute unbekannten Kärntner Bergmann. Nach der anfänglichen Begeisterung über dieses Naturschauspiel nützte man die Hohlräume jedoch zunächst als willkommene Depots für taubes Gestein, um sich den mühsamen Abtransport desselben zu ersparen – die unterirdischen Räumlichkeiten wurden zum Teil mit wertlos erscheinenden Felsbrocken aufgefüllt. Nur die später „Kleine Grotte" benannte Höhle blieb von bergbaulichen Ablagerungen frei, sie diente den Knappen als Kapelle.

war jedoch unmöglich geworden, da nach der Einstellung des Erzabbaues die Stolleneingänge verschlossen worden waren. Aus ihrem Dornröschenschlaf erwachten die Obirhöhlen erst 1955 nach Begehungen durch Mitarbeiter des Bundesdenkmalamts und 1959 konnte der international anerkannte Speläologe Hubert Trimmel in einer wissenschaftlichen Dokumentation resümierend feststellen: „Die Höhlen der Unterschäffleralpe gehören zu den schönsten Tropfsteinhöhlen Österreichs." Mit der Gründung des Vereins „Obir-Tropfsteinhöhlen" im Jahr 1987 und ein Jahr später der „Obir-Tropfsteinhöhlen Errichtungs- und Betriebsges.m.b.H." begannen Pla-

Wie eine Märchenlandschaft aus leuchtenden Tropfsteinen offenbaren sich die Naturschönheiten der Obir-Tropfsteinhöhlen.

nung und Realisierung des Jahrhundertprojektes, die Höhlen der Öffentlichkeit zugänglich zu machen. Das 30-Millionen-Schilling-Vorhaben wurde nicht nur von der Politik, der Wirtschaft und den umliegenden Gemeinden getragen, sondern auch von zahlreichen Einzelpersonen unterstützt, die vor allem die „Knochenarbeit" leisteten. Es wurde sowohl eine Bergstraße aufwendig ausgebaut als auch ein großzügiges Betriebsgebäude samt Restaurant in einer Seehöhe von 1080 m errichtet. Die mühsamsten Arbeiten warteten jedoch in den Stollenanlagen und Höhlen, da vor allem das störend abgelagerte Gestein entfernt werden musste. Nach dem Ausbau der Steiganlagen und dem Einbau der technischen Einrichtungen konnte Anfang April 1991 der Schauhöhlenbetrieb aufgenommen werden. Da bei klarer Sicht von der Terrasse des Betriebsgebäudes auf der Unterschäffleralpe oder vom Ausgang des „Markus-Stollens" ein herrlicher Ausblick auf das Kärntner Unterland genossen werden kann, sollte der Besuch der Höhlen keineswegs ausschließlich ein Schlechtwetterprogramm darstellen.

Die Obir-Tropfsteinhöhlen gehören gegenwärtig sicherlich zu den am wirkungsvollsten eingerichteten und am besten präsentierten Schauhöhlen

Österreichs und halten mit ihrer Infrastruktur jeglichem internationalen Vergleich stand. Ihr Besuch vermittelt eine außergewöhnliche Begegnung mit den Schätzen der Natur.

Wie eine hauchdünn durchzogene Speckscheibe zeigt sich diese Sinterfahne im Lichtschein der Karbidlampe.

Verwendete Literatur:
(24): 9, 19–22, 161; (25): 39–42; (49): – ; (169): – ; (175): 25–33; (187): 57–66.

KÄRNTEN
ROSALIENGROTTE

Offizieller Name: ROSALIENGROTTE
Lage: Im Nordabfall des Hemmabergs bei
Jaunstein
Kat.-Nr.: 3933/1
Seehöhe: 790 m
Ganglänge: etwa 40 m

Kontakt
Geschichtsverein Hemmaberg-Juenna
9142 Globasnitz 111
Präsident: Wolfgang Wölbl
Tel.: +43 (0) 4230 / 310–14
nicole.butej@ktn.gde.at

Info
www.museum-globasnitz.at/28-0-Rosalien-
grotte.html
de.wikipedia.org/wiki/Hemmaberg

Frei zugänglich ohne Führung.

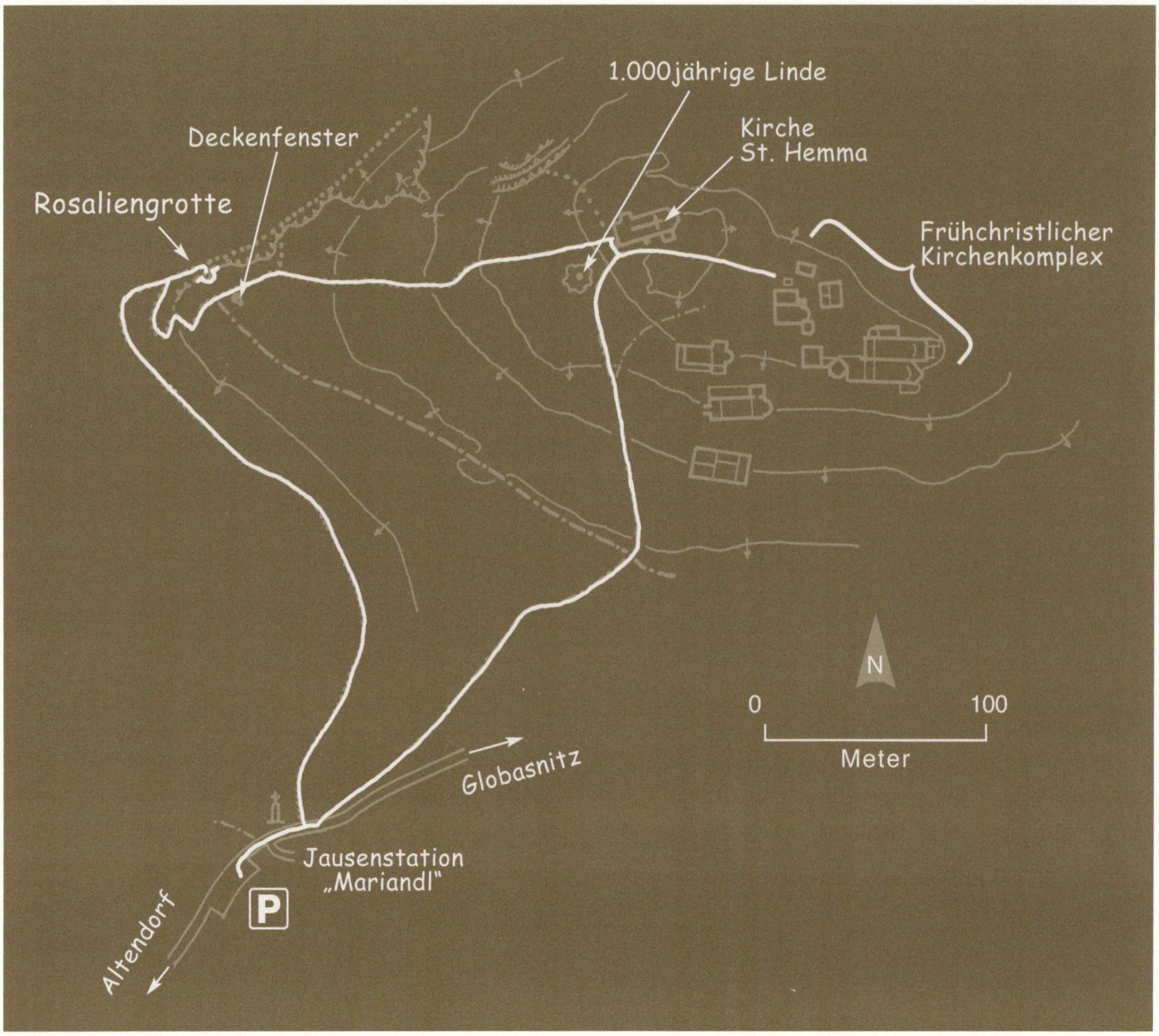

1.000jährige Linde

Deckenfenster

Kirche
St. Hemma

Rosaliengrotte

Frühchristlicher
Kirchenkomplex

N

0   100
Meter

Globasnitz

Jausenstation
„Mariandl"

P

Altendorf

Was Sie erwartet

Die Rosaliengrotte betritt man durch ein beeindruckendes, etwa 10 m breites und an die 20 m hohes Portal. Im ansteigenden Boden des Eingangsbereichs entspringt eine Quelle. Ihr Wasser, das sich aus einer gegabelten Holzrinne in ein romanisch anmutendes Steinbecken ergießt, soll besonders bei Augenleiden eine ungewöhnliche Heilkraft entwickeln. Eine Hinweistafel aus Marmor erklärt dem Besucher, dass das Quellwasser mit positiver rechtsdrehender Polarität aufgeladen sei und dadurch Kraft spenden könne.

An der rechten Wand führen Stufen über den steilen Höhlenboden hinauf zu einem eingeebneten Rastplatz und einer Kapelle am Ende der etwas über 30 m langen Rosaliengrotte. Durch das auffällige Deckenfenster, das in Sagen und Legenden der Region eine wichtige Rolle spielt, wird auch der innere Teil der Kulthöhle erhellt. In der kleinen, hölzernen Rosalienkapelle ist neben zahlreichen Votivgaben eine lebensgroße Plastik der Rosalia zu sehen, welche auf dem Boden der Kapelle liegt. Die Sandsteinstatue der Heiligen – sie lebte als Einsiedlerin im 12. Jahrhundert in einer sizilianischen Höhle in der Nähe von Palermo – wurde vom Südtiroler Bildhauer Hans Planger im Jahr 1927 geschaffen und erinnert an die Auffindung des Leichnams dieser legendenumwobenen Frau.

Eine weitere Sehenswürdigkeit der Umgebung stellt vor allem die archäologische Ausgrabung auf der Gipfelkuppe des Hemmabergs dar. Das ebene Gebiet um die höchste Erhebung war schon im zweiten Jahrtausend v. Chr. besiedelt und von der keltischen Zeit an bis in die Spätantike und in die Zeit der Völkerwanderung kontinuierlich bewohnt. Die bereits zu Beginn des 20. Jahrhunderts freigelegten bedeutenden frühchristlichen Bauten wurden im Zuge jüngerer Ausgrabungen neuerlich in ihren Grundmauern freigelegt und als großartiges Freilichtmuseum konserviert. Dieser frühe christliche Wallfahrtsort aus dem 5. oder 6. Jahrhundert zeigt die Spuren mehrerer Kirchen, darunter einer Doppelkirche, sowie einiger Profanbauten. Auch die nahe gelegene spätgotische Wallfahrtskirche „St. Hemma" ist sehr sehenswert, leider aber meistens verschlossen. Den geschichtsträchtigen Ausflug mit Naturerlebnis und kultischem Charakter könnte ein Besuch des Antikenmuseums in Globasnitz abrunden, in dem nicht nur die Ausgrabungen der Umgebung gut aufgearbeitet wurden, sondern auch die kunstvollen Mosaike der Grabungsstelle „Hemmaberg" zu bewundern sind.

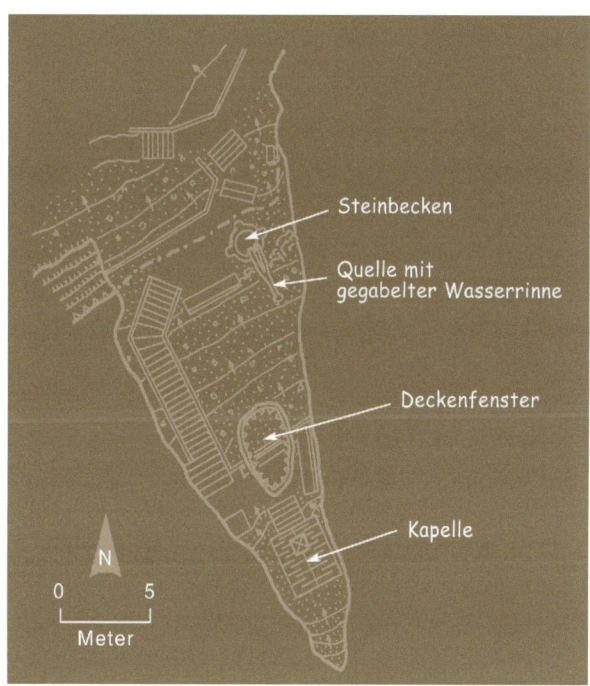

Zu beachten ist

Die Rosaliengrotte ist derzeit aus Sicherheitsgründen abgesperrt und der Eintritt wegen akuter Steinschlaggefahr verboten. Die beiden Zugangswege jedoch sind frei begehbar und die Heilquelle wurde aus der Höhle geleitet. So steht die Mirakelquelle Pilgern, Okkultisten, Spiritisten und sonstigen durstigen Besuchern zur Verfügung.

So kommen Sie hin

Den aussichtsreichen Hemmaberg erreicht man von Globasnitz aus auf einer bezeichneten, 4 km langen Asphaltstraße. In der Nähe des Plateaus ist ein Parkplatz mit Umkehrmöglichkeit und nahe gelegener Jausenstation vorhanden. Die Rosaliengrotte sowie die archäologischen Ausgrabungen erreicht man zu Fuß in 10 Minuten (siehe Lageskizze).

Wanderkarten

Österreich-Karte: ÖK-50 4114 (Bad Eisenkappel/ Železna Kapla) bzw. NL-33-05-14
freytag & berndt-Wanderkarte: WK 238 (Südkärnten – Klopeiner See – Völkermarkt – Bleiburg – Karawanken; 1:50 000)
Kompass-Wanderkarte: WK 65 (Klopeiner See – Karawanken Ost – Steiner Alpen; 1:50 000)

Der Hemmaberg, der heilige Berg des schönen Jauntals, erhebt sich unweit von Globasnitz und zählt mit seinen freigelegten frühchristlichen Kirchen zu den ältesten Wallfahrtsorten der Alpen. Als Ziel von Pilgerfahrten hat der Berg auch mehr als tausend Jahre später noch nicht ausgedient – noch heute wandern zahlreiche Gläubige zur spätgotischen „Hemmakirche" auf der Bergkuppe oder zur „Rosalienkapelle" in der gleichnamigen Höhle am Fuß der Felsabstürze. Sicherlich hatte die Höhle in der Antike schon eine gewisse Bedeutung als Ort religiöser Andacht; im Mittelalter verehrte man hier die heilige Hemma, die erst zur Pestzeit durch die damals „modern" gewordene Schutzpatronin vor Seuchengefahr, die heilige Rosalia, ersetzt wurde. An den vielen Kultstätten und Wallfahrtszielen in Kärnten – nicht weniger als 243 zählte man gegen Ende des 19. Jahrhunderts – dominiert die Verehrung der Jungfrau Maria eindeutig. Wie bei den meisten Volksheiligen der Fall, so stehen auch die Wallfahrten zur Gottesmutter, zur heiligen Hemma oder auch zur heiligen Rosalia mit Mirakelgeschichten in enger Verbindung.

So erzählt eine Legende aus der Zeit um 1600 Folgendes: Wegen eines verloren gegangenen Ochsen warf ein erzürnter Bauer seinen Halterbuben durch das Deckenfenster in die Höhle. Als der reuige Bauer am Abend sehr zerknirscht nach Hause kam, saß der Bub gesund bei Tisch, denn die heilige Rosalia hatte ihn auf wundersame Weise gerettet. Dieser Gründungssage zufolge ließ der Bauer aus Dankbarkeit in der Höhle die erste Kapelle mit einer Statue der wundertätigen Heiligen errichten.

Angeblich hat die heilige Rosalia hier schon früher ihre Rettungsdienste ausgeübt, so auch, als einmal ein wunderschönes Mädchen aus dem Jauntal von einem Burschen so sehr bedrängt wurde, dass es sich in seiner Not der Heiligen anvertraute und durch das Loch in die Höhle sprang. Rosalia fing das Mädchen mit ihrer Schürze auf, und die Legende versichert uns weiter, dass jede Jungfrau reinen Herzens den Sprung ohne Gefahr wagen könne. Von einem solch waghalsigen „Jungfernsprung" – so lautet der Fachausdruck in Sage und Legende – sollte man jedoch besser absehen, denn wer ist schon frei von jeder Schuld? Außerdem ist es fraglich, ob die Heilige gerade anwesend ist oder nicht etwas Wichtigeres zu tun hat. Tatsache ist jedenfalls, dass der Superior des Stiftes Eberndorf, Andreas Olipez, im Jahr 1669 „eine sieben Schuh lange steinerne Statue St. Rosalia" in Auftrag gab und diese „mit großer Mühewaltung durch das große Loch" in die Höhle verfrachten ließ. Im November des Jahres 1680 wurde in der Grotte anstelle der alten Kapelle eine neue errichtet. Am 4. September 1681, dem Gedenktag der heiligen Rosalia, soll die Rosalienkapelle das Ziel einer Prozession gewesen sein, an der 1000 Personen und 23 begleitende Priester teilnahmen. Die heutige Kapelle wurde im Jahr 1926 errichtet.

Verwendete Literatur:
(24): 9, 27–29; (25): 36–38; (52): 148; (66): 41; (111): 184–186; (115): 203–205.

Blick vom Kapellen-Vorplatz zum Höhlenportal.

Die Sandsteinfigur der Heiligen im Inneren der Rosalienkapelle.

Am „Augenbründl": Das mit Männerköpfen geschmückte Steinbecken gibt Rätsel auf.

Schmiegt sich eng an die Höhlenwand: die Wallfahrtskapelle der heiligen Rosalia.

KÄRNTEN
ZIRKNITZGROTTE

Offizieller Name: ZIRKNITZGROTTE
Zweitname: Zirbitzgrotte
Lage: Unmittelbar am östlichen Ortsrand von Döllach im Mölltal
Kat.-Nr.: 2582/2 (Salzburger Kataster unter „Zirbitzgrotte")
Seehöhe: ca. 1050 m
Ganglänge: geschätzte 40 m

Frei zugänglich, ohne Führung.

Info und Kontakte
www.urlaub-kärnten.com/der-zirknitz-bach-wandern-und-golfen/
www.katrin.jonas-familie.de/gipfel/zirknitz-grotte/zirknitzgrotte.htm

Was Sie erwartet

Das riesige Felsdach der Zirknitzgrotte befindet sich in einem für die Höhlenbildung nicht gerade typischen, nämlich in kristallinem und daher nicht verkarstungsfähigem Gestein. Für die Genese dieser enormen Halbhöhle waren mit Sicherheit nicht die üblichen Vorgänge der Höhlenentstehung verantwortlich, sondern sie wurde durch den Zirknitzbach geschaffen, der sich während eines langen Zeitraums schräg und stark mäandrierend in den Fels hineingearbeitet hat. Das über

80 m breite Felsdach ist optisch in zwei Abschnitte gegliedert. An den Höhlenwänden kann man eine recht interessante Eigenheit beobachten: Hier finden sich nämlich einige kleinste und bescheidene Tropfsteinbildungen. Diese sind auf winzige Kalklinsen zurückzuführen, die im kristallinen Gestein eingelagert sind. Auf alten Ansichten ist der Zirknitzbach immer mit einer starken Schüttung dargestellt – dieses große Wasserangebot zeigt uns, dass die Zirknitzgrotte tatsächlich so entstanden ist wie oben geschildert. Heute ist dagegen

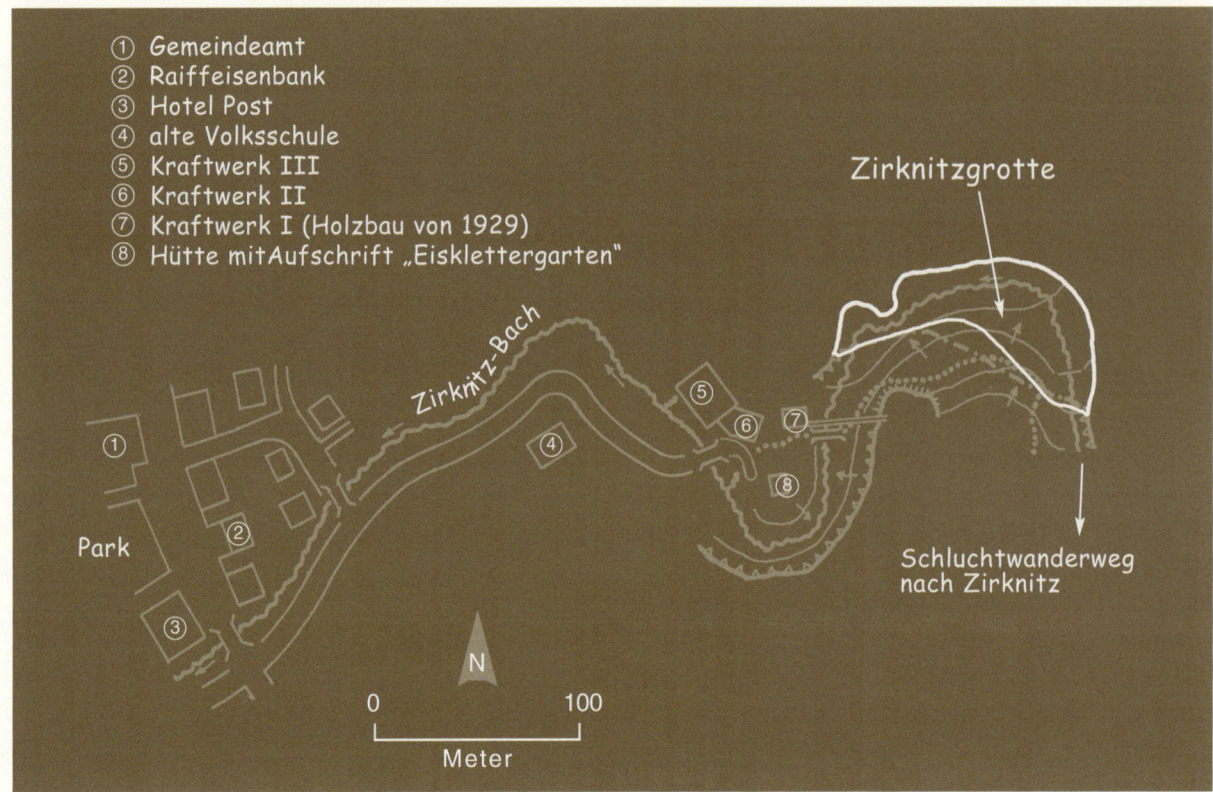

① Gemeindeamt
② Raiffeisenbank
③ Hotel Post
④ alte Volksschule
⑤ Kraftwerk III
⑥ Kraftwerk II
⑦ Kraftwerk I (Holzbau von 1929)
⑧ Hütte mit Aufschrift „Eisklettergarten"

Zirknitz-Bach

Zirknitzgrotte

Park

N

0   100

Meter

Schluchtwanderweg nach Zirknitz

Als gewaltiger Felsbogen präsentiert sich uns das Felsdach der Zirknitzgrotte.

nur noch ein kläglicher Rest des Bachs vorhanden, da der Großteil des Gewässers im Oberlauf gefasst und Kraftwerken zur Energieerzeugung zugeführt wird. Auf dem Zustiegsweg und im weiteren Klammverlauf sind die entsprechenden Rohrleitungen gut zu erkennen.

Zwischen den Jahren 2004 bis etwa 2013 mussten die Besucher unbedingt auf tief fliegende Bälle achten, denn die Zirknitzgrotte war die einzige Höhle auf der Welt, in der man Golf spielen konnte. Abseits von den üblichen Fairways und Greens befand sich in dem riesigen Felsdach und der angrenzenden Schlucht ein 12-Loch-Golfplatz. Der Platz wurde nur in den Sommermonaten (Juni bis September) regelmäßig gewartet. Leider musste der Golfbetrieb wegen Unrentabilität eingestellt werden.

So kommen Sie hin

Auf dem Hauptplatz von Döllach im schönen Mölltal, an der südlichen Zufahrt zur Glocknerstraße, ist eine Holztafel zu finden, in die die Worte „Zirknitzgrotte 200 Meter" eingeschnitzt wurden. Folgt man der Wegmarkierung den Zirknitzbach aufwärts, so gelangt man nach etwa 10 Minuten zu einem Kraftwerk. Vorbei an einem Staudamm und dem kleinen historischen Kraftwerksgebäude „1 Döllach" erreicht man über eine hölzerne Fußgängerbrücke die große Zirknitzgrotte. Bei der schmalen Brücke wurde 2006 ein Arsenik-Röstofen von der Gemeinde als Erinnerungsobjekt errichtet. Auf einer Erklärungstafel wird die Erzeugung von dem früher in der Volksmedizin oft verwendeten hochgiftigen Arsenik (auch Arsen, Hidrach, Hüttenrauch) definiert.

Wanderkarten

Österreich-Karte: ÖK-50 3103 (Lienz) bzw. NL-33-04-03

freytag & berndt-Wanderkarte: WK 181 (Kals – Heiligenblut – Matrei – Lienz; 1:50 000), WK 225 (Mölltal – Kreuzeckgruppe – Drautal; 1:50 000) und WK 5181 (Großglockner – Heiligenblut – Sonnblick – Schobergruppe – Oberes Mölltal; 1:35 000)

Kompass-Wanderkarte: WK 40 (Gasteiner Tal – Goldberggruppe – Nationalpark Hohe Tauern; 1:50 000), WK 48 (Lienz – Schobergruppe – Nationalpark Hohe Tauern; 1:50 000) und WK 50 (Nationalpark Hohe Tauern – Großvenediger – Großglockner – Ankogel; 1:50 000)

Alpenvereinskarte: Nr. 42 (Ankogel- und Glocknergruppe, Sonnblick; 1:25 000)

„Die Höhle beim Zirknitzer-Fall". Handkolorierte Lithografie von A. v. Saar um 1830.

Die Zirknitzgrotte bei Döllach südlich von Heiligenblut ist eigentlich eine Spezialausbildung im Verlauf einer Klamm, die sich in ihrem unteren Teil zu einer mächtigen Höhle erweitert hat. In der romantischen Schlucht ragen die Felswände, in die sich der Wildbach der Zirknitz im Lauf der Zeit eingeschnitten hat, bis zu 90 m hoch auf.

Wenn man den mit Seilen versicherten steilen Weg oberhalb der riesigen Halbhöhle die Klamm bergan weiter verfolgt, gelangt man zum Weiler Zirknitz, der mit einem weiteren Naturphänomen aufwartet, nämlich den „Neun Brunnen", im Volksmund auch „Neun Brünn" genannt. Hinter der Felswand, aus der die neun Quellen austreten, soll sich ein großer See befinden; er wird von einem riesigen Lindwurm bewacht, der durch die Quell-Löcher auf die Menschen herabsieht und der Sage nach versucht, noch eine weitere Felsöffnung hinzuzufügen. Wenn ihm dies gelingt, werden sich die zehn Quellen vereinen und ganz Döllach vernichten. Einer weiteren Sagenvariante zufolge löst dieses Ereignis den Jüngsten Tag und damit den Weltuntergang aus.

Eine andere bekannte Sage erzählt, dass früher in Höhlen und Grotten des Möll- und Drautals die „Saligen Frauen" gewohnt haben. Diese sagenhaften Frauengestalten waren den Menschen gut gesinnt und halfen ihnen gerne bei der Arbeit. Wurden die „Saligen Frauen" jedoch entdeckt oder hintergangen, so verschwanden sie für alle Zeit.

Handkolorierter Holzstich nach einer Federzeichnung von Ridi Püttner um 1890.

Heute haben die „Saligen Frauen" vor der Zirknitzgrotte selbst in der kalten Jahreszeit keine Ruhe mehr, denn im Winter werden die Felsen um die Halbhöhle von Wasserfallkletterern als Eisklettergarten genutzt. Jedoch ist hier in letzter Zeit der Sommer auch nicht mehr sonderlich beschaulich, denn es werden sogenannte „Grottings" durchgeführt. Die Veranstalter verstehen darunter „Abenteuer in der wilden Zirknitzgrotte, Seilrutschen über die Schlucht und gemütlicher Ausklang beim Lagerfeuer". Auch mit den harten und recht scharf abgeschlagenen Golfbällen, die noch vor kurzer Zeit durch die Höhle flogen, hätten die friedliebenden Saligen sicherlich keine besondere Freude.

Verwendete Literatur:
(9): 59; (24): 9, 25–26, 161; (25): 46–48; (145): 80–81, 129; (165): 211.

NIEDERÖSTERREICH
ALLANDER TROPFSTEINHÖHLE

Offizieller Name: ALLANDER TROPFSTEINHÖHLE
Weitere Bezeichnungen: Frauenhöhle, Frauenloch
Lage: Im Nordhang des Buchbergs südlich von Alland
Kat.-Nr.: 1911/2
Seehöhe: 400 m
Gesamtlänge: 177 m
Höhenunterschied: 25 m

Führungszeiten
Von Ostern bzw. 1. April bis 31. Oktober an Samstagen, Sonn- und Feiertagen von 10 bis 17 Uhr, in den Monaten Juli und August auch an Wochentagen von 13 bis 17 Uhr.

Führungen für Gruppen ab acht Personen von April bis Juni und im September sowie Oktober auch an Werktagen nach Voranmeldung beim Gemeindeamt. Schauhöhlenbeleuchtung: elektrisch.

Kontakt
Verwaltung: Gemeinde Alland, 2534 Alland;
Tel.: + 43 660 / 67 35 108
Hr. Reder, mailto:theo.reder@aon.at
www.alland.at

Info
www.schauhoehlen.at
de.wikipedia.org/wiki/Tropfsteinh%C3%B-6hle_Alland

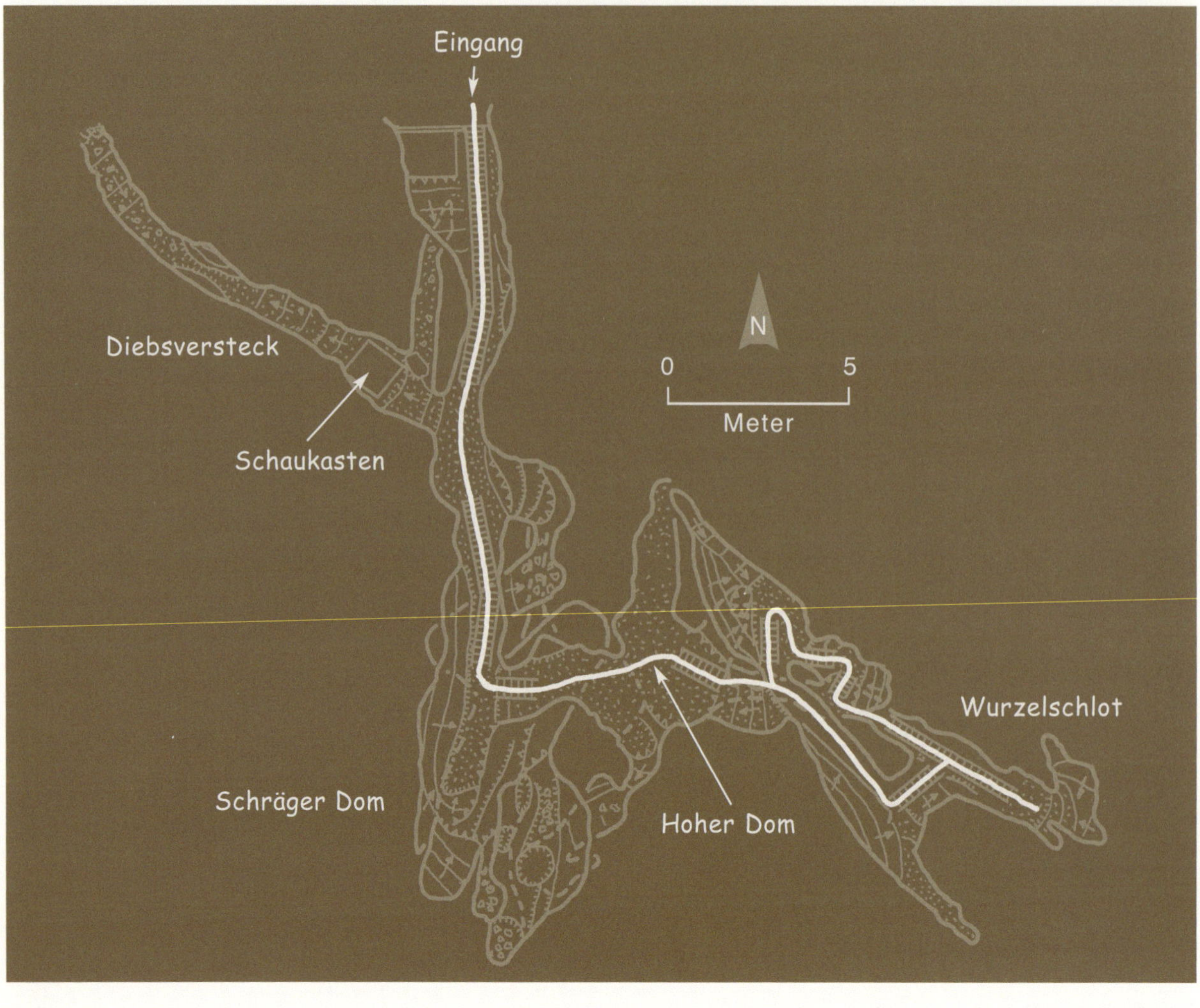

Eingang

N

0   5
Meter

Diebsversteck

Schaukasten

Wurzelschlot

Schräger Dom

Hoher Dom

Was Sie erwartet

Der Besucher lernt auf 70 m begehbarer Strecke einen großen Teil der mit insgesamt 177 m vermessenen Tropfsteinhöhle kennen. Die Führung beginnt mit einem Abstieg in eine kleine Halle und setzt sich dort mit einem kurzen Rundgang durch die meist kleinräumige Höhle fort. Auf diesem Weg bekommt der Besucher Bergmilch geschmückte Räume, vereinzelt eintretende Wurzeln und das in einer offenen Plexiglasvitrine ausgestellte Skelett eines Braunbären zu sehen. Der ausgestellte Bär hat wiederum eine eigene Geschichte: Bei Erweiterungsarbeiten wurden im Jahr 1955 in einem Kluftgang, dem sogenannten „Diebsversteck", Sedimente entfernt und dabei Knochen eines Bären geborgen. Das fast vollständige Skelett wurde jedoch wissenschaftlich unbearbeitet an seinem Fundplatz in der Höhle ausgestellt. Erst im Verlauf einer Exkursion im Frühjahr 1993 wurden Studenten und Mitarbeiter des Institutes für Paläontologie der Universität Wien auf das Fundmaterial aufmerksam. Nach Ablauf der Führungssaison brachte man den Fundkomplex in das Institut, wo das Bärenskelett nach genauer wissenschaftlicher Untersuchung auch präpariert wurde. Neben dem Braunbären (Ursus arctos) wurden interessante Mollusken- und Kleinsäugerreste, aber auch Knochen von Wolf und Rind festgestellt. Bemerkenswert sind noch der Nachweis der Höhlenhyäne (Crocuta spelaea) und der Fund eines menschlichen Zahnes. Seit dem 1. Mai 1994 sind die Bärenreste wiederum in der Höhle zu bewundern.

Die Allander Tropfsteinhöhle ist eine für den Wienerwald recht typische Höhle, ihr Besuch wird durch behutsam eingebaute Stiegen, kleine Leitern und Weganlagen sowie die kurzen niederen Gangstrecken zu einem abenteuerlichen Erlebnis.

So kommen Sie hin

Zu erreichen ist die Allander Tropfsteinhöhle über die Autobahnabfahrten „Alland" oder „Mayerling" der Außenringautobahn („Wienerwaldautobahn") A21. Vom Kern der Gemeinde Alland fährt man in Richtung Hafnerberg bzw. Altenmarkt an der Triesting annähernd nach Südwesten. Noch innerhalb des Orts zweigt man in die Buchberggasse links ab, um an deren Ende einen Parkplatz mit Informationstafeln über die Höhle zu erreichen. Von hier führt ein etwa 200 Meter langer Wanderweg zum 40 Höhenmeter über dem Parkplatz liegenden Eingang der Allander Tropfsteinhöhle. Auch von der Ortsmitte kann die Höhle auf bezeichneten Wegen in ca. 20 Minuten erreicht werden. Die Zufahrt und der Zugang sind innerhalb des Ortes beschildert.

Wanderkarten des Gebiets

Österreich-Karte: ÖK-50 5325 (Baden) bzw. NM-33-12-25

freytag & berndt-Wanderkarte: WK 011 (Wienerwald; 1:50 000), WK 5011 (Wienerwald – Naturpark Föhrenberge – Baden – Helenental – Lainzer Tiergarten; 1:35 000) und WAWI 1 (Wanderatlas Wienerwald; 1:40 000)

Kompass-Wanderkarte: WK 205 (Wien und Umgebung; 1:50 000), WK 208 (Wienerwald; 1:25 000), WK 209 (Wienerwald; 1:50 000) und WA 596 (Großer Wander-Atlas rund um Wien; 1:50 000)

Die im Ortsgebiet der Wienerwaldgemeinde Alland im gleichnamigen Buchberg liegende Tropfsteinhöhle war schon seit langer Zeit Einheimischen gut bekannt und wurde ursprünglich mit dem Namen „Frauenhöhle" oder „Frauenloch" bezeichnet. Dieser Name entspringt mehreren Sagen, die sich um gütige weiße und böse schwarze Frauen ranken. Diese „Waldfrauen" hausten zwar in der dunklen Höhle, betraten aber in hellen Mondnächten die Oberwelt und tanzten in weißen Kleidern und mit offenem Haar auf den Wiesen des Buchbergs. Eine weitere Erzählung berichtet, dass sie oft in der Nacht sich selbst und ihre Wäsche in einem nahen Bach reinigten. Um den „Wahrheitsgehalt" dieser Geschichten zu bekräftigen, erzählte der 1921 im 83. Lebensjahr verstorbene Leopold Pölleritzer gerne folgende Geschichte: Als sein Ähnl (Großvater), Anton Pölleritzer, einstmals seinen Acker pflügte, wäre eine weiße Frau aus dem Felsloch des Buchbergs zu ihm gekommen und hätte gesagt: „Ackersmann, mach mir mein Krückerl an, gib dir a Flecken z' Lohn!" (Krückerl = einfaches Hausgerät zum Herausscharren der Glut aus dem Backofen, Flecken oder Feuerflecken heißt ein auf Glutresten rasch herausgebackenes Brot). Pölleritzer entsprach ihrem Wunsch und als er nach der Mittagsrast zu seinem Pflug zurückkehrte, lag ein Feuerflecken darauf. Der Beschenkte aß sofort davon, aber so viel er auch hinunterschlang, der Flecken wurde nicht kleiner. Jedoch als das Urahnl vor Verwunderung darüber ausrief: „Kruzifix, wirst du denn gar nicht gar?", war die Delikatesse für immer verschwunden.

Weitere Sagen beschäftigen sich mit einem unterirdischen See und einem Verbindungsgang zur Arnsteinhöhle bei Maria Raisenmarkt.

Im Jahre 1928 wurde die relativ kleine Höhle unter Mithilfe des Bundesheers als Schauobjekt ausgebaut. Außerdem war man der Ansicht, die Bezeichnung „Frauenloch" sei nicht sonderlich werbewirksam, daher wurde der Schauhöhlenbetrieb 1928 unter dem Namen „Allander Tropfsteinhöhle" eröffnet, Führungen fanden mehr oder minder regelmäßig bis zum Zweiten Weltkrieg statt. Da der Buchberg in den letzten Kriegstagen Kampfgebiet war, benützte man die Höhle als militärischen Sicherungsposten, wodurch die Weganlagen in der Höhle schwer beschädigt wurden. Erst nach längeren Instandsetzungsarbeiten sowie nach Erklärung der Höhle zum Naturdenkmal im Jahr 1949 konnte man 1952 den Führungsbetrieb wiederum aufnehmen.

Verwendete Literatur:
(3): –; (24): 9, 30–31, 161; (25): 52–54; (34): 129–147; (35): 29, 76–80; (51): 214–216; (65): 87–93; (74): 157–158; (76): 126; (169): – .

Begegnete den „Saligen Frauen" aus der Allander Tropfsteinhöhle, dem „Frauenloch", einst persönlich: „Urahnl" Anton Pölleritzer.

Heute noch zu sehen: das Skelett des Braunbären im „Diebsversteck".

Hölzerner Abgang in der Allander Tropfsteinhöhle.

Offizieller Name:
DREIDÄRRISCHENHÖHLE
Weitere Bezeichnungen: Anningerhöhle,
Dreidärückenhöhle, Fuchsloch, Saulucke,
Siebenbrunnentalhöhle, DDH
Lage: Im Osthang des Anninger, auf der
orografisch linken Seite des Siebenbrunnen-
tals westlich von Gumpoldskirchen
Kat.-Nr.: 1914/4
Seehöhe: 520 m
Ganglänge: 230 m
Höhenunterschied: 19 m

Info
de.wikipedia.org/wiki/Dreid%C3%A4rri-
schenh%C3%B6hle
natur-erlebnis.at/hohlen
anninger.heimat.eu/03_anninger_geologie.
html

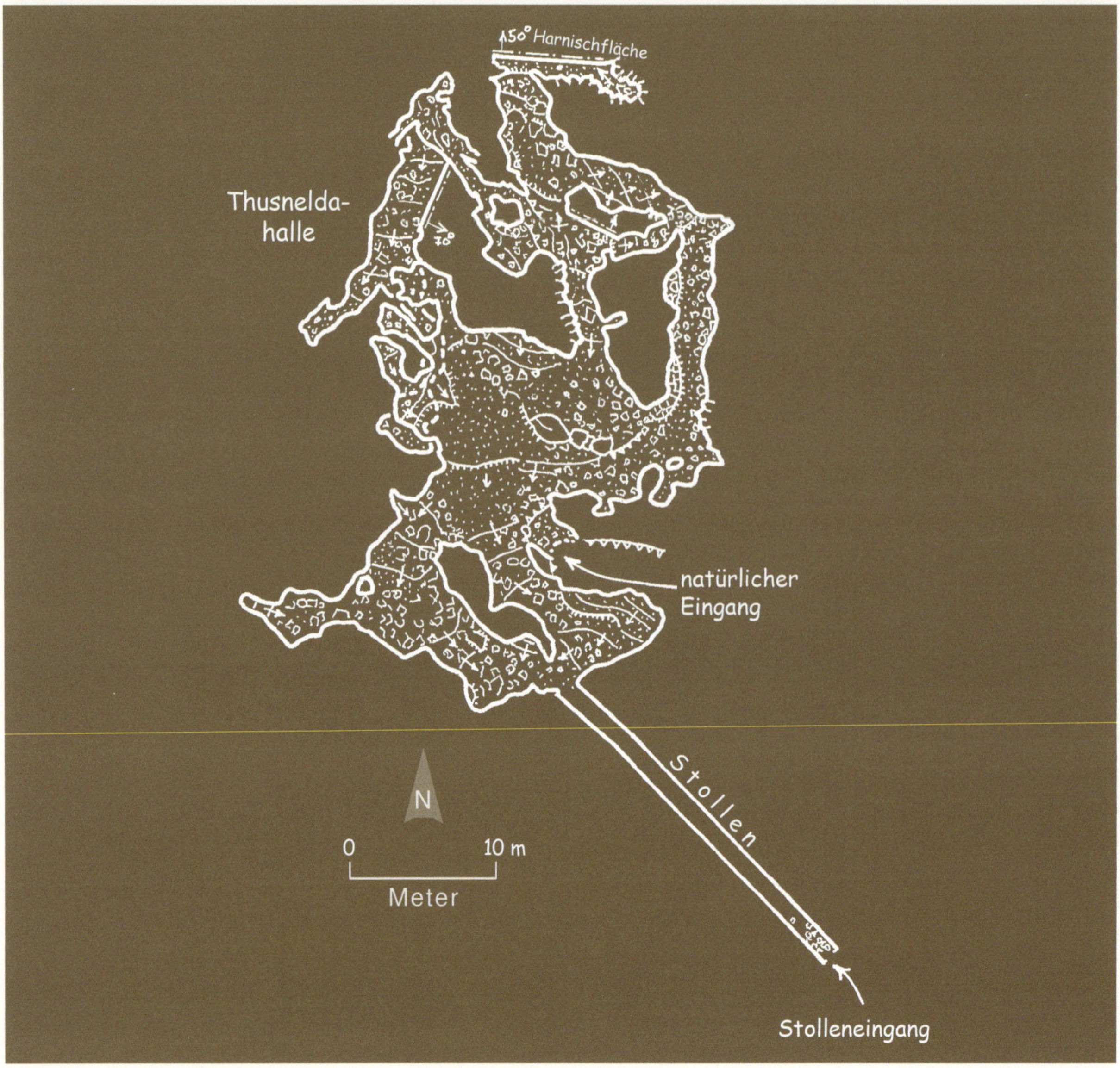

150° Harnischfläche

Thusnelda-
halle

natürlicher
Eingang

Stollen

N

0   10 m

Meter

Stolleneingang

Was Sie erwartet

Obwohl vor kurzer Zeit noch gelegentliche Führungen stattfanden, gilt heute die Dreidärrischenhöhle als einsturzgefährdet und ist zudem als Rückzugsgebiet seltener Fledermausarten völlig gesperrt. Auf den Hinweisschildern bei den beiden Eingängen ist eine Telefonnummer angegeben, bei der man sich über Führungen erkundigen kann. Auch bei http://natur-erlebnis.at/hohlen erwähnten „Abenteuerhöhle am Anninger" handelt es sich offenbar um die Dreidärrischenhöhle.

Im Siebenbrunnental, einem steilen Graben an der Südostseite des Anningers, befindet sich die am besten vom Weinort Gumpoldskirchen aus zu erreichende Dreidärrischenhöhle. Sie ist mit 230 m Ganglänge die längste und bedeutendste Höhle des Wienerwalds. Der eigenwillige Name stammt mit größter Wahrscheinlichkeit von drei in der Nähe befindlichen menschenähnlichen Felsformationen: Werden diese angesprochen, so geben sie keine Antwort; deshalb „därrisch"!

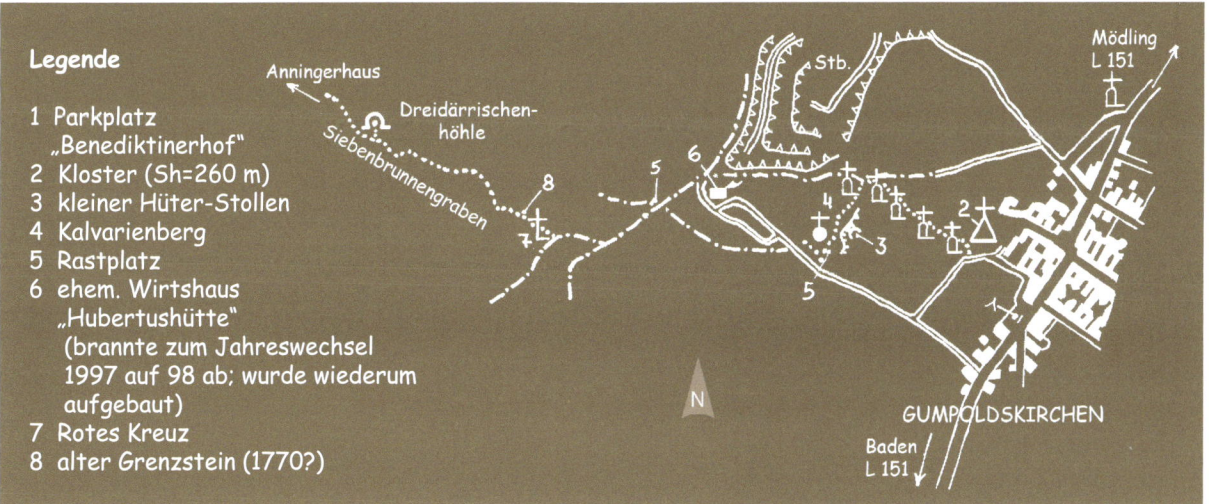

Legende

1 Parkplatz „Benediktinerhof"
2 Kloster (Sh=260 m)
3 kleiner Hüter-Stollen
4 Kalvarienberg
5 Rastplatz
6 ehem. Wirtshaus „Hubertushütte" (brannte zum Jahreswechsel 1997 auf 98 ab; wurde wiederum aufgebaut)
7 Rotes Kreuz
8 alter Grenzstein (1770?)

So kommen Sie hin

Der Ausgangsort für den leichten Zustieg zur Dreidärrischenhöhle ist der bekannte Weinort Gumpoldskirchen. Der Wanderweg führt über den Kalvarienberg zum „Beethoven-Spazierweg" und ab dem „Roten Kreuz" durch den Siebenbrunnengraben hinauf zum Anninger-Gipfelbereich. Der Stolleneingang der ehemaligen Schauhöhle ist vom markierten Weg gut erkennbar.

Wanderkarten

Österreich-Karte: ÖK-50 5325 (Baden) bzw. NM-33-12-25
freytag & berndt-Wanderkarte: WK 011 (Wienerwald; 1:50 000) und WAWI 1 (Wanderatlas Wienerwald; 1:40 000)
Kompass-Wanderkarte: WK 205 (Wien und Umgebung; 1:50 000), WK 208 (Wienerwald; 1:25 000), WK 209 (Wienerwald; 1:50 000), WK 5011 (Wienerwald – Naturpark Föhrenberge – Baden – Helenental – Lainzer Tiergarten; 1:35 000) und WA 596 (Großer Wander-Atlas rund um Wien; 1:50 000)

Mit Sicherheit war die einstmals weit kleinere Höhle schon vor ihrer Erschließung seit Langem bekannt. So weisen rote und schwarze Inschriften auf einen Besuch im Jahr 1882 hin. Die älteste uns bekannte Erwähnung der Höhle erfolgte im Jahr 1832 durch den Reiseschriftsteller Adalbert Joseph Krickel. Man vermutete ehemals, dass diese Höhle den Zugang zu einem riesigen sagenhaften See im Anninger berge. Dass diese Hypothese auch in jüngerer Zeit noch Gültigkeit hat, zeigt uns ein Zeitungsartikel aus dem Jahr 1995, in dem die Tochter des Höhlenerschließers Franz Pachmann, Thusnelda von Persa, interviewt wird. Frau Persa erzählt, wie sie im Jahr 1933 als 12-jähriges Mädchen ihren Vater bei den Höhlenforschungen unterstützte. Dabei soll es unter anderem zu folgender Begebenheit gekommen sein: Nachdem sie eine recht enge Stelle passiert hatte, durch die nur ein kleinwüchsiger Mensch hindurchkonnte, hätte eine tiefe Spalte nach unten zum besagten See geführt. Ihr wörtlicher Erlebnisbericht: „Ich wurde an ein Seil gebunden und mit Taschenlampe und Feldtelefon ausgerüstet. Nach 25 Metern konnte ich jedoch nicht mehr weiter. Wasser ver-

Die Familie Pachmann um 6 Uhr morgens nach einer Höhlentour: (v. r. nach l.) Thusnelda, Franz, Zdenka und Ingeborg Pachmann sowie Waldtraud, Margarethe und Franz Mattek.

Das heute nicht mehr existierende „Bergheim".

sperrte mir den Weg." Thusnelda von Persa fügt in diesem Interview noch hinzu, dass die Höhle heute in diesem Bereich verschüttet ist und es somit jetzt noch schwieriger sei als damals, zum unterirdischen See hinunterzugelangen.

Höhlenwart Franz Pachmann beim Einstieg zur neu entdeckten Thusneldahalle. Illustrierte Kronen-Zeitung. Mai 1933.

1925 beschloss der Gemeinderat von Mödling, diese Höhle für den allgemeinen Besuch zu erschließen. Unter großem Arbeitsaufwand wurde die Dreidärrischenhöhle vom Höhlenwart Franz Pachmann mit meist nur zwei Helfern in kurzer Zeit gangbar gemacht. Große Teile der Höhle wurden ausgeräumt oder freigesprengt sowie

durch einen 21 m langen Stollen ein zweiter, tiefer liegender künstlicher Eingang geschaffen. Wege, Stiegen und eine Brücke wurden angelegt sowie elektrische Beleuchtung in der Höhle installiert. Vor dem oberen, dem natürlichen Eingang, entstand der großzügige Berggasthof „Bergheim". 1926 wurde die Schauhöhle eröffnet.

Leider war diesem „unterirdischen Reich", das unter anderem als Ausflugsziel der Wiener großen Anklang fand, nur eine kurze Lebensdauer beschert, denn der Schauhöhlenbetrieb wurde bereits 1939 eingestellt. Im Zweiten Weltkrieg diente die Höhle als Zufluchtsstätte, kurze Zeit später brannte das „Bergheim" ab. Für den heute vorbeiwandernden Besucher sind nur mehr die Grundmauern des Gasthauses zu erkennen. Die Höhle selbst bietet ein bedauernswertes Bild des Verfalls und lässt von dem einst so belebten Ort nichts mehr erahnen. Im Inneren der Höhle kommt es gelegentlich zu größeren Versturzvorgängen. 1981 wurde eine ca. 40 m lange Strecke ungangbar, die man 1982 mühsam wieder freilegte. Da diese gefährdeten Zonen vom Nichtfachmann als solche nicht erkannt werden können, sollte man schon in der damaligen Zeit von einem Besuch der Höhle Abstand nehmen!

Von den einstmals sicherlich schönen Sinter- und Bergmilchbildungen ist kaum noch etwas zu erkennen. Erst im Winter zeigt das Höhleninnere eine besondere, leider jedoch sehr kurzlebige Pracht: Bei tiefen Temperaturen bilden sich auf dem Höhlenboden schöne Eiskeulen und an den Wänden Eisfahnen sowie oftmals gewundene Eisauspressungen. Gelegentlich kommt es auch bei Temperaturen unter dem Gefrierpunkt, wenn die wasserdampfgesättigte Luft an der Höhlenwand Eiskristalle bildet, zur Bildung des schimmernden Höhlenreifs. Größte Vorsicht ist geboten, da diese prächtigen Naturerscheinungen oftmals Auslöser von Frostsprengungen sind und in weiterer Folge Verstürze veranlassen können! Bei einem Zusammenspiel bestimmter Temperatur- und Feuchtigkeitsverhältnisse ist ein weiteres Naturphänomen zu beobachten: Unzählige Kondenstropfen verleihen Teilen der Höhlendecke und -wände einen intensiven Goldschimmer.

Verwendete Literatur:
(8): 3; (25): 43–45; (26): 38, 42, 83, 89–90, 93, 159; (51): 272–275; (56): 412; (61): – ; (92): 36; (114): 176–177; (132): 24–25; (173): 20, 23; (193): –;

Über einen Baumstamm und mithilfe einer Seilsicherung gelangte man beim oberen Eingang in die Höhle.

Bei idealen Wetterbedingungen entstehen für kurze Zeit durch die eintretenden Sickerwässer wundervolle Eissäulen. An kalten Tagen können diese auch heute noch durch das Gitter des oberen Eingangs bewundert werden.

Offizieller Name: EINHORNHÖHLE
Weitere Bezeichnungen: Hirnflitzsteinhöhle, Oakirnlucke
Lage: Im Ostabhang des Hirnflitzsteins (nordöstlicher Teil der Hohen Wand), westlich von Dreistetten
Kat.-Nr. 1863/5
Seehöhe = 585 m
Ganglänge: 60 m

Führungszeiten:
Bei Schönwetter in der Zeit zwischen Ostern und September an Sonn- und Feiertagen von 9 bis 17 Uhr. Die Anwesenheit des Führers wird am Höhlenvorplatz durch eine weithin sichtbare Fahne an einem Mast angedeutet. Auch Gruppenführungen (ca. 20 Personen) außerhalb der Öffnungszeiten können vorher telefonisch vereinbart werden.
Schauhöhlenbeleuchtung: elektrisch.

Info und Kontakte
Verwaltung: Otto Langer jun. ist nicht nur Besitzer der Höhle, er gibt auch gerne Auskünfte über seine Einhornhöhle. Da er der auch als „Zitherwirt" bezeichnet wird, kann man ihn oft in seinem Gasthof „Zur Ruine Starhemberg" (am Ausgangspunkt des Wegs zur gleichnamigen Burg) antreffen. Daher können dort auch außerhalb der Öffnungszeiten Führungen (telefonisch) vereinbart werden.
O. Langer, 2753 Dreistetten Tel.: 02633/42553 oder 0664/2343467
www.zitherwirt.at/einhornhöhle
otto.langer@zitherwirt.at

www.schauhoehlen.at
de.wikipedia.org/wiki/Einhornh%C3%B6hle_(%C3%96sterreich)

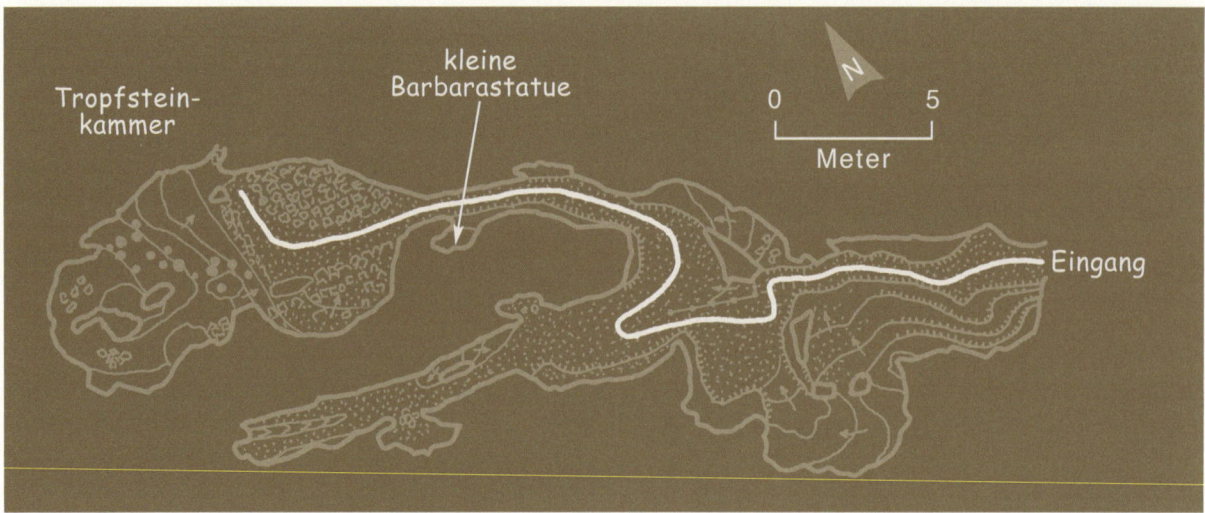

Beschreibung der Besichtigung
Nach dem vor das Höhlenportal gebauten Führungshaus betritt man die Einhornhöhle durch einen künstlich ins Gestein gehauenen Eingang und erreicht zunächst die 10 m lange und bis 6 m hohe Eingangshalle. Hier sind die zum Teil mit Brekzie verfüllten raumbestimmenden Störungen im Gestein deutlich zu erkennen. Dieses brekziöse Gestein machte die kleine Höhle vor allem wissenschaftlich bekannt. In dem zusammengekitteten Bruchgestein fand man beachtlich viele Knochen pleistozäner Großsäuger. Die Ausgrabungen, die auch unter dem Bodensinter durchgeführt wurden, erbrachten wohl den Nachweis des Wollhaa-

Auf dem Weg in die „Tropfsteinkammer" passiert man die Statue der hl. Barbara.

rigen Nashorns, doch der Großteil der Skelettreste stammte vom Höhlenbären.

Über einige Stufen gelangt der Besucher sodann in einen etwas tiefer liegenden Raum, in dem sich die annähernd waagrecht verlaufende Höhle in zwei Gänge verzweigt. Die Führung folgt dem rechten Höhlengang, vorbei an der stimmungsvoll aufgestellten Barbarastatue in die eindrucksvolle 10 m lange und etwa 5 m breite „Tropfsteinkammer". Hier, am Endpunkt des Führungswegs, ist eine größere Anzahl etwa einen Meter hoher Stalaktiten zu bewundern. Da viele Bewohner der Umgebung während der letzten Kriegstage des Jahres 1945 in der Höhle Schutz fanden und ihr Eingang danach jahrelang offen stand, fielen leider viele schöne Tropfsteine mutwilliger Zerstörung zum Opfer. Aber die noch vorhandenen Sinterbildungen, die paläontologische Bedeutung und der Ausblick von ihrem Vorplatz (mit Buffetbetrieb) gestalten einen Besuch der Einhornhöhle zu einem wunderbaren Natur- und Höhlenerlebnis!

So kommen Sie hin:
Ausgangspunkt ist der kleine Ort Dreistetten im nördlichen Abschnitt der „Neuen Welt", jenem Gebiet zwischen Hoher Wand und den Fischauer Vorbergen. Die gut bezeichnete Zufahrt zweigt in der Nähe der Feuerwehr ab und führt über ein kurzes ansteigendes Sträßchen zum Parkplatz. Von dort geht es zu Fuß (gelb markiert) zunächst noch an Häusern vorbei und später über eine Wiesenlandschaft zum Fuß des Hirnflitzsteins. Bei der Talstation einer Materialseilbahn zeigt uns ein Wegweiser, dass es ab nun auf einem blau/grün markierten und gut ausgebauten Weg hinauf zur Höhle geht. Nach einem kurzen, aber steilen Anstieg betritt man durch ein hölzernes Tor das eingezäunte zur Höhle gehörige Gelände, eine Terrasse mit dem Führungshäuschen (Buffet).
Als alternativen Zugang kann man einen relativ kurzen Wanderweg (grüne Markierung) vom Gasthof „Zur Ruine Starhemberg" (Zitherwirt) ausgehend wählen.

Wanderkarten des Gebiets:

Österreich-Karte: ÖK-50 5201 (Wiener Neustadt) bzw. NM-33-03-01

freytag & berndt-Wanderkarte: WK 012 (Hohe Wand – Schneebergland – Gutensteiner Alpen – Piestingtal – Lilienfeld – Triestingtal – Berndorf; 1:50 000), WK 023 (Thermenregion Baden – Forchtenstein – Rosaliengebirge – Bucklige Welt – Wiener Neustadt; 1:50 000), WK 5012 (Hohe Wand – Schneeberg – Biedermeiertal – Gutenstein; 1:35 000) und WAHB 1 (Wanderatlas Wiener Hausberge; 1:40 000)

Kompass-Wanderkarte: WK 209 (Wienerwald; 1:50 000), WK 210 (Wiener Hausberge; 1:50 000), und WK 228 (Wiener Hausberge – Schneeberg – Rax; 1:25 000)

Die am 1.6.1930 eröffnete Schauhöhle beherbergt ein besonderes Kleinod, auf das vom hier diensthabenden Höhlenführer meist besonders hingewiesen wird. Hier wurde am 4.12.1976 die derzeit vorhandene Barbarastatue aufgestellt und durch den Pfarrer von Piesting geweiht. Schon in der Zwischenkriegszeit schmückte die Höhle eine derartige Figur, sie wurde jedoch während der Kriegstage von 1945 entwendet. Seit 1976 werden alljährlich am 4. Dezember in der Einhornhöhle Barbarafeiern abgehalten. Die heilige Barbara wird vielfach fälschlicherweise als Schutzpatronin der Höhlenforscher verehrt, denn sie hat in Wahrheit die Patronanz über die Bergleute, Gefangenen, Glöckner und die Artilleristen inne. Im Jahr 1957 wurde von Papst Pius XII. der hl. Benedikt zum Schutzpatron der Höhlenforscher erklärt.

Ein wunderbares Naturerlebnis: Tropfsteingruppe in der Einhornhöhle.

Der hl. Benedikt wurde um 480 in Nursia (Umbrien/Italien) geboren und starb vermutlich am 21. März 547 im Kloster Monte Cassino als dessen Gründer und erster Abt. Vor der Gründung des nach ihm benannten Ordens (um 529) lebte er drei Jahre betend und büßend in einer Höhle bei Subiaco in Italien.

Verwendete Literatur:
(2): 192; (20): 109; (25): 52–54; (41): 156–157; (56): 299; (74): 158; (75): 166–169; (76): 126; (169): – .

Stich vom hl. Benedikt vor der Höhle von Subiaco.

Inschriften in der Einhornhöhle zeugen von früheren Besuchern.

Offizieller Name: EISENSTEINHÖHLE
Zweitname: Eisensteingrotte, Ritter-von-Eisenstein-Grotte
Lage: Im Südostabfall der dem Größenberg im Osten vorgelagerten Hochfläche der Brunner-Eben, westlich von Bad Fischau.
Kat.-Nr.: 1864/1
Seehöhe: 381 m
Gesamtganglänge: 2341 m
Höhenunterschied: 87 m

Führungszeiten:
Von Mai bis Oktober an jedem 1. und 3. Wochenende am Sonntag um 10, 12 und 16 Uhr, nur nach rechtzeitiger telefonischer Voranmeldung. Für Kinder erst ab 10 Jahren und für Personen mit Herz-Kreislauf-Problemen nur bedingt geeignet. Schauhöhlenbeleuchtung: elektrische Stirnlampen (werden beigestellt).

Info und Kontakte
Verwaltung: Sektion „Wiener Neustadt" des ÖAV, 2700 Wr. Neustadt;
Tel.: 02639-7577
www.schauhoehlen.at
www.alpenverein.at/wiener-neustadt
de.wikipedia.org/wiki/Eisensteinh%C3%B-6hle
www.bad-fischau-brunn.at/gemeindeamt/html/eisensteinhoehle2.htm

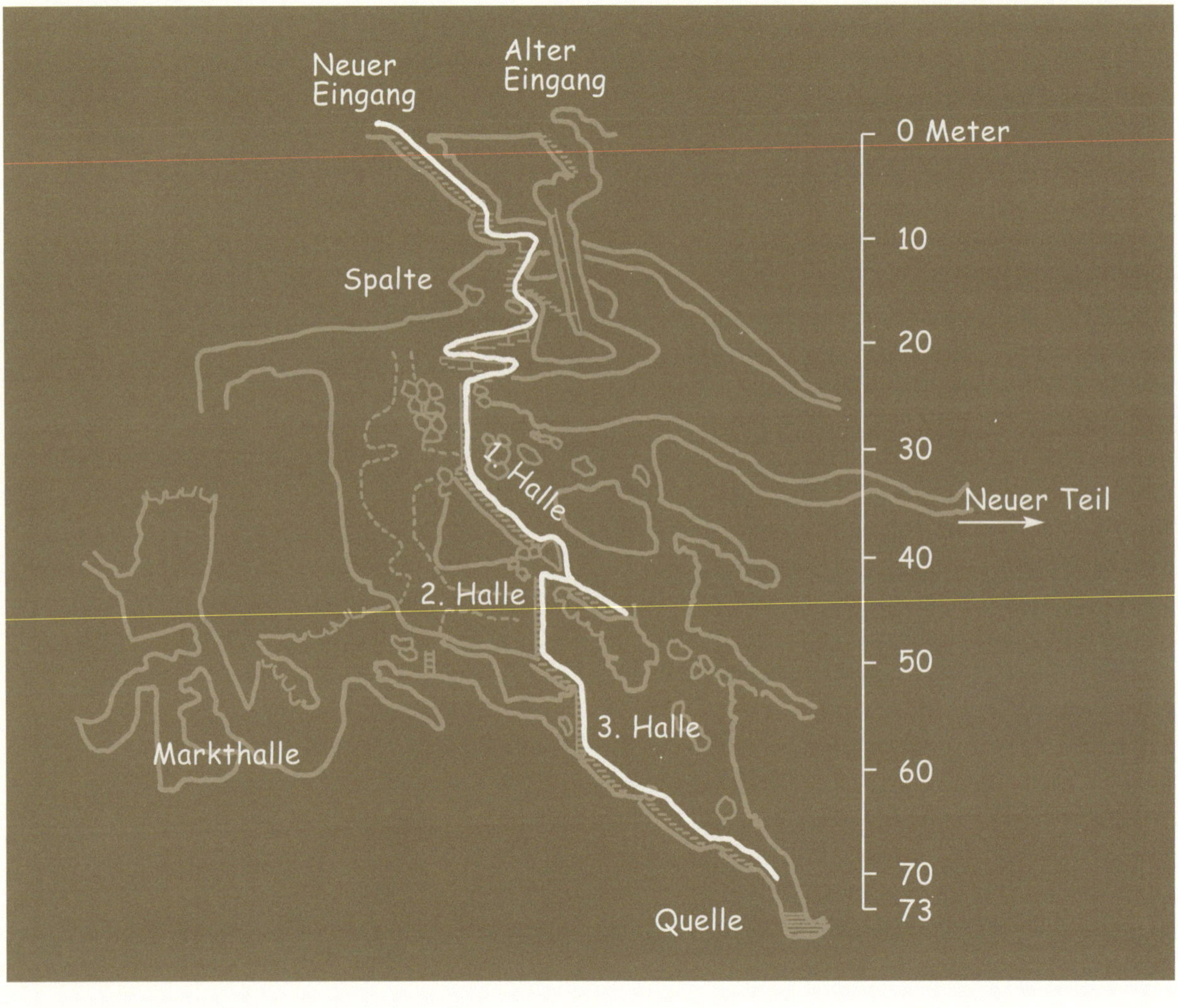

Neuer Eingang

Alter Eingang

0 Meter

10

Spalte

20

30

Neuer Teil

1. Halle

40

2. Halle

50

3. Halle

60

Markthalle

70

73

Quelle

Was Sie erwartet

Vor allem die geführten Teile der Eisensteinhöhle sind schachtartig ausgebildet, die Räume entlang steiler hangparalleler Klüfte angelegt. Versturzzonen, mächtige Lehmablagerungen, überreiche Kleinsinterbildungen von Perlsinter bis zu zarten Kalzitkristallen sind ebenso charakteristisch für dieses Objekt wie das überdurchschnittlich warme und thermal beeinflusste Höhlenklima (Lufttemperatur 13° C).

„Alter" und „Neuer" Eingang der Höhle liegen wenige Meter voneinander entfernt und bringen den Besucher in die sogenannte schräg abwärtsführende „Spalte", die zu untereinander liegenden Abbrüchen führt. Den ersten überwindet man mittels einer Eisenleiter und gelangt in die mit Knötchensinter dekorierte „Erste Halle". Nach weiteren Leiternabstiegen erreicht man die reich mit Sinter- und Tropfsteinbildungen ausgeschmückte „Zweite" sowie die „Dritte Halle". Die letzte ist sicherlich als eindrucksvollster Raum im Schauteil der Eisensteinhöhle anzusehen. Über einen Abhang aus Lehm und Blockwerk führt der Weg zum tiefsten Punkt der Führung (–73 m), an dem eine Thermalquelle mit einer Temperatur von etwa 15° C austritt.

Zu beachten ist

Bei der Höhlenbesichtigung handelt es sich um eine „Abenteuerführung", Helm, Overall, Gummistiefel und Geleucht werden beigestellt. Für Personen mit Herz- bzw. Kreislaufbeschwerden und für Kinder unter 10 Jahren ist dieser Höhlenbesuch nicht zu empfehlen!

So kommen Sie hin

Zufahrt respektive Zugang zur Eisensteinhöhle sind vom Ortskern Bad Fischau und von der Haltestelle „Brunn a. d. Schneebergbahn" gut beschildert und erfolgen daher am besten über Brunner Hauptstraße, Jägerszeile, Viaduktgasse, Karl-Steurer-Gasse und Bergstraße. Von der Bergstraße zweigt linker Hand eine kurze bezeichnete Naturstraße zu einem Parkplatz am Waldrand ab. Da in der Viaduktgasse wegen der Unterfahrung der Hochquellwasserleitung nur eine Durchfahrtshöhe von 2,6 m gegeben ist, empfiehlt es sich, mit höheren Fahrzeugen die Jägerzeile weiter zu verfolgen, um die Bergstraße über einen kleinen Umweg zu erreichen. Vom Parkplatz gelangt man zu Fuß auf einem fast ebenen Feldweg in etwa fünf

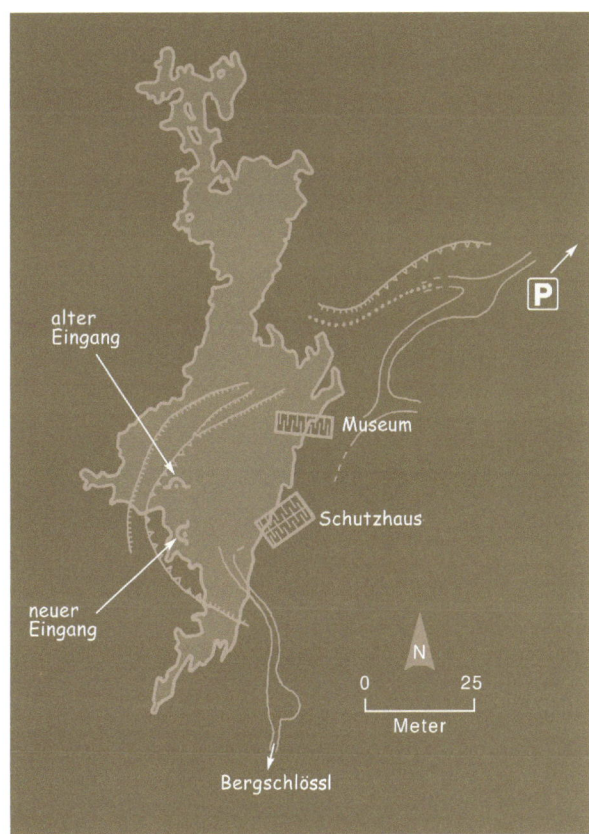

Minuten zur Eisensteinhöhle. Die beiden Eingänge zur Höhle liegen am Rande einer eingeebneten Fläche zwischen Böschungen von Abraumhalden des aufgelassenen Steinbruches, auf der sich auch das ÖAV-Gasthaus „Eisensteinhöhle" (bzw. „Waldwirtshaus") und ein Höhlenmuseum befinden.

Wanderkarten

Österreich-Karte: ÖK-50 5201 (Wiener Neustadt) bzw. NL-33-03-01
freytag & berndt-Wanderkarte: WK 012 (Hohe Wand – Schneebergland – Gutensteiner Alpen – Piestingtal – Lilienfeld – Triestingtal – Berndorf; 1:50 000), WK 023 (Thermenregion Baden – Forchtenstein – Rosaliengebirge – Bucklige Welt – Wiener Neustadt; 1:50 000) und WAHB 1 (Wanderatlas Wiener Hausberge; 1:40 000)
Kompass-Wanderkarte: WK 209 (Wienerwald; 1:50 000), WK 210 (Wiener Hausberge; 1:50 000) und WA 596 (Großer Wander-Atlas Rund um Wien; 1:50 000)

Bei der Nennung des Namens „Eisenstein" denkt wohl mancher Leser an den Lebemann Gabriel von Eisenstein aus der Operette Die Fledermaus von Johann Strauß.

Namensgebend war jedoch ein anderer Adeliger: der ehemalige Grundeigentümer Carl Ritter von Eisenstein, der 1906 seine Besitzrechte der Sektion Wiener Neustadt des Österreichischen Touristenklubs überließ. Die eigentliche Entdeckung der Höhle erfolgte schon etwas früher, und zwar 1855 bei Steinbrucharbeiten, die der Gewinnung von Baumaterial für die Militärakademie in Wiener Neustadt dienten. Drei k. u. k. Offiziere – Geniemajor Freiherr von Scholl, Hauptmann Werner und Oberleutnant Schmelhaus – stiegen als erste Menschen in das Höhlensystem ein, das bis dahin keinen natürlichen Eingang hatte, und drangen vermutlich bis zur „Ersten Halle" vor. Im Jahr 1896 erreichten Jugendliche – darunter auch der später bekannte Höhlenforscher Franz Mühlhofer – bereits die „Dritte Halle". 1906 übernahm, wie erwähnt, der Österreichische Touristenklub die Eisensteinhöhle und betrieb unverzüglich ihre Erschließung für die Allgemeinheit. Die Ausbauarbeiten wurden vor allem von Carl Ritter von Eisenstein, Erzherzog Rainer und dem Landesverband für Fremdenverkehr in Niederösterreich finanziell unterstützt. So konnten schon im Juli 1907 die ersten Führungen unter der Leitung des rührigen Höhlenführers J. Artner unternommen werden. Nach einer Sprengung im Jahr 1919 erreichte man den damals tiefsten Punkt der Höhle und entdeckte dabei eine Thermalquelle.

Mit dem Erwerb des Objektes durch die Sektion „Allzeit Getreu" des Österreichischen Alpenvereins im Jahr 1956 begann dann eine neue Ära planmäßiger Erforschung: 1958 gelang Mitgliedern der Höhlenforschergruppe Wr. Neustadt die Entdeckung des „Neuen Teiles"; in der Folgezeit wurde sowohl durch die „Sektion für Höhlenkunde des Sport- und Kulturvereins Forschungszentrum Seibersdorf" als auch durch Mitglieder des „Landesvereins für Höhlenkunde in Wien und Niederösterreich" weiteres Neuland betreten und die gesamte Höhle mehrmals nach neuesten Gesichtspunkten vermessen. Die letzten Vermessungsarbeiten, deren Gesamtredaktion in den Händen von Lukas Plan lag, erfolgten von 1994 bis 1999 und erbrachten im schwierigen unterirdischen Gelände eine Gesamtganglänge von 2341 m bei einem Höhenunterschied von 87 m. 1961 wurde der „Neue Eingang" geschaffen, um für Besucher den Zugang zu erleichtern.

Nach dem Naturhöhlengesetz erklärte man die Eisensteinhöhle mit dem Bescheid vom 5. Oktober 1931 zum Naturdenkmal, der gesetzliche Schutz der Umgebung des Eingangs erfolgte erst 1968. Nach den Bestimmungen des NÖ Höhlenschutzgesetzes vom 22. Oktober 1982 (LGB1. 114/82) gehört die Eisensteinhöhle zu den „besonders geschützten Höhlen".

Um den Besuchern die Eisensteinhöhle und das Phänomen Höhle verständlich zu machen, wurde 1972 in der Nähe der Eingänge von der niederösterreichischen Naturschutzbehörde ein Höhlenmuseum errichtet.

Verwendete Literatur:
(25): 58–61; (41): 194–195; (56): 317–318; (57): 324–331; (74): 159; (75): 182–185; (128): – ; (150): 66–73; (169): –.

Überreiche Kleinsinterformen machen diese Höhle zu einer Schatzkammer der Natur.

Vermessungsarbeiten in der Eisensteinhöhle bei Bad Fischau.

Eine Besonderheit sind die mächtigen Lehmformationen, die sich auf dem Höhlenboden gebildet haben.

Offizieller Name: EINÖDHÖHLE
Sonstige Bezeichnung: Fledermaushöhle, Sandloch
Lage: Am Südhang des Pfaffstättner Kogels, markierter Zugang, oberhalb des ehemaligen Einödwirtshauses im Ortsteil Einöde von Pfaffstätten.
Kat.-Nr.: 1914/6
Seehöhe: 370 m
Ganglänge: 87 m

Offizieller Name: ELFENHÖHLE
Sonstige Bezeichnung: Elfenloch, Elfenlucke, Sandloch
Lage: Am Südhang des Pfaffstättner Kogels, westlich der Einödhöhle
Kat.-Nr.: 1914/7
Seehöhe: 370 m
Ganglänge: 30 m

Frei zugänglich, ohne Führung.

Info
de.wikipedia.org/wiki/Einödhöhle
www.heimatkundeverein.at/einoedhoeh-
len-pfaffstaetten.php

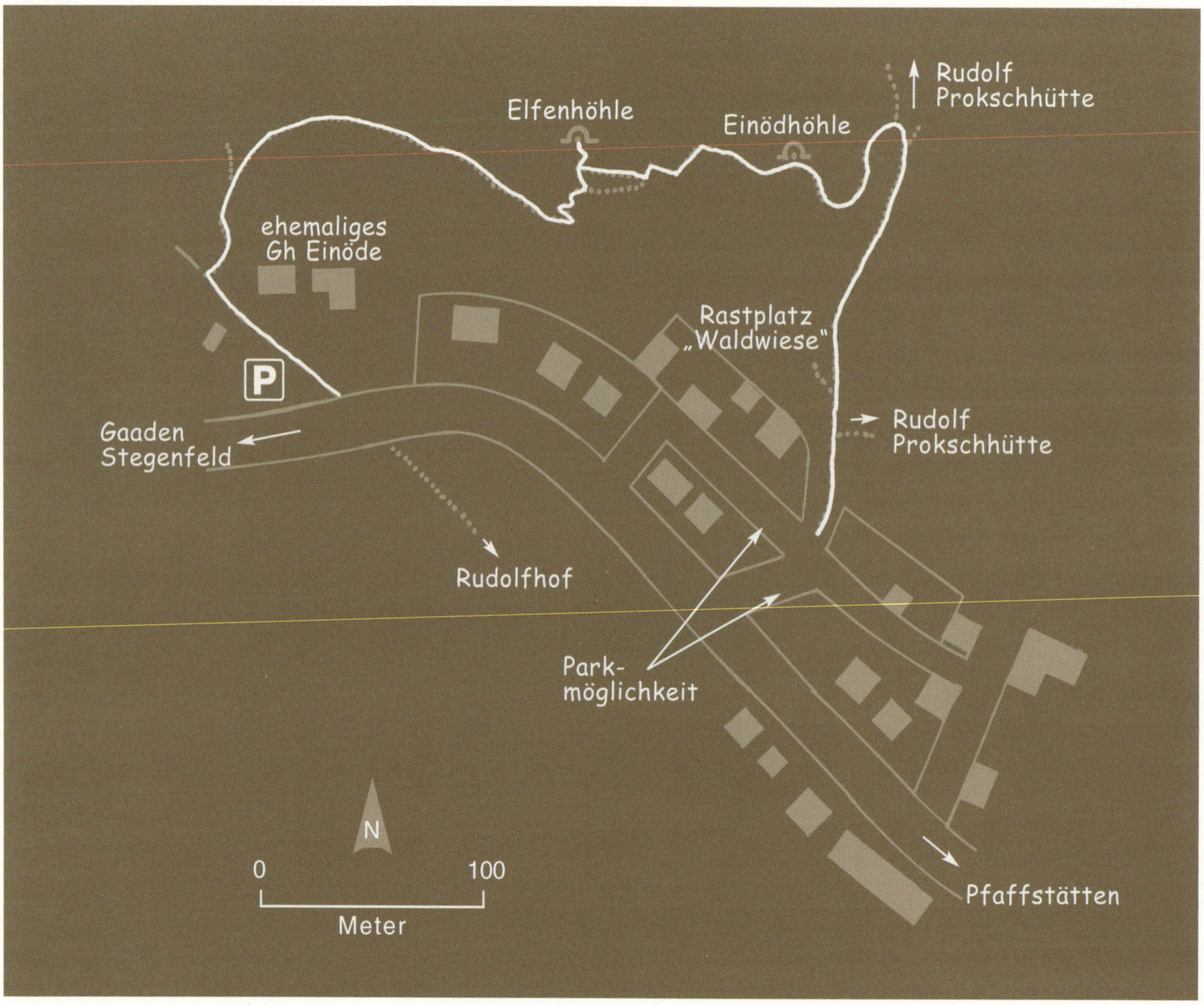

Elfenhöhle
Einödhöhle
Rudolf Prokschhütte
ehemaliges Gh Einöde
Rastplatz „Waldwiese"
Gaaden Stegenfeld
Rudolf Prokschhütte
Rudolfhof
Park-
möglichkeit
Pfaffstätten

N

0   100
Meter

Was Sie erwartet

Vom künstlich angelegten ebenen Vorplatz führen fünf Eingänge in das Innere der Einödhöhle, von denen nur drei größere Ausmaße erreichen. Durch die beiden östlich gelegenen Portale gelangt man in den ersten hallenartigen Raum, an dessen Ostseite ein teilweise durch Sprengung erweiterter Gang ins Bergesinnere in einen Raum leitet, aus dem ein nach Süden ansetzender aufrecht begehbarer Gang wiederum in den ersten Raum zurückführt und so einen Rundgang ermöglicht. Hangparallel, nach Westen, zieht noch ein geräumiger, über 15 m langer Gang, der mäßig ansteigend endet.

Obwohl es keine Tropfsteine zu bewundern gibt, sind die eigenartigen Felsbildungen, die vielfach nach einer gelegentlich abgelehnten Theorie als Brandungsformen des Tertiärmeeres im Wiener Becken gedeutet werden, recht interessant. Auch die romantischen und geheimnisumwitterten Bezeichnungen der Räume oder Felsformationen, wie Trümmerhalle, Thronsaal, Luckerte Wand, Fledermausgang und Bärengang werden sicherlich jedermanns Neugierde wecken.

Die nah gelegene Elfenhöhle betritt man durch das ca. 7 m hohe Portal. Da seit der Schauhöhlenzeit mehrere Deckenverstürze erfolgten, bietet der Eingangsbereich gegenüber damals ein wesentlich verändertes Aussehen. Über Blöcke absteigend, gelangt man in den in Dämmerlicht gehaltenen großen Zentralraum, an dessen südöstlicher Wand der Zugang zur „Kapelle" ansetzt, einem vier Meter hohen Raum mit annähernd dreieckigem Grundriss und einem zentralen Felspfeiler. Gegenüber dem Eingang zur Kapelle erstreckt sich die eigenwillig gestufte und mit Felskulissen versehene Westwand.

In der Elfenhöhle wurden in jüngerer Zeit mehrmals „schwarze Messen" abgehalten.

So kommen Sie hin

Vom Weinort Pfaffstätten folgt man der Straße durch das Einödtal Richtung Gaaden, unter dem Aquädukt der Ersten Wiener Hochquellwasserleitung hindurch bis zu einem zwischen den Häusern gut erkennbaren, nach rechts abzweigenden markierten Wanderweg. Hier oder ein Stück weiter, beim ehemaligen Einödwirtshaus, gibt es ausreichende Parkmöglichkeit. Der Wanderweg Nr. 404 dient an sich dem Anstieg zum Pfaffstättner Kogel mit der Rudolf-Proksch-Hütte, bietet aber über eine bezeichnende Wegabzweigung nach wenigen Minuten den kürzesten Zugang zu beiden Höhlen.

Wanderkarten

Österreich-Karte: ÖK-50 5325 (Baden) bzw. NM-33-12-25

freytag & berndt-Wanderkarte: WK 011 (Wienerwald; 1:50 000) und WAWI 1 (Wanderatlas Wienerwald; 1:40 000)

Kompass-Wanderkarte: WK 205 (Wien und Umgebung; 1:50 000), WK 208 (Wienerwald; 1:25 000), WK 209 (Wienerwald; 1:50 000), WK 5011 (Wienerwald – Naturpark Föhrenberge – Baden – Helenental – Lainzer Tiergarten; 1:35 000) und WA 596 (Großer Wander-Atlas Rund um Wien; 1:50 000)

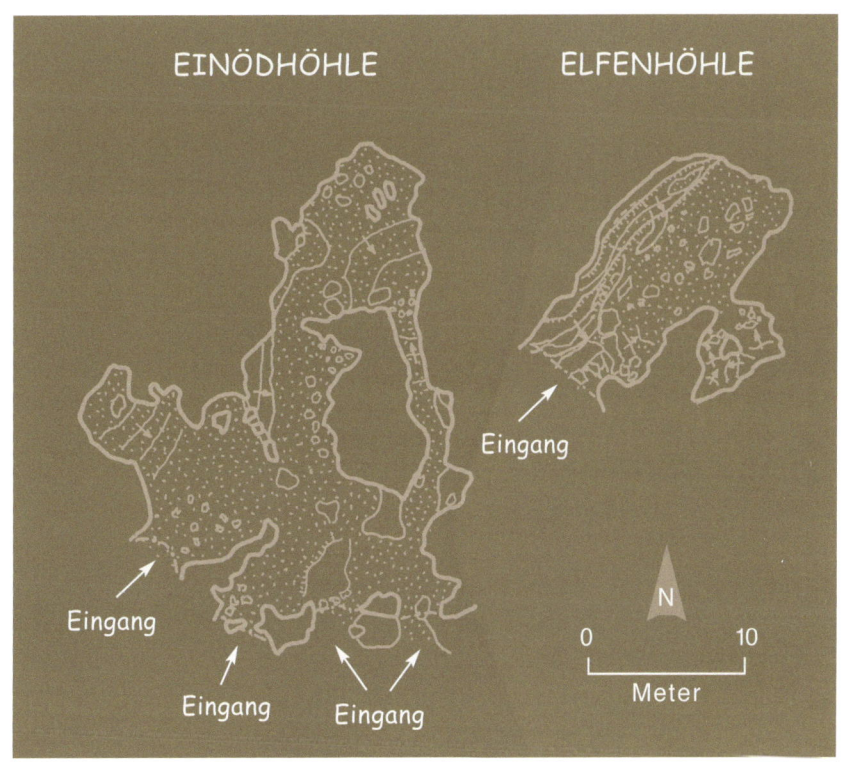

Die geräumigen Höhlen des Einödtals sind schon seit alter Zeit bekannt und wurden sehr früh vom Menschen genutzt. So will der Badener Heimatforscher Gustav Calliano eine urgeschichtliche Besiedelung nachweisen können. Sicher ist, dass die Höhlen in unruhigen Zeiten, vor allem während der Türken- und Franzosenkriege, sichere Zuflucht boten. Aber auch lichtscheues Gesindel soll die natürlichen unterirdischen Räume als Unterkunft und ebenso als Versteck für Diebesgut verwendet haben. Auch einer wirtschaftlichen Nutzung, wenn auch von geringer Bedeutung, wurden sie früher unterzogen. Denn der Dolomitgrus, der den Höhlen ein eigenwilliges Aussehen verleiht, wurde stellenweise abgebaut und als Reibsand in den Handel gebracht.

Seit früher Zeit bekannt und von Menschen genutzt, die Einödhöhle.

Wie immer bei solchen altbekannten Höhlen ranken sich auch einige Sagen um diese Objekte. Die bedeutendste darunter will wissen, wie Einhard, ein Mönch aus St. Gallen, berichtete, dass sich ein riesiger Mensch die Einödhöhle als Wohnstatt erkoren hat. Dieser angebliche Namensgeber des Tals und der Höhlen soll der riesige Krieger Einöder, Ainöther oder Einher gewesen sein, der Karl dem Großen als Begleiter im Awarenkrieg gedient habe. Dabei soll der Hüne in einer Schlacht so viele Feinde aufgespießt haben wie sonst ein ganzes Heer. Von diesen Heldentaten stammt der Name „Einher". Seine angebliche Wohnstätte befand sich

eigentlich nicht in der heutigen „Einödhöhle", sondern in der „Großen Einödhöhle" in der Nähe des ehemaligen Einödwirtshauses am Talgrund. Über die Größe der ehemaligen Höhle mit tunnelartigem Eingang ist uns folgende Beschreibung erhalten: „… in der ein zweispänniger Wagen bequem umkehren konnte." Diese großräumige Höhle wurde 1888 wegen drohender Einsturzgefahr gesprengt und abgetragen. Um den Namen „Einödhöhle" zu erhalten, wurde ab diesem Zeitpunkt die weiter oberhalb am Hang liegende „Fledermaushöhle" mit dieser Bezeichnung versehen.

Im Jahr 1925 ging man daran, die nun derart bezeichnete „Einödhöhle" und die nahe „Elfenhöhle" auf Betreiben Dr. Michael Müllners unter Mitwirkung des Pionierbataillons aus Klosterneuburg für den Fremdenverkehr auszubauen, um sie noch im gleichen Jahr am 22. April als Schauhöhlen zu eröffnen. Obwohl jährlich bis zu 30 000 Besucher die Höhlen bewunderten, musste der Betrieb mit Beginn des Zweiten Weltkriegs eingestellt werden. In den letzten Tagen des schrecklichen Völkerringens diente die Einödhöhle für mehr als 380 Einwohner Pfaffstättens als sicherer Aufenthaltsort. Heute sind die Höhlen unversperrt und es erinnert kaum noch etwas an die glorreiche Schauhöhlenzeit.

Die Einödhöhle und die Elfenhöhle wurden mit Bescheid vom 14. Juni 1949 nach dem Naturhöhlengesetz zum Naturdenkmal und am 22. Oktober 1982 nach dem NÖ Höhlenschutzgesetz zu „besonders geschützten Höhlen" erklärt.

Verwendete Literatur:
(20): 119–120; (21): 154; (22): 10–13; (23): 74–75; (25): 81–84; (26): 26, 41, 86, 88–89, 93, 114; (30): 17–18, 30, 32; (51): 274–277; (56): 413; (132): 21–23; (133): 6–9.

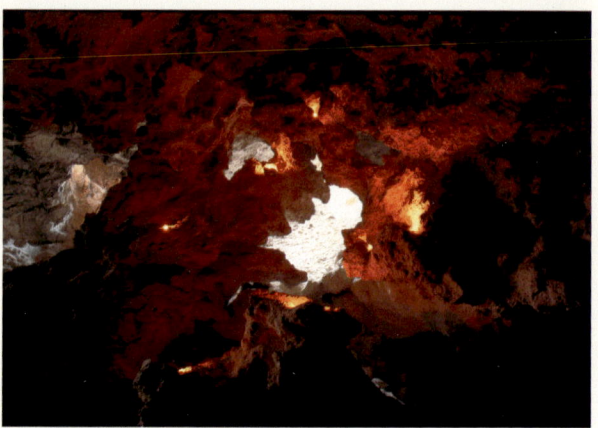

Ein beliebtes Wanderziel: die sagenumwobene Einödhöhle.

Ein geheimnisvoller Spalt im Berg: der Eingang der Elfenhöhle.

Ein natürlicher Fluchtraum: die Elfenhöhle.
Der markante Dolomitgrus verleiht der Höhle
ein eigenwilliges Aussehen.

Offizieller Name: GÜNTHERHÖHLE
Weitere Bezeichnungen: Bergloch beim roten Kreuz, Hundsheimerhöhle, Schuberthöhle, Günther-Höhle
Lage: Im Südhang des Hexenbergs bei Hundsheim
Kat.-Nr.: 2921/2
Seehöhe: 270 m
Gesamtganglänge: 206 m
Höhenunterschied: 21 m

Offizieller Name: KNOCHENSPALTE
Weitere Bezeichnungen: Hundsheimer Spalte
Lage: Im Südhang des Hexenbergs bei Hundsheim, unmittelbar neben der Güntherhöhle.
Kat.-Nr.: 2921/13
Seehöhe: 270 m
Gesamtganglänge: 45 m
Höhenunterschied: 16 m

Offizieller Name: ZWERGLLOCH
Weitere Bezeichnungen: Zwergenloch, Zwerghöhle, Zwerilucka
Lage: Im Südhang des Hexenbergs bei Hundsheim, in einer Felsrippe östlich der Güntherhöhle

Kat.-Nr.: 2921/12
Seehöhe: 300 m
Gesamtganglänge: 57 m
Höhenunterschied: 16 m

Öffnungszeiten

Der Schlüssel zur Güntherhöhle ist am Gemeindeamt deponiert und kann während der Amtsstunden für einen Besuch der Höhle ausgeliehen werden. Jedoch zwischen Ende Oktober und Anfang April bleibt die Höhle aus Fledermausschutzgründen geschlossen.

Info und Kontakte

Die Dienstzeiten des Gemeindeamts sind Montag bis Freitag von 7.30 bis 12.30 Uhr, Dienstag von 14 bis 18 Uhr sowie Montag, Mittwoch und Donnerstag von 13 bis 16 Uhr. Gegen telefonische Anmeldung kann der Schlüssel auch am Wochenende entlehnt werden.
Anschrift des Gemeindeamtes: 2405 Hundsheim 108, Tel.: 02165/62615
www.hundsheim.at

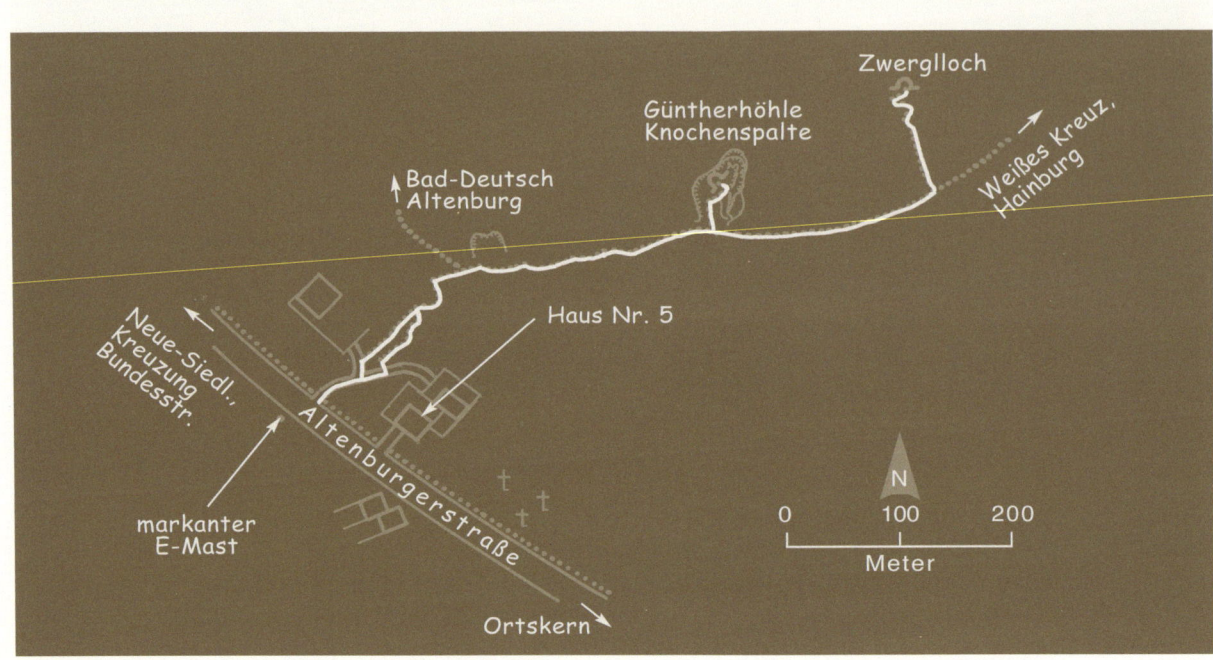

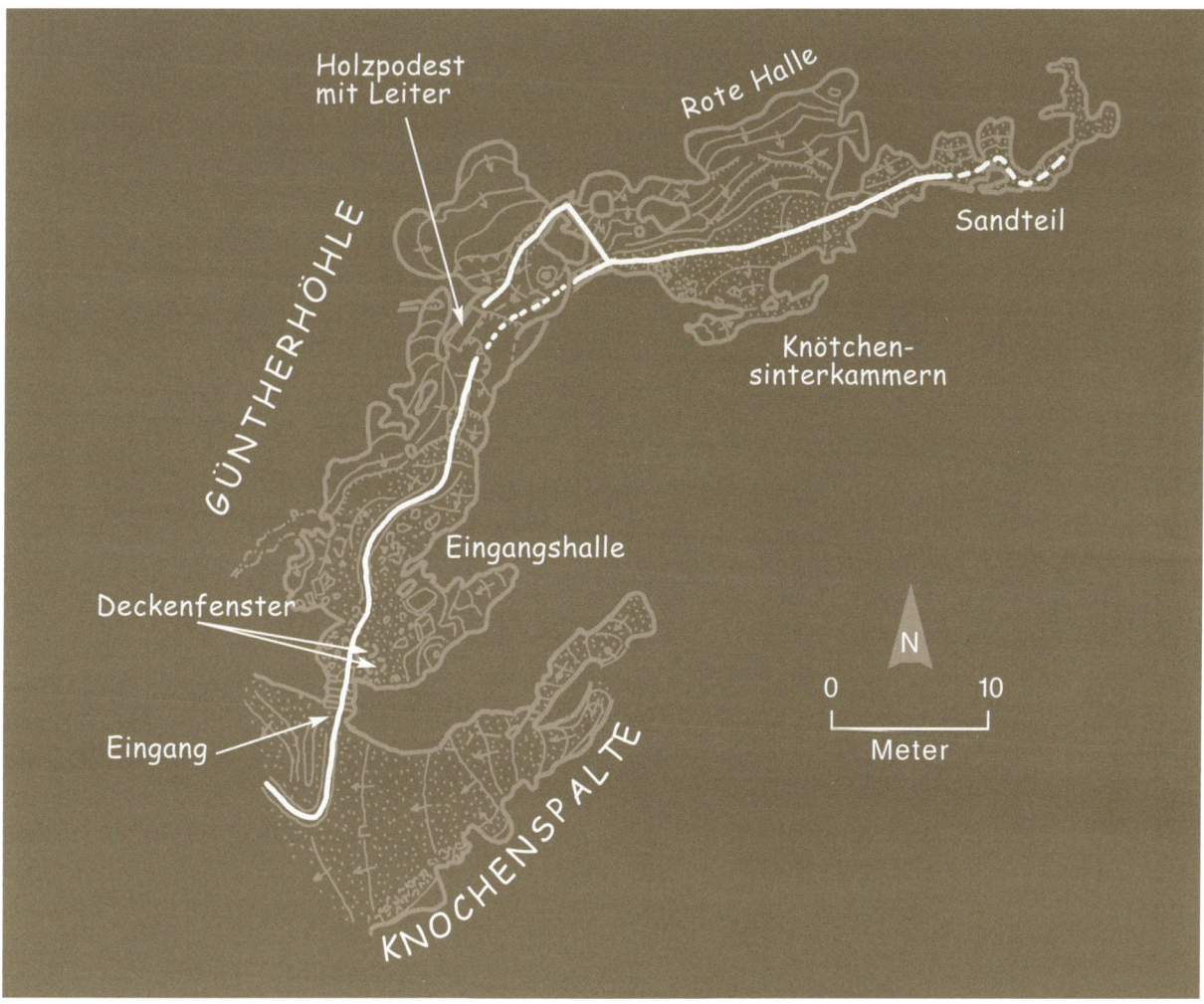

Was Sie erwartet

Oberhalb des Vorplatzes der Güntherhöhle ist die Höhlenruine Knochenspalte gut zu erkennen. Im Jahr 1900 wurde bei Steinbrucharbeiten die sedimenterfüllte und an Fossilien reiche Knochenspalte angeschnitten. Schon 1902 wurde die erste wissenschaftliche Grabung durchgeführt, die sensationelle Großsäugerfunde (Nashorn u. a.) erbrachte. Weitere Grabungskampagnen bis in das Jahr 1951 förderten enorm reichhaltiges Fundmaterial zutage, das auch in umfangreicher Literatur seinen Niederschlag fand. Als man 1914 die Deckschichten der Knochenspalte abtrug, entdeckte man aufgrund zweier Felslöcher die unmittelbar danebenliegende Güntherhöhle.

Die Güntherhöhle betritt man durch einen sperrbaren künstlichen Eingang und gelangt so in die von den zwei Entdeckungs-Deckenlöchern spärlich mit Licht versorgte Eingangshalle. Nach Durchqueren der 13 m langen und bis 8 m breiten Halle kann man in leichter Kletterei über Wandstufen dem weiteren Verlauf der Höhle folgen. Bei einer Wegteilung führt ein Kluftgang in Richtung „Rote Halle" abwärts, zum höher gelegenen Höhlenabschnitt gelangt man über eine 3 m lange Eisenleiter mit einem Holzpodest. Am auffälligsten wirken in dieser Halle die mächtigen Deckenkolke und ein ebensolcher Stalagmit. Am nordöstlichen Ende des großen Raumes führt eine 8 m lange Eisenleiter wiederum zum Hauptweg hinab, der in die 11 m lange, 9 m breite und bis 14 m hohe „Rote Halle" führt. An deren südlicher Raumbegrenzung setzen zwei kurze und enge Schlüfe in die „Knötchensinterkammern" an. Der Endabschnitt der Höhle wird durch mehrere Kammern und Schlufstrecken gebildet, die von mächtigen sandigen Ablagerungen erfüllt sind.

Das zwar am gleichen Hang liegende, aber doch etwas weiter entfernte Zwergloch ist durch einen 1 mal 1 m messenden Eingang zu befahren. Der Höhlengang führt nach einigen Metern in eine kleine Kammer und danach leitet ein kluftgebundener Gang schachtartig in die Tiefe, wobei dieser Teil in zwei Etagen gegliedert ist.

Zu beachten ist

In der Güntherhöhle befinden sich nur Reste von alten und ungewarteten Steiganlagen! Besondere Vorsicht ist beim glatten Holzpodest geboten. Außerdem weist das Gemeindeamt ausdrücklich darauf hin, dass die Begehung der Höhle auf eigene Gefahr erfolgt.

Da sich der Höhlenverlauf des Zwergllochs bald nach dem Eingang schachtartig entwickelt, ist auch dort besondere Vorsicht geboten!

Wandversinterungen in der Güntherhöhle.

So kommen Sie hin

In Bad Deutsch-Altenburg zweigt man von der nach Hainburg führenden Bundesstraße 9 nach Südosten ab und wählt bei der nächsten Abzweigung, nach etwa einem Kilometer, den linken Ast nach Hundsheim. Nach dem Ortsteil „Neue Siedlung" findet man am nördlichen Straßenrand der Altenburgerstraße Parkmöglichkeiten. Links vom Haus Nr. 5 geht es ein ganz kurzes Stück auf einem Fahrweg und danach auf einem von zwei Wegen den Hang hinauf. Bei einem alten Steinbruch angelangt wird der Besucher durch Hinweistafeln über das Naturreservat „Hundsheimer Berge" informiert. Um die Höhlenziele zu erreichen, wählt man den rechten Weg in Richtung „Weißes Kreuz" und Hainburg. Nach einer mehr oder minder ebenen Wanderung entlang des Südhanges des Hexenbergs erreicht man einen größeren aufgelassenen Steinbruch. Hier weist eine Naturschutztafel darauf hin, dass sich die Güntherhöhle in der Nähe befindet. Über Stufenreste gelangt man auf eine etwas höher gelegene Steinbruchetage mit dem Vorplatz von Güntherhöhle und Knochenspalte.

Um zum Zwergglloch zu gelangen, sollte man den Weg Richtung „Weißes Kreuz" und Hainburg weiterverfolgen. Von diesem ebenen Weg zweigt etwas später ein bezeichneter steiler Weg ab, der fast geradlinig den Hang hinaufführt und direkt beim Höhleneingang endet.

Wanderkarten

Österreich-Karte: ÖK-5327 (Bruck an der Leitha) bzw. NM-33-12-27

freytag & berndt-Wanderkarte: WK 013 (Nationalpark Donau-Auen – Lobau – Hainburg – Marchegg – Gänserndorf – Bruck a. d. Leitha; 1:50 000)

Kompass-Wanderkarte: WK 211 (Nationalpark Donau-Auen – Wien – Bratislava – Neusiedl am See; 1:50 000) und WA 596 (Großer Wander-Atlas Rund um Wien; 1:50 000)

Die östlichste Erhebung Österreichs stellt das zum Teil bewaldete Inselgebirge der Hainburger Berge, auch Hundsheimer Berge genannt, dar. Die Hainburger Berge sind ein fossiles Karstgebiet mit teilweise noch zugänglichen Höhlen und bilden einen Ausläufer der Kleinen Karpaten, der sich im Untergrund des Wiener Beckens in die Zentralzone der Alpen fortsetzt. Die verkarstungsfähigen, schwach metamorphen Kalke bilden Äquivalente des Semmeringmesozoikums.

Die Güntherhöhle bei Hundsheim ist die weitaus bekannteste Höhle dieses Gebietes. Sie wurde zwar 1914 entdeckt, aber erst im Jahr 1916 konnte der Lehrer Pevny das Höhleninnere erforschen. Im Jahr 1930 wurde die Güntherhöhle auf Veranlassung der Direktion der Niederösterreichischen Landessammlung erschlossen und nach deren Direktor Prof. Dr. Günther Schlesinger benannt. An den umfangreichen Arbeiten für den zukünftigen Schauhöhlenbetrieb, die auch Gangerweiterungen und die Schaffung des künstlichen Einganges umfassten, beteiligten sich das Pionier-Bataillon 1 und das Infanterie-Bataillon III/1 des österreichischen Bundesheeres. Die Eröffnung der elektrisch beleuchteten Schauhöhle erfolgte am 27. Mai 1931, als deren erster Höhlenführer ist der Hundsheimer Martin Eisler (geb. 22. November 1854, gest. 28. Oktober 1936) überliefert. Der Betrieb wurde jedoch recht bald eingestellt, die Einbauten und Installationen verfielen daher zusehends. Während des sowjetischen Einmarschs am Ende des Zweiten Weltkriegs diente die Höhle den Hundsheimern als Zufluchtsort. Leider wurde die Höhle während dieser und in der nachfolgenden Zeit durch Vandalen fast gänzlich ihres Tropfsteinschmucks beraubt.

Die unmittelbar neben der Güntherhöhle liegende „Knochenspalte" ist sicherlich unspektakulär, hat aber einen wissenschaftlichen Ruf weit über unsere Landesgrenzen hinaus. Denn in ihr wurden zahlreiche Knochenfunde ausgestorbener eiszeitlicher Säugetiere gemacht, von denen etliche wohl Ahnen heute lebender Tiere waren, während sich die restlichen Arten nicht durch Nachkommen bis heute behaupten konnten. Die wichtigsten nachgewiesenen Großsäuger sind die Säbelzahnkatze, das Wildpferd, der Hundsheimer Bär, das Thar und der berühmteste Fund das Hundsheimer Nashorn. Weitere in der Knochenspalte gefundene Skelettreste von Säugetieren stammen von Rotwolf, Gepard, Wildkatze, Dachs, Fischotter, Groß-

wüchsiger Spitzmaus u. a. m. Die Großtierfauna wie auch das Nashorn stammen aus der frühen Phase des Pleistozäns und die reiche Kleinsäugerfauna aus dem frühen Mittelpleistozän. Der Großteil dieser Funde befindet sich im Naturhistorischen Museum sowie im Niederösterreichischen Landesmuseum.

Aufgrund ihrer Bedeutung wurde die Güntherhöhle und ihre Umgebung zum Naturdenkmal nach dem Landesnaturschutzgesetz erklärt.

Zum Unterschied von den vorher beschriebenen Objekten besitzt das Zwergloch einen natürlichen Eingang und ist daher schon von alters her bekannt. Aus diesem Grund ist es nicht verwunderlich, dass sich auch um diese Höhle eine Sage mit folgendem Inhalt rankt: Zwerge locken ein Mädchen mit Schätzen in den Berg und durch einen Fluch des Großvaters stürzt das „Höhlenschloss" ein. Somit wäre das Zwergloch der klägliche Rest eines prächtigen unterirdischen Palastes.

Verwendete Literatur:
(25): 103–107; (40): 80; (41): 285–286, 287–288; (56): 502–503; (57): 493; (80): 18–21, 25–27; (126): 36–45, 53; (161): 25–35.

Vor dem Eingang der Güntherhöhle.

Im östlichen wilden Teil der Eingangshalle von der Güntherhöhle.

Offizieller Name: HERMANNSHÖHLE
Weitere Bezeichnungen: Eulenberghöhle, Taubenloch, Teufelsloch, Windloch, Amsteinhöhle
Lage: Im Eulenberg nordwestlich von Kirchberg am Wechsel
Kat.-Nr.: 2871/7
Seehöhe: 627 m (Eingang), 670 m (Ausgang/Taubenloch)
Gesamtganglänge: 4430 m
Höhenunterschied: 73 m

Führungszeiten

Geöffnet von Ende März bis Anfang November; in der Karwoche und vom 1. Mai bis 30. September täglich, im April und im Oktober an Sams-, Sonn- und Feiertagen sowie nach Vereinbarung. An den Betriebstagen ist die Höhle von 9 bis 16.30 Uhr geöffnet. Hauptführungszeiten: 9.30, 11.00, 13.30, 15.00 und 16.30. Weitere Führungen nach Bedarf. Der geführte Besuch des „Kyrlelabyrinth" wird nur nach Bedarf und verfügbarem Führungspersonal mit höchstens 15 Personen durchgeführt. Bei Gruppen mit mehr als 10 Personen wird um Anmeldung gebeten. Gegen Voranmeldung werden auch mehrstündige Abenteuerführungen angeboten. Schauhöhlenbeleuchtung: elektrisch.

Info und Kontakte

Verwaltung: Hermannshöhlen-Forschungs- und Erhaltungsverein, Obere Donaustraße 97/1/61, 1020 Wien
Tel.: 0676 42 14 039 Barbara Wielander, 0664 53 11 026 Heinz Morgenbesser oder 02641 2326 direkt beim Höhlenführer im Führungshaus.
info@hermannshoehle.at
www.hermannshoehle.at
www.schauhoehlen.at
de.wikipedia.org/wiki/Hermannshöhle_ (Niederösterreich)

Was Sie erwartet

Die Führung durch die elektrisch beleuchtete Tropfsteinhöhle erfolgt auf gut ausgebauten Stiegen und Wegen. Vom unteren Eingang, bei den „Windlöchern", erreicht man durch den „Barbarastollen" die fast 20 m hohe „Dietrichshalle". Von dort geht es über Stiegen und durch tropfsteinreiche Gänge in eine höher gelegene Etage und in den in diesem System zentral gelegenen „Großen Dom". Durch die „Hohe Kluft" gelangt man zum mächtigen „Niagarafall" und zu den prächtigen Tropfsteingruppen um den „Globus". Der Führungsweg leitet wieder zurück zum „Großen Dom", um durch den „Karl-Ludwig-Tunnel", vorbei am „Teich" die „Rotunde" zu erreichen. Aufsteigend durch die mächtigen „Fürsten-" und „Wildschützenhallen" verlässt man dann durch das „Taubenloch" die Höhle. Der Besucher hat im Bergesinneren einen Höhenunterschied von 43 m zu überwinden und lernt dabei etwa 270 m des ungefähr 4,5 km langen Höhlensystems kennen, das auf einer Grundfläche von nur 140 x 160 m aufliegt. Außerdem hat man die Möglichkeit, im Rahmen einer Sonderführung über einen separaten Eingang das 1940 entdeckte „Kyrlelabyrinth" zu besuchen. Dieser Höhlenteil zeichnet sich durch besonders schönen Tropfsteinschmuck aus.

So kommen Sie hin

Die Hermannshöhle liegt im nach Nordost schauenden Abhang des Eulenbergs, etwa einen Kilometer von Kirchberg am Wechsel entfernt. Vom Ort benötigt man zu Fuß ca. 20 Minuten, vom Parkplatz an der Straße Kirchberg–Rams nur wenige Minuten, um die Schauhöhle zu erreichen. Die Zufahrtsstraße ist ab Gloggnitz bzw. von der Bundesstraße Grimmenstein–Aspang gut beschildert.

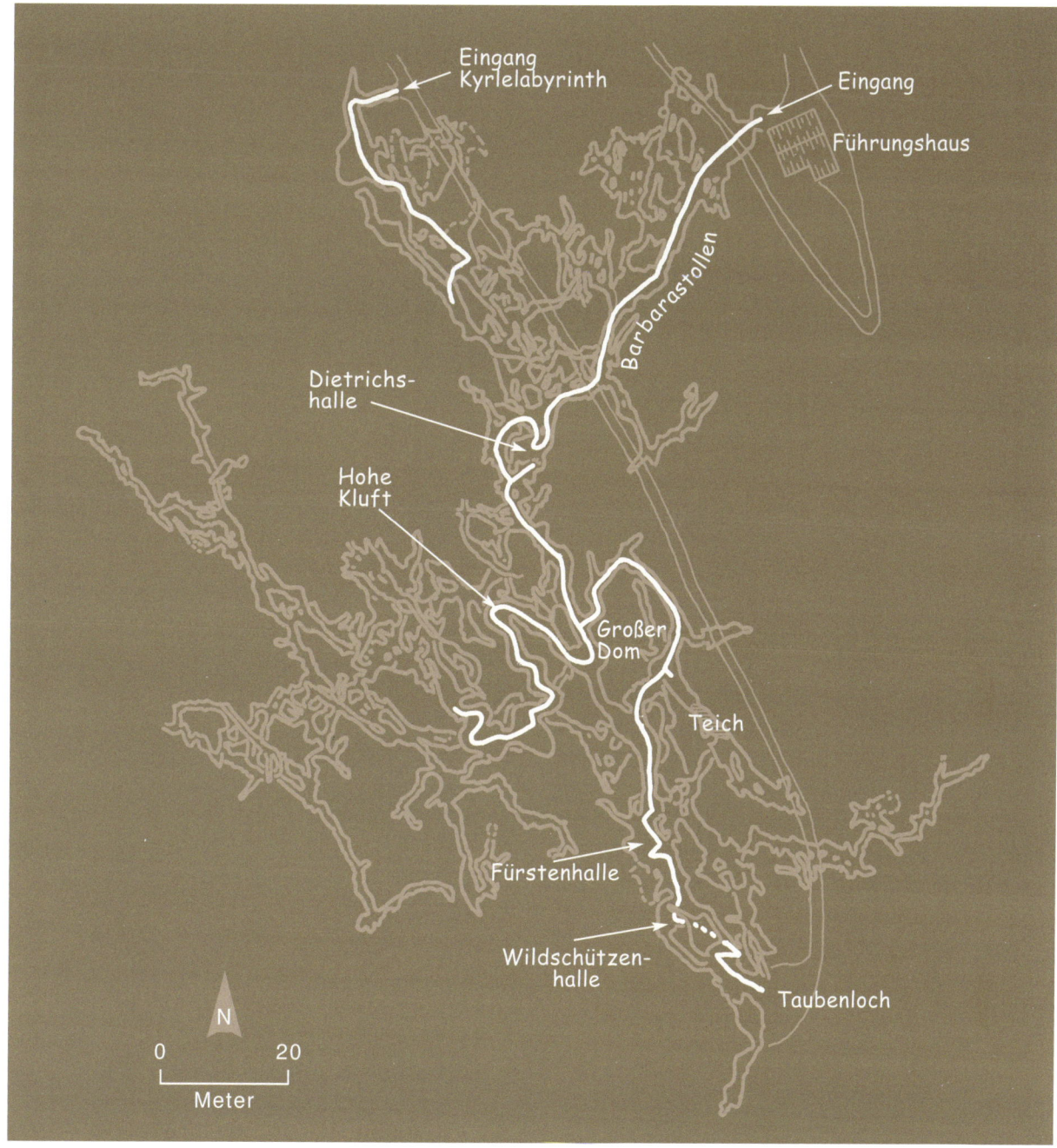

Wanderkarten des Gebiets

Österreich-Karte: ÖK-50 4212 (Mürzzuschlag) bzw. NL-33-02-12

freytag & berndt-Wanderkarte: WK 021 (Fischbacher Alpen – Roseggers Waldheimat – Mürzzuschlag; 1:50 000), WK 022 (Semmering – Rax – Schneeberg – Schneealpe; 1:50.000); WK 422 (Wechsel – Bucklige Welt – Bernstein; 1:50 000), WK 5502 (Semmering – Gloggnitz – Wechsel – Friedberg; 1:35 000) und WAHB 1 (Wanderatlas Wiener Hausberge; 1:40 000)

Kompass-Wanderkarte: WK 210 (Wiener Hausberge; 1:50 000)

Zahlreiche Sagen ranken sich um die Hermannshöhle und ihre Umgebung: Von der Höhle ausgehend führte einst ein Gang bis zur Burg Kranichberg, in der am Abstieg des Rundwegs anzutreffenden Antonshöhle soll einst ein Einsiedler namens Anton seine Eremitage gehabt haben und Frau Saga will auch davon wissen, dass der heilige Antonius, der sich jedoch nachweislich nie in dieser Gegend aufgehalten hat, auf seinen Wanderungen hier gerastet habe.

Die Einheimischen kannten schon sehr früh zwei Höhleneingänge im Eulenberg und bezeichneten den oberen als „schaurigen Abgrund" oder „Teufelsloch" und den unteren als „Windloch". Eine nicht belegte Geschichte aus der Zeit um 1790 erzählt uns, wie der obere Abgrund zu seinem noch heute gebräuchlichen Namen „Taubenloch" kam: Ein Hüterbub soll damals nahe der schachtartigen Bergöffnung Wildtauben nachgejagt haben. Dabei stürzte der Unglückliche in den Abgrund. Einige beherzte Männer stiegen hinab, um ihm zu helfen, und konnten nicht nur den unverletzten Burschen retten, sondern sie erkannten auch, dass sich die Höhle in die Tiefe fortsetzt. 1838 publizierte der Reiseschriftsteller Adalbert Joseph Krickel die erste Beschreibung der Höhle. Dabei berichtete er, wie er mit einigen Männern am 23. Juni 1836 den Abstieg wagte und 66 Klafter (ca. 125 m) in die Höhle vordrang, bis ihm ein „fürchterlicher Schlund" den Weiterweg versperrte.

Die heutige Bezeichnung „Hermannshöhle" stammt von ihrem Ersterforscher Hermann Steiger Edler von Amstein, dem damaligen Verwalter der Burg Feistritz. Er untersuchte die Höhle genauer und fand den Durchstieg bis zu den „Windlöchern". Begeistert von der Schönheit seiner Entdeckung kaufte er die nötigen Grundstücke und erwarb auch das Verfügungsrecht über die Höhle. Mit den Erschließungsarbeiten wurde sofort begonnen und man schuf damit die erste Schauhöhle im „Erzherzogthum unter der Enns". Da aber die finanziellen Mittel recht bald erschöpft waren, musste Steiger die Höhle an seinen Arbeitgeber, den Besitzer der Burg Feistritz, Freiherrn von Dietrich, verkaufen, der Name „Hermannshöhle" blieb aber bestehen. Da Hermann Steiger 1848 zum Kriegsdienst eingezogen wurde und Freiherr von Dietrich im Jahr 1853 starb, wurde die Höhle in der Folge stark vernachlässigt und die Steiganlagen verfielen. Erst während seines Ruhestands gelang es Hermann Steiger, die Steiganlagen zu renovieren, und im Jahr 1868 erfolgte die feierliche Wiedereröffnung des Schauhöhlenbetriebs. Eine Gruppe von Höhlenforschern des „Landesvereins für Höhlenkunde in Wien und NÖ" erwarb 1968 die Höhle und betreut sie als „Hermannshöhlen-Forschungs- und Erhaltungsverein" bis zum heutigen Tag.

Auch die eigentliche Erforschungsgeschichte erwies sich als äußerst abwechslungsreich. Die bedeutendste Entdeckung gelang 1940 zwei Kirchberger Buben, die nach Passieren mehrerer Engstellen einen größeren Höhlenteil auffanden, der zu Ehren des großen, 1937 verstorbenen Wiener Speläologen Georg Kyrle den Namen „Kyrle-labyrinth" erhielt. Im Jahr 1948 wurde für Aufnahmen zum Höhlenfilm „Geheimnisvolle Tiefe" (Regie: G. W. Pabst, mit Ilse Werner und Paul Hubschmid) ein künstlicher Zugang zu diesem Höhlenteil geschaffen. Das leider sehr kitschige und unrealistische Machwerk drehte man auch zum Teil in der Dachstein-Rieseneishöhle.

Verwendete Literatur:
(2): 191; (24): 9, 32–33, 161; (25): 32–34; (41): 248–253; (56): 471–475; (58): – ; (74): 160–161; (75): 199–245; (76): 126; (83): 249–253; (147): 179; (169: – .

Wundervolle Sinterbecken in der Hermannshöhle.

*Die schneeweißen „Totenköpfe" und der „Globus"
am Ende der „Hohen Kluft".*

*„Tropfsteinkaskaden" und „Schildkröte" (früher „Pickelhaube")
in der „Hohen Kluft".*

*Grandioser Tropfsteinreichtum:
Höhlenforscher im Gnomentheater.*

*Besuchergruppe beim „Versteinerten Wasserfall" vor der
Dietrichshalle. Ansichtskarte von 1909.*

Offizieller Name: HOCHKARSCHACHT
Weitere Bezeichnung: Hochkarhöhle
Lage: Im Hochkar, etwa 300 m südöstlich des Parkplatzes am Ende der Hochkar-Alpenstraße.
Kat.-Nr.: 1814/5
Seehöhe: 1540 m (Stolleneingang) und 1630 m (Schachteinstieg)
Gesamtganglänge: 751 m
Höhenunterschied: 133 m

Führungszeiten
Führungen (Treffpunkt Talstation der Hochkarbahn) Mitte Juni bis Mitte Oktober nach Terminvereinbarung (ab sechs Personen) jederzeit möglich. Überdies zeigte der Führungskalender 2016 folgende Termine: vom 22. Juni bis 26. Oktober 2016 an jedem Mittwoch um 14 Uhr und an jedem 2. Sonntag um 11 Uhr – beginnend mit 19. Juni 2016 (3., 17. und 31. Juli, 14. und 28. August, 11. und 25. September, 9. und 23. Oktober). Gruppen über 10 Personen werden auch nach Terminvereinbarung geführt.

Schauhöhlenbeleuchtung: elektrisch.

Info und Kontakte
Verwaltung: Hochkar Bergbahnen GmbH., 3345 Göstling/Ybbs 46.
Anmeldungen unter der Telefonnummer: +43 (0) 7484/7214 oder 2122-0
www.schauhoehlen.at
de.wikipedia.org/wiki/Hochkarschacht
http://www.hochkar.com/de/sommer/bergsommer/hochkarhoehle

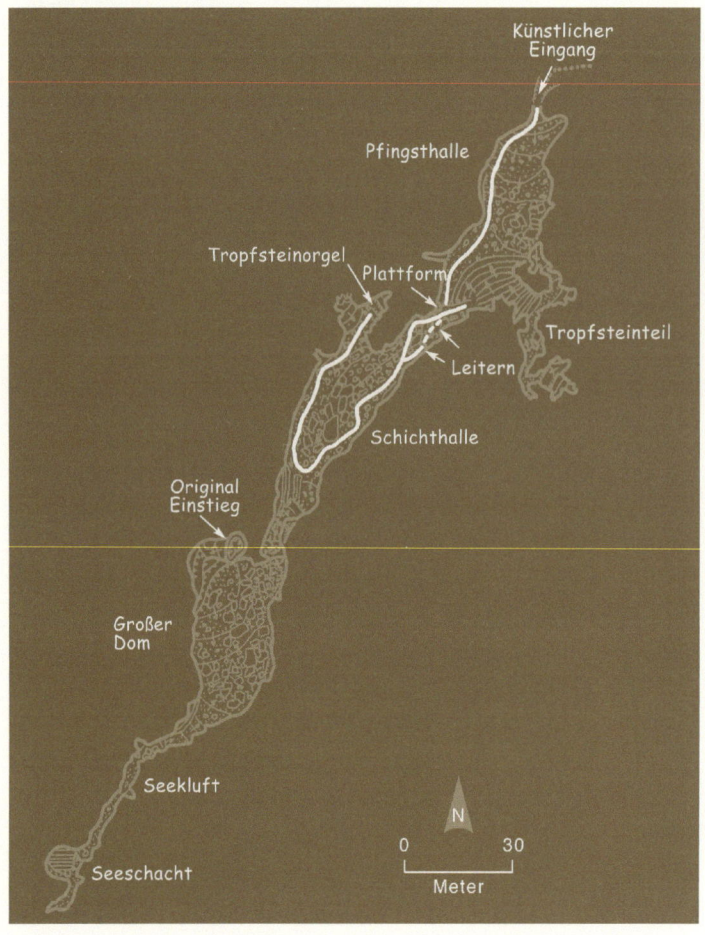

Was Sie erwartet
Unmittelbar nach dem künstlichen Eingang, einem kurzen Stollen, beginnt bereits das Staunen! Der Besucher gelangt plötzlich in einen riesigen unterirdischen Hohlraum, die „Pfingsthalle"! Die Raummaße betragen über 50 m Länge und bis 20 m Breite sowie einer beträchtlichen Höhe. Begangen wird diese Halle abwärts über eine am nördlichen Ende beginnende Betontreppe. Nach Durchqueren der Pfingsthalle erreicht man eine Versturzzone, die mittels einer Aluleiter im Aufstieg überwunden wird. Diese Zone bildet den Zugang zur nachfolgenden „Schichthalle" und weist an den Begrenzungswänden recht auffallende und eigenartige Knollensinterbildungen – auch Karfiolsinter genannt – auf. In der 40 m langen „Schichthalle" sind nicht nur die für den gebirgsbildenden Dachsteinkalk typischen mächtigen Bankungen zu erkennen, sondern auch vereinzelte knallig orangerote bis braune Sinterbildungen stechen ins Auge.

Den nächsten Raum schmückt eine großflächige Wandversinterung, die als „Tropfsteinorgel" bezeichnet wird. Hier befindet sich auch der Umkehrpunkt der Führung.

Sehr schön wäre es, könnte man sich dazu entschließen, den Führungsweg bis zum „Großen Dom" für den allgemeinen Besuch zu erweitern! Dort könnte dann der Führungsteilnehmer zu dem 80 m höher liegenden Lichtpunkt hinaufblicken, von dem aus vor mehr als fünfzig Jahren waghalsige Höhlenforscher auf pendelnden und sich drehenden Drahtseilleitern dieses unterirdische Reich betraten.

So kommen Sie hin

Die Zufahrt erfolgt auf der südlich von Göstling/Ybbs von Lassing ausgehenden mautpflichtigen „Hochkar-Alpenstraße". Ausgangspunkt für den Höhlenbesuch ist die Talstation der Hochkarbahn am Ende der Hochalpenstraße. Vom Parkplatz steigt man auf einem bequemen Weg in nicht ganz einer halben Stunde zum künstlichen Höhleneingang auf.

Wanderkarten des Gebiets

Österreich-Karte: ÖK -50 4209 (Hieflau), NL-33-02-09

freytag & berndt-Wanderkarte: WK 041 (Hochschwab – Veitschalpe – Eisenerz – Bruck an der Mur; 1:50 000), WK 051 (Eisenwurzen – Steyr – Waidhofen a. d. Ybbs – Hochkar; 1:50.000) und WK 062 (Gesäuse – Ennstaler Alpen – Schoberpass; 1:50 000)

Kompass-Wanderkarte: WK 69 (Gesäuse – Ennstaler Alpen – Pyhrn - Eisenerz; 1:50 000), WK 212 (Hochschwab / Mariazell – Eisenwurzen; 1:50 000) und WA 596 (Großer Wander-Atlas Rund um Wien; 1:50 000)

Das Hochkar an der niederösterreichisch-steirischen Grenze stellt mit seinen 1808 Metern den höchsten Gipfel der Göstlinger Alpen dar und ist durch die Bergstraße sowie mehrere Lifte zur Ausübung vieler Wintersportarten bestens gerüstet. Im Sommer lädt diese fast hochalpine Region auch zum Wandern ein, wobei hier die vielfältigsten Erscheinungen der Karstoberfläche angetroffen werden können. Man marschiert durch Karstgassen, an Dolinen vorbei und sieht an den geneigten Felsplatten faszinierende Karrenfelder. Diese begeisternde Bergland-

schaft liegt südlich von Göstling a. d. Ybbs und man erreicht sie auf der „Hochkar-Alpenstraße".

In der „Schichthalle": Gewaltige Bankungen zeugen von der Gebirgsbildung.

Diese typische Karstlandschaft birgt auch zahlreiche Höhlen, die bedeutendste unter ihnen, der Hochkarschacht, wurde im Oktober 1963 aufgrund von Hinweisen aus der Bevölkerung von einer Gruppe Höhlenforscher erstmalig erkundet. Zunächst mussten diese einen sehr steilen Gangabschnitt, der ca. 15 m in die Tiefe führt, überwinden. Nach dem darauffolgenden aufregenden 65-Meter-Abstieg auf schwankenden Drahtseilleitern gelangten sie auf den Grund eines der tiefsten Schächte dieses Gebietes. Bei den Höhlenexpeditionen von 1964 und 1965 wurde der Hochkarschacht schließlich weiter vermessen und kartiert. Dies erbrachte eine Gesamtlänge von 751 m und einen Höhenunterschied von –117 m. Alsbald reifte der Wunsch, die Höhle für den allgemeinen Besuch gangbar zu machen, eine Erschließung durch den Schacht war in dieser Hinsicht jedoch nicht gut möglich. Daher wurde ein kurzer Zugangsstollen in die tagnahe „Pfingsthalle" gesprengt. Man ebnete Wege, betonierte Stiegen, baute eine elektrische Beleuchtungsanlage ein und 1970 konnte ein Teil des Hochkarschachts als Schauhöhle eröffnet werden.

Der Hochkarschacht wurde am 18. November 1966 zum Naturdenkmal und auf Grund des NÖ Höhlenschutzgesetzes vom 22. Oktober 1982 zur „besonders geschützten Höhle" erklärt.

Verwendete Literatur:
(24): 9, 35–36, 161; (25): 66–68; (53): 65–68; (57): 67; (74): 161; (76): 124; (157): 4–6 (o. Pagina); (169): –.

Der künstliche Eingang zum Hochkarschacht.

Interessanter Karfiolsinter zwischen der „Pfingsthalle" und der „Schichthalle".

In der beeindruckenden, 50 m langen, bis 20 m breiten und fast 30 m hohen „Pfingsthalle". Wie das Kirchenschiff eines Doms mutet sie an.

Wasserstelle im Hochkarschacht.

Offizieller Name: FALKENSTEINHÖHLE
Sonstige Bezeichnungen: Falkensteiner-
loch, Lichtensteinhöhle
Lage: Beim markierten Wanderweg am Fuß
der Falkensteinwand bei Breitenstein
Kat.-Nr.: 2861/3
Seehöhe: 919 m
Ganglänge: 102 m

Offizieller Name: MARIENHÖHLE
Sonstige Bezeichnungen: Gaiskirchl,
Geißkirchl, Goaskircherl, Lourdes-Grotte in
Breitenstein
Lage: Im Südwest-Ausläufer der Falken-
steinwand bei Breitenstein.
Kat.-Nr.: 2861/11
Seehöhe: 962 m
Ganglänge: 10 m

Offizieller Name: LUCKERTE WAND
Lage: Am markierten Weg unterhalb des
Gipfelbereiches der Luckerten Wand
(1.128 m), südöstlich von Prein an der Rax
Kat.-Nr.: 2861/22
Seehöhe: 1120 m
Ganglänge: 35 m

Frei zugänglich, ohne Führung.

Info

angelos-touren.at/preinrax-lucker-
te-wand-falkensteinhoehle/
www.outdooractive.com/de/wanderung/
wiener-alpen/adlitzgraben-falkensteinhoeh-
le-gaiskirchl-luckerte-wand-speckbacher-
huette-a/18166960/
alpenlandmagazin.at/?p=745

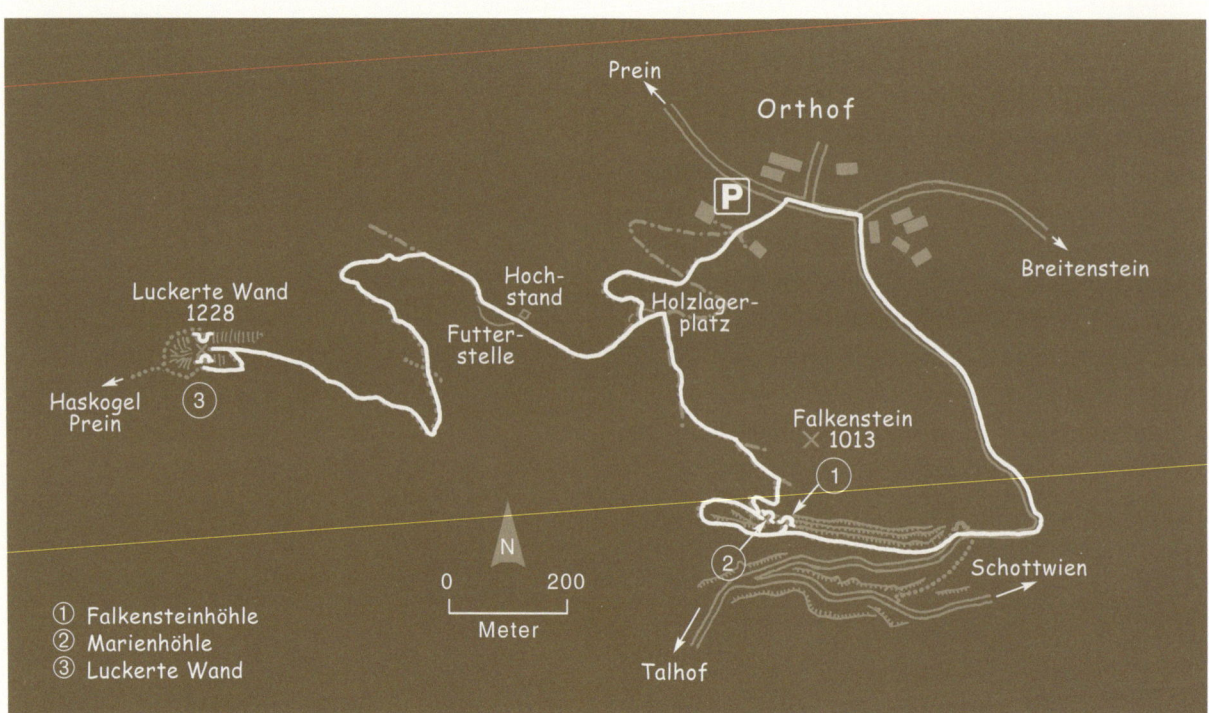

① Falkensteinhöhle
② Marienhöhle
③ Luckerte Wand

Was Sie erwartet

Wir begehen vom Orthof ausgehend den „rot-
grün" markierten Weg „834" annähernd südwärts
ansteigend bis zu einem Sattel mit Holzlagerplatz.
Auf unsere Wanderziele, die drei Höhlen, wird auf

mehreren Hinweistafeln aufmerksam gemacht. Um
die Höhe „Luckerte Wand" zu erreichen, folgen wir
vom Sattel weiter der grünen Markierung nach
Westen. Vorerst geht es über eine Forststraße bis zu
einer Wildfütterung mit Hochstand. Danach führt

ein gelegentlich steiler Steig, nach wie vor grün markiert, auf einen Kamm hinauf. Diesem folgend erreicht man den aussichtsreichen Gipfel der „Luckerten Wand" mit einigen gemütlichen Rastplätzen. Vor dem Gipfelbereich zweigt ein rot markierter Weg ab und bringt uns nach kurzer Strecke zum Eingang der Höhle „Luckerte Wand".

Das Südportal dieser Durchgangshöhle bildet eine geräumige Halbhöhle von romantischem Gepräge, die zwei Möglichkeiten bietet, die Nordseite des Felsriegels zu erreichen. Zwar führt der markierte Weg durch den rechten Durchgang, der auch kurze Seitenstrecken aufweist, aber für die Begehung muss man leichte Kletterei in Kauf nehmen, die jedoch durch eine alte Leiter mit vier Sprossen erleichtert wird.

Für die Fortsetzung der Tour wandern wir den Weg zum Sattel mit dem Holzlagerplatz zurück und wenden uns dort nach Süden. Wiederum entlang einer „rot-grünen" Markierung folgen wir zunächst einer Forststraße und später einem Weg Richtung Falkensteinwand.

Unmittelbar an diesem Weg, in den Südost-Ausläufern der Wand, finden wir die kleine, doch überraschend geräumige Marienhöhle, auch Gaiskircherl genannt. Die als Kirche eingerichtete Durchgangshöhle weist eine durchschnittliche Breite von vier und eine Höhe von 3,5 Metern auf. Der Höhleneingang ist durch eine Holzwand mit Türe verschlossen, eine in den Wandabbruch nach Südwesten führende Tagöffnung ist durch einen Holzzaun abgesichert. An der nördlichen Wand der Höhle findet man einen kleinen Altar mit Madonnenstatue hinter einer relativ langen Betbank. Das weitere Inventar bilden mehrere Marien- und Heiligenbilder, Plastikblumen, eine Gedenktafel für den polnischen Pater Kolbe sowie einige Votivtafeln (darunter eine marmorne von Weihnachten 1927), unweit der Tagöffnung am Wandabbruch steht ein Tisch mit zwei Bänken.

Zur Geschichte über und um die Marienhöhle gibt es einiges zu erzählen:

Mit dem Namen Gaiskircherl ist eine Legende verbunden, die heute noch vom Volksmund erzählt wird. Demnach hätte ein Bauer ein Marienbild in der Grotte aufgestellt, da sein Schafhüterbub darin ein furchtbares Berggewitter überstanden haben soll. Der „Verband christlicher weiblicher Hausbediensteter in Wien" errichtete in der Höhle eine Maria-Lourdes-Andachtsstätte. Die Einweihung erfolgte unter zahlreicher Beteiligung am 15. Au-

gust 1913. Seit damals wird in dieser Höhle alljährlich am 15. August (Mariä Himmelfahrt) ein Gottesdienst abgehalten.

Im Jahr 1974 stand die Höhlenkirche im Mittelpunkt einer großen Marienfeier, in deren Verlauf ein Bild des von Papst Paul VI. selig gesprochenen polnischen Märtyrerpriesters P. Maximilian Kolbe geweiht wurde. Dies erfolgte auf Initiative des Leiters des „Kreuzzugs der Immaculata", P. Eugen Erlach, Kaplan in Neunkirchen.

Der „Kreuzzug der Immaculata" wurde 1917 von P. Kolbe in Rom gegründet. Die marianische Bewegung besitzt an verschiedenen Orten Aktiv-Gruppen, die im apostolischen Sinn arbeiten und deren Hauptanliegen in der Förderung des Priesterberufes besteht.

Einen weiteren Höhepunkt erlebte die Höhlenkirche im darauffolgenden Jahr. Bedenkt man, wie klein diese Höhle ist, so verwundert es doch, dass mehr als 300 Gläubige Platz gefunden haben, den Gottesdienst mitzufeiern. Einen besonderen Akzent erhielt die Feier durch die Teilnahme zweier Minoritenpatres aus Polen, der Heimat Pater Kolbes, von denen einer zwei Jahre in einem Konzentrationslager verbringen musste.

Der Weiterweg führt in einer großen Schleife hinab zum Fuß der Falkensteinwand, dem sie von West nach Ost folgt. Nach Erreichen des Wandbereiches zweigt recht bald ein kurzer Weg zur soliden Holzstiege mit Geländer ab, die zur Falkensteinhöhle hinaufführt. Über die bombastisch anmutende Stiege erreicht man bequem einen halbhöhlenartigen Vorplatz acht Meter über dem Wandfuß, über dem sich ein derzeit nur durch schwierige Kletterei erreichbarer ehemaliger Aussichtsbalkon befindet. An der Ostseite gelangt man über eine Stiege in einen Raum mit kurzen Fortsetzungen. Der auffällige etwa 4 m hohe Hauptgang nimmt nach etwa 50 m an Höhe und Breite immer mehr ab und endet kleinräumig.

Schon zu Beginn des 19. Jahrhunderts wurde in Reiseführern der Besuch der Falkensteinhöhle gepriesen und dabei auch empfohlen, einen Bergmann aus Schottwien mit Haue und Grubenlicht mitzunehmen. Eine weitere Empfehlung in der damaligen Führerliteratur mutet uns heutigen Menschen mit aufgeklärtem Naturverständnis recht eigenwillig an, wäre aber wegen des Artenschutzgesetzes sowie aus Naturschutzgründen ohnedies nicht durchzuführen. So schrieb J. Scheiger in seinem Reiseführer vom Jahr 1828 Folgendes:

„Die Wirkung eines von außen her gegen die tiefern Gänge abwärts gefeuerten Schußes ist herrlich. Der Knall selbst wird durch die Wölbung der Höhle verstärkt, und erhält einen dumpfen Ton, und während er in den engen Gängen noch fortrollt, kracht im Rücken von den Felswänden des Thales das Echo zurück."

In früheren unruhigen Zeiten, vor allem während der Türkenkriege, diente die Höhle oftmals als schwer erreichbare Zufluchtsstätte. Angeblich war sie damals mit Palisaden sowie mit einem Wachthäuschen oder Auslug versehen; Unterteilungen im geräumigen Höhlenbereich schützten die Flüchtlinge und ihre Habseligkeiten.

Zur Zeit der aufkommenden Begeisterung an der „neu" entdeckten Natur wurde die Falkensteinhöhle vom Grundeigentümer Fürst Liechtenstein im Jahr 1836 durch einen Treppenbau für alle interessierten Menschen zugänglich gemacht, der um 1900, schon morsch und verfallen, von der alpinen Gesellschaft „d' Luftschnapper" erneuert wurde.

Natürlich rankt sich auch eine Sage um diese Höhle. Die Überlieferung von einem unterirdischen Gang, der bis Prein führen sollte, konnte selbstverständlich nicht bestätigt werden.

Der kürzeste Weg zum Parkplatz am Orthof erfolgt weiter entlang des Wandfußes bis zur Asphaltstraße und auf dieser nach links zur kleinen Ansiedlung.

Zu beachten ist

Der Bereich der Falkensteinwand liegt in einem befristeten jagdlichen Sperrgebiet, daher ist das Betreten des Geländes vom 1. September bis 15. Mai verboten.

So kommen Sie hin

Die Häuseransammlung Orthof, den Ausgangspunkt für unsere Wanderung, erreicht man von Gloggnitz auf der Bundesstraße über Aue und Schottwien durch die „Adlitzgräben", im Verlauf dieser wildromantischen Schlucht gelangt man in das Ortsgebiet von Breitenstein, wo man alsbald rechts zum Bahnhof Breitenstein abzuzweigen hat. Nach Übersetzen der Bahntrasse folgt bald eine Kreuzung, auf der man die linke Straße wählt und nach ca. 2 km den Weiler Orthof erreicht, wo sich auch Parkmöglichkeiten befinden.

Wanderkarten

Österreich-Karte: ÖK-50 4212 (Mürzzuschlag), NL-33-02-12

freytag & berndt-Wanderkarte: WK 022 (Semmering – Rax – Schneeberg – Schneealpe; 1:50 000), WK 5502 (Semmering – Gloggnitz – Wechsel – Friedberg; 1:35 000) und WAHB 1 (Wanderatlas Wiener Hausberge; 1:40 000)

Kompass-Wanderkarte: WK 210 (Wiener Hausberge; 1:50 000), WK 228 (Wiener Hausberge – Schneeberg – Rax; 1:25 000) und WA 596 (Großer Wander-Atlas Rund um Wien; 1:50 000)

Der weithin bekannte Semmeringpass bildet nicht nur einen Übergang zwischen Niederösterreich und der Steiermark, sondern liegt auch inmitten eines landschaftlich großartigen und in technischer und historischer Hinsicht bedeutsamen Gebiets, hauptsächlich wegen der im Jahr 1841 beendeten Trassierung der ersten gefahrlos befahrbaren Straße über den Pass, vor allem aber auf Grund der etwas später erfolgten Trassenlegung der ersten Gebirgsbahn in den Jahren 1848 bis 1854 durch Carl Ritter von Ghega. Anlässlich der Eröffnung der Semmeringbahn am 17. Juli 1854 reifte in einigen Teilnehmern während einer kleinen Wanderung die Idee, den Österreichischen Touristenklub zu gründen. Dank der Initiative von Gustav Jäger und Lambert Märzroth konnte dieser Gedanke schließlich am 20. Mai 1869 in die Tat umgesetzt werden.

Daher stellt die Semmering-Region, bedingt durch ihre Schönheit und leichte Erreichbarkeit, nicht nur eine beliebte Erholungslandschaft, sondern auch ein gut erschlossenes Wandergebiet dar, wobei dessen nördlicher Teil mit seinen tief eingeschnittenen Schluchten und bizarren Felswänden sowie dem prächtigen Ausblick auf Schneeberg und Rax den Südteil an Schönheit bei Weitem übertrifft.

Unser Wandervorschlag führt uns hinauf auf die lichtdurchflutete Höhe der „Luckerten Wand" mit ihrer gleichnamigen Höhle und wieder hinab in den Schluchtgrund an der Falkensteinwand. In dieser Wand, die den oberen Teil der sogenannten „Kalten Rinne" bildet, lernen wir die kleine kultische Marienhöhle und die großräumige Falkensteinhöhle kennen.

Verwendete Literatur:
(20): 111; (25): 85–89; (41): 218, 221 u. 225; (56): 427, 428 u. 430; (57): 450–453; (60): 34; (75): 189–196; (160): 150–153.

Halbhöhle von romantischem
Gepräge, das Südportal der
Luckerten Wand.

Die Marienhöhle ist ein geschütztes
Ruheplätzchen für Körper und
Geist.

Einst Zufluchtsstätte vor den
Türken: die Falkensteinhöhle.

Offizieller Name:	Sonstige Bezeichnung:	Kat.-Nr.:	Seehöhe:	Länge:
1. GUDENUSHÖHLE	Fuchshöhle, Fuchsenlucke	6845/10	496 m	30 m
2. EICHMAYERHÖHLE	Eichmaierhöhle, Fuchsloch,			
	Fuchsenhöhle	6845/11	548 m	60 m
3. SCHUSTERLUCKE	Schusterloch, Tamerushöhle	6845/12	560 m	20 m
4. STEINERNER SAAL		6845/13	584 m	123 m
5. TEUFELSKIRCHE	*Tiuvelskirihha, Tiuvilischircha*			
	Teufelsküche, Teufelslucke	6845/15	568 m	11,5 m
6. WECKERMANNHÖHLE		6845/27	588 m	30 m
7. ZWETTELLEITENHÖHLE	Höhle beim Wotansfelsen	6845/33	496 m	12 m
8. TEUFELSRAST-FELSDACH	Lottehöhle,			
	Tamerushöhle	6845/35	604 m	38 m
9. FLEDERMAUSLUCKE		6845/78	643 m	13 m
10. TEMPEL	Steinerner Saal	6845/81	590 m	13 m

Frei zugänglich, ohne Führung.

Info und Kontakte

de.wikipedia.org/wiki/Gudenushöhle
www.albrechtsberg.at/Tourismus/Hoehlen_im_Kremstal
www.paulis-tourenbuch.at/2013/20131104_waldviertler.html

Was Sie erwartet

Ausgehend vom Parkplatz bei der „Hofmühle" führt der Wanderweg vorerst entlang eines geologischen Lehrpfads. Wenn man bei der nächsten Straßengabelung dem linken rot markierten Fahrweg folgt, erreicht man bald eine Brücke über die Kleine Krems. Von dort hat man nicht nur auf die Burg Hartenstein einen schönen Ausblick, sondern kann auch schon die Hartensteinerwand erkennen, an deren Fuß sich die „Gudenushöhle" befindet, die über einen bezeichneten Steg leicht zu erreichen ist. Auf den rot markierten Fahrweg zurückgekehrt und etwa 60 Meter der Richtung „Am Zwickel" folgend, zweigt an der linken Seite ein blau markierter Weg ab, der den Hang oftmals steil hinaufführend direkt bei den Portalen der „Eichmayerhöhle" und des „Steinernen Saals" vorbeileitet. Knapp vor dem Erreichen der Plateaulandschaft teilt sich der Weg. Um die aussichtsreiche „Teufelsrast" zu erreichen, sollte man den linken gelb markierten Weg benützen, um bald wieder nach rechts abzubiegen. Nicht ganz 50 m westlich eines Rastplatzes ist in einem kleinen Wandabbruch die „Fledermauslucke" zu finden, und von hier gibt es auch die Möglichkeit, in das östliche verwachsene Kar abzusteigen, um den „Tempel" sowie das „Teufelsrast-Felsdach" zu besuchen. Zu der vorher beschriebenen Weggabelung zurückgekehrt, führt der nach Norden weisende und gelb markierte Weg relativ eben durch den lockeren Wald. Dort, wo der Weg beginnt, steil abwärts in das Tal der Großen Krems zu führen, befindet sich linker Hand die „Weckermannhöhle". Auf halber Hanghöhe trifft man auf eine markante Wegkreuzung, wobei man auf der logischen Fortsetzung des Weges den Talgrund erreicht. Der linke Weg bringt den Wanderer zu zwei fast senkrechten Leitern, die im Portal der „Teufelskirche" enden, und über den rechten Ast hat man die Möglichkeit, wiederum auf einer Lei-

ter die „Schusterlucke" zu besuchen. Für den Weiterweg zum „Zwickel", den Zusammenfluss der Großen und Kleinen Krems, ist dem trittsicheren Wanderer der blau markierte „Vetternsteig" zu empfehlen, der unterhalb der „Schusterlucke" seinen Ausgang nimmt.

Wer den Wotansfelsen besuchen will, muss allerdings einigen Orientierungssinn beweisen, denn die alten und verwitterten Markierungen sind oftmals und auf langen Strecken durch neue Forststraßen unterbrochen.
Der kürzeste Rückweg vom „Zwickel" zum Park-

platz bei der Hofmühle erfolgt auf der rot markierten Forststraße entlang der Kleinen Krems flussaufwärts.

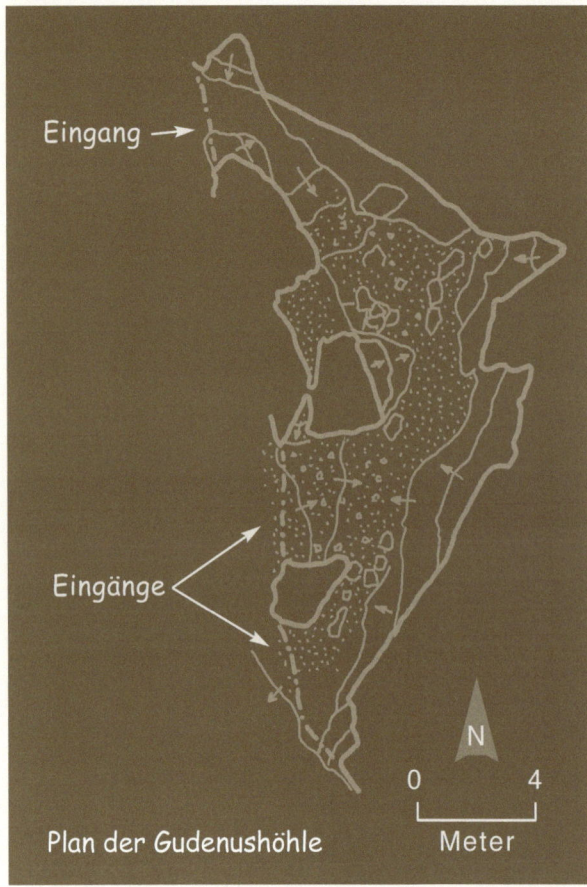

Plan der Gudenushöhle

Eingang →
Eingänge ←
N
0   4
Meter

Zu beachten ist

Bedenkt man, dass diese „kleinen" Höhlen dem prähistorischen Menschen Schutz boten und ihm als Wohnung, Werkstatt und auch als Kultraum dienten, so sollte der Besucher diese Felsdächer und unterirdischen Räume mit Ehrfurcht betreten. Man sollte daher – wie in allen anderen Höhlen auch – auf ein „romantisches" Lagerfeuer verzichten und die Höhle keinesfalls als Mülldeponie missbrauchen. Aufgrund der Zeugnisse einer frühen Besiedelung durch den Menschen wurden einige Objekte als „besonders geschützte Höhlen" (Gudenushöhle, Eichmayerhöhle und Steinerner Saal) erklärt, doch stehen auch die übrigen Höhlen unter Schutz.

So kommen Sie hin

Von Weißenkirchen in der schönen Wachau der Straße folgend, die über Weinzierl und Maigen nach Els bzw. nach Albrechtsberg führt, bis zum tief eingeschnittenen Tal der Kleinen Krems. Unmittelbar vor der Brücke zweigt rechter Hand eine

Naturstraße ab, die nach kurzer Strecke zu einem bezeichneten Parkplatz führt.

Wanderkarten

Österreich-Karte: ÖK-50 4317 (Krems an der Donau) NM-33-11-17

freytag & berndt-Wanderkarte: WK 071 (Wachau – Welterbesteig – Nibelungengau – Kremstal – Yspertal – Dunkelsteinerwald; 1:50 000) und WK 074 (Kamptal – Zwettl – Horn – Langenlois – Krems; 1:50 000)

Kompass-Wanderkarte: WK 203 (Waldviertel – Kamptal – Wachau; 1:50 000) und WK 207 (Wachau – Kamptal; 1:50 000)

Die ältesten archäologischen Funde und somit die ersten Spuren des Menschen auf österreichischem Gebiet wurden aus der Älteren Mittelpaläolithischen Zeitstufe stammend in der Repolusthöhle (Kat.-Nr. 2837/1) bei Peggau/Steiermark geborgen (ca. 250000-220000 v. Chr.). Dies scheint, verglichen mit anderen europäischen Ländern, verhältnismäßig spät zu sein, was vermutlich auf Mangel an Fundmaterial zurückzuführen sein dürfte. Als die bisher älteste niederösterreichische Fundstätte ist die Gudenushöhle (Kat.-Nr. 6845/10) zu bezeichnen, die sich unterhalb der Burg Hartenstein im Waldviertel befindet. In den untersten und ältesten Erdschichten des Höhlenraumes konnten Steinwerkzeuge der Kulturstufe des Moustérien aufgefunden werden. Diese Steingeräte weisen darauf hin, dass die Gudenushöhle dem Neandertaler vor etwa 90 000 Jahren als Wohnplatz diente. Aus den oberen Erdschichten dieser Höhle stammen zahlreiche Stein- und Knochenwerkzeuge als Belege des Jüngeren Jungpaläolithikums, die in die Kulturstufe des Magdalénien einzuordnen sind. Die archäologischen Funde dieser Kulturschicht sind etwa 15 000 Jahre alt und stammen vom Cro-Magnon-Menschen. Unter anderem wurde in dieser Schicht eine Knochenpfeife gefunden, die eines der ältesten Musikinstrumente darstellt. Die Gudenushöhle befindet sich mit ziemlicher Sicherheit im bedeutendsten eiszeitlichen Höhlensiedlungsgebiet Niederösterreichs und stellt hier das fundreichste und somit bedeutendste Objekt dar. Aus dieser Höhle stammt die einzige reale altsteinzeitliche Tierdarstellung, die in Österreich gefunden werden konnte. Sie ist auf einer 15 cm langen

Kuriose Steinstapelungen im Steinernen Saal.

beinernen Nadelbüchse, die aus der Speiche eines Adlers angefertigt wurde, angebracht und wurde mit einem spitzen Werkzeug eingraviert. Sie zeigt einen Rentierschädel mit Geweihstangen und Rückenansatz.

Die Kunst, Abbildungen herzustellen, diente nicht dem Selbstzweck, sondern war vielmehr wesentlicher Bestandteil einer Religion, in der das Jagdwild besonderen Stellenwert aufwies. Auch eine 4 cm lange und 12 mm breite Beinpfeife mit Schallloch, die in der Gudenushöhle geborgen wurde, könnte kultischen Zwecken gedient haben. Diese Beinpfeife darf als eines der ältesten Musikinstrumente angesehen werden. Ein weiteres Fundobjekt ist der sogenannte „Kommandostab", ein Geweihfragment mit ovalem Loch, dessen Bedeutung und Verwendungszweck noch unklar sind. Der Name „Kommandostab" ist allerdings eine Verlegenheitsbezeichnung der Prähistoriker, das Fundstück erscheint auch unter dem Namen „Lochstab" in der Literatur. Verschiedene Theorien deuten es als Würde- oder Rangabzeichen, als Keule oder Tierknebel, es könnte aber auch eine religiöse Bedeutung besessen haben. Vor allem in Frankreich wurden reich verzierte „Kommando-

stäbe" gefunden. Die Grabungen in der Gudenushöhle unterhalb der Burg Hartenstein fanden in den Jahren 1883 und 1884 durch F. Brunn und L. Hacker statt, die typologische Auswertung des gesamten Fundmaterials erfolgte durch H. Obermayer und H. Breuil im Jahr 1908.

Neben dem Nachweis der Anwesenheit des vorhistorischen Menschen erbrachten die Grabungen auch reichhaltiges tierisches Knochenmaterial. Die eiszeitliche Tierwelt ist u. a. durch Höhlenbär, Höhlenhyäne, Wolf, Mammut, Wollhaariges Nashorn, Pferd, Rentier, Steinbock und Schneehase repräsentiert.

Wissenschaftliche Grabungen im Gudenusfelsdach, in der Eichmayerhöhle, in der Schusterlucke und im Teufelsrast-Felsdach erbrachten, wenn auch bei geringerer Funddichte, weitgehend ähnliche Ergebnisse wie in der Gudenushöhle. Außerdem wurden in der Schusterlucke Topf- und Glasscherben wie auch eiserne Pfeil- und Lanzenspitzen sowie eine zierliche bronzene Pfeilspitze gefunden. Schließlich wurden auch in anderen Höhlen Probegrabungen unternommen, die aber in den meisten Fällen negativ verliefen.

Bei einer speläologischen Bearbeitung des Gebietes am Zusammenfluss von Kleiner und Großer Krems konnten durch Wiener Höhlenforscher 39 Höhlen festgestellt und vermessen werden.

Auch die Sagenwelt hat sich der Burg Hartenstein und ihres wildromantischen Umlandes bemächtigt. So soll der schuldlos flüchtige Ritter Hartensteiner – Begründer der gleichnamigen Festung – vorerst Unterkunft in einigen der vielen Höhlen der Gegend (u. a. in der Teufelskirche und im Schusterloch) gefunden haben. Von der später erbauten Burg Hartenstein führte ein sagenhafter Gang in die darunterliegende Gudenushöhle, sodass die Festungsbewohner während der Belagerung der Schweden von außen angeblich Lebensmittel bekommen konnten. Eine andere alte Mär erzählt von einem goldenen Sessel in der Gudenushöhle. Der Name Schusterlucke fußt auch auf einer Erzählung aus der Zeit der Schwedenkriege, da in dieser Höhle ein Schuster Schutz vor

den Gräueln des bewaffneten Konfliktes finden konnte. In der Teufelskirche liest der Höllenfürst einmal im Jahr eine schwarze Messe und verirrte Wanderer müssen ihm ihre Seele versprechen, bevor er sie wieder fort lässt.

Verwendete Literatur:
(20): 97–124; (25): 90–94; (53): 339–350, 353–354, 356–358, 367–371; (56): 512–513, 520; (60): 49; (122): –; (135): 42–45, 73–74; (136): 10, 11, 45–49, 71, 72–73; (156): 41–48; (191): 17, 20, 37, 42, 44–46.

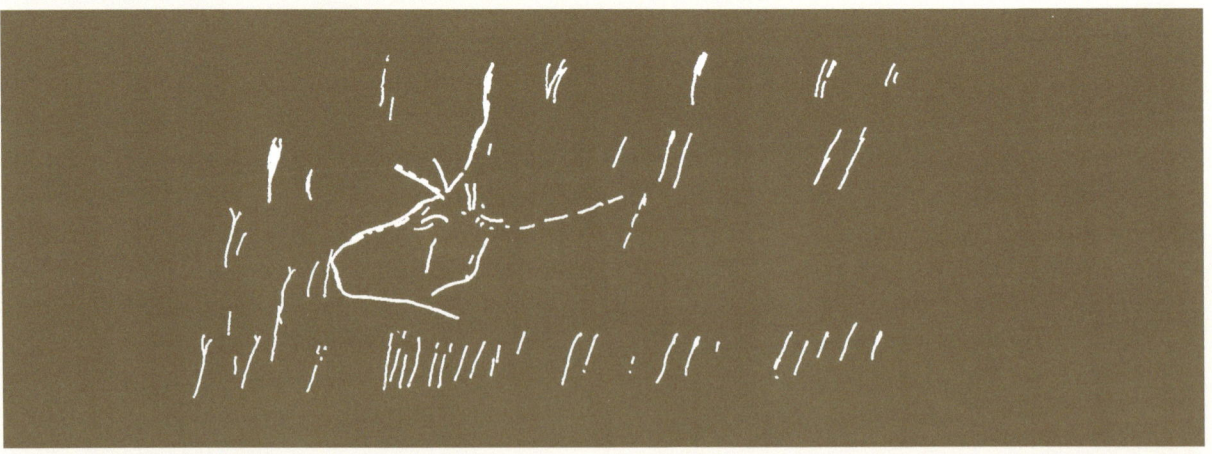

Rentier-Darstellung auf beinerner Nadelbüchse aus der Gudenushöhle. Nach O. Menghin.

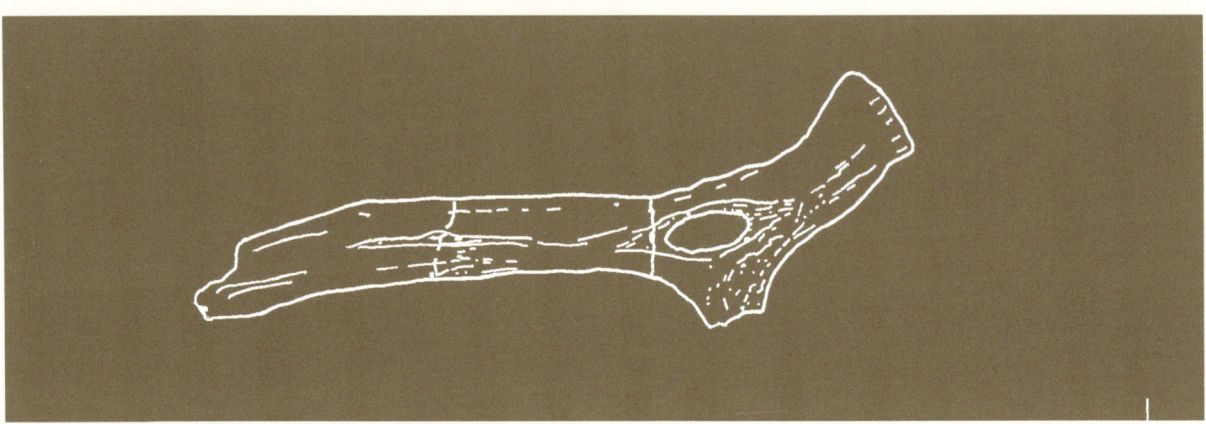

Magdalénien-Lochstab aus der Gudenushöhle. Nach O. Menghin.

Besonders geschützt: die Eichmayerhöhle.

Schon vor 90 000 Jahren Wohnplatz des Neandertalers, die Gudenushöhle.

NIEDERÖSTERREICH
HÖHLEN IN DER STEINWANDKLAMM

(Die Lage der Höhlen ist im Übersichtsplan unter der fortlaufenden Nummer zu erkennen.)

Offizieller Name:	Sonstige Bezeichnung:	Kat.-Nr.:	Seehöhe:	Länge:
1. PECHERHÖHLE		1868/3	695 m	40 m
2. TÜRKENLOCH	Türkenlucke	1868/4	695 m	36 m
3. WILDSCHÜTZENHÖHLE	Wildschützenloch	1868/5	650 m	32 m
4. WILDSCHÜTZENKLUFT		1868/17	670 m	20 m
5. WILDSCHÜTZENLOCH		1868/18	685 m	14 m
6. BERGMILCHKAMMERL		1868/21	610 m	9,5 m
7. STEINWANDKLAMM-HALBHÖHLE		1868/47	570 m	8 m
8. EIBENLUCKE		1868/48	630 m	15 m
9. WEGKLUFT		1868/49	665 m	8 m
10. SARDINENBÜCHSE		1868/51	635 m	5 m
11. FENSTERBALKON		1868/52	645 m	26 m
12. COCA-COLA-HÖHLE		1868/53	620 m	7 m

Frei zugänglich, ohne Führung.

Info und Kontakte

de.wikipedia.org/wiki/Steinwandklamm

www.steinwandklamm.at/

www.bergnews.com/touren/ostalpen/myrafaelle-steinwandklamm/myrafaelle-steinwandklamm.php

www.mamilade.at/noe/baden/ausflugstipps/wanderungen/durch-die-romantische-steinwandklamm

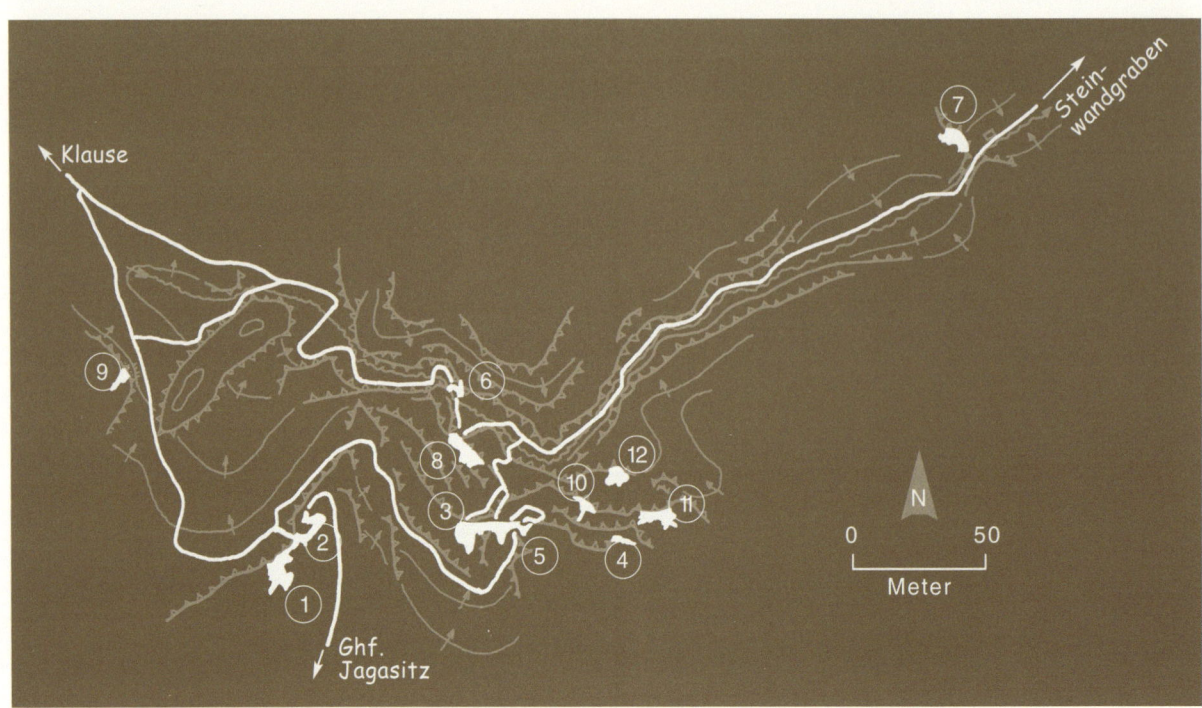

Was Sie erwartet

Am Fuß des westlichen Begrenzungsfelsens der untersten Klammenge, oberhalb des Kontrollhäuschens, befindet sich das Felsdach der unbedeutenden Steinwandklamm-Halbhöhle. Dann geht es hinein in die romantische und zum Teil enge Steinwandklamm. Über Brücken, Stege und Stiegen gelangt man nach etwa 250 Metern zur Abzweigung des „Rudolf-Decker-Steigs". Um einige Höhlen kennenzulernen, sollte man diesen Steig im Aufstieg begehen. Zunächst führt der Weg in steilen Serpentinen hinauf zum Wandfuß, wo den Wanderer zwei Eisenleitern erwarten. Die lange Leiter rechts führt direkt in die mehrfach untergliederte und geräumige Wildschützenhöhle und die kürzere Leiter bietet eine etwas weniger kühne Aufstiegsmöglichkeit. Auch mittels dieser Aufstiegshilfe gelangt man in die interessante Höhle. Nach Durchquerung der Wildschützenhöhle führt der Deckersteig über Stufen die Felswand hinauf und über eine Leiter durch das als Durchgangshöhle ausgebildete Wildschützenloch. Danach marschiert man relativ eben, mit einigen schönen Tiefblicken, zum Vereinigungspunkt des Deckersteiges mit dem Normalanstieg. Unmittelbar darüber erblickt man den über eine Holzstiege erreichbaren unteren Eingang des Türkenlochs. Rechts daneben ist eine leicht erreichbare großräumige Halbhöhle mit kluftartigen Fortsetzungen zu erkennen. Dabei handelt es sich um die Pecherhöhle, die ihren Namen dem Umstand verdankt, dass sie früher den Pechern (einstige Arbeiter der Föhrenharz-Gewinnung) Unterstand bieten konnte. Das Türkenloch, durch welches der markierte Weg hindurchführt, ist eine Durchgangshöhle mit s-förmigem Grundriss. Gegen Ende des 19. und Anfang des 20. Jahrhunderts soll die Höhle regelmäßig beleuchtet worden sein und in noch früheren Zeiten sogar als Wohnstatt gedient haben. Nach dem Verlassen der Höhle, über gesicherte kurze Leitern aufsteigend, wird der Naturfreund durch einen prachtvollen Tiefblick in die Klamm und schöne Ausblicke auf die Berghänge ringsum belohnt. Kurz darauf ist das gemütliche Ausflugsgasthaus „Jagasitz" erreicht, von dem aus man den freien Blick zum Schneeberg genießen kann. Gestärkt durch Speis' und Trank geht es wieder zurück durch das Türkenloch und über den „Normalweg" in einer weit ausholenden Schleife den Hang hinab. Vor dem Erreichen der eigentlichen Felsenklamm hat man noch die Möglichkeit, linker Hand am Fuß einer Wandstufe die kleine Wegkluft zu besichtigen. Im Bachbett der Steinwandklamm, unter einem Steg ca. 25 Meter nordwestlich der Abzweigung des „Rudolf-Decker-Steigs", befindet sich das engräumige Bergmilchkammerl mit Tuff- und Bergmilchablagerungen.

Da die weiteren Höhlen der Steinwandklamm eher exponierte Zustiege aufweisen, sollte man von einem touristischen Besuch derselben absehen.

Zu beachten ist

Der „Rudolf-Decker-Steig" sollte nur von Personen begangen werden, die über genügend Schwindelfreiheit und Trittsicherheit verfügen.

Bequeme Aufstiegshilfen erleichtern den Weg zu den Höhlen.

So kommen Sie hin

Von Weißenbach an der Triesting führt die Straße durch das Furthertal und den Steinwandgraben bis zum Parkplatz des Gasthofs „Zur Klamm", dem Ausgangspunkt für unsere Wanderung, die Zufahrt ist mit dem Hinweis „Steinwandklamm" ausreichend beschildert. Weißenbach selbst erreicht man von der Autobahnabfahrt (A2) „Leobersdorf" über Hirtenberg, Berndorf und Pottenstein.

Wanderkarten

Österreich-Karte: ÖK-4206 (Pernitz) NL-33-102-06
freytag & berndt-Wanderkarte: WK 011 (Wienerwald; 1:50 000), WK 012 (Hohe Wand – Schneebergland – Gutensteiner Alpen – Piestingtal – Lilienfeld
– Triestingtal – Berndorf; 1:50 000) und WAHB 1
(Wanderatlas Wiener Hausberge; 1:40 000)
Kompass-Wanderkarte: WK 205 (Wien und Umgebung; 1:50 000), WK 209 (Wienerwald; 1:50 000)
und WA 596 (Großer Wander-Atlas Rund um Wien;
1:50 000)

Ein kleines Wunder der Natur im Einzugsge-
biet des Vorderen Triestingtals befindet sich
in einem Seitental hinter Weißenbach. Bei
unserem überaus lohnenden Ausflugsziel handelt
es sich um die Steinwandklamm! Diese enge Fel-
senschlucht, durch die gelegentlich, besonders im
Frühling oder nach heftigem Regen, wilde Berg-
wasser brausen und rauschen, ist jedenfalls einen
Besuch wert.

Einst war eine Begehung dieser wilden Klamm
nicht nur schwierig, sondern auch sehr gefährlich,
daher schuf der Österreichische Touristenklub einen künstlichen Weg mit Brücken, Galerien, hölzernen Stiegen und steinernen Stufen. Besonders
die Variante „Rudolf-Decker-Steig" wurde kühn
und abenteuerlich mit Leitern und verspannten
Drahtseilen ausgebaut. Schon nach einem Jahr
Bauzeit konnten am 8. Juni 1884 die Steiganlagen
für den Besuch durch das allgemeine Publikum
feierlich eröffnet werden. Ein Jahrzehnt später, im
Jahr 1894, durchwanderte Kaiser Franz Joseph I.
höchstpersönlich die romantische Klamm, eine
Felsinschrift am Klammeingang erinnert noch
heute an dieses Ereignis.

Die Höhlen der Steinwandklamm boten im Lauf
von Kriegs- und Notzeiten, besonders während
der Türkeneinfälle, für die Bevölkerung meist einen sicheren Zufluchtsort. Dennoch will es eine
Sage anders wissen und die Begebenheit, als „drei
Triestingtaler erwischt und grauenvoll niedergesä-
belt wurden", war für die bedeutendste Höhle der
Klamm namensgebend. Im Jahr 1981 durchgeführte archäologische Grabungen brachten Münzen, Tonscherben sowie Knochen (menschliche?)
ans Tageslicht. Durch diese Ergebnisse scheinen
die geschichtlichen Überlieferungen bestätigt zu
sein.

Verwendete Literatur:
(21): 152–156; (22): 3–14; (25): 116–118; (51):
176–180; (56): 363–370; (143): 12.

Mehrere Tagöffnungen der Wildschützenhöhle bieten einen prachtvollen Tiefblick.

Der obere Eingang bzw. Ausgang des geschichtsträchtigen Türkenloch.

Offizieller Name: KAISERBRUNNEN
Lage: In Kaiserbrunn am orografischen linken Ufer der Schwarza (nnw. von Hirschwang).
Kat.-Nr.: 1854/10
Seehöhe: 537 m
Ganglänge: 30 m

Öffnungszeiten

Das „Wasserleitungsmuseum Kaiserbrunn" ist von 1. Mai bis Anfang September an Samstagen, Sonn- und Feiertagen von 10 bis 17 Uhr geöffnet. Für Gruppen ab 10 Personen sind Besichtigungen nach Voranmeldung auch außerhalb der Öffnungszeiten möglich. Dies gilt auch für fachkundige Führungen (Gruppen ab 10 Personen). Eintritt ist frei.
Es besteht auch die Möglichkeit zur Besichtigung des Inneren des Quellhauses der Kaiserbrunnquelle.

Beleuchtung: elektrisch.

Info und Kontakte

Verwaltung: Magistratsabteilung 31 – Wasserwerke, Betriebsleitung Hirschwang, 2651, Hirschwang 67, Wasserleitungsmuseum: Kaiserbrunn 5, 2651 Reichenau an der Rax.
Die Terminvereinbarungen nimmt Frau Lisa Wagenhofer unter der Telefonnummer +43 (0) 2666 525 48 entgegen.

museum.kbr@ma31.wien.gv.at
www.wienerwasser.at
www.raxalpe.com/de/freizeit-ausflug/marketshow-wasserleitungsmuseum-kaiserbrunn
www.wien.gv.at/wienwasser/bildung/wasserleitungsmuseum/
de.wikipedia.org/wiki/I._Wiener_Hochquellenleitung

Was Sie erwartet

Anlässlich des 100-jährigen Bestands der Ersten Wiener Hochquellenleitung wurde 1973 neben der Kaiserbrunnquelle das „Wasserleitungsmuseum Kaiserbrunn" eröffnet. Das Museum gibt nicht nur einen Überblick über die Geschichte der Wasserversorgung der Stadt Wien, sondern man hat auch die Möglichkeit, im Rahmen einer Führung das Wasserschloss des Kaiserbrunnens zu besuchen. Da aus Hygienegründen nur die Vorräume zugänglich sind, gelangt der Besucher leider nicht in die ca. 30 m lange Quellhöhle.

So kommen Sie hin

Von Gloggnitz ausgehend führt die Bundesstraße 27 über Payerbach, Reichenau und Hirschwang in das Höllental, wo sich in Kaiserbrunn die Quellhöhle der Ersten Wiener Hochquellwasserleitung befindet.

Wanderkarten des Gebietes

Österreich-Karte: ÖK-50 4212 (Mürzzuschlag) NL-33-02-12
freytag & berndt-Wanderkarte: WK 012 (Hohe Wand – Schneebergland – Gutensteiner Alpen – Piestingtal – Lilienfeld – Triestingtal – Berndorf; 1:50 000), WK 022 (Semmering – Rax – Schneeberg – Schneealpe, 1:50 000), WK 5012 (Hohe Wand – Schneeberg – Biedermeiertal – Gutenstein; 1:35 000) und WAHB 1 (Wanderatlas Wiener Hausberge; 1:40 000)
Kompass-Wanderkarte: WK 210 (Wiener Hausberge; 1:50 000), WK 228 (Wiener Hausberge – Schneeberg – Rax; 1:25 000) und WA 596 (Großer Wander-Atlas Rund um Wien; 1:50 000)

Fährt oder wandert man durch das wildromantische Höllental zwischen den Wiener Hausbergen Rax und Schneeberg, jenes Engtal der Schwarza, das sich zwischen dem Gasthaus „Singerin" und Hirschwang an der Rax erstreckt, so erblickt man am orografisch linken Ufer das Wasserschloss der ursprünglichen Hauptquelle der Ersten Wiener Hochquellenleitung.

Als Beispiel der prunkvollen Industriearchitektur der zweiten Hälfte des 19. Jahrhunderts ist dieses Gebäude der Quellhöhle des Kaiserbrunnens vorgelagert und hat für die Trinkwasserversorgung der Großstadt Wien einen besonderen symbolischen Wert.

Etliche Sagen aus dem Höllental ranken sich um vergrabene Schätze, handeln von unterirdischen Zwergenreichen mit unermesslichen Reichtümern und von mit Gold gefüllten Höhlen. Diese Erzählungen widerspiegeln die menschliche Hoffnung auf Erwerb schnellen Reichtums und auf ein besseres Leben. Die Geschichte der Auffindung des wahren materiellen Reichtums des Schneeberges, des lebensnotwendigen Trinkwassers, ist dagegen nicht nur glaubwürdig, sondern sogar belegt: Kaiser Karl VI., der Vater Maria Theresias, fand im Jahr 1732 während eines Jagdausfluges angeblich höchstpersönlich die köstliche Quelle. Er ließ das Wasser sogleich von dem seinem Gefolge angehörigen Leibarzt Heräus untersuchen und jener stellte nicht nur fest, es sei das beste Nass, das er je getrunken habe, sondern er war auch der Meinung, es käme auf der Tafel der kaiserlichen Familie einem wahren Verjüngungsmittel gleich. Daher ist es nicht verwunderlich, dass die Quelle nach ihrem Entdecker benannt und auch sogleich in das Eigentum des Staates übertragen wurde. Man legte einen Saumweg mit mehreren Brücken, ausgehend von Hirschwang, in das Engtal hinein an, über den die kaiserlichen „Wasserreiter" den begehrten Tafeltrunk in rund drei Tagen vom Kaiserbrunnen an den Wiener Hof bringen konnten. Lange Zeit delektierte sich die erlauchte Familie mit ihren Gästen an diesem köstlichen Trunk, bis Kaiser Joseph II. die Truppe der „Wasserreiter" auflöste.

Wien wies in der ersten Hälfte des 19. Jahrhunderts zwar schon einige unzulängliche Wasserleitungen auf, doch die vielen Hausbrunnen förderten immer wieder die Verbreitung von Infektionskrankheiten, die sich oft zu verheerenden Seuchen auswuchsen. Daher setzte 1862 der Wiener Gemeinderat eine Wasserversorgungskommission mit dem Auftrag ein, *„die Stadt Wien mit gutem Trink- und Nutzwasser in einer vollkommen ausreichenden Menge zu versorgen und hiebei dem aus dem Gebirge herleitbaren Wasser jenem des*

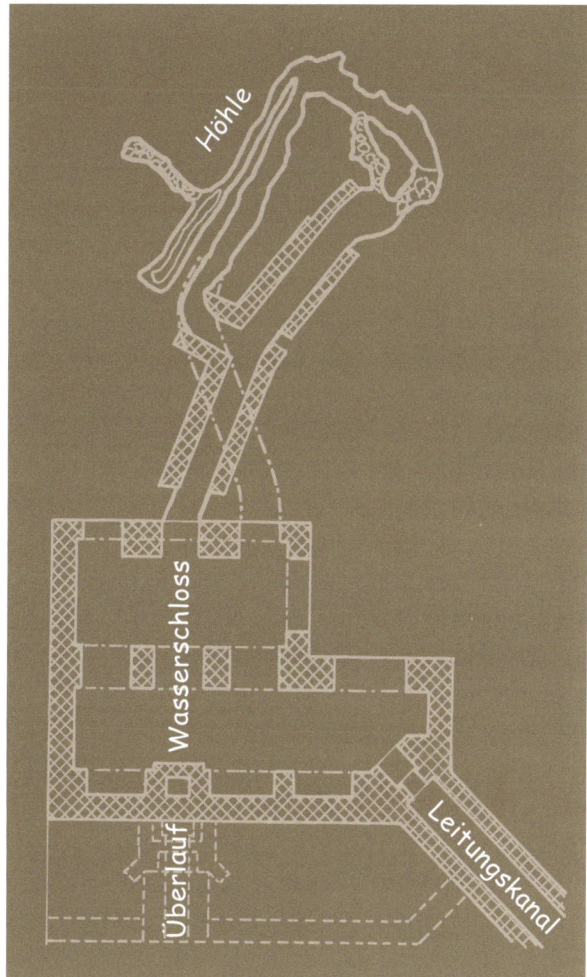

Donaustromes den Vorzug zu geben". Unverzüglich nahm man die administrativen und vor allem die geologischen Vorarbeiten sowie den Ankauf der Quellen in Angriff. Schon 1863 erwarb die Stadtverwaltung die „Altaquelle" in Brunn an der Pitten, die aber wegen ihrer unregelmäßigen Schüttung und infolge technischer Schwierigkeiten nie ausgebaut wurde. Die 255 m lange Höhle „Altaquelle" befindet sich heute in Privatbesitz. Unter Vorgabe bestimmter Auflagen überließ 1864 Ernst Graf Hoyos-Sprinzenstein die Stixensteiner Quellen im Sirningtal der Gemeinde Wien. Erst am 1. Mai 1865 – anlässlich der Eröffnung der Wiener Ringstraße – kam die große Karstquelle Kaiserbrunnen samt Höhle auf Grund einer Schenkung Kaiser Franz Josephs I. in den Besitz der Stadt Wien. Die Durchführung des für Europa beispielgebenden Großprojektes verzögerte sich wegen der umfangreichen technischen und administrativen Vorarbeiten enorm. Die erste Sprengung im Höllental erfolgte erst 1869 und in der Folge entstanden auf einer Länge von 118 km Quellfassungen, Speicher, gewaltige Aquädukte, Rohrleitungen und Stollen. In nur drei Jahren war das Riesenwerk vollendet und am 24. Oktober 1873 wurde die „Erste Wiener Hochquellenleitung" in Anwesenheit von Kaiser Franz Joseph feierlich eröffnet. An diesem Freudentag zeigte sich auch zum ersten Male der „Hochstrahlbrunnen" am Schwarzenbergplatz in seiner vollen Pracht. Zwei Jahre später waren alle Wiener Gemeindebezirke an dieses Wassernetz, eine Quelle der Gesundheit, angeschlossen.

Auch die Zweite Wiener Hochquellenleitung, erbaut von 1900 bis 1910, bringt Wasser aus einem Karstgebiet, nämlich aus dem steiermärkischen Salzatal und aus der Hochschwabregion, nach Wien.

Noch einige Gedanken zum Zusammenspiel von Karst und Trinkwasser: Fast der gesamte österreichische Trink- und Nutzwasserbedarf wird durch Grundwasser gedeckt, und annähernd die Hälfte davon entfällt auf Karst- bzw. Quellwasser. Die in Österreich vorhandenen Karstgebiete bedecken rund ein Sechstel des Bundesgebietes und stellen damit einen bedeutenden Faktor der Trinkwasserversorgung dar. Die sogenannten verkarstungsfähigen Gesteinsarten (Karbonatgesteine), vor allem der wasserlösliche Kalk und der Dolomit, liegen in diesem Falle über wasserundurchlässigen Schichten. An diesen Gesteinsflächen sammelt sich daher das Wasser und tritt an der Grenzlinie der Schichten als Quelle in mannigfaltiger Art ans Tageslicht. Bedingt durch die in den Erdboden eindringenden Regen- und Schmelzwässern enthaltene Kohlensäure werden anfänglich feinste Adern „ausgelaugt", danach erweitert und mit der Zeit zu immer größeren Räumen ausgeformt, sodass ganze Höhlensysteme entstehen können. Leider ist es eine Tatsache, dass das Wasser den verkarstungsfähigen Gesteinskörper oft derart rasch durchfließt, dass die mitgebrachten Schadstoffe dann bedingt durch das oftmalige Fehlen natürlicher Deckschichten ungehindert in die Tiefe eindringen können. Da diese Verunreinigungen zu einer Beeinträchtigung des Trinkwassers führen, sind Schutz und Reinhaltung der gesamten Karstgebiete von außergewöhnlicher Wichtigkeit.

Verwendete Literatur:
(24): 9, 50–51, 161; (25): 112–115; (26): 156–157; (33): –; (41): 101–103; (56): 247–248; (188): 9.

„Die Quellen zur Wasserleitung Wiens": Der um 1870 entstandene Holzstich zeigt den Kaiserbrunnen, die Quelle bei Stixenstein und die Altaquelle in Brunn an der Pitten.

Das Wasserschloss von Kaiserbrunn im Höllental. Ansichtskarte aus dem Jahr 1902.

Die nicht zugängliche Quellhöhle des Kaiserbrunnens.

Gegen den Widerstand breiter Kreise und mit Hilfe einer Entschließung des Kaisers, gelang es Bürgermeister Zelinka im Mai 1868 vom Finanzärar den Kaiserbrunnen unentgeltlich zu übernehmen.

Im Inneren des Quellhauses.

Im Inneren des Wasserschlosses. Von hier aus benötigt das Wasser 16 Stunden für die 118 km lange Strecke nach Wien.

NIEDERÖSTERREICH
KARNERHÖHLE

Offizieller Name: KARNERHÖHLE
Weitere Bezeichnung: Felsenkapelle
Lage: Hinter der Kirche am Schlossberg in Pitten.
Kat.-Nr.: 2872/5
Seehöhe: 380 m
Ganglänge: 9 m

Führungszeiten

Die Besichtigung der bedeutenden kultischen Stätte ist nur mit einer Kirchenführung möglich. Zu der in der Wehrkirchenstraße befindlichen Bergkirche (samt der Felsenkirche/Karnerhöhle) findet die kostenlose Besichtigung jeden Freitag um 16 Uhr statt. Der Treffpunkt ist vor dem Gemeindeamt im Ort Pitten.

Info und Kontakte

Information bzw. Anmeldung: Erich Göschl – Tel.: 0664/73 40 38 91
www.pitten.gv.at/Kirche_Kultur/Fuehrungen_durch_das_geschichtliche_Pitten
de.wikipedia.org/wiki/Pitten
www.lochstein.de/hoehlen/A/no/karner/karner.htm

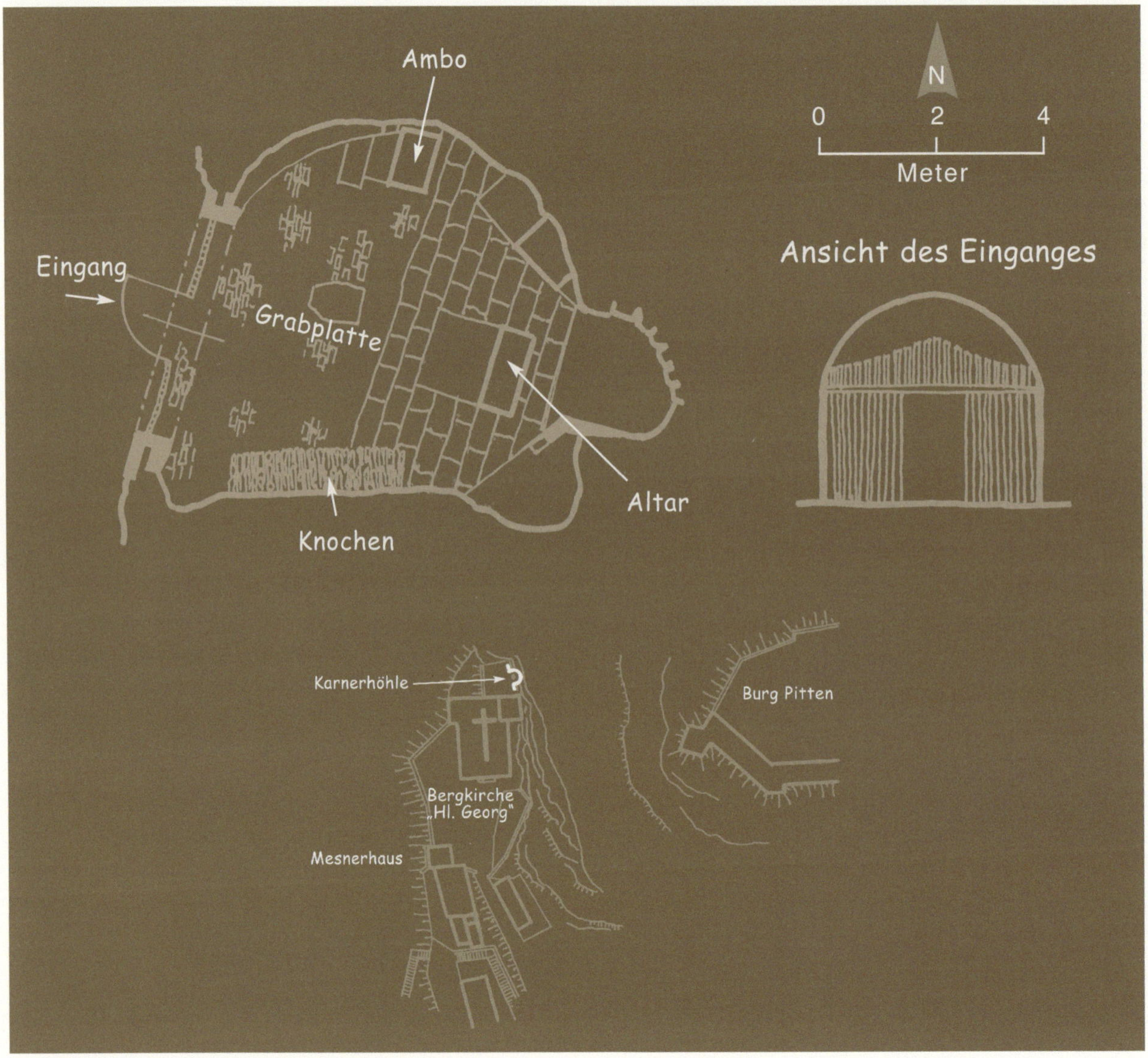

Ambo

Eingang

Grabplatte

Knochen

Altar

Ansicht des Einganges

N

0   2   4
Meter

Karnerhöhle

Bergkirche „Hl. Georg"

Mesnerhaus

Burg Pitten

Was Sie erwartet

Betritt man durch die hölzerne Gittertür den 9 m langen und bis 6 m breiten Höhlenraum, fällt dem Besucher sofort der Stapel gebleichter Menschenknochen auf, der an der rechten Höhlenwand errichtet wurde. Von der früher beschriebenen Menge an Knochen ist heute nur noch ein geringer Rest vorhanden. Der gesamte Höhlenboden ist mit gut erhaltenen Steinplatten bedeckt, in die die Grabplatte des Vikars Kneisl von Zöbern eingelassen ist. Am Ende der Höhle stellte man eine romanische Mensa (= Altartisch) auf, der Standort der neuen Mensa aus dem 17. Jahrhundert ist nunmehr etwas vorgerückt, der zerstörte Ambo (= erhöhtes Pult in Kirchen) an der linken Seite stammt aus neuerer Zeit. Die schon ziemlich angegriffenen Fresken findet man, derzeit noch gut sichtbar, vorwiegend an der linken Wand und in der großen Nische am Ende des Höhlenraumes. Die nötige Renovierung dieser kulturhistorisch wertvollen Wandbilder sollte aber ehebaldig durchführt werden, denn es hat den Anschein, dass doch ein rascher Verfall innerhalb eines relativ kurzen Beobachtungszeitraums festzustellen ist.

So kommen Sie hin

Am Schlossberg in Pitten, hinter der Pfarrkirche St. Georg, auch Bergkirche genannt. Der Wiesenabschnitt vor der Karnerhöhle kann nur durch den versperrten Turm der Bergkirche betreten werden.

Wanderkarten

Österreich-Karte: ÖK-50 5207 (Neunkirchen) NL-33-03-07
freytag & berndt-Wanderkarte: WK 023 (Thermenregion Baden – Forchtenstein – Rosaliengebirge – Bucklige Welt – Wiener Neustadt; 1:50 000)
Kompass-Wanderkarte: WK 210 (Wiener Hausberge; 1:50 000) und WA 596 (Großer Wander-Atlas Rund um Wien; 1:50 000)

Im Wechselgebiet, im nördlichen Teil des Pittentals, findet man eine mystisch anmutende Höhle, die in alter Zeit eine Felsenkirche beherbergte. Es handelt sich hierbei um eine Höhle mit mittelalterlichen Einbauten, die einige Besonderheiten aufzuweisen hat. Gleich beim Eintritt in die Höhle, in die man durch die hölzerne Absperrung gelangt, wird die Aufmerksamkeit des Besuchers auf aufgestapelte Menschenknochen mit dazwischen befindlichen Totenschädeln gelenkt. Die nur aus einem Raum bestehende Karnerhöhle diente vermutlich als frühe christliche Kultstätte und war als solche den Heiligen Petrus und Paulus geweiht. Mit größter Wahrscheinlichkeit wurden in dieser Höhle schon im 9. Jahrhundert Gottesdienste gefeiert. Bis ins 14. Jahrhundert schmückten namenlose Künstler die Höhlenwände mit Fresken, die heute noch unter anderem Christus in der Mandorla (= mandelförmiger Heiligenschein), Maria und Johannes sowie Maria mit Josef und dem Jesuskind erkennen lassen, eine Reihe von Halbfiguren deutet man als Darstellungen von Propheten.

In der Folge besiedelten Eremiten die Karnerhöhle und brachten darin ihr gottgefälliges Leben zu. Der Rauch des Feuers, auf dem sie ihr karges Mahl kochten, zerstörte zum größten Teil die Wandgemälde, doch sind die heute noch vorhandenen Reste der Fresken aus kulturhistorischer Sicht von besonderer Bedeutung.

Nomen est omen: gebleichter Menschenknochen im Stapel.

Im Jahr 1084 wird die erste vor der Höhle errichtete Bergkirche erwähnt, es existieren jedoch von diesem romanischen Bau weder Aufzeichnungen noch irgendwelche Reste der Bausubstanz. Im nunmehrigen Barockbau der Pfarrkirche sind im Glockenturm gotische Bauelemente erhalten. Während des Neubaus dieser Bergkirche (geweiht 1732) wurden aus den Gräbern des umliegenden Friedhofes die Gebeine entnommen, in die Karnerhöhle gebracht und dort aufgeschichtet, wodurch die Felsenkirche zu einem Karner (= Bein-haus) umgewandelt wurde.

Als man 1949 die ursprüngliche Felsenkirche renovierte, wurden sechs Wagenladungen Men-schenknochen abtransportiert und beigesetzt. Nach der Abtragung verschiedener Zusatzbauten aus dem 17. Jahrhundert scheint die Höhlenkirche annähernd wieder ihren ursprünglichen Zustand erlangt zu haben.

Bei Versuchsgrabungen nach vorgeschichtlichen Relikten fand man nur zwei Kerzenleuchter und ein Gefäß aus der Zeit um 1500 sowie mittelalter-liche Tonscherben und einen Wiener Pfennig von 1270, weiters die Gebeine des Vikars Kneisl von Zöbern, der hier im Jahr 1687 bestattet wurde. Ein Gang, den Franz H. Embel im Jahr 1801 als Ver-bindung der Höhle mit dem Schloss vermutete, konnte anlässlich von Untersuchungen bzw. Reno-vierungsarbeiten nicht aufgefunden werden und ist daher wohl ins Reich der Sagen zu verweisen.

Seit 1977 befindet sich in der Höhle eine Mess-anlage der lokalen Erdbebenstation; der Seismo-graf wurde durch das Institut der Zentralanstalt für Meteorologie und Geodynamik aufgestellt, ist zurzeit (wenn noch vorhanden?) allerdings außer Betrieb.

Betrachten wir die kultische Bedeutung von Höh-len für die religiöse Entwicklung des Menschen, so wird uns deren besonderer Stellenwert bewusst. Haben die Höhlen in unserer hoch technisierten Zeit infolge unseres enormen Wissens auch viel an mystischem Zauber eingebüßt, so sollten wir uns in Erinnerung rufen, dass es sich bei ihnen um einen Ausgangspunkt unserer Kultur handelt.

Verwendete Literatur:
(20): 113–114; (23): 89; (24): 9, 40–42, 161; (25): 75–77; (37): 35–36; (41): 262; (50): –; (56): 486; (115): 203–205; (179): 181.

Säuberlich aufgeschichtet ein Stapel Menschenknochen beim Eingang der Karnerhöhle.

Eine mittelalterliche Höhlenkirche mit Mensa und Ambo (linker Bildrand).

Mittelalterliches Fresko eines Heiligen in der Karnerhöhle.

Offizieller Name: KOHLERHÖHLE
Weitere Bezeichnungen: Kollerhöhle, Rußwurmhöhle, Rußwurm-Almlucke, Kohler Tropfsteinhöhle
Lage: Im Großen Kohler beim Gehöft „Wutzl", südlich von Erlaufboden.
Kat.-Nr.: 1833/1
Seehöhe: 700 m
Gesamtganglänge: 650 m
Höhenunterschied: 42 m

Führungszeiten
Da es sich um keinen geregelten Schauhöhlenbetrieb handelt, können touristische Führungen nur nach Voranmeldung (von Mai bis Oktober) bei Herrn Walter Wutzl oder dessen Angehörigen durchgeführt werden. Führungsbeleuchtung: beigestellte Akkulampen (und eigene Taschenlampen).

Info und Kontakte
Voranmeldung bei Herrn Walter Wutzl, Langseitenrotte 60, 3223 Wienerbruck.
Tel.: +43 664 5936047
walter.wutzl@gmx.at
de.wikipedia.org/wiki/Kohlerh%C3%B6hle
www.schauhöhlen.at
www.annaberg.info/a-kohlerhoehle

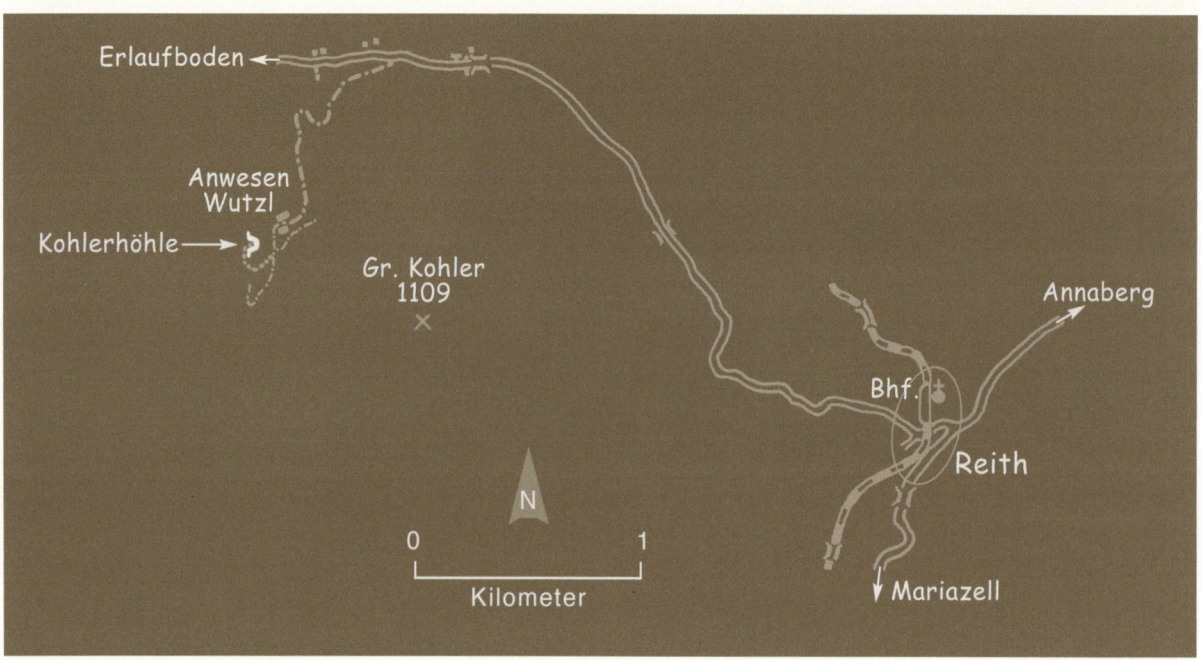

Was Sie erwartet
In der an der Schichtgrenze zwischen hangendem Gutensteiner Kalk und liegenden gipsführenden Werfener Schichten ausgebildeten Kohlerhöhle durchwandert der Besucher eine Folge von großen und gelegentlich weit ausladenden Räumen, er muss aber auch gebückt und vorsichtig weniger hohe Gänge betreten. Zu sehen gibt es Bergmilchbildungen, Tropfsteinschmuck mit oftmals auffälliger Rotfärbung, verschiedene Gipsbildungen und einen unterirdischen See.

Zu beachten ist
Bedingt durch die einfachen Einbauten und die gelegentlich niedrigen und engen Gänge ist anzuraten, keine schmutzempfindliche Kleidung zu tragen (ev. Overall).

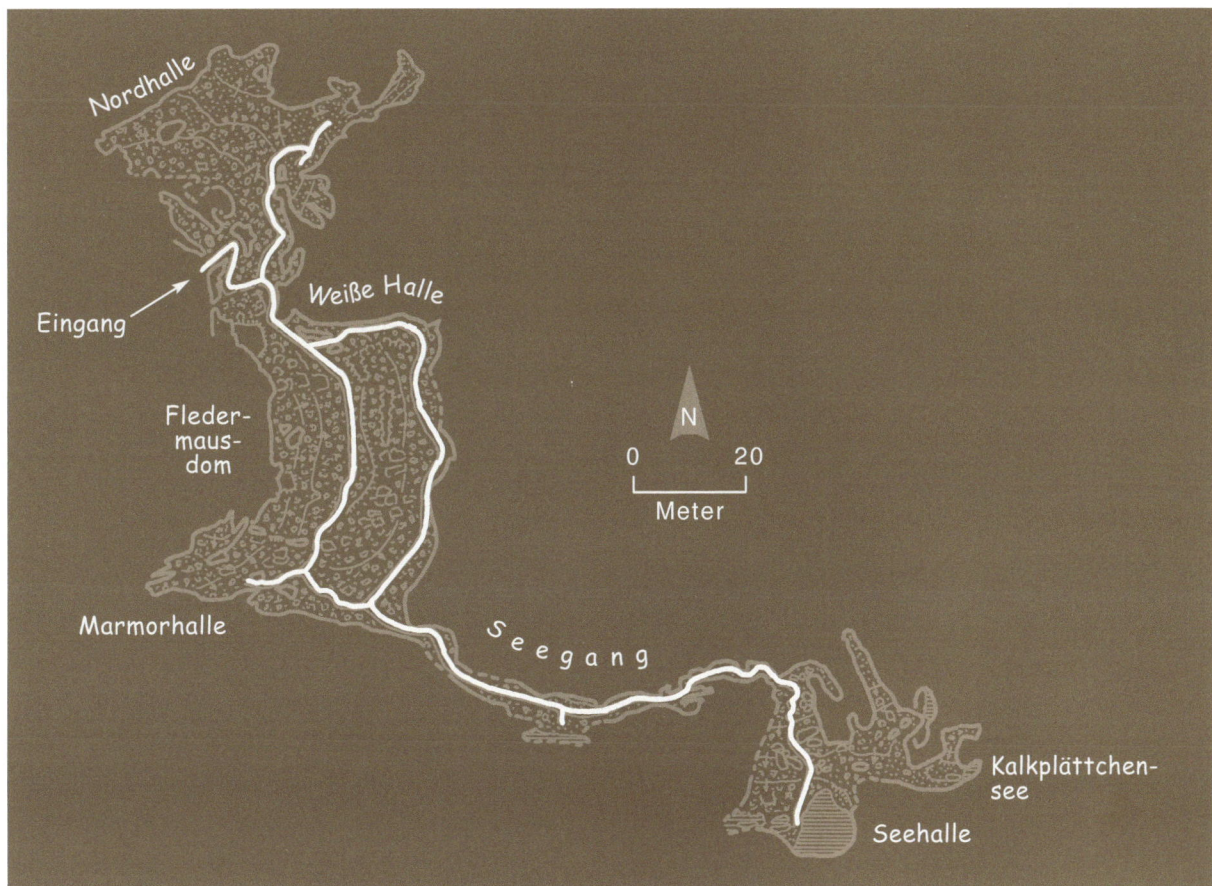

So kommen Sie hin

Von der Mariazeller Straße (Bundesstraße 20) zweigt man in Reith, unmittelbar neben dem Bahnhof „Annaberg-Reith", in Richtung Erlaufboden ab. Nach Überquerung der Bahntrasse ist die rechte talwärts führende Abzweigung zu wählen, nach 3,3 km zweigt links ein Fahrweg ab, der nach weiteren 1,2 km das Anwesen „Wutzl" erreichen lässt. Von dort sind es nur mehr 200 m Fußmarsch in südsüdwestlicher Richtung zum vergitterten Eingang der Kohlerhöhle.

Wanderkarten

Österreich-Karte: ÖK-50 4204 (Gaming), NL-33-02-04

freytag & berndt-Wanderkarte: WK 031 (Ötscherland – Mariazell – Erlauftal – Lunzer See – Scheibbs – Melker Alpenvorland; 1:50 000) und WK 5031 (Mariazell – Ötscher – Josefsberg – Annaberg – Erlaufsee; 1:35 000)

Kompass-Wanderkarte: WK 22 (Mariazell – Ötscher – Erlauftal; 1:25 000), WK 212 (Hochschwab / Mariazell – Eisenwurzen; 1:50 000) und WA 596 (Großer Wander-Atlas Rund um Wien; 1:50 000)

Obwohl der Eingang der Höhle schon von alters her bekannt war, wurde man auf ihre Größe und ihre Bedeutung erst spät aufmerksam. Den Anlass zur Auffindung soll eine in die Höhle gestürzte Kuh gegeben haben, da man bei der Bergung des Wiederkäuers erfahren musste, dass es sich bei diesem Objekt um eine größere Höhle handelt. Der damalige Grundbesitzer namens Rußwurm regte alsbald den Ausbau „seiner Höhle" an. Zu diesem Zwecke wurde eine Arbeitsgemeinschaft in Annaberg gegründet, die wiederum von Höhlenforschern aus St. Pölten und von der „Höhlenkompanie" des österreichischen Bundesheeres tatkräftige Unterstützung erhielt. So konnte die Kohlerhöhle am 6. Juli 1930 als Schauhöhle für touristische Besuche eröffnet werden. Mit Bescheid vom 10. Jänner 1951 wurde dieses unterirdische Objekt zum Naturdenkmal und aufgrund des NÖ Höhlenschutzgesetzes vom 22. Oktober 1982 zur „besonders geschützten Höhle" erklärt.

Übrigens, der vorhin erwähnte Besitzer Rußwurm war der Großvater der vorigen Besitzerin der Höhle, der rührig besorgten Rosa Wutzl vulgo „Almrosl", wie sie von den Leuten der näheren

Umgebung genannt wurde. Dieser Name rührte von der früheren Bezeichnung des Anwesens Wutzl her, das „Rußwurm-Alm" genannt wurde.

Verwendete Literatur
(25): 78–80; (51): 28–31; (56): 135; (57): 190; (74): 161–162; (133): –; (169): –.

Klobige Sinterbildungen mit auffälliger Rotfärbung in der Kohlerhöhle.

Eine Attraktion der Kohlerhöhle: der kleine unterirdische See.

Der im Sediment tief eingeschnittene Führungsweg wurde von der Höhlenkompanie des Bundesheeres der Zwischenkriegszeit geschaffen.

Offizieller Name: KÖNIGSHÖHLE
Weitere Bezeichnungen: Rauchstall, Zwergenhöhle
Lage: Im Ostteil des Badener Lindkogels, am markierten Weg am orografisch rechten Hang des Wolfstals bei Baden
Kat.-Nr.: 1911/27
Seehöhe: 350 m
Ganglänge: 25 m

Frei zugänglich, ohne Führung.

Info
de.wikipedia.org/wiki/Königshöhle

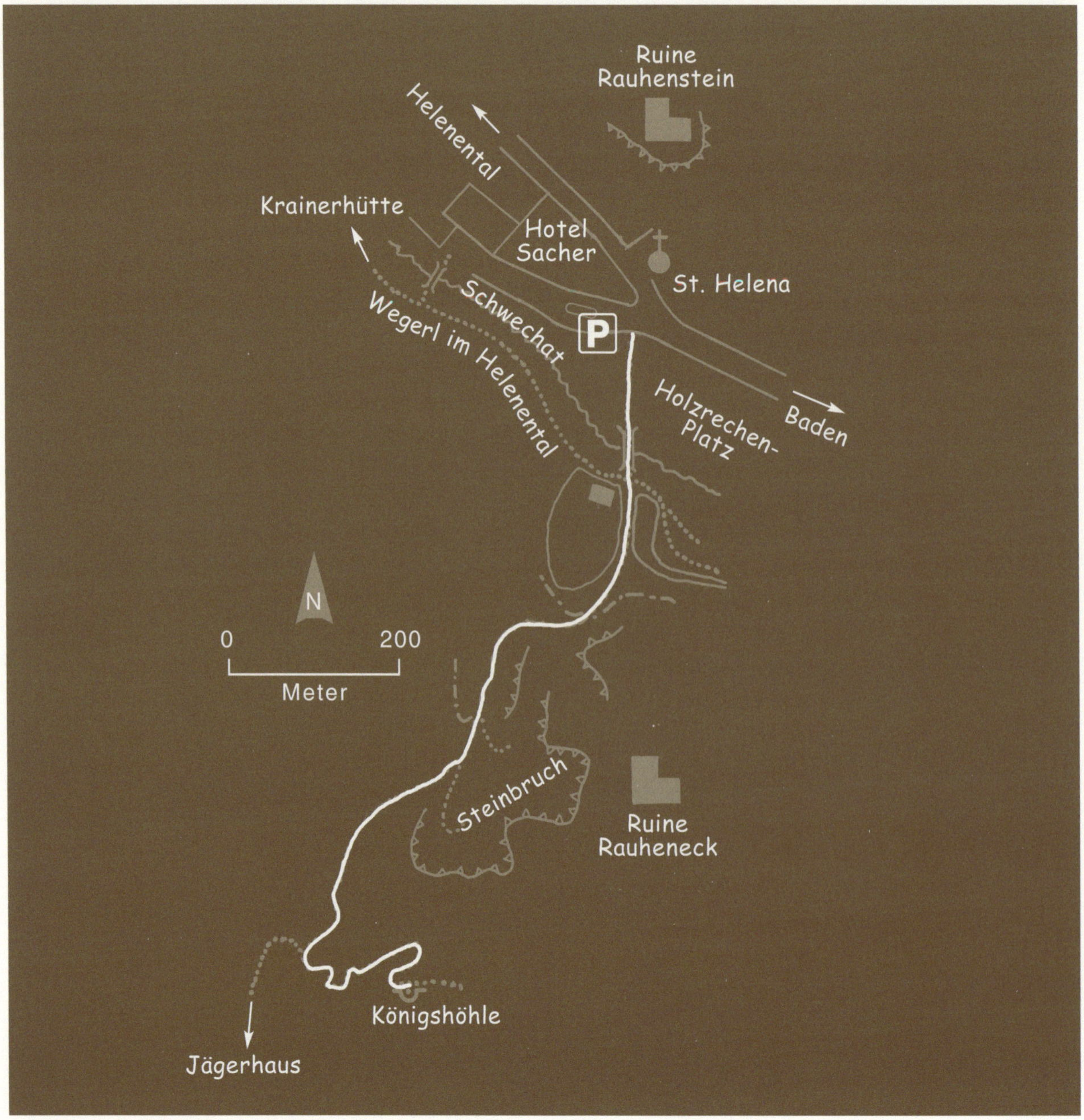

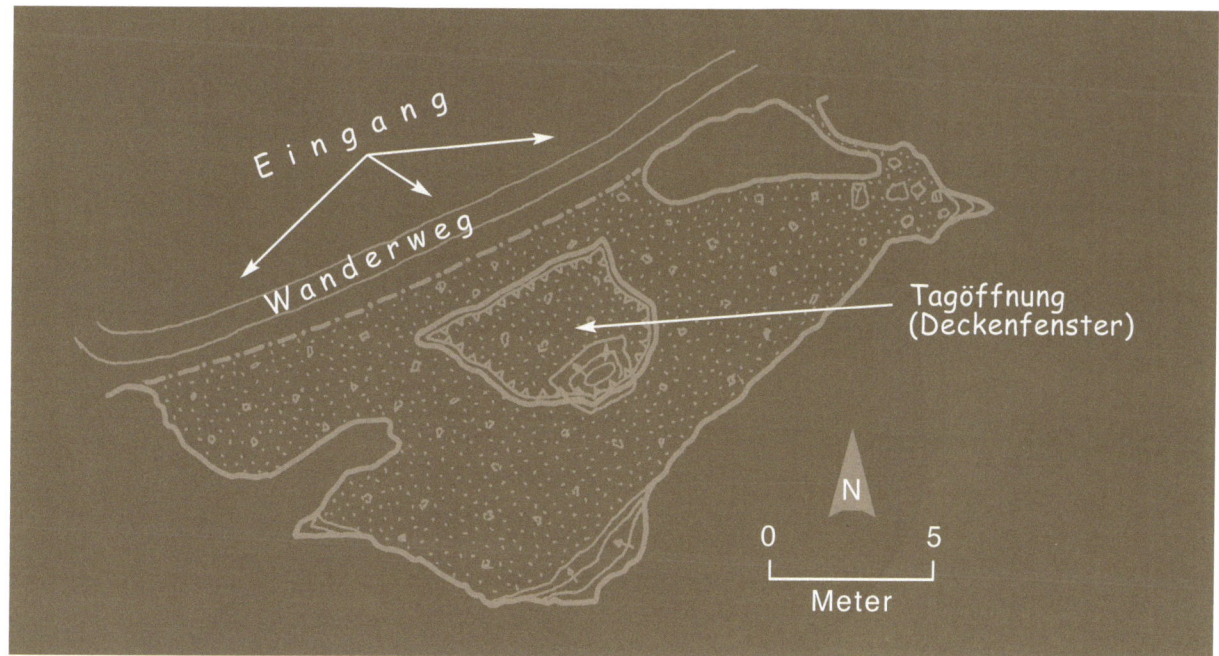

Was Sie erwartet

Die im Hauptdolomit liegende Höhle besteht eigentlich nur aus einem Raum mit einer weiten Lichtöffnung, durch die der Himmel hereinblickt. Die einfallenden Sonnenstrahlen oder darüber ziehende Wolken machen den Aufenthalt in der Höhle zu einer bezaubernden Begegnung mit der Natur. Unter dem dominierenden Deckenfenster liegt am Boden ein riesiger Versturzblock. Die nur 25 m lange Köngshöhle weist auch einige unbedeutende Nebenstrecken auf.

So kommen Sie hin

Ausgangspunkt für einen Besuch der Königshöhle, eines der geheimnisvollen Plätze des Wienerwaldes, ist das Hotel Sacher im schönen Helenental. Da man beim Hotel, unterhalb der Ruine Rauhenstein beim Kircherl St. Helena gelegen, Parkmöglichkeiten vorfindet, beginnen wir hier auch unsere Wanderung. Man erreicht in kürzester Zeit die Schwechat, überquert den Fluss und gelangt aufs „Wegerl im Helenental". Wir steigen das „Wolfstal", auch „Hausgraben" genannt, hinauf, der markierte Weg führt in die Richtung des einstigen Gasthofes „Jägerhaus". Nach etwa 20 Minuten Aufstiegszeit öffnet sich in 350 m Seehöhe direkt neben dem Weg der bogenförmige, 16 m breite Eingang zur Königshöhle.

Wanderkarten des Gebietes

Österreich-Karte: ÖK-50 5325 (Baden), NL-33-12-25

freytag & berndt-Wanderkarte: WK 011 (Wienerwald; 1:50 000), WK 012 (Hohe Wand – Schneebergland – Gutensteiner Alpen – Piestingtal – Lilienfeld – Triestingtal – Berndorf; 1:50 000), WK 023 (Thermenregion Baden – Forchtenstein – Rosaliengebirge – Bucklige Welt – Wiener Neustadt; 1:50 000) und WAWI 1 (Wanderatlas Wienerwald; 1:40 000)

Kompass Wanderkarte: WK 205 (Wien und Umgebung; 1:50 000), WK 208 (Wienerwald; 1:25 000), WK 209 (Wienerwald; 1:50 000), WK 5011 (Wienerwald – Naturpark Föhrenberge – Baden – Helenental – Lainzer Tiergarten; 1:35 000) und WA 596 (Großer Wander-Atlas Rund um Wien; 1:50 000)

Die Bezeichnung „Königshöhle" fußt auf einer Sage, der zufolge der ungarische König Bela IV. hier Zuflucht gefunden hätte – eine Überlieferung, die gar nicht so unwahrscheinlich ist, denn als Ungarn 1241 vom Mongolenfürsten Batu Khan erobert wurde, flüchtete Bela mit seiner Familie vorerst in das babenbergische Österreich. Herzog Friedrich II., der Streitbare, verweigerte dem vertriebenen König jedoch die versprochene Hilfe, sodass dieser mit seinem Gefolge übers Gebirge nach Dalmatien ziehen musste. Andere Sagen erzählen, dass in der

Königshöhle zeitweise Zwerge hausten bzw. wilde Waldmenschen und Feuermänner darin ein stetes Feuer unterhielten. Daher ist diese Höhle auch unter den Namen „Zwergenhöhle" und „Rauchstall" bekannt, zusätzlich wird der markante Versturzblock als Hut oder Spielzeug des Teufels gedeutet. Die eigentliche und überregionale Bedeutung der Königshöhle ist in ihrem archäologischen Wert zu sehen. Die diesbezügliche erfolg- und fundreiche Ausgrabung wurde 1892 nach vorangegangenen Stichuntersuchungen durch den Badener Lokalhistoriker Gustav Calliano gemeinsam mit seinem Bruder Carl und Franz Skribany vorgenommen. Damals wurden die gesamten Sedimente im Innenraum der Höhle bis auf den darunterliegenden Fels abgetragen. In der Folge führten die reichlichen Funde zur Erkenntnis, dass sich hier Besiedlungen aus dem mittleren Neolithikum, der Kupferzeit und der frühen Bronzezeit nachweisen lassen. Zumeist diente die Höhle wohl nur als kurzfristiger Siedlungs- oder Rastplatz, die zahlreichen Funde aus der Kupferzeit wie auch die entsprechende starke Aschenschicht lassen jedoch auf eine längere Benützungsdauer des Objektes schließen. Außerdem wurden Einzelobjekte aus der Römerzeit und Skelettreste eines Höh-

lenbären gefunden. Da einige der aufgefundenen Tongefäße auffallende Formen und Verzierungen zeigten, unterzog der bedeutende österreichische Prähistoriker Oswald Menghin das Fundmaterial einer Nachuntersuchung, als deren Ergebnis er im Jahr 1925 seine neu entdeckte „Badener Kultur" vorstellen konnte. Dabei handelt es sich um die Bezeichnung einer Epoche der Kupferzeit, die, wie sich später herausstellte, für eine große und besonders im Karpatenraum bedeutende Kultur typisch war. So wurde die besprochene Höhle zum Locus typicus, also zum namensgebenden Fundort. Die Originalfundstücke der Badener Kultur aus der Königshöhle sind im Rollettmuseum in Baden und im Museum für Urgeschichte in Asparn an der Zaya ausgestellt.

Auch in der bildenden Kunst kommt die Königshöhle nicht zu kurz, denn vor allem im 19. Jahrhundert zog es immer wieder Maler an diesen romantischen Ort. Vor allem im Rollettmuseum in Baden befinden sich viele alte, in unterschiedlichster Technik hergestellte Darstellungen der Königshöhle. Besonders hervorzuheben sind ein handkoloriertes Aquatinta-Blatt, das 1801 von Wilhelm Friederich Schlotterbeck gezeichnet

Uralter Siedlungsplatz im Wienerwald: die Königshöhle mit ihrem großen Deckenfenster.

und gestochen wurde, und eine Bleistiftzeichnung des begnadeten Künstlers Gustav Schwartz von Mohrenstern. Als wir diese Zeichnung zum ersten Mal in Händen hielten, waren wir von der ausdrucksstarken Darstellung des Höhlenraumes mit seinem Lichteinfall begeistert. Der Vergleich mit der Situation von heute zeigt, dass sich der Künstler ziemlich exakt an der Natur orientierte. Da Gustav Schwartz von Mohrenstern relativ unbekannt ist, erlauben wir uns noch einige Hinweise zu seiner Person: Er wurde am 8. Mai 1809 als Sohn einer wohlhabenden Fabrikantenfamilie in Himberg bei Wien geboren und starb am 18. Februar 1890 in Baden.

Die Königshöhle in der ausdrucksstarken Darstellung durch Gustav Schwartz von Mohrenstern. Bleistiftzeichnung zwischen 1849 und 1890.

Verwendete Literatur
(22): 7; (24): 9, 58–61, 161; (25): 100–102; (26): 37, 91–93, 109, 129; (30): 98–117; (51): 225–226 u. 262; (54): 27–54; (60): 69; (81): 104–107; (111): 87–88; (116): 43–46; (124): 97–107; (191): 88–89.

Inmitten der grünen Waldlandschaft des Wolfstals öffnet sich der breite Eingang zur Königshöhle.

Offizieller Name: NIXHÖHLE
Lage: Am orografisch rechten Hang des Nattersbachs, südwestlich von Frankenfels
Kat.-Nr.: 1836/20
Seehöhe: 556 m
Gesamtganglänge: 1410 m
Höhenunterschied: 70 m

Die Führungszeiten

Führungen finden vom 1. Mai bis zum letzten Wochenende im Oktober an Sonn- und Feiertagen um 11, 13, 14.30 und 16 Uhr statt. Im Juni und September stehen die Höhlenführer auch jeden Samstag um 14 Uhr zur Verfügung. Außerdem ist die Höhle in den Monaten Juli und August an jeden Mittwoch um 14 und 16 Uhr sowie an jedem Freitag um 15 Uhr geöffnet.
Im Jahr 2016 gab es in den Sommermonaten, Juli und August, an allen Dienstagen (um 14 Uhr) die sogenannten „Niki-Kalkstein-Kinderführungen".
Gegen Anmeldung und einer Mindestgebühr von € 45,– gibt es für Gruppen auch außerhalb der Öffnungszeiten unter kundiger Führung Besuchsmöglichkeiten.
Beleuchtung: elektrisch.

Info und Kontakte

Verwaltung: Verkehrsverein Frankenfels, 3213 Frankenfels.
Für Infos und Anmeldungen bitte sich an das Gemeindeamt Frankenfels 02725/ 245-14 oder an Höhlenführer Albin Tauber 0681/10414561 zu wenden!
www.frankenfels.at
marktgemeinde@frankenfels.at

www.schauhoehlen.at
de.wikipedia.org/wiki/Nixhöhle
www.frankenfels.at/die-nixhohle/

Was Sie erwartet

Vom Höhlenvorplatz steigt der Besucher über Stiegen in die Vorhalle hinab, in der die eigentliche Führung beginnt. Der Führungsweg folgt einem zur Bärenhalle abwärts führenden Kluftgang, der vor dieser die Höhle in zwei Abschnitte teilt: in den kürzeren südwärts führenden abfallenden „Geogang" und in den zuerst nach Ost und dann nach Nord leitenden Theogang. Dem letzteren Höhlengang folgend erreicht man die Wirbelhalle und sodann die 8 bis 9 m breite und bis zu 8 m hohe Trümmerhalle. Vor allem in diesem Höhlenteil ist gut zu erkennen, dass die Sedimente teilweise abgegraben wurden, um dem Besucher einen bequemeren Durchgang zu ermöglichen. In der nach Hans Neubauer, einem verdienten Führer und Erschließer der Höhle, benannten Halle installierte man eine Plattform mit einem Schaukasten, in dem hier gefundene Höhlenbärenknochen präsentiert werden. Nach der beachtlichen Hans-Neubauer-Halle verengt sich die Höhle zum Kristallgang und dieser führt in die tropfsteinreiche Theahalle, den Endpunkt bzw. die Umkehrstelle des Führungswegs.

So kommen Sie hin

Unmittelbar am westlichen Ortseingang von Frankenfels, direkt neben der Bundesstraße 39, liegt der gut beschilderte Höhlenparkplatz. Von dort geht es zu Fuß ein kurzes Stück auf der Straße in Richtung Puchenstuben, über eine Fußgeherbrücke und danach einen etwa 500 m langen gut bezeichneten Serpentinenweg hinauf zum Führungshaus.

Wanderkarten

Österreich-Karte: ÖK-50 4204 (Gaming) bzw. NL-33-02-04
freytag & berndt-Wanderkarte: WK 031 (Ötscherland – Mariazell – Erlauftal – Lunzer See – Scheibbs – Melker Alpenvorland; 1:50 000) und WK 5031 (Mariazell – Ötscher – Josefsberg – Annaberg – Erlaufsee; 1:35 000)

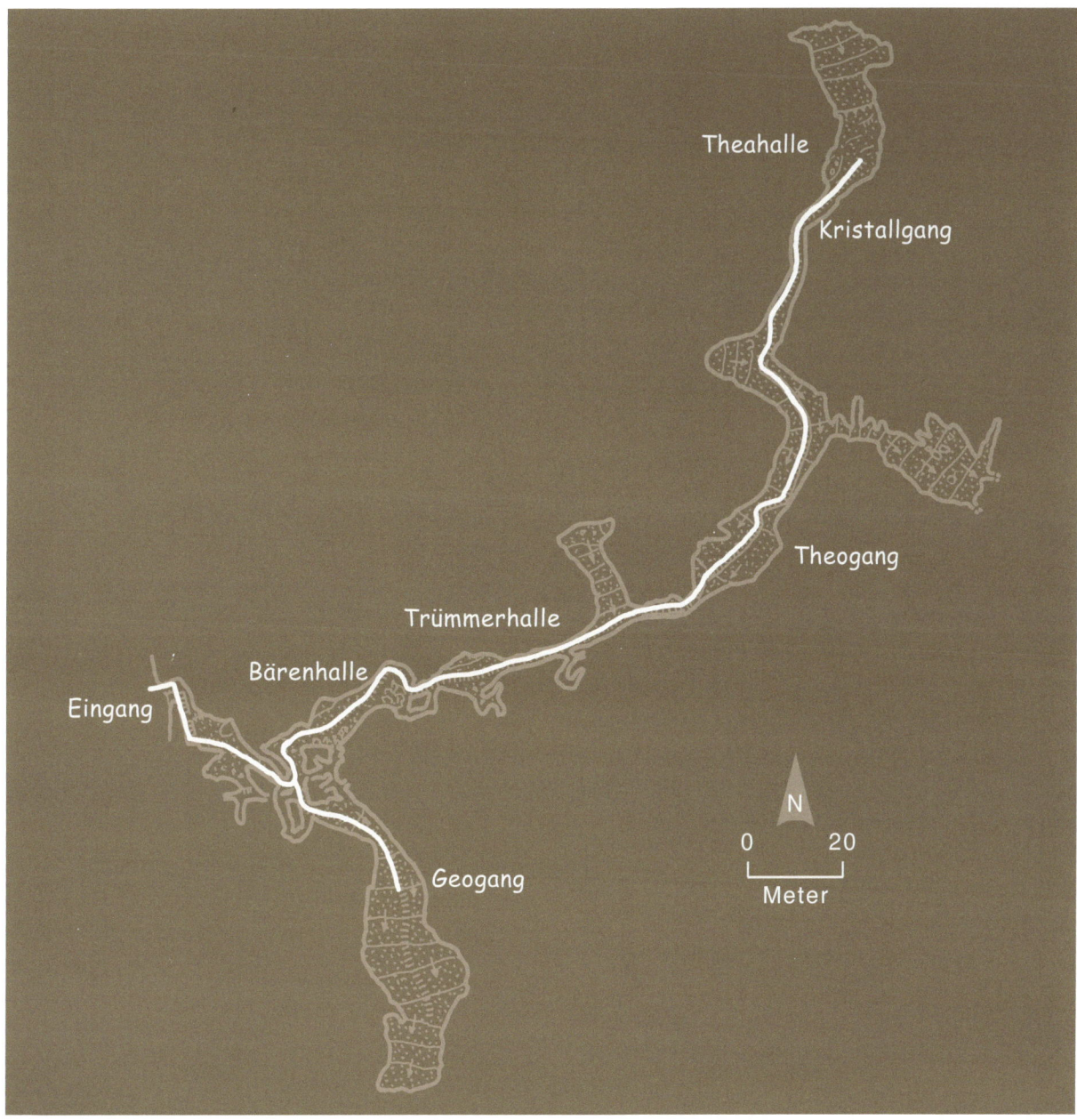

Kompass-Wanderkarte: WK 212 (Hochschwab / Mariazell - Eisenwurzen; 1:50 000) und WA 596 (Großer Wander-Atlas Rund um Wien; 1:50 000)

Das Hervorstechendste an der Nixhöhle sind die großen Mengen von sogenannter „Bergmilch", einer weißen, meist weichen Masse aus wässrigen Kalkablagerungen, die an der Decke, auf dem Boden sowie an den Wänden der Höhle auftreten können. Wenn die Masse trocknet, bildet sie einen verhältnismäßig leichten und mehr oder minder festen Belag. In früheren Zeiten wurde die Bergmilch als „Nix" bezeichnet und als Heilmittel für Mensch und Tier verwendet, wobei die Masse allerdings mit dem „echten Nix", lat. Nihi-

lum album (weißes Nichts), einem Zinkkarbonat, verwechselt wurde, das auch heute noch in der Augenheilkunde Verwendung findet. Die Benennung der Höhle als Nixhöhle oder Nixloch deutet jedenfalls auf den Gebrauch bzw. den Abbau von Bergmilch hin, mit der gleichnamigen Sagengestalt, der Nixe, hat der Name des Objekts nichts zu tun.

In der altbekannten Nixhöhle wurden neben zahlreichen Höhlenbärenknochen auch mittelalterliche Gefäßbruchstücke gefunden, sie fungierte sicherlich in Krisen- und Kriegszeiten als Zufluchtsstätte und man fand in ihr auch etliche Hinweise auf den früheren bergwerksmäßigen Abbau von Bergmilch. Die systematische Erforschung der Höhle setzte erst relativ spät unter tatkräftiger Mitwirkung von Frankenfelser Ortsbewohnern ein. Der Wunsch der Erschließer, die Nixhöhle für die Allgemeinheit gangbar zu machen, konnte erst mithilfe des 3. Pionierbataillons des österreichischen Bundesheeres realisiert werden und somit erfolgte die Eröffnung der Schauhöhle erst am 16. Mai 1926. Da die Führungen mit offenem Geleucht etliche Probleme mit sich brachten und daher nicht zufriedenstellend ausfielen, wurde die Höhle schließlich im Frühjahr 1962 mit einer elektrischen Beleuchtung versehen. Die Nixhöhle wurde am 26. Juni 1935 zum Naturdenkmal erklärt, ab 16. Juli 1942 unterstand sie dem Reichsnaturschutzgesetz, ein Bescheid vom 14. September 1959 erklärte sie zum Naturdenkmal nach dem Naturhöhlengesetz und ab dem 22. Oktober 1982 ist sie nach dem NÖ Höhlenschutzgesetz als „besonders geschützte Höhle" ausgewiesen.

Wie fast bei allen altbekannten Höhlen hat sich natürlich die Sagenwelt auch der Nixhöhle bemächtigt. So existiert eine Erzählung aus der Zeit der Schwedenkriege, wonach sich zwei Kinder in die Höhle flüchteten, jedoch nie mehr zurückkehrten, weil sie sich im Gewirr der verzweigten Gänge verirrten und schließlich verhungerten.

Eine Schatzsage will wissen, dass ein Bauer in der Nixhöhle massenhaft Gold fand und, habgierig geworden, zunächst alles liegen ließ, um es mit seinem zweispännigen Wagen wegzuschaffen. Als er damit wiederkam, konnte er jedoch den Schatz nicht mehr finden, das Gold blieb verschwunden. Weiters soll sich in größeren Wasseransammlungen ein verzauberter Riesenfisch aufhalten. Glaubwürdiger klingt dagegen eine Schilderung, derzufolge man in der Höhle die Geräusche der Grassermühle im Fischbachgraben vernehmen könne. Dieses Phänomen dürfte wegen der geringen räumlichen Entfernung des Grabens nicht ganz von der Hand zu weisen sein.

Verwendete Literatur:
(25): 69–71; (51): 73–75; (56): 152–153; (57): 205; (74): 157–165; (129): –; (169): –.

Auch der Schaubetrieb Nixhöhle wurde mithilfe des damaligen Bundesheeres ausgebaut.

Entlang des Führungsweges trifft das namensgebende Nix die mächtigen Bergmilchablagerungen an.

Hinterlassene alte Inschriften zeugen vom Besuch früherer höhleninteressierter Personen.

Offizieller Name:
ÖTSCHERHÖHLENSYSTEM
Sonstige Bezeichnungen: GELDLOCH
(Eisloch, Goldloch, Ötschereishöhle, Seelu-
cken), TAUBENLOCH (Taubenlucken)
Lage: Die beiden Haupteingänge des Sys-
tems, das „Geldloch" und das „Taubenloch",
öffnen sich am Südost-Fuß des „Rauhen
Kamms" am Ötscher, direkt neben dem
markierten Wanderweg

Kat.-Nr.: 1815/6
Seehöhe: 1446 m (Haupteingang Geldloch),
1492 m (Haupteingang Taubenloch),
Gesamtganglänge: 28 470 m
Höhenunterschied: 662 m

Frei zugänglich, ohne Führung.

Info
de.wikipedia.org/wiki/Ötscherhöhlensystem

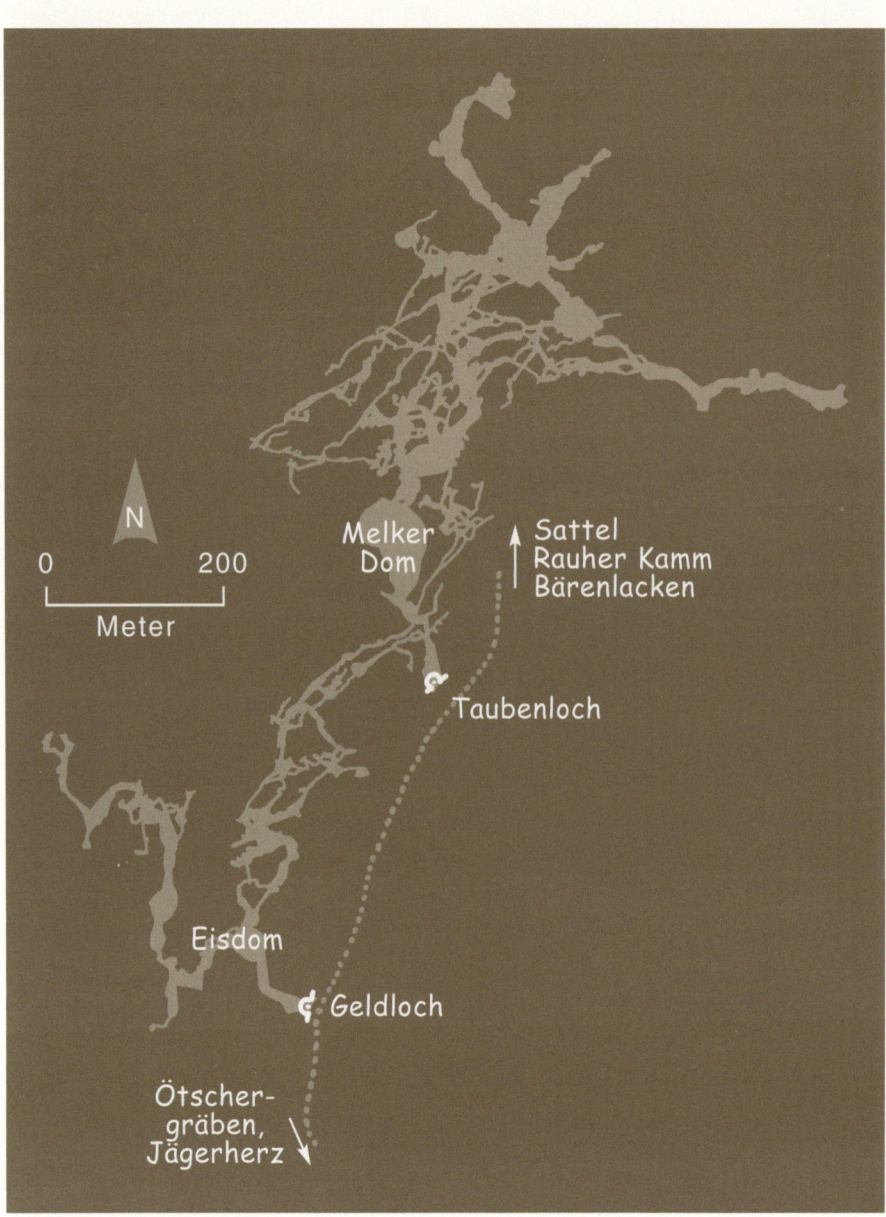

Was Sie erwartet

Der ohne Zusatzausrüs-
tung begehbare groß-
räumige Hauptgang des
Geldlochs durchzieht
den Grundstock des
„Rauhen Kamms", die
nordöstliche Gratfort-
setzung des Ötscher-
gipfels, bis in die Nähe
seiner Nordflanke. Die
eigentliche Attraktion
der Höhle, der gewalti-
ge „Eisdom", ist relativ
leicht zu erreichen, doch
alle weiteren Höhlenteile
sollten Höhlenforschern
vorbehalten bleiben.
Steigt man vom ansehn-
lichen Portal durch den
großen Gang abwärts,
gelangt man nach etwa
80 m zu einer kleinen
Wasseransammlung,
dem eigentlich „ehema-
ligen" und von uns schon
mehrmals erwähnten
„Eissee". Die gut sicht-
baren Wasserstands-
marken an den Wänden
lassen erkennen, welche
beträchtlichen Höhen

sein früherer Wasser- bzw. Eisspiegel erreichte. An der rechten Wand erkennt man noch recht gut die Reste der 1906 errichteten Steiganlage, die eine leichte Überwindung des damals als schweres Hindernis geltenden Eissees zuließ. Nach kurzem Aufstieg über Blockwerk betritt man den 50 m langen und 20 m breiten „Eisdom". Wie auf alten Darstellungen und auch anhand von Markierungen an der Wand zu erkennen ist, war die Eisschicht früher wesentlich mächtiger als heute und auch von den einst kolossalen Eisfiguren ist nur mehr ein kläglicher Rest vorhanden. Die vielfach gepriesene glitzernde Pracht des „Eiswunders" hat leider in den letzten Jahrzehnten sehr abgenommen und ist heute fast gänzlich verschwunden.

Das schon seit alters her bekannte Taubenloch ist im tagnahen Teil recht leicht begehbar. Erst als der Melker Höhlenforscher Wolfgang Fahrenberger im September 1980 den ca. 100 m vom Eingang entfernten Schlot nahe der Gulawand bezwingen konnte, öffnete sich ein wahres Eldorado für die tatendurstigen Höhlenforscher unter der Leitung Jeremia Eisenbauers, eines Paters aus dem Benediktinerstift Melk. In dem verwirrenden und vor allem in die Tiefe führenden Höhlensystem befindet sich der derzeit größte bekannte Höhlenraum Niederösterreichs, der „Melkerdom" (110 m Länge, 70 m Breite, 40 m Höhe). Der Aufstieg über den Schlot und die Begehung aller weiteren Höhlenteile des Taubenlochs sollten jedoch nur von erfahrenen Höhlenforschern mit der nötigen Ausrüstung durchgeführt werden.

Zu beachten ist

Die Befahrung dieses großen Höhlensystems ist ein ernst zu nehmendes Vorhaben und birgt sehr viele Gefahren. Daher sollten nur die beschriebenen leicht zugänglichen Höhlenteile besucht werden. Außerdem sei noch erwähnt, dass es sich beim Ötscherhöhlensystem um eine „besonders geschützte Höhle" handelt und daher ist das Betreten dieser riesigen Höhle – eigentlich – verboten.

So kommen Sie hin

Um den SO-Fuß des „Rauhen Kamms" am Ötscher zu erreichen, gibt es mehrere bezeichnete Möglichkeiten. Der einfachste und beliebteste, wenn auch steile Zustieg erfolgt vom „Jäger-Herz" oberhalb der Ötschergräben. Bedeutend schneller erreicht man die Eingänge des Höhlensystems von Trübenbach aus. Bis zur „Bärenlacken" geht es noch halb-

wegs gemächlich bergan, danach jedoch in unzähligen kurzen Serpentinen den steilen Hang hinauf. Nach Passieren eines Sattels am Kamm gelangt man ohne Schwierigkeiten an der Südost-Flanke des Ötschers rasch zu den Höhleneingängen. Der dritte Weg führt über den Ötschergipfel mit dem Abstieg über den Rauhen Kamm, doch für diese Variante sind Trittsicherheit und Schwindelfreiheit unbedingte Voraussetzungen.

Das unübersehbare Portal des Geldloches befindet sich direkt am markierten Weg, der Eingang zum Taubenloch liegt knapp oberhalb desselben, etwa 370 Meter nordnordöstlich des Geldloches.

Wanderkarten

Österreich-Karte: ÖK-50 4204 (Gaming) bzw. NL-33-02-04
freytag & berndt-Wanderkarte: WK 031 (Ötscherland – Mariazell – Erlauftal – Lunzer See – Scheibbs – Melker Alpenvorland; 1:50 000) und WK 5031 (Mariazell – Ötscher – Josefsberg – Annaberg – Erlaufsee; 1:35 000)
Kompass-Wanderkarte: WK 22 (Mariazell – Ötscher – Erlauftal; 1:25 000) und WK 212 (Hochschwab /Mariazell – Eisenwurzen; 1:50 000)

Der weithin sichtbare und die weite Umgebung beherrschende Ötscher besaß, bedingt durch seine auffällige Gestalt, vermutlich schon bei den Kelten den Ruf eines „Götterbergs". Einige Volkskundler wollen wissen, dass man damals im „Vater Ötscher" den Sitz bergentrückter Götter sah. In den nachfolgenden Zeiten war Frau Saga besonders fleißig und spann eine Fülle von Erzählungen um den „Hetschalberg", wie der Ötscher unter anderem auch bezeichnet wurde.

Eisläufer im Ötscherhöhlensystem.

Zahlreiche Sagen berichten von verborgenen Schätzen im Ötscher: Eingang zum Geldloch.

So wird zum Beispiel der gelegentlich vorkommende, 80 m vom Eingang des „Geldlochs" entfernt liegende „Eissee" im Volksmund als „Pilatussee" bezeichnet. Einer Sage nach soll einst ein großer, sehr alter und merkwürdiger Fisch in diesem See gelebt haben. Wegen des ungerechten Urteils über Jesus soll Pontius Pilatus als stummer Fisch bis zum Jüngsten Tag in dieses eiskalte Wasser verbannt worden sein. Andere Sagen berichten von blinden, schwarzen Fischen, die sich im Eissee aufhielten und als „arme Seelen" gedeutet wurden. Über das nahe gelegene „Taubenloch" heißt es, dass die Dohlen (im Volksmund auch „Tagln" oder „Tauben") keine Vögel wären, sondern große Sünder, die nach ihrem Tod ohne Rast und Ruh in schwarzer Vogelgestalt umherirrten.

Im reichen Sagenmaterial über „Geldloch" und „Taubenloch" ist immer wieder von unterirdischen Schätzen die Rede. So wird überliefert, dass sich die mildherzige Witwe Gula zur Zeit der Awareneinfälle in den Ötscherhöhlen verbarg. Während sie mit ihrem Sohn Aenotherus im Taubenloch wohnte, bewahrte sie ihre unermesslichen Reichtümer im Geldloch auf, in welchem sie sich angeblich noch immer befänden. Je nach Erzählung werden solche oder andere Schätze von Fabeltieren gehütet oder diese verwehren den Zutritt in die tieferen Höhlenteile. Als Hüter des Hortes sind uns Drachen, Basilisken, Schlangen und zwei Böcke, die einander ununterbrochen mit

ihren Hörnern bekämpfen, bekannt. Es wird auch von „Welschen" (Fremde, besonders Romanen wie Italiener oder Franzosen) erzählt, die alljährlich auf unsichtbaren Eseln oder in Buckelkörben Gold und Silber abtransportierten.

Die nicht verstummenden Sagen über verborgene Schätze im Inneren des Ötschers waren für zwei österreichische Kaiser Anlass genug, Höhlenexpeditionen zu entsenden. Das erste Unternehmen erfolgte im Auftrag Kaiser Rudolfs II. im Jahre 1592. Da sich Rudolf mit Astrologie, Alchemie und Magie beschäftigte, war er auf diese sagenhaften Reichtümer besonders neugierig, trug sich aber auch sicherlich mit der Hoffnung, den immerwährend mageren Staatssäckel füllen zu können. Mit der Durchführung wurde der kaiserliche Kommissär Freiherr Reichard von Strein beauftragt, der von seinem Bannerherrn Christoph von Schallenberg sowie von vierzehn weiteren Personen begleitet wurde. Wie optimistisch das Vorhaben angegangen wurde, zeigt der Umstand, dass man einen Wiener Goldschmied bestellte, um das aus dem Berg geförderte Material prüfen zu lassen. Trotz intensiver Suche vermochte man aber dem Goldschmied nichts vorzulegen – die touristischen Ergebnisse hingegen konnten sich sehen lassen, denn es wurde beinahe der gesamte großräumige Horizontalteil erkundet. Der Bericht über diese Begehung des Geldlochs, verfasst von Christoph von Schallenberg, ist im Original erhalten geblieben.

Der zweite derartige Versuch, die kaiserliche Schatulle aufzubessern, wurde von Kaiser Franz Stephan I., dem aufgeschlossenen und naturwissenschaftlich interessierten Gatten Maria Theresias, veranlasst. Der später zum Hofmathematiker ernannte Anton Joseph Nagel wurde zum Expeditionsleiter bestellt und mit seinen Begleitern 1747 in den unterirdischen Ötscher geschickt. Die Hoffnung, Reichtümer aufzufinden, erfüllte sich auch diesem Manne nicht, jedoch waren die wissenschaftlichen Ergebnisse für die damalige Zeit recht bemerkenswert, obwohl man im Geldloch nur bis zum „Eissee" kam. Es wurden nicht nur Temperaturmessungen vorgenommen, sondern auch vom teilnehmenden „Reißer" Sebastian Rosenstingl „Geometrisch-Perspectivische Grund-Risse" des Geldlochs und Taubenlochs angefertigt. In seinem ausführlichen Bericht geht Nagel auch auf die oben erwähnte Sage von hier anzutreffenden Dohlen als Seelen von Wucherern

Das gewaltige Eingangsportal des Geldlochs.

und Übeltätern näher ein. Darin ist nachzulesen, dass er zur Beruhigung seiner Begleiter und um dem überlieferten Aberglauben entgegenzuwirken, zwei „Schnee-Tagln" (Dohlen) erlegte. Der Bericht über seine Ötscher-Expedition trägt den umständlichen Titel: „Beschreibung des Auf allerhöchsten Befehl Ihro Maytt des Röm. Kaysers und Königs Francisci I. untersuchten Ötscher-Berges und verschiedener anderer im Hertzogthum Steyermarck befindlich bisher vor selten und verwunderlich gehaltenen Dingen." – „Von dem Ötscher Berg."

Die eigentliche Höhlenforschung im Ötscher setzte erst in der Mitte des 19. Jahrhunderts ein. So wurde lange Zeit nur der aus gewaltigen Räumen bestehende Horizontalteil des Geldlochs erforscht und vermessen, ehe 1907 der erste Abstieg im Hauptschacht bis in eine Tiefe von 80 m gelang. In den Zwanzigerjahren wurden viele Forschungsfahrten unternommen, die 1923 erfolgte Großexpedition ist darunter besonders hervorzuheben, da man den Hauptschacht bis auf eine Tiefe von 410 m (nach neuen Vermessungen 310 m) bezwang und die Höhle auf eine Ganglänge von 1200 m vermessen konnte. Übrigens zählte das Geldloch damals zu den tiefsten Höhlen der Welt. Im Jahr 1953 war die Höhle wiederum das Ziel einer großen Expedition, die vom „Landesverein für Höhlenkunde in Wien und Niederösterreich" unter der bewährten Führung von Hubert Trimmel veranstaltet wurde und trotz eines unwetterbedingten Wassereinbruches im Schachtteil ein beachtenswertes Resultat erbrachte: Demnach betrugen die Gesamtlänge 1800 und die Höhendifferenz 524 m.

Im Jahr 1974 setzte mit dem Aufkommen der Einseiltechnik, die die Verwendung von Drahtseilleitern erübrigte, eine neue Ära der Ötscherhöhlen-Forschung ein. Damit waren Großexpeditionen überholt, denn kleine Gruppen konnten nun unter geringerem Materialaufwand viel effektiver als zuvor forschen. Zunächst gelang es dem „Landesverein", allen voran dessen Mitgliedern Helga und Wilhelm Hartmann, später auch der neu mitwirkenden „Forschergruppe Wachau", in zahlreichen schwierigen Forschungsfahrten 4 km in tiefere Regionen von Taubenloch und Geldloch vorzustoßen. 1994 konnte durch die junge Forschergarde des „Landesvereins" eine Verbindung zwischen den zwei riesigen Höhlen gefunden werden und seitdem wird das unterirdische Karst-

phänomen als „Ötscherhöhlensystem" bezeichnet. Damit hat dieses labyrinthische System eine Länge von mehr als 28 km aufzuweisen, seine Vertikalerstreckung erhöhte sich auf 662 m, womit es die mit Abstand größte Höhle Niederösterreichs ist.

Am 11. Oktober 1992 wurde anlässlich des 400-Jahre-Jubiläums der ersten urkundlich erwähnten Ötscherhöhlen-Expedition vom „Landesverein für Höhlenkunde in Wien und Niederösterreich" unter dem Überhang im Eingangsbereich des Geldloches eine Gedenkfeier veranstaltet. Für diesen Anlass schuf Prof. Mag. Heinz Ilming ein 33 kg schweres Kreuz aus Eisenplatten, das an diesem Tag montiert und durch den Pfarrer von Mitterbach, Hochwürden P. Schachner, als „Symbol für die Mühen und Beschwernisse, die Höhlenforscher bei der Bewältigung ihrer selbstgestellten Aufgaben auf sich nehmen, und zum Gedenken an jene, die bei Höhlentouren verunglückten", geweiht wurde.

Verwendete Literatur:
(20): 105–106; (21): 153–154; (24): 9, 52–58, 161; (25): 95–99; (40): 20, 71, 76, 78; (42): 19–21; (53): 178–198, 200–207; (56): 80–88, 89; (60): 42–44, 75–78, 104 u. 127; (83): 242–246; (147): 168–170; (157): 11–18 (o. Pagina).

Das Vergleichsfoto aus dem Jahr 1992 zeigt den enormen Eisrückgang in den letzten 90 Jahren. Das Bodeneis nahm um etwa 5 m ab.

Ansicht des „Eisdoms" im Geldloch. Foto aus dem Jahr 1901.

Besucher im Geldloch im Ötscher. Ansichtskarte von 1903.

Der zur Überwindung des damaligen „Eissees" notwendige Steg ist heute nur mehr in Fragmenten vorhanden.
Er ermöglichte einstmals ein gefahrloses Überqueren dieser Wasseransammlung und verlor durch das Verschwinden
des „Eissees" seine Funktion. Das Foto oben entstand 1920, das Vergleichsfoto unten 1992.

Offizieller Name:
ÖTSCHERTROPFSTEINHÖHLE
Weitere Bezeichnungen: Gaminger Tropf-steinhöhle, Kerschbaumerhöhle, Kersch-baumerschacht, Ötscher-Tropfsteinhöhle, Wetterlucke
Lage: Im Roßkogel (Vordere Tormäuer) süd-südöstlich vom Wirtshaus „Schindlhütte"
Kat.-Nr.: 1824/10
Seehöhe: 710 m
Gesamtganglänge: 575 m
Höhenunterschied: 54 m

Führungszeiten
Vom 1. Mai bis 26. Oktober an Samstagen, Sonn- und Feiertagen, im Juli und August auch jeden Mittwoch von 9 bis 16 Uhr; au-ßerdem können nach Voranmeldung (mind. zwei Wochen zuvor) Gruppenführungen vereinbart werden.
Schauhöhlenbeleuchtung: Akku-Lampen und Taschenlampen.

Info und Kontakte
Verwaltung: TV „Die Naturfreunde", Orts-gruppe Gaming, 3292 Gaming
Voranmeldung bei Herrn Johann Scharner, Tel.: 0664/406 41 54 oder 07485/985 59 oder E-Mail: hoehle@gaming.co.at

www.schauhoehlen.at
de.wikipedia.org/wiki/Ötscher-Tropfstein-höhle
www.naturfreunde-gaming.at
kienberg-gaming.naturfreunde.at/Berichte/detail/32479/

Was Sie erwartet

Bei der Ötschertropfsteinhöhle handelt es sich um eine Schachthöhle mit anschließenden Hal-len und Gängen; zur Erleichterung des Zugangs für den Besucher wurde jedoch ein kurzer Stollen geschlagen. Deswegen betritt man den imposan-ten Schrägschacht erst nach der „Alberichhalle" in rund 20 m Tiefe, der Rest des Abstiegs zum 100 m² großen „Untersee" erfolgt auf bequemen Stiegen beziehungsweise über einen Serpenti-nenweg. Steigt man beschaulich ab, so kann der Höhlenfreund in dem in der Höhle herrschen-den Dämmerlicht die schönen tiefen Rillen in der Schrägwand beobachten, die deshalb zu Recht als „Karrenwand" bezeichnet wurde. Vor dem „Untersee" führt ein verhältnismäßig kurzer Zu-stieg in Richtung des kleineren „Obersees" in den „Nordast". Zurück geht es dann zum „Hohen Dom", auf den eigentlichen Grund des Schachtes. Hier kann das einfallende Licht, besonders dann, wenn die müde Dämmerung von wenigen Son-nenstrahlen durchbrochen wird, für eine fantas-tische Stimmung sorgen. Mit diesen Lichtspielen endet aber die Führung noch nicht, sondern man begibt sich unterhalb der Karrenwand in das meist engräumige und vielfach gewundene Gangsystem des „Südteils". Dem Besucher fällt sofort auf, dass dieser Höhlenabschnitt einen völlig neuen Cha-rakter aufweist, denn im Verlauf der mehr oder minder ebenen Gänge und Räume wird der Be-trachter durch reichen und schönen Tropfstein-schmuck, versteinerte Kaskaden und Sinterbecken verzaubert. Wie die klingenden Namen „Halle der feurigen Zungen", „Zaubergang" und als abschlie-ßender Höhepunkt die „Märchenhalle" andeuten, lohnt es sich doch, den etwas mühevollen Aufstieg zur Ötschertropfsteinhöhle zu unternehmen. Au-ßerdem werden bei den Führungen die von Höh-lenforschern so geschätzten Karbidlampen ver-wendet, in deren rötlichem Licht die Tropfsteine zu geheimnisvollem Leben erwachen.
Der Führungsweg ist etwa 370 m lang.

So kommen Sie hin

Die Zufahrt erfolgt auf der Landesstraße, aus-gehend von Gaming oder nördlicher von Kien-berg über Urmannsau Richtung „Naturpark Öt-scher-Tormäuer" bis zum Parkplatz „Schindlhütte", wobei man sich an Hinweisschildern orientieren kann. Von der Schindlhütte führt der markierte „Erlebnissteig" den Berg hinan und endet nach einer Gehzeit von etwas mehr als einer Stunde beim Führungshaus der Höhle.

Wanderkarten

Österreich-Karte: ÖK-50 4204 (Gaming) bzw. NL-33-02-04
freytag & berndt-Wanderkarte: WK 031 (Ötscherland – Mariazell – Erlauftal – Lunzer See – Scheibbs – Melker Alpenvorland; 1:50 000) und WK 5031 (Mariazell – Ötscher – Josefsberg – Annaberg – Erlaufsee; 1:35 000)
Kompass-Wanderkarte: WK 212 (Hochschwab / Mariazell – Eisenwurzen; 1:50 000) und WA 596 (Großer Wander-Atlas Rund um Wien; 1:50 000)

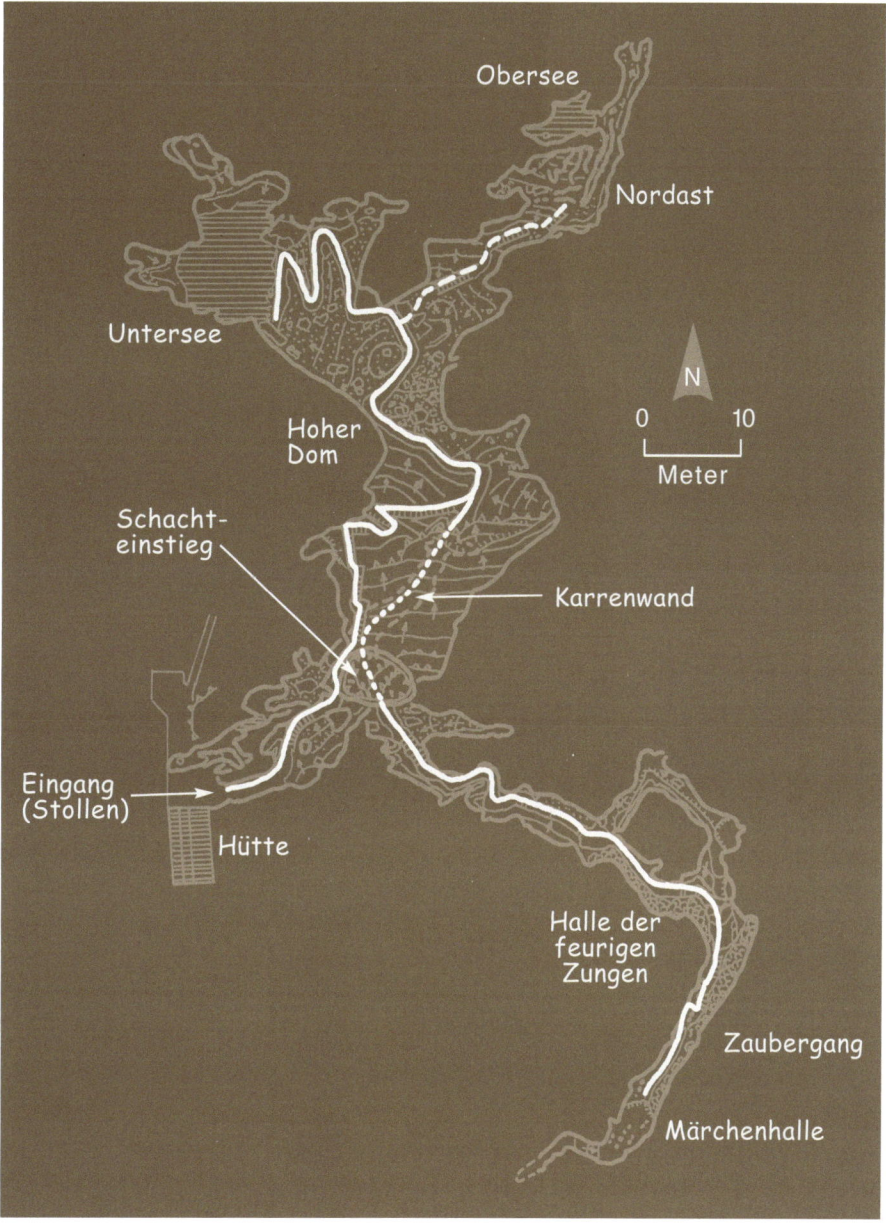

Die Ötschertropfsteinhöhle war schon in früherer Zeit eine altbekannte Schachthöhle und wurde als „Wetterloch" oder „Wetterlucke" bezeichnet. Diese Benennung rührt vom alten Volksglauben her, dass am Grund von Schachthöhlen Berggeister hausen, die, wenn Steine hineingeworfen werden, arge Unwetter heraufbeschwören. Weitere Bezeichnungen, wie „Kerschbaumerhöhle" bzw. „-schacht" nach einem nahen Gehöft, oder „Gaminger Tropfsteinhöhle" sowie „Roßkogelschacht" nach der geografischen Lage, folgten. Obwohl sich dieses unterirdische Juwel gar nicht im Ötscher befindet, benannte man die Höhle zu Beginn der Schauhöhlenzeit als „Ötschertropfsteinhöhle", weil sich die bisher verwendeten Namen als zu wenig zugkräftig erwiesen.

Anscheinend schreckte das tiefe Loch die längste Zeit auch die waghalsigsten Burschen der Umgebung an seiner Erforschung ab, denn der wahrscheinlich erste Abstieg erfolgte erst nach dem Ersten Weltkrieg durch einheimische Forstarbeiter. Nachdem die Höhle ihre Geheimnisse preisgegeben hatte, nahm sich ihrer die Ortsgruppe Kienberg-Gaming der „Naturfreunde" an und baute sie als Schauhöhlenbetrieb aus: Man sprengte einen kurzen Zugangsstollen und errichtete die nötigen Steiganlagen. 1926 erfolgte die Eröffnung als Schauhöhle, bereits 1934 kam aber der Führungsbetrieb wegen des Verbots der „Natur-

freunde" zum Erliegen. In der Folge verfielen die Steiganlagen, erst nach längeren Instandsetzungsarbeiten konnte 1966 der Führungsbetrieb wiederum aufgenommen werden. Auch heute noch betreuen die „Naturfreunde" aus Kienberg-Gaming die Ötschertropfsteinhöhle.

Aufgrund des landschaftlich reizvollen Zustiegs und wegen ihres vielfältigen Gepräges stellt die Ötschertropfsteinhöhle ein ganz besonders lohnenswertes Ausflugsziel im schönen Ötscherland dar.

Verwendete Literatur:
(24): 9, 37-39, 161; (25): 72–74; (41): 22–23; (53): 262–264; (56): 109–111; (76): 124; (130): –; (157): 22–23 (o. Pagina); (169): –; (174): 17–22.

*Im verschwenderisch geschmückten „Südast"
der Ötschertropfsteinhöhle.*

Am Schachtgrund aufgefundene Knochen von abgestürzten Tieren.

Mystischer Lichteinfall durch die Schachtöffnung in das Innere der Ötschertropfsteinhöhle.

Im weichen Licht der Karbidlampen erwacht der Tropfsteinschmuck im „Zaubergang" zu geheimnisvollem Leben.

Offizieller Name: PAULINENHÖHLE
Weitere Bezeichnungen: Goldfahndlloch, Goldfahndllucke, Goldloch, Goldlucke
Lage: Am Heinrich-Pranzl-Steig im West-hang der Paulinenhöhe bzw. des Klausenbergs, bei Türnitz
Kat.-Nr.: 1837/11
Seehöhe: 639 m
Gesamtganglänge: 242 m
Höhenunterschied: 15 m

Frei zugänglich, ohne Führung.

Info
http://www.tuernitz-noe.at/Paulinenhoehle_4
wandertipp.at/andreasbaumgart-
ner/2009/03/18/paulinenhohle-wildfrauen-
hohle-eisenstein/

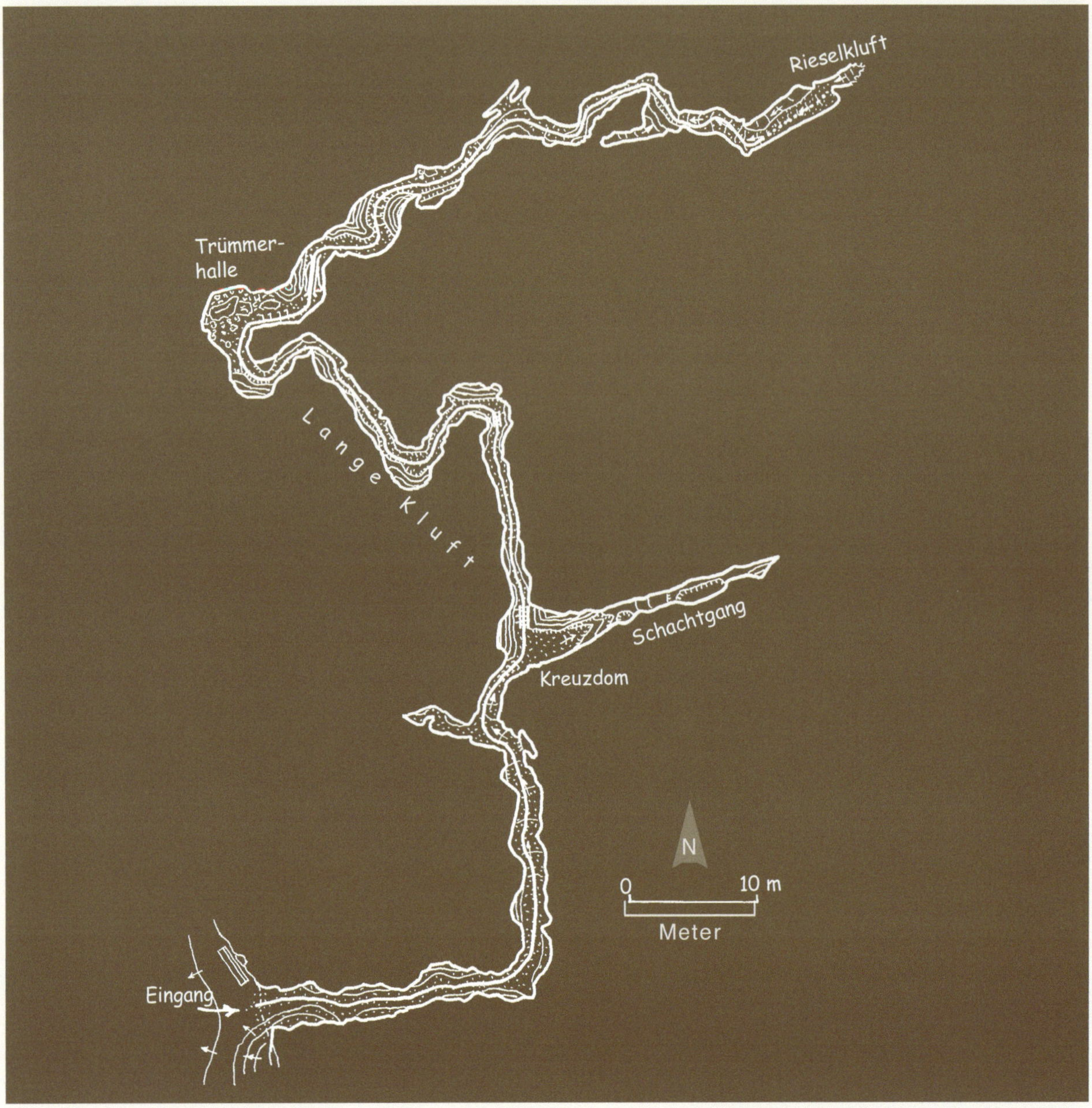

Rieselkluft

Trümmer-
halle

Lange Kluft

Schachtgang

Kreuzdom

N

0   10 m
Meter

Eingang

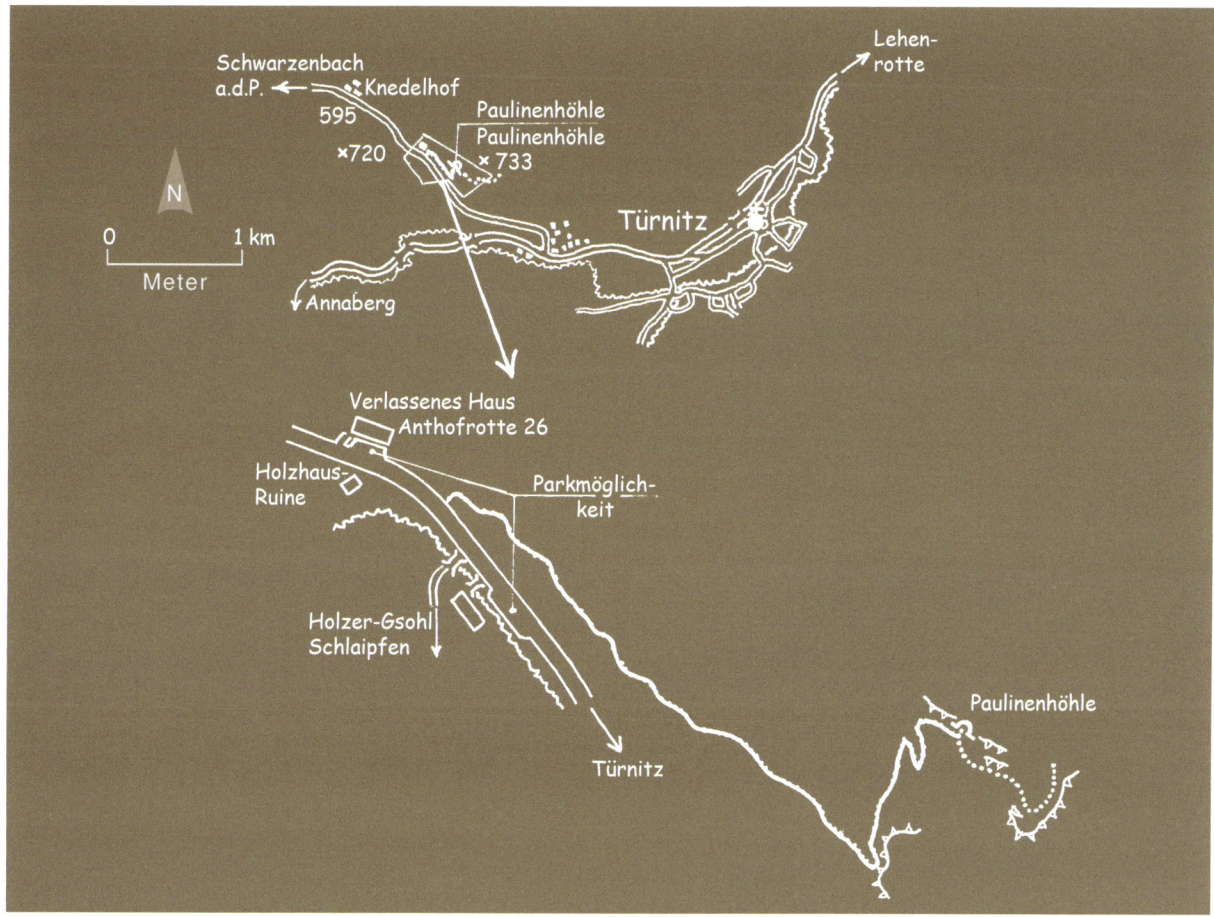

Was Sie erwartet

Nach dem 2 m hohen und 3 m breiten Portal verläuft der schön profilierte Hauptgang gleichbleibend dimensioniert über 20 m geradlinig in das Berginnere. Nach einem scharfen Knick nach links leitet der Gang leicht abfallend nach weiteren 30 m in den „Kreuzdom", von dem in südwestlicher Richtung ein 25 m langer und mit Bergmilch ausgekleideter Kluftgang abzweigt. Neben vereinzelten Tropfsteinen und interessanten Sinterbildungen sind in der Höhle auch schöne Laugungsfacetten anzutreffen. Bei einer touristischen Begehung des abzweigenden Kluftgangs ist besondere Vorsicht geboten, denn vor dem Kluftgang setzt ein 5 m tiefer Schacht an und in der Kluft selbst sind mehrere Kletterstellen zu überwinden. Der Weiterweg für den „Normalverbraucher" ist an einer Holzstiege neben der prächtigen Tropfsteinwand leicht erkennbar. Nach der Stiege setzt die „Lange Kluft" an, deren Begehung durch Einbauten wesentlich erleichtert wurde und die in Windungen in die „Trümmerhalle" führt. Der folgende stark mäandrierende Gang weist in seinem Verlauf bei bis zu 9 m Höhe einen schönen canyonartigen Charakter auf. Das Ende des Hauptganges

und auch der Höhle bildet ein steil ansteigender Abschnitt mit einem aus Brekzie bestehenden Boden.

Zu beachten ist

Der Höhlenboden ist oftmals feucht und daher sehr rutschig. An den hölzernen Weganlagen hat schon der Zahn der Zeit genagt, sie sind daher mit Vorsicht zu begehen. In der „Langen Kluft" liegen morsche Bretter über einer Grube, auch hier ist besondere Vorsicht geboten! Da einige Gangstrecken doch relativ niedrig sind, ist ein geeigneter Kopfschutz (Helm) von großem Vorteil.

So kommen Sie hin

Von St. Pölten kommend gelangt man nach Türnitz auf der Mariazeller Straße (B20), knapp nach dem Ortsende zweigt rechts eine Straße ab, die über Gscheid nach Schwarzenbach a. d. Pielach führt, uns aber schon nach knapp einem Kilometer zum Ausgangspunkt für den Höhlenanstieg bringt. Im Bereich der Anthofrotte hat man die Möglichkeit, das Auto zu parken und über den „Heinrich-Pranzl-Steig" zur Paulinenhöhle zu wandern. Der markierte und bezeichnete Zustiegsweg beginnt unterhalb des verlassenen Hauses Nr. 26. Der Weg führt leicht ansteigend und den Hang querend zu einer Felswand, steigt dort etwas steiler an und führt in drei Kehren zur Paulinenhöhle. Für den Zustieg braucht man etwa 20 Minuten.

Wanderkarten
Österreich-Karte: ÖK 73 (Türnitz; 1:50.000)
freytag & berndt-Wanderkarte: WK 031 (Ötscherland – Mariazell – Erlauftal – Lunzer See – Scheibbs – Melker Alpenvorland; 1:50 000)
Kompass-Wanderkarte: WA 596 (Großer Wander-Atlas Rund um Wien; 1:50 000)

Die schon seit langer Zeit gut bekannte Paulinenhöhle wurde in den Zwanzigerjahren des vorangegangenen Jahrhunderts, um den Nahbereich von Türnitz um eine Attraktion zu bereichern, von der örtlichen Sektion des Österreichischen Gebirgsvereins für den allgemeinen Besuch ausgebaut. Bei den Grabungs- und Sprengarbeiten fand man angeblich 22 m vom Eingang entfernt Höhlenbärenknochen.

Die feierliche Eröffnung am 19. Juni 1927 erfolgte im Beisein des Stellvertreters des damaligen Landeshauptmanns und des Bezirkshauptmanns von Lilienfeld. Als Ehrengäste waren der bekannte Höhlenforscher Dr. M. Müllner, der Direktor der NÖ Landessammlung Reg.-Rat Dr. G. Schlesinger und auch ein Vertreter des Hauptverbandes deutscher Höhlenforscher geladen.

Da der erhoffte Besucherzustrom aber ausblieb und sich die optimistischen Erwartungen eines florierenden Schauhöhlenbetriebes leider nicht erfüllten, mussten die Betreuer die Höhle aufgeben und somit auch die Steiganlagen dem Verfall preisgeben. Sie wurden zwar im Jahr 1956 erneuert, zeigen sich aber heute nach sechzig Jahren wiederum in einem bedauernswerten Zustand.

Verwendete Literatur:
(25): 119–121; (51): 105–107; (131): –; (133): 18–19; (192): 321–324.

Das Portal der Paulinenhöhle. Angeblich fand man hier Höhlenbärenknochen.

Interessante Wandversinterungen im schön profilierten Kluftgang.

NIEDERÖSTERREICH
SEEGROTTE

Offizieller Name: SEEGROTTE
Lage: Schaubergwerk (ehemaliges Gips-
bergwerk) im Wagnerkogel in der Hinter-
brühl bei Mödling
Kat.-Nr.: K1915/-
Seehöhe: 230 m
Gesamtganglänge: über 2 km

Führungszeiten
Vom 1. April bis 31. Oktober finden Führungen täglich (Montag bis Sonntag)
durchgehend zwischen 9 und 17 Uhr (letzte
Führung um 16.15) statt. In der Zeit zwischen 1. November und 31. März werden
Besichtigungstouren von Montag bis Freitag
von 9 bis 15 Uhr (letzte Führung um 14.15
Uhr) und am Samstag, Sonntag sowie Feiertag von 9 bis 15.30 Uhr (letzte Führung um
14.45 Uhr) durchgeführt.

Die Wartezeit zu den Führungen beträgt
etwa 20 Minuten und die Dauer der kom-
pletten Führung inklusive Bootsfahrt ca. 45
Minuten.

Beleuchtung im Schaubergwerk: elektrisch.

Info und Kontakte
Verwaltung: Seegrotte Hinterbrühl GmbH.,
Grutschgasse 2a, 2371 Hinterbrühl bei
Wien
Tel.: +43 (0) 2236/26364
Fax: +43 (0) 2236/26364
E-Mail: office@seegrotte.at
www.seegrotte.at

de.wikipedia.org/wiki/Seegrotte
de.wikipedia.org/wiki/Heinkel_He_162

Was Sie erwartet

Heute zeigt sich die Seegrotte als moderner, ein-
drucksvoller Fremdenverkehrsbetrieb. Zu den
besonderen Attraktionen zählen der mit Unter-
wasserlampen beleuchtete „Blaue See", die kleine
Barbarakapelle und nach wie vor die Fahrt über
den größten unterirdischen See Europas. Auch die
Hallen mit einer Höhe von 6 m und einer Spannweite von 10 bis 15 m sind für Bergwerke eine Sel-
tenheit. In manchen Teilen des Schaubergwerkes
sieht man heute noch die Reste der Kulissen für
die Dreharbeiten zu einem Film nach dem Roman
„Die drei Musketiere", nahe der Bootsanlegestelle
ist noch das „Drachenboot" zu bewundern. Alle
vier Jahre wird hier rund um den 4. Dezember das
Fest der heiligen Barbara, der Schutzpatronin der
Bergleute, Gefangenen, Glöckner und Artilleristen, mit einem großen Gottesdienst gefeiert.

Zu beachten ist

Für Besucher mit körperlicher Behinderung ist
die flache obere Etage einfach zu begehen bzw.
mit einem Rollstuhl befahrbar. Jedoch das untere Stockwerk (mit Bootsfahrt auf dem See) ist nur
über 85 niedere, jedoch breite Stufen mit einem
Handlauf erreichbar.

So kommen Sie hin

Der Ort Hinterbrühl bei Wien, auch liebevoll
„die Hinterbrühl" genannt, liegt in einem malerischen Talkessel und ist umgeben von schroffen
Felsen und trotzigen Burgen. Von Mödling ist
dieser schöne Ort am besten und einfachsten zu
erreichen, aber auch die Ausfahrt „Exit 26/Hin-
terbrühl" der Außenringautobahn („Wienerwaldautobahn") A21 wäre eine gute Möglichkeit. Die
Zufahrten zur „Seegrotte" sind weitläufig beschildert.

Wanderkarten

Österreich-Karte: ÖK-50 5325 (Baden), NM-33-
12-25
freytag & berndt-Wanderkarte: WK 011 (Wienerwald; 1:50 000), WK 5011 (Wienerwald – Naturpark Föhrenberge – Baden – Helenental – Lainzer
Tiergarten; 1:35 000) und WAWI 1 (Wanderatlas

Wienerwald; 1:40 000)
Kompass-Wanderkar-
te: WK 205 (Wien und
Umgebung; 1:50 000),
WK 208 (Wienerwald;
1:25 000), WK 209
(Wienerwald; 1:50 000)
und WA 596 (Großer
Wander-Atlas Rund
um Wien; 1:50 000)

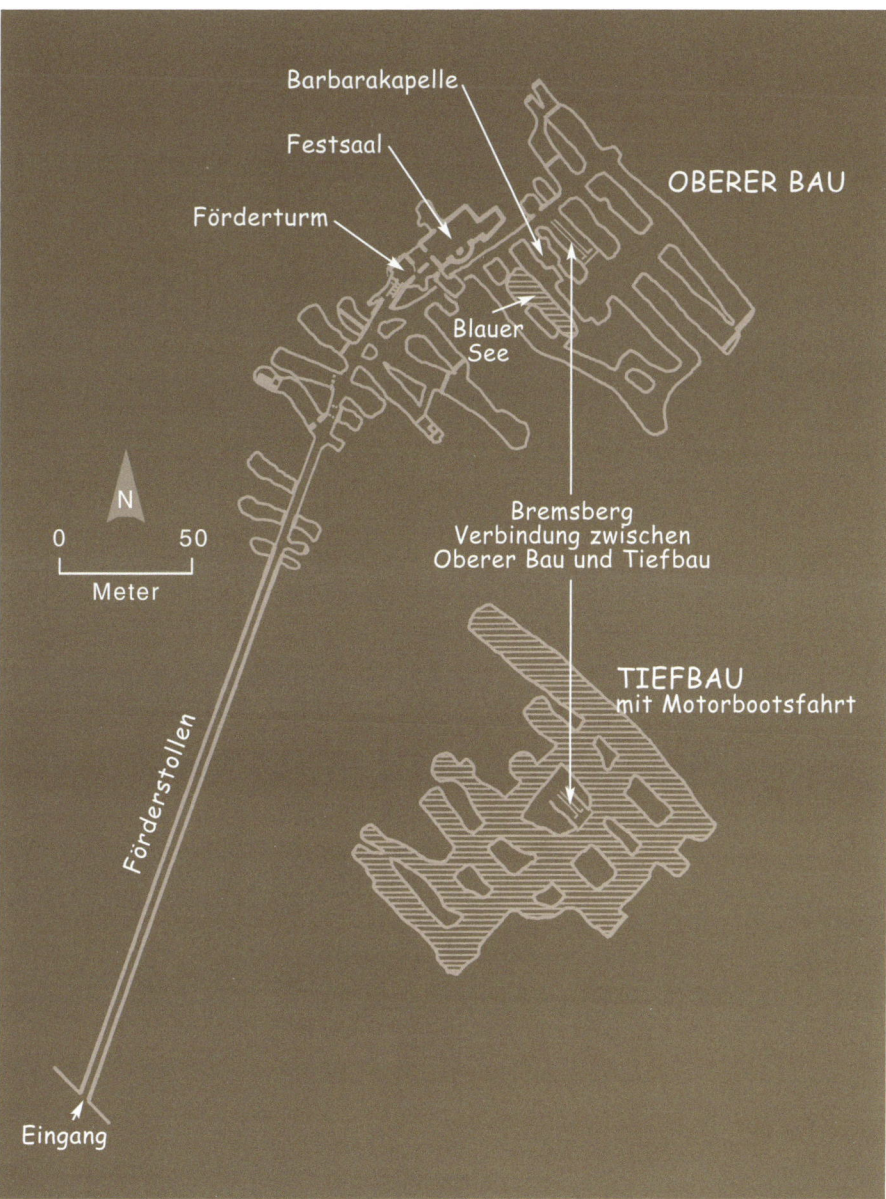

Sicherlich ist die Seegrotte in der Hinterbrühl eines der populärsten Ausflugsziele im Wiener Raum, in einer bekannten Publikation wird die Seegrotte mit anderen Naturschönheiten wie beispielsweise der „Blauen Grotte von Capri" verglichen. Doch handelt es sich bei der Seegrotte um kein Naturobjekt, sondern um ein ehemaliges, nunmehr aber seit langem „abgesoffenes" Bergwerk. Die Gründe für die Aufnahme in dieses Buch sind der Berühmtheitsgrad dieses Schaubergwerks sowie dessen bewegte Vergangenheit, die unmittelbar mit der Geschichte des Wiener Höhlenvereins, der den Ausbau zum Schaubergwerk durchführte, zusammenhängt!

Im Jahr 1848 bohrte G. Plankenbichler, der damalige Besitzer des darüberliegenden Grundstücks, einen Brunnen für seinen Garten. Er staunte nicht schlecht, als er in nur geringer Tiefe auf ein Gipsvorkommen stieß. Er entschloss sich, diesen Bodenschatz abzubauen, und begann noch im gleichen Jahr mit dem Betrieb der Anlage. Anfangs wurde das Abbaugut über einen Schacht zutage gefördert, später schlug man einen horizontalen 180 m langen Förderstollen. Durch genau diesen gelangt man heute bei den Führungen in das Bergwerk. Der Abbau erfolgte in mehreren Etagen. Der „Obere Bau" mit etwa 1200 m Stollenlänge ist die ausge-

dehnteste Stufe, von der ein Bremsberg sowie zwei Schächte die Verbindung zu dem rund 15 m tiefer liegenden Horizont bilden, dem ca. 800 m langen „Tiefbau". Oberhalb des „Oberen Baus" wurde ein weiterer, kleinerer Horizont ausgeschlagen, von dem ein geräumiger „Steigschacht" in die Gipfelregion des Wagnerkogels führt. Beim Vortrieb der Stollen wurde zumindest ein natürlicher Hohlraum (Höhle?) angefahren, der zwar beschrieben, aber niemals wissenschaftlich bearbeitet wurde.

In dieser Bergwerksanlage herrschte mehr als ein halbes Jahrhundert lang reges Treiben: Sprengschüsse hallten durch den Berg, es wurde gehämmert und schwere Förderwagen brachten das Gipsgestein ans Tageslicht. Dort wurde es zerstampft, gemahlen und kam als Düngegips in den Handel. Das geschäftige Treiben fand 1912 ein abruptes Ende, als an der unteren Sohle eine

Durch Holzpölzung gesicherter Weg zu den großräumigen Hallen der Seegrotte.

Wasserader angesprengt wurde. 20 Millionen Liter Wasser drangen ein und überfluteten den „Tiefbau". Da zu diesem Zeitpunkt Kunstdünger bereits den Markt eroberte, wurde auf den Einbau einer kostspieligen Pumpenanlage verzichtet und der nun unrentabel gewordene Bergwerksbetrieb eingestellt. Die Versuche, den Gips zur Erzeugung von Schwefelsäure zu verwenden, scheiterten an der starken Verunreinigung des Gesteins. Auch eine großangelegte Champignonzucht brachte nicht den gewünschten Erfolg. Es kehrte wiederum Ruhe in den Stollen und Hallen im Bergesinneren ein. Nichts als der Klang der fallenden Wassertropfen war zu vernehmen.

Nach dem Ersten Weltkrieg wurde ein kurioses, aber nahezu undurchführbares Projekt geplant: Ein fantasievoller und unternehmungslustiger Mann wollte das ehemalige Bergwerk in ein großes Vergnügungsetablissement umbauen! Danach geriet die Anlage fast in Vergessenheit und diente nur für kurze Zeit als Kulisse für die Filme „Irrlichter der Tiefe" und „Kameradschaft".

Anfang der Dreißigerjahre wurde das stillgelegte Bergwerk durch den „Landesverein für Höhlenkunde in Wien und Niederösterreich" aus seinem Dornröschenschlaf erweckt. Vereinsmitglieder eb-

neten Wege und bauten eine elektrische Beleuchtung ein, um die „Seegrotte" am 8. Mai 1932 als Schaubergwerk feierlich zu eröffnen. Vorerst lief diese neue Sehenswürdigkeit recht gut an und man zählte im ersten Jahr 40 000 Besucher. Anfang 1933 eröffnete man zwecks Steigerung der Attraktivität die Bootsfahrt auf dem 6200 m² großen unterirdischen See. Als zusätzliche Attraktion wurden aus dem Dinarischen Karst mehrere lebende Grottenolme importiert. Die armen Tiere schwammen jedoch nur kurze Zeit im „Blauen See" herum und verendeten alsbald, da sie nicht die geeigneten Lebensbedingungen vorfanden. An diesen traurigen zoologischen Irrtum erinnert heute noch ein Alkoholpräparat eines Grottenolms im sogenannten „Museum" des Schaubetriebes. Bedingt durch die damals recht ungünstigen wirtschaftlichen Verhältnisse in Österreich und die Auswirkungen der berüchtigten „Tausend-Mark-Sperre" kam es in der Folge zu einem rapiden Besucherrückgang. Dadurch geriet der höhlenkundliche Verein immer mehr in die roten Zahlen. Auch der ungünstige Pachtvertrag mit dem Besitzer, einem Kommerzialrat Fischer, wirkte sich auf diese ohnedies missliche Lage sehr negativ aus. Da eine Stundung der Schulden nicht mehr erreicht werden konnte, meldete der „Landesverein für Höhlenkunde in Wien und Niederösterreich" den Konkurs an. In der Folge wurde der Verein am 3. März 1938 behördlich aufgelöst und am 8. September 1938 fand die öffentliche Versteigerung des Vereinseigentums statt. Dabei kam auch wertvolles Archivmaterial unter den Hammer.

In den folgenden Jahren wurde der Betrieb der Seegrotte durch Eduard Gwozd weitergeführt.

Während des Zweiten Weltkrieges wurde im Mai 1944 die Seegrotte durch die Firma „Ernst Heinkel Flugzeugwerke A.G." beschlagnahmt und zu einem sogenannten kriegswichtigen Rüstungsbetrieb ausgebaut. Ein eigenes Kraftwerk versorgte die unterirdische Fabrik mit Strom. Dadurch war es auch möglich, den See abzupumpen und die unterste Etage trocken zu halten. Selbstverständlich wurden auch eine großzügige Lüftungsanlage mit Heizung und sonstige für eine solche Werksanlage wichtige Einrichtungen wie Büros, Werksküche, Toilettenanlagen usw. geschaffen. Rund 2000 Personen, darunter 1700 KZ-Häftlinge und Zwangsarbeiter, waren hier Tag und Nacht tätig, um in den unterirdischen Hallen den Düsenjäger He 162 zu erzeugen. Gegen Ende des Krieges, als sich die Rote Armee Wien näherte, sollte ein Sprengkommando die Flugzeugfabrik sowie die gesamten Räumlichkeiten zerstören. Zu diesem Zweck wurden 37 Stück 250-Kilogramm-Fliegerbomben eingebracht, aber dank eines österreichischen Feldwebels kamen nur sechs „Alibi-Bomben" zur Explosion.

Noch 1945 begann der Verwalter und Pächter Eduard Gwozd mit den umfangreichen Aufräumungs- und Aufbauarbeiten. Zuerst mussten dreißig Bomben entfernt werden, die eine, die bereits zur Sprengung vorbereitet war, musste gleich an Ort und Stelle gesprengt werden. Danach wurden Tonnen von Schrott bzw. Einrichtung und 80 zerstörte Flugzeugrümpfe durch den engen Förderstollen ins Freie gebracht. Die unterirdischen Räume und Stollen wurden, soweit es möglich war, wiederum in ihren alten Zustand gebracht, in der untersten Etage bildete sich neuerlich der See. Nach diesen mühseligen Arbeiten konnte die Seegrotte 1948 wiederum als Schaubergwerk eröffnet werden.

Verwendete Literatur:
(19): 46–47; (24): 9, 62–64, 161; (25): 108–111; (26): 29, 31, 51–53, 84, 103; (47): –; (51): 285; (68): 89–90; (70): 168–171; (114): 201–202; (173): 24; (190): –.

Legendenumwoben: die Fabrikation des Düsenjägers He 162 in der Seegrotte.

Ein langer schmaler Zugangsstollen führt tief in das Innere des heutigen Tourismusmagnets.

Rüstungsindustrie unter dem Decknamen „Languste": Rund 2000 Personen arbeiteten in der Seegrotte Tag und Nacht.

Unterirdische Rüstungsindustrie im Wienerwald: Die Fertigung des „Volksjägers He 162" in der Seegrotte in der Hinterbrühl lief 1944 an.

Das NS-Regime okkupierte auch den unterirdischen Wienerwald: Hakenkreuze im Festsaal, auch „Knappensaal" genannt, in der Seegrotte.

Offizieller Name:

DACHSTEIN-MAMMUTHÖHLE
Weitere Bezeichnung: Mammuthöhle
Lage: Im Westteil der Schönbergalm bei Obertraun, im Nordabfall des Dachstein-massivs
Kat.-Nr.: 1547/9
Seehöhe: 1368 m
Gesamtganglänge: 67 437 m
Höhenunterschied: 1207 m

Führungszeiten

Von Mitte Mai bis 26. Oktober täglich. Führungen finden vom 7. Mai bis 10. Juni laufend von 10.30 bis 14.25 Uhr, vom 11. Juni bis 11. September laufend von 10.15 bis 14.55 Uhr und vom 12. Sept. bis 30. Oktober laufend von 10.30 bis 14.25 Uhr statt. Die Anmeldung zur Führung erfolgt an der Information in der Schönbergalm und der Treffpunkt ist direkt vor der Höhle. Es ist ratsam, die Seilbahn-Bergfahrt spätestens um 13 Uhr einzuplanen.
Außerdem werden auf Anfrage zwei erlebnisreiche Höhlentrekking-Touren angeboten. Die erste Abenteuerexkursion führt den kühnen Besucher, ausgestattet mit Overall, Stirnlampe sowie Helm, in den Bereich der „Verfallenen Burg" und passiert dabei einige enge Gänge sowie einfache Kletterpassagen. Diese 4 Stunden dauernde Tour ist für Kinder ab dem 12. Lebensjahr geeignet. Jedenfalls sollte man eine mittlere Kondition mitbringen. Die Zweite ist eine ganztägige Höhlenbefahrung namens „Große Mammuthöhle". Dafür ist eine gute Kondition notwendig und für Jugendliche ab 14 Jahren zugänglich.

Schauhöhlenbeleuchtung: elektrisch.

Info und Kontakte

Verwaltung: Dachstein Tourismus AG, Winkl 34, 4831 Obertraun am Hallstätter See; Tel.: +43 (0) 50 140 - Fax +43 (0) 50 140-12 300
info@dachstein-salzkammergut.com

www.schauhoehlen.at
www.dachsteinregion.at
info@dachsteinwelterbe.at
www.dachstein-salzkammergut.com/
Mit dem kostenlosen Herunterladen von Audioguide-Apps auf Smartphones kann man einen geführten Rundgang in Englisch, Französisch, Japanisch, Mandarin, Tschechisch, Italienisch oder Ungarisch durch die drei Höhlen (Mammut-, Rieseneis- und Koppenbrüllerhöhle) genießen.

Was Sie erwartet

Der Besucher lernt während der etwa eine Stunde dauernden Führung natürlich nur einen Bruchteil dieses unterirdischen Karstsystems kennen. Der erschlossene Teil besticht vor allem durch seine ausgedehnten Gänge sowie durch riesige Hallen und bemerkenswerte Erosionserscheinungen. Die für hochalpine Höhlen charakteristischen imposanten Dome und Riesentunnels entlang des elektrisch beleuchteten und gut ausgebauten Weges sind mit klingenden Namen versehen. So marschiert man mit dem Höhlenführer von der „Lahnerhalle" durch den Tunnel der „Paläotraun" zum „Mitternachtsdom", um über die „Arkadenkluft" aufzusteigen und durch den „Schmetterlingsgang" wiederum in die „Lahnerhalle" zu gelangen, in der ein Rundgang voll von grandiosen Eindrücken sein Ende findet.

Unter dem Namen „Kunst und Höhle" gibt es seit 2006 eine neue Inszenierung in der Mammuthöhle: „La Linea", eine Lichtinstallation mit Laserunterstützung, und die „Lichteinfälle", die sich auch „Schatteninstallation" benennen; ein Spiel aus Licht und Schatten bis zur optischen „Entmaterialisierung" der Gesteinsmassen.

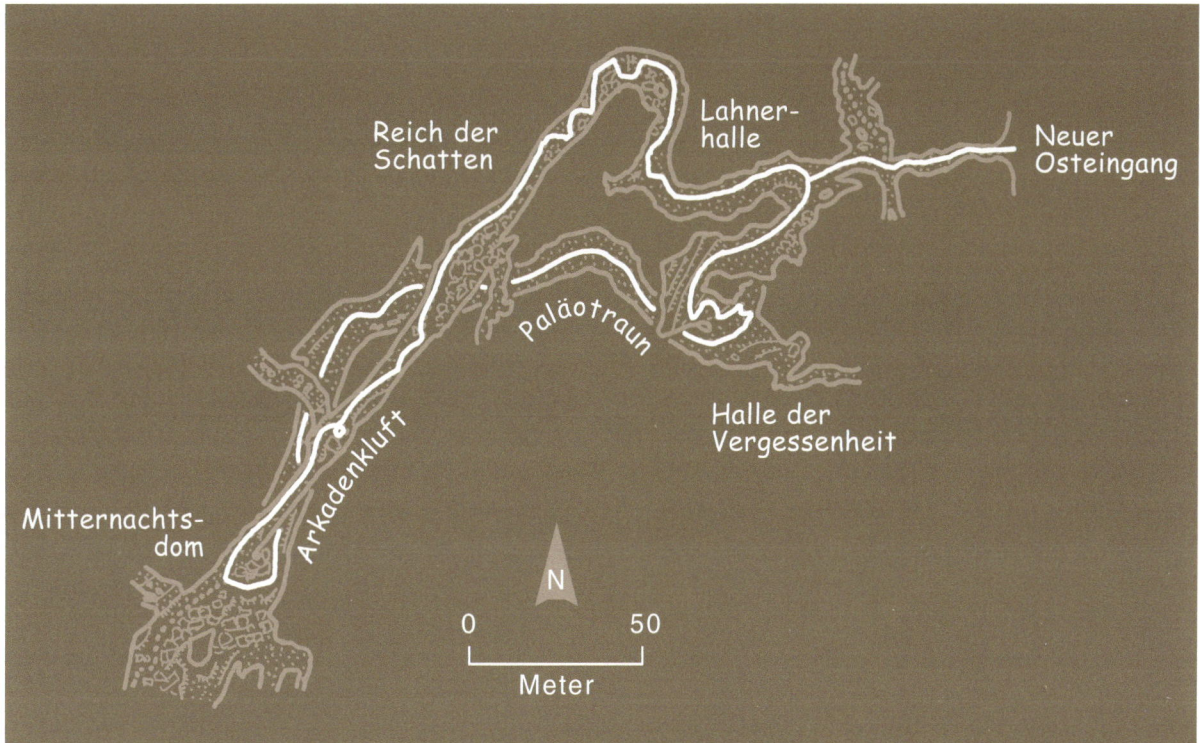

Zu beachten ist

Da die Temperatur in der Mammuthöhle kaum über den Gefrierpunkt steigt (es herrscht eine Durchschnittstemperatur von 3° C), empfiehlt sich für den Besuch festes Schuhwerk und warme Kleidung.

Die Betriebszeiten der Dachstein-Krippenstein-Seilbahn sind für die erste Teilstrecke vom 1. Mai bis 26. Oktober. Die erste Bergfahrt ist jeweils um 8.40 Uhr und die letzte Talfahrt um 17.10 Uhr, außer vom 13. Juni bis 13. September um 17.40 Uhr, möglich.

Aufgrund der hochalpinen Lage der Mammuthöhle und Rieseneishöhle kann es bei schlechten Wetterbedingungen (z. B. plötzlicher Schneefall, Sturm usw.) kurzfristig zur notwendigen Einstellung des Seilbahnbetriebs kommen.

So kommen Sie hin

Um die Schauhöhlen des Dachsteinhöhlenparks zu erreichen, fährt man von Obertraun mit der Seilbahn „Dachsteinbahn Obertraun" zur Mittelstation „Schönbergalm" (Teilstrecke I) hinauf, dem Ausgangspunkt für den Besuch der beiden relativ nahen Schauhöhlen, die in einem etwa viertelstündigen Aufstieg zu erreichen sind. Obertraun liegt am südöstlichen Ufer des Hallstätter Sees und ist mit dem Auto von Bad Goisern oder von Bad Aussee über den Koppenpass zu erreichen.

Es sei noch auf die zwei Aussichtsplattformen bei der Mittelstation hingewiesen, die dem Besucher einen herrlichen Ausblick auf das Welterbe „Dachstein-Salzkammergut-Region" bieten.

Wanderkarten

Österreich-Karte: ÖK-50 3218 (Bad Mitterndorf) bzw. NL-33-01-18

freytag & berndt-Wanderkarte: WK 082 (Bad Aussee – Totes Gebirge – Bad Mitterndorf – Tauplitz; 1:50 000) und WK 281 (Dachstein – Ausseerland – Filzmoos – Ramsau, Wanderkarte 1:50 000)

Kompass-Wanderkarte: WK 020 (Inneres Salzkammergut - Hallstatt – Ausseerland; 1:25 000), WK 20 (Dachstein – Ausseerland – Bad Goisern – Hallstatt; 1:50 000), WK 229 (Salzkammergut; 1:50 000) und WK 293 (Dachsteingruppe – Schladminger Tauern; 1:25 000)

Alpenvereinskarte: Nr. 14 (Dachsteingruppe; 1:25 000)

Der dominierende Hochgebirgsstock, der das Salzkammergut gegen Salzburg abschließt und im Grenzgebiet Oberösterreichs, der Steiermark und Salzburgs liegt, ist der weltbekannte Dachstein. Das Dachsteinmassiv, vorwiegend aus hellem Dachsteinkalk der Obertrias aufgebaut, bietet neben seiner faszinierenden

Gletscherlandschaft und zahlreichen Aussichtsbergen auch mehrere gut zugängliche Höhlen. Gemäß ihrem Gesteinscharakter tritt hier die kahle Karstlandschaft besonders ausgeprägt in Erscheinung.

Obwohl die Bezeichnung „Mammuthöhle" andeuten könnte, dass hier Knochen dieses Tieres aufgefunden wurden, hat die Höhle absolut nichts mit dem eiszeitlichen Riesenelefanten zu tun, denn ihr Name soll ausschließlich die ungeheure Größe dieses unterirdischen Systems zum Ausdruck bringen. Zum Ende des Forschungsjahres 2015 betrug nämlich die Gesamtlänge der mit ihren stark verzweigten Gängen in mehrere Stockwerke gegliederten Dachstein-Mammuthöhle 67,4 km!

Die erste Forschungstour wurde im September 1910 unter der Leitung von Hermann Bock und Georg Lahner durchgeführt. Für diese Expedition in die Unterwelt wurde ein heute unvorstellbarer Materialaufwand getrieben und als Ergebnis von 40 Stunden Höhlenaufenthalt gab es mehr als 3 Kilometer vermessenes Neuland. 1913/14 wurden weitere bedeutende Höhlenteile entdeckt, die zweite Forschungsphase setzte unmittelbar nach dem Ersten Weltkrieg ein und im Jahre 1925 wurde in der Dachstein-Mammuthöhle ein Schaubetrieb eröffnet.

Bedingt durch den Zweiten Weltkrieg wurden die Forschungen erst 1947 wieder aufgenommen und fast jährlich fortgesetzt. Oftmals erfolgten die Forschungen im Rahmen von Expeditionen mehrerer unabhängig voneinander operierender Gruppen, die sich jeweils einige Tage im Berginneren aufhielten. Die meisten Vorstöße wurden unter maßgeblicher Mitwirkung von Mitgliedern des „Landesvereins für Höhlenkunde in Wien und NÖ" durchgeführt. Die erzielten Ergebnisse sind in zahlreichen Publikationen festgehalten. Bis zum heutigen Tag sind die Forschungen nicht abgeschlossen; es ist zu erwarten, dass sich nicht nur die Gesamtlänge der Dachstein-Mammuthöhle noch beträchtlich erhöhen wird, sondern dass weitere eindrucksvolle Gangabschnitte und Hallen entdeckt sowie Verbindungen zu anderen in der Nähe gelegenen Großhöhlen festgestellt werden können.

Verwendete Literatur:
(17): 72–88; (24): 9, 65–66, 161; (25): 122–124; (45): I-18–I-20; (76): 122; (83): 222–223; (110): 166–173; (147): 89–91; (168): 50–62; (167): –; (169): –.

Der malerische Zugang zur Dachstein-Mammuthöhle wurde für Touristen bequem ausgebaut.

Blick in den Riesentunnel der „Paläotraun". Die älteste, schon lange widerlegte Theorie über die Entstehung dieses Gangabschnitts besagt, dass hier einst der Vorläufer der Traun durchgeflossen sei.

Ein überwältigender Anblick erwartet den Besucher, der für kurze Zeit dieses in Jahrtausenden entstandene Höhlensystem betreten darf.

Offizieller Name:
DACHSTEIN-RIESENEISHÖHLE
Weitere Bezeichnung: Rieseneishöhle
Lage: Im Ostteil der Schönbergalm bei Obertraun, im Nordabfall des Dachstein-massivs
Kat.-Nr.: 1547/17
Seehöhe: 1324 m
Gesamtganglänge: 2000 m
Höhenunterschied: 70 m

Führungszeiten
Von 1. Mai bis 15. Oktober täglich. Führungen finden vom 30. April bis 10. Juni und vom 12. September bis 30. Oktober laufend von 9.20 bis 15.30 Uhr und vom 13. Juni bis 6. September laufend von 9.20 bis 16 Uhr statt. Die Anmeldung zur Führung erfolgt an der Information in der Schönbergalm und der Treffpunkt ist direkt vor der Höhle. Es ist ratsam, die Seilbahn-Bergfahrt spätestens um 15 Uhr einzuplanen.

Schauhöhlenbeleuchtung: elektrisch.

Info und Kontakte
Wie Dachstein-Mammuthöhle.

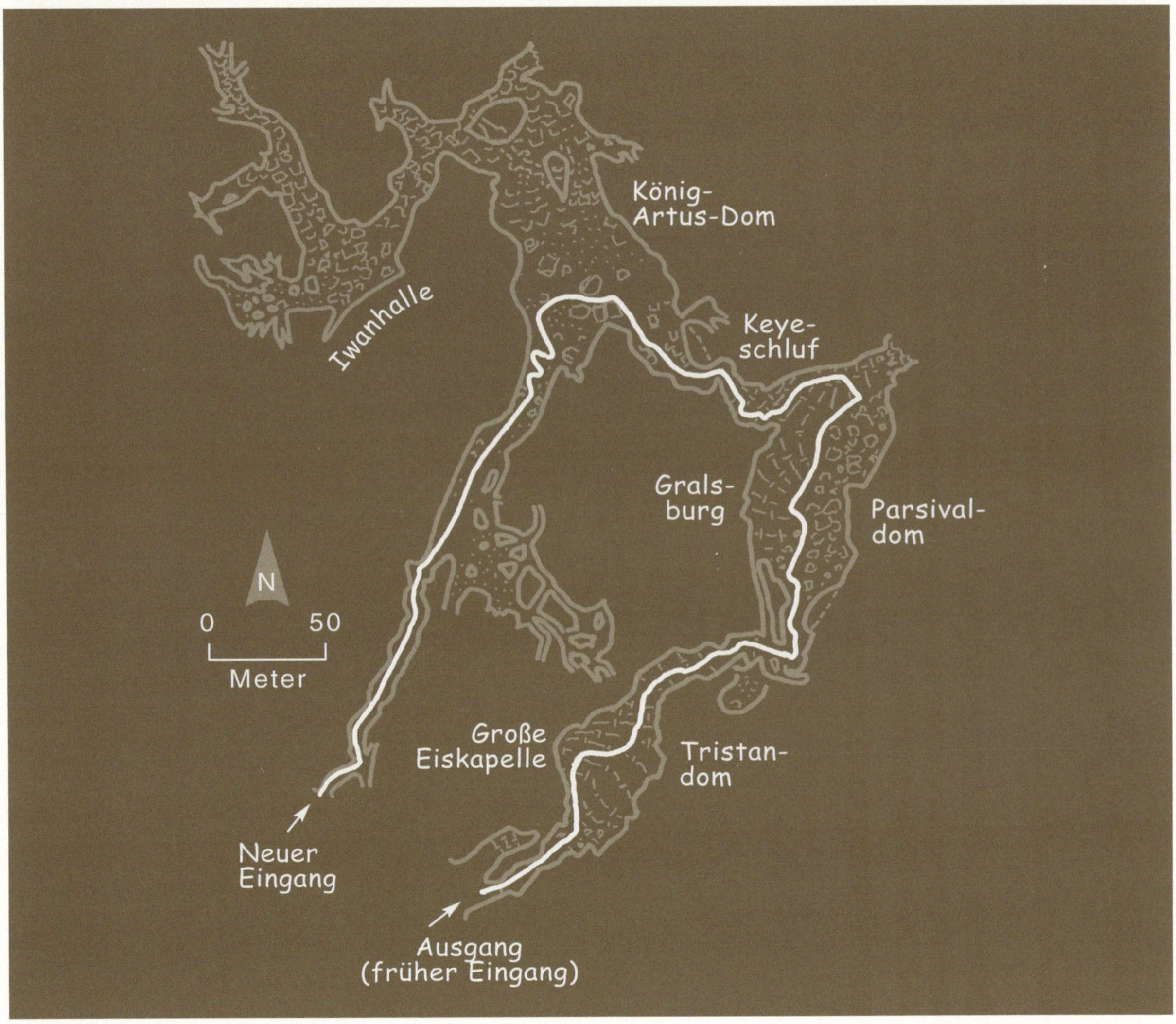

König-Artus-Dom

Iwanhalle

Keye-schluf

Gralsburg

Parsival-dom

N

0   50
Meter

Große Eiskapelle

Tristan-dom

Neuer Eingang

Ausgang (früher Eingang)

Was Sie erwartet

Durch den künstlich geöffneten „Neuen (unteren) Eingang" betritt der Höhlenbesucher die Dachstein-Rieseneishöhle und erreicht vorerst den eisfreien Höhlenbereich. Durch den „Bachlauf Korsa", vorbei an seltsam geformten inaktiven Tropfsteinen geht es in den mächtigen „König-Artus-Dom". An dessen südlicher Seite leitet der Führungsweg durch den „Keyeschluf" in das unterirdische Zauberreich des Eises. Vorbei an der „Kleinen Eiskapelle" gelangt der staunende Besucher in den 120 m langen „Parsivaldom" mit seinen herrlichen Eisfiguren, dominiert durch das Eisgebilde der „Gralsburg". Sodann führt der Weg in den ebenfalls eisgeschmückten „Tristandom", in dessen Sohleneis der pittoreske Höhepunkt des Höhlenbesuches eingelagert ist, die „Große Eiskapelle". Das Tageslicht wird daraufhin durch den heutigen Ausgang, den einstmals natürlichen bzw. oberen Eingang, erreicht.

Auch in der Rieseneishöhle kommen Kunstliebhaber auf ihre Rechnung: Jedes Jahr im August verwandelt sich der Parsivaldom in einen beispiellosen Konzertsaal, wo sich die Zuhörer das großartige unterirdische „Eisklangkonzert" gönnen. Dieser beliebte Hörgenuss wird von international bekannten Musikern getragen und im Kalenderjahr 2016 sind sie für jeden Freitag im August geplant.

Zu beachten ist

Wie Dachstein-Mammuthöhle.

So kommen Sie hin

Wie zur Dachstein-Mammuthöhle, jedoch befindet sich die Dachstein-Rieseneishöhle auf der gegenüberliegenden Hangseite der „Schönbergalm".

Wanderkarten

Österreich-Karte: ÖK-50 3218 (Bad Mitterndorf) bzw. NL-33-01-18
freytag & berndt-Wanderkarte: WK 082 (Bad Aussee – Totes Gebirge – Bad Mitterndorf – Tauplitz; 1:50 000) und WK 281 (Dachstein – Ausseerland – Filzmoos – Ramsau, Wanderkarte 1:50 000
Kompass-Wanderkarte: WK 020 (Inneres Salzkammergut – Hallstatt – Ausseerland; 1:25 000), WK 20 (Dachstein – Ausseerland – Bad Goisern – Hallstatt; 1:50.000), WK 229 (Salzkammergut; 1:50 000) und WK 293 (Dachsteingruppe – Schladminger Tauern; 1:25 000)
Alpenvereinskarte: Nr. 14 (Dachsteingruppe; 1:25 000)

Bietet schon die Mammuthöhle dem Besucher beeindruckende Erlebnisse, dann ist die nahe gelegene Dachstein-Rieseneishöhle als wahre Wunderwelt der Natur zu bezeichnen. Der obere, natürliche Eingang war den Almleuten schon seit Jahrhunderten bekannt. Aberglauben und selbstverständlich auch das Fehlen entsprechender Ausrüstung verhinderten eine eingehende Erforschung der Höhle. Die erste wissenschaftliche Bearbeitung der Rieseneishöhle wurde annähernd zeitgleich mit jener der Mammuthöhle durchgeführt. Angesteckt von den begeisterten Berichten Georg Lahners, dem am 17. Juli 1910 der Abstieg über den „Großen Eiswall" gelang, organisierte Hermann Bock, natürlich mit dem Ersterforscher, eine neuerliche Erkundungsfahrt. Am 21. August des gleichen Jahres gelang es ihm, über den von Lahner erreichten Endpunkt, die „Große Eiskapelle", aufzusteigen. Mit dem Erklettern dieser Schlüsselstelle im „Tristandom" stand weiteren Entdeckungen nichts mehr im Wege. Am 11. September 1910 brach eine große Expedition in die Rieseneishöhle auf und erkundete im Wesentlichen alle heute bekannten Höhlenteile, deren Vermessung eine Gesamtlänge von 2 km erbrachte.

DACHSTEIN-RIESENHÖHLE BEI OBERTRAUN

Abstieg in den grossen Eisschlund im Parsivaldom

Erste Erkundungen der bizarren Eiswelt. Ansichtskarte, um 1920.

Der pittoreske „Tristandom".

Schon zwei Jahre später wurde mit der Erschließung für die Öffentlichkeit begonnen, nach dem Ende des Ersten Weltkrieges kam es zur Eröffnung des Schauhöhlenbetriebes, die erste elektrische Beleuchtungsanlage wurde 1928 installiert. Um einen effizienten Führungsbetrieb zu ermöglichen, schlug man 1952 von außen zu einem tagnah verlaufenden Höhlenteil einen kurzen Stollen. Da die Dachstein-Rieseneishöhle mit etwa 180 000 bis 200 000 Besuchern jährlich einen bedeutenden wirtschaftlichen Faktor darstellt und man daher am Erhalt des Eises sehr interessiert ist, hat man den Problemen des Eis-Haushalts besondere Aufmerksamkeit gewidmet. Man hat errechnet, dass sich etwa 13 000 m³ Eis mit einer Oberfläche von 5000 m² in der Höhle befinden, Messungen mit einem sogenannten Geosonar ermittelten im „Tristandom" eine Eisdicke von über 20 m und Pollenanalysen datierten die unterste Schicht des Bodeneises auf ein Alter von 500 bis 600 Jahren. Wie Vergleiche mit alten Fotografien ergaben, waren die typischen Eisfiguren schon bei der Erforschung der Höhle vorhanden, die meisten haben aber im Laufe der Zeit starke Veränderungen erfahren. An sich lässt sich aber in der letzten Zeit kein Zuwachs des Bodeneises beobachten.

Auch außergewöhnliche Veranstaltungen werden gelegentlich in den Höhlen durchgeführt. So konnte man an Donnerstagabenden im Juli und August 1998 in einer der bizarren Eishallen der Dachstein-Rieseneishöhle Konzerte genießen.

Der bekannte Pianist Peter Brugger brachte auf einem Konzertflügel musikalische Träumereien zum Vortrag. Der Musikgenuss und das gleichzeitige wunderbare Naturerlebnis hinterließen bei dem begeisterten Publikum nachhaltige Eindrücke. Diese erfolgreichen Veranstaltungen wurden in der Hauptsaison 1999 mit verschiedenen Solisten und unterschiedlichsten musikalischen Stilrichtungen fortgesetzt.

Nach dem Besuch von Rieseneishöhle und Mammuthöhle wäre noch eine Begehung des Karstlehrpfades als empfehlenswert vorzuschlagen. Die bequemste Zugangsmöglichkeit bietet die Seilbahn „Dachstein-Krippenstein-Seilbahn", hinauf zum Hohen Krippenstein, der in 2100 m Seehöhe nicht nur den Ausgangspunkt für diese Wanderung bietet, sondern bei Schönwetter auch einen atemberaubenden Rundblick ermöglicht. Der öffentlich zugängliche Karstlehrpfad weist in 18 Stationen den Begeher auf spezielle Karstphänomene hin und endet bei der etwa 1800 Meter hoch gelegenen Seilbahnstation „Gjaidalm". Mittels Gondelbahn geht es ohne Anstrengung, aber mit endlosen Ausblicken auf die unberührte Bergwelt zurück nach Obertraun.

Verwendete Literatur:
(2): 191; (17): 15–34; (24): 9, 67–71, 161; (25): 125–127; (45): I–20–I-21; (46): 153-155; (76): 120–122; (83): 220–221; (110): 166–173; (147): 92; (169): –.

Eine wahre Wunderwelt der Natur: die bizarre Eiswelt im Inneren des Dachsteins. Die Eisdecke beträgt über 20 m.

Der eisgeschmückte „Parsivaldom".

Offizieller Name:
GASSEL-TROPFSTEINHÖHLE
Weitere Bezeichnung: Gasselhöhle
Lage: Im Gaßelkogel östlich von Ebensee
Kat.-Nr.: 1618/3
Seehöhe: 1234 m
Gesamtganglänge: 5382 m
Höhenunterschied: 164 m

Führungszeiten
Vom 1. Mai bis Mitte September an Samstagen, Sonn- und Feiertagen von 9 bis 16 Uhr.

Schauhöhlenbeleuchtung: elektrisch.

Info und Kontakte
Verwaltung: Verein für Höhlenkunde, Ebensee, 4802 Ebensee
Obmann Dr. Dietmar Kuffner, Reindlmühl 48, 4814 Neukirchen;
Tel.: 0680/1127544 (Schauhöhle und Schutzhütte) oder 0680/4446510 (Vorreservierung Shuttlebus).
www.gasselhoehle.at
info@gasselhöhle.at

www.schauhoehlen.at
dietmar.kuffner@aon.at
de.wikipedia.org/wiki/Gasselhoehle

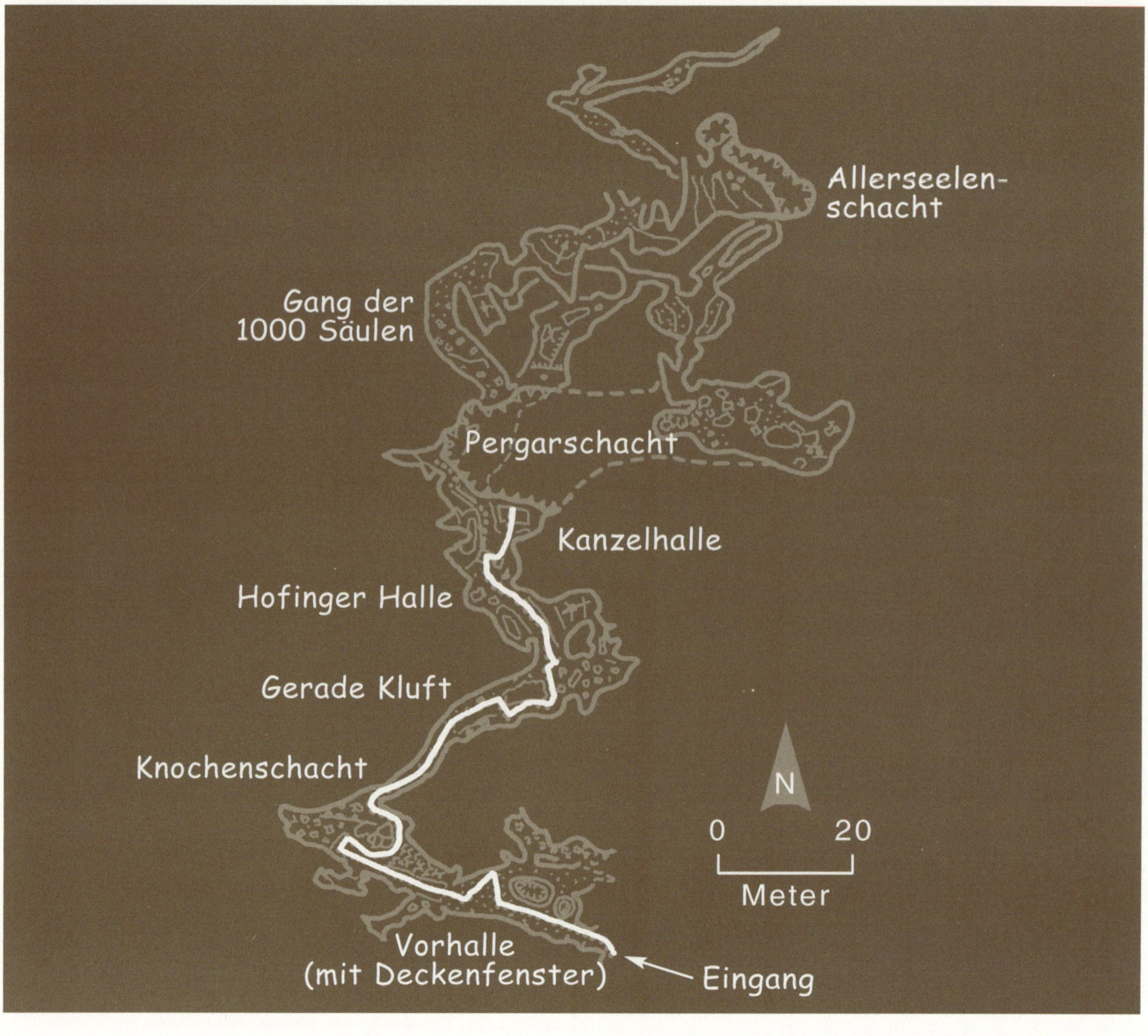

Allerseelenschacht

Gang der 1000 Säulen

Pergarschacht

Kanzelhalle

Hofinger Halle

Gerade Kluft

Knochenschacht

N

0   20
Meter

Vorhalle
(mit Deckenfenster)   Eingang

Was Sie erwartet

Durch die beeindruckende Eingangshalle, die von großen Deckenfenstern mit spärlichem Licht versorgt wird, betritt der Besucher die eigentliche Gassel-Tropfsteinhöhle. Der Führungsweg überbrückt zunächst den „Knochenschacht", führt über Stiegen hinab in die „Gerade Kluft", um von der „Hofingerhalle" wiederum über Stiegen zum Höhe- und Endpunkt der Tour, der „Kanzelhalle", aufzusteigen. Schon auf dieser ersten Höhlenstrecke lassen sich einige schöne Tropfsteingebilde bewundern, jedoch sind in der „Kanzelhalle", dem obersten Teil des „Pergarschachts", besonders schöne und überraschend vielfältige Sinterformationen zu sehen. Man bestaunt hier die 6 m lange „Tropfsteinorgel", die 4 m hohe „Palmensäule", das „Schmuckkästchen" und einen förmlichen Wald von herrlichen Tropfsteinen. Der atemberaubende Tiefblick in den Schacht eröffnet schließlich eine nicht enden wollende Sinterwand voll von Stalaktiten und Kaskaden. Hier, am Umkehrpunkt der Führung, ist die Gassel-Tropfsteinhöhle zwar noch nicht zu Ende, der Abstieg durch den „Pergarschacht" in den 130 m tiefer gelegenen „Leopoldsdom" und der nachfolgende ausgedehnte labyrinthische Höhlenabschnitt muss jedoch ausnahmslos erfahrenen Höhlenforschern vorbehalten bleiben. In dieser tiefer gelegenen Höhlenetage sind nicht nur wiederum prächtige Tropfsteine, sondern auch wunderbare Kleinformen wie Excentriques, Höhlenperlen und Kalzitkristalle zu finden. Trotz des etwas anstrengenden Anstieges durch die stille, bewaldete Voralpenlandschaft lohnt der Besuch der Höhle wegen ihres reichen aktiven Tropfsteinschmucks. Solcher üppige Sinterschmuck erinnert sehr an mediterrane Höhlen und ist in unseren Breiten in dieser Höhenlage nur äußerst selten anzutreffen.

So kommen Sie hin

Den Besuch der Gassel-Tropfsteinhöhle im Schoße der „Schlafenden Griechin" sollte man nur im Rahmen einer Ganztagestour planen. Als Ausgangspunkt für die 2½-stündige Wanderung zur Höhle dient Ebensee, genauer dessen Ortsteil Rindbach. Über die Forststraße durch das Rindbachtal, an einem romantischen Wasserfall vorbei, gelangt man bis zur Einmündung des Kabertals. Diesen Graben steigt man auf gut angelegtem Weg stetig bergan und ab der Karbertalalm wird es richtig steil. Der als wildromantische Höhlenruine ausgebildete Eingang zur Gassel-Tropfsteinhöhle befindet sich unmittelbar hinter der zum Schauhöhlenbetrieb gehörenden Schutzhütte in einer Seehöhe von 1 234 m im Südostabhang des Gaßlkogels. Mittels einer Fahrt mit einem im Voraus reservierbaren Shuttlebus kann die Gehzeit auf 30 Minuten verkürzt werden. Der Shuttlebus wird vom Verein für Höhlenkunde Ebensee organisiert und betrieben.

Wanderkarten

Österreich-Karte: ÖK-50 3206 (Gmunden) bzw. NL-33-01-06 – Anm.: als Gassel-Tropfsteinhöhle bezeichnet
freytag & berndt-Wanderkarte: WK 081 (Pyhrn – Priel – Eisenwurzen – Grünau – Almtal – Steyrtal – Nationalpark Kalkalpen – Bad Aussee; 1:50 000), WK 282 (Attersee – Traunsee – Höllengebirge – Mondsee – Wolfgangsee; 1:50 000) und WK 5503 (Traunsee – Gmunden – Almtal – Höllengebirge – Traunstein; 1:35 000)
Kompass-Wanderkarte: WK 19 (Almtal – Totes Gebirge – Stodertal; 1:50 000) und WK 229 (Salzkammergut; 1:50 000)

Der Jägern, Wilderern und Forstleuten schon lange bekannte Eingangsbereich der Höhle hat sicherlich mit seinen beiden Deckenfenstern und dem markanten Steinbogen die Fantasie der Bevölkerung beflügelt. Es ist uns zwar eine Sage über diese Örtlichkeit bekannt, es konnte aber nicht geklärt werden, ob es sich dabei um eine „alte" oder „neue" Erzählung handelt. Die Geschichte erzählt von einer Theresia aus Ebensee, die – schon mittleren Alters – den Wunsch hegte, das Rad der Zeit zurückzudrehen. Mit anderen Worten, sie wollte wieder viel jünger aussehen. Diese eitle Bitte trug sie dem in der Gasselhöhle wohnenden „Buckelweib" vor und die Höhlenfrau vollzog nun mithilfe von vier verschiedenfarbigen Hexenkatzen an der schlafenden Theresia die abrupte Verjüngungskur. Wie schön wäre es, könnte man alle kosmetischen Behandlungen so schnell und schmerzlos während eines kurzen Schlafs durchführen!
Für die Höhlenforschung wurde die Höhle am 18. Juni 1918 von Franz Pergar und Kollegen „entdeckt". Bereits im Zuge der ersten Forschungen wurde mit den Erschließungsarbeiten begonnen und der Eingang durch ein Eisengitter verschlossen. Obwohl bereits 1921 die meisten Hindernis-

se durch Holzsteiganlagen überbrückt waren und die „Kanzel" durch ein Eisengeländer gesichert worden war, musste die offizielle Eröffnung des Schaubetriebes aus verschiedenen Gründen noch einige Zeit warten. Am 6. August 1933 konnte dann die Gassel-Tropfsteinhöhle endlich als Schauhöhle für den allgemeinen Besuch feierlich eröffnet werden. Der Betriebsdauer war aber nur eine kurze Frist beschieden, denn 1939 wurden die Höhlenführungen wegen des angeblich schlechten Zustandes des Zugangsweges behördlich untersagt. Es sollten aber noch weitere Schicksalsschläge eintreten: So wurde die Gasselhöhle im Jahr 1940 vom damaligen nationalsozialistischen Regime beschlagnahmt, im Anschluss daran bis 1947 durch die amerikanische Militärregierung verwaltet und somit längere Zeit österreichischem Zugriff entzogen. Nach einem enormen Arbeitseinsatz – die Zeit hatte auch an den Steiganlagen ihre Spuren hinterlassen – wurde der Schaubetrieb 1947 wiederaufgenommen. Während der Sechziger- bis zum Beginn der Siebzigerjahre gab es jedoch sowohl als Folge von Personalmangel als auch wegen der nötigen umfangreichen Instandsetzungsarbeiten immer wieder Unterbrechungen. Weitere markante Daten für diesen vom „Verein für Höhlenkunde Ebensee" betreuten Schauhöhlenbetrieb: 1978 wurde die elektrische Beleuchtung des Führungsweges installiert, 1980 erfolgte die Eröffnung des neuen Schutzhauses.

Seit 2007 wurden bei entbehrungsreichen Neuforschungen extrem tropfsteinreiche Höhlenteile im sogenannten „Nordterritorium" entdeckt. In der „Aprilscherz-Halle" traf man auf die bisher größte Tropfsteinsäule der Gasselhöhle, die mit einer Höhe von 11 m und einer Breite von bis zu 6 m zu den gewaltigsten Sinterfiguren Österreichs zählt. 2008 und 2009 wurden die sehr oberflächennahen und stark versinterten „Zwillingshallen" und „Orgelwerkstatt" aufgefunden. Dies sind Höhlenräume, die einen Vergleich mit den schönsten Höhlen der Welt nicht zu scheuen brauchen. Auch die nachfolgenden Entdeckungen von Neuland sind von beachtlicher Größe und Schönheit. In der Zeit von 2007 bis Ende 2014 wurden 4,2 km Ganglänge entdeckt und bearbeitet.

Verwendete Literatur:
(24): 9, 74–77, 161; (25): 128–130; (76): 122; (83): 206–210; (101): 45–53; (102): –; (103): 15–22; (169): –.

Gut ausgebaute Steiganlagen ermöglichen uns den Weg zur atemberaubenden Tropfsteinpracht der Kanzelhalle.

Prächtige Tropfsteine auf dem Führungsweg in der Gassel-Tropfsteinhöhle.

Steiganlagen in der Gassel-Tropfsteinhöhle.

Der Höhepunkt der Tour: reicher Tropfsteinschmuck in der „Kanzelhalle", dem obersten Teil des „Pergarschachts".

Offizieller Name: HIRSCHBRUNN
Lage: Am Südrand des Hallstätter Sees, unmittelbar beim südlichen Portal des südwestlichsten Tunnels der Bundesstraße Obertraun–Hallstatt
Kat.-Nr.: 1546/1
Seehöhe: 513 m, wurde im Dezember 1996 von Th. Behrend bis auf eine Tiefe von 72 m und im Jahr 2005 von Pavel Riha auf minus 80 m betaucht

Offizieller Name: KESSEL
Lage: Am Südrand des Hallstätter Sees, unmittelbar südlich der Bundesstraße Obertraun–Hallstatt
Kat.-Nr.: 1546/7 (ehemals 1546/2)
Seehöhe: 513 m, durch einen Tauchgang von Pavel Riha wurde im Dezember 2003 eine Verbindung mit der Hirlatzhöhle festgestellt; der Höhenunterschied vom höher gelegenen Einstieg „Alter Kessel" (Kat.-Nr. 1546/7, ehemals 1546/3) beträgt-102 m.

Offizieller Name: HIRLATZHÖHLE
Weitere Bezeichnungen: Hierlatzhöhle, Hirlatzwandloch, Brandloch
Lage: In den Nordwestabstürzen (Hirlatzwand) des Vorderen Hirlatz bei Hallstatt
Kat.-Nr.: 1546/7
Seehöhe: 870 m
Gesamtganglänge: 103 118 m
Höhenunterschied: 1070 m

Frei zugänglich, ohne Führung.

Info und Kontakte
www.cavediving.cz
www.geoglobe.at/DE/index.php?mact=News,cntnt01,detail,0&cntnt01articleid=26&cntnt01origid=58&cntnt01detailtemplate=Simplex_Detail&cntnt01returnid=66&pagenumber=1
www.gross-travelphoto.de/tauchen_hoehle_kessel/tauchen_hoehle_kessel.html
www.landoberoesterreich.gv.at/files/naturschutz_db/Durch%20den%20Kessel%20in%20die%20Hirlatzh%C3%B6hle.pdf
de.wikipedia.org/wiki/Hirlatzhöhle

Film: „Die Hirlatzhöhle – Momente des Staunens" aus dem Jahr 2010 wurde bei verschiedenen Berg- und Abenteuerfilmfestivals ausgezeichnet. Der Film zeigt weniger die „Wunder" der Höhlenwelt, nicht mit Lichteffekten und Stalagtiten-Landschaften, er zeigt vielmehr die Mühsal sowie die Wagnisse beim Versuch, im gewaltigen System der Hirlatzhöhle weiteres Neuland aufzufinden und zu dokumentieren.
Regie: Gerald Salmina, Kamera: Günther Göberl, Laufzeit: 45 min. bzw. 30 min.
www.film.at/die_hirlatzhoehle_momente_des_staunens/
www.youtube.com/watch?v=-h8CTNgSuTk

Was Sie erwartet

Im 6 m tiefen Quelltopf des Hirschbrunns setzt eine sehr enge Spalte an, die in die Tiefe führt. Diese erkennt man natürlich nur bei Niederwasser und man fragt sich äußerst verwundert, wie es den Höhlentauchern gelingen sollte, mit ihrem sperrigen Gerät dort abzusteigen. In Wirklichkeit klettert der Höhlentaucher zuerst ohne Tauchgerät durch Spalt und Versturz und erst danach wird es zu ihm hinuntergelassen.

Die hellgelben Felsflächen unterhalb des Quelltopfs sind mit schönen Fließfacetten verziert und im Bachbett selbst entspringen auch permanente kleine Quellen, deren Gewässer dem nahen See zustreben. Dass sich diese Situation bei Hochwasser gänzlich verändert, wurde ja weiter oben erwähnt und dieses Naturereignis wurde auch schon in älterer Reiseliteratur mit folgenden Worten beschrieben: *„Wer ihn an solchen Maitagen am Vormittag oder zu Mittag besucht, sieht ein*

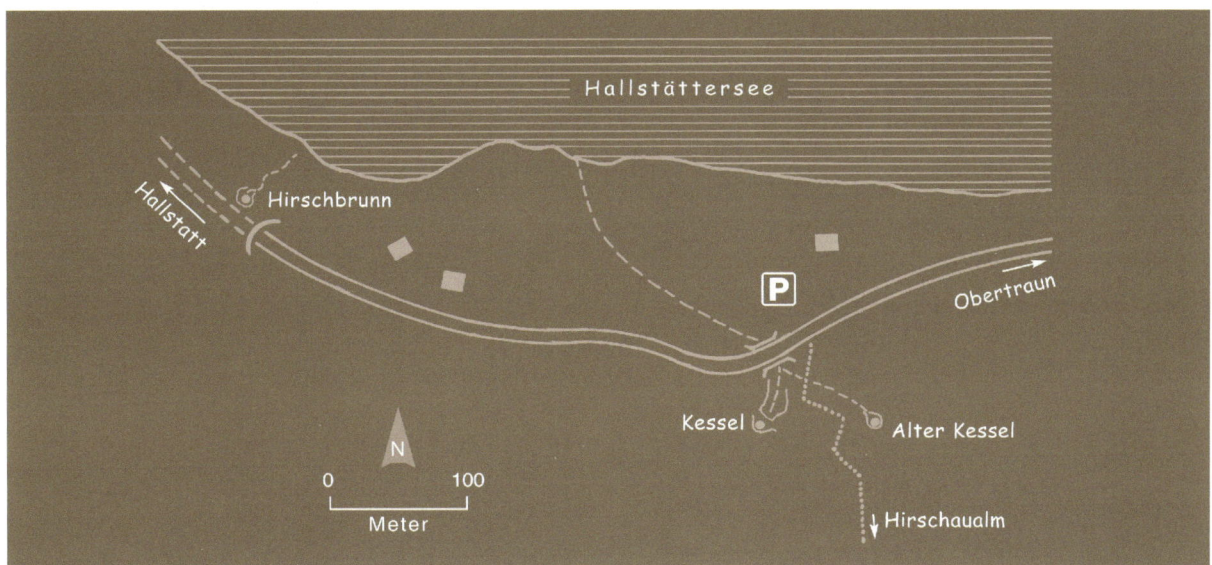

staubtrockenes Felsengerinne. Plötzlich, gegen zwei Uhr, bricht da und dort im untersten Teil des Felsbettes ein Wasserfaden hervor, wird stärker und dicker, bekommt Gesellschaft von Wasserstrahlen, die höher oben aus dem Fels quellen, und bald stehen wir vor einem schäumenden, tobenden, donnernden Wasserfall, der sich in den See ergießt. Nachts ist der ganze Spuk vorbei. Wenn aber Regengüsse, Starkregen Tag und Nacht dauern, wie im Dezember, dann ,geht' der Hirschbrunn ununterbrochen."
Der nicht unweit gelegene und altbekannte Kessel „geht" viel seltener, vermochte aber die damals näher vorbeiführende alte Straße zu überfluten.
Bei Normalwasser kann man über eine Felsbarriere, die den Überlauf darstellt, einen Blick in den schachtartigen Höhleneingang und auf den Wasserspiegel werfen. Der Kessel fungiert eigentlich als Überlauf des Hirschbrunns und in weiterer Folge der höher gelegene „Alte Kessel" wiederum als der des Kessels. Der durch wassererfüllte Gänge mit dem Kessel in Verbindung stehende Alte Kessel (Kat.-Nr. 1546/3, Seehöhe 541 m) hat einen senkrechten Schachteinstieg, der bei einer Tiefe von 31 m an einer unpassierbaren Engstelle auf die Wasseroberfläche des Normalstandes trifft.

Zu beachten ist

Bitte nicht in die Quelltöpfe absteigen und während Hochwassers einen gebührenden Abstand von diesen einhalten.

So kommen Sie hin

Auf der Bundesstraße 166 von Hallstatt nach Obertraun nach etwa 2 km befindet sich an der linken Seite unmittelbar nach dem südlichen Portal des südwestlichsten Tunnels eine Parkmöglichkeit für einige Fahrzeuge. Ein ausgetretener Pfad führt entlang des Tunnel-Außenabhangs direkt zum Hirschbrunn.
Etwa 200 m der Bundesstraße in Richtung Obertraun folgend gelangt man nach Überqueren einer Brücke zu einem größeren Parkplatz an der Seeseite. An der Hangseite der Straße führt ein breiter bezeichneter Weg in drei Minuten zum Kessel.

Wanderkarten

Österreich-Karte: ÖK-3217 (Hallstatt) bzw. NL-33-01-06
freytag & berndt-Wanderkarte: WK 281 (Dachstein – Ausseerland – Filzmoos – Ramsau; 1:50 000)
Kompass-Wanderkarte: WK 020 (Inneres Salzkammergut – Hallstatt – Ausseerland; 1:25 000), WK 20 (Dachstein – Ausseerland – Bad Goisern – Hallstatt; 1:50 000), WK 229 (Salzkammergut; 1:50 000) und WK 293 (Dachsteingruppe – Schladminger Tauern; 1:25 000)

Das Höhlentauchen wird nicht zu Unrecht als gefährlichste Disziplin des Höhlenforschens bezeichnet. Mancher ist der Meinung, es sei eine der riskantesten Sportarten überhaupt. Denn trotz der faszinierenden Aufgabe, wasserüberflutetes Neuland zu erforschen, werden die erheblichen Risiken gewöhnlichen Tauchens in Verbindung mit einer Höhlenbefah-

Der überlaufende Quelltopf des Hirschbrunn.

rung vervielfacht. Trübe Höhlengewässer trotzen oftmals den stärksten Lampen und sind die Ursache dafür, dass sich Taucher in labyrinthischen Gängen verirren. Auch das abrupte Einsetzen von starker Schüttung der Gewässer besonders in Engstellen, diese selbst auch bei stehenden, Gewässern, sowie vorspringende scharfkantige Felsformationen stellen eine ständige Gefahr für den Höhlentaucher dar. Vor allem der Tiefenrausch und unrichtige Selbsteinschätzung bewirken für den Höhlentaucher oft Desorientiertheit mit meist tragischen Folgen. Obwohl zum Beispiel in den Vereinigten Staaten Trainingsprogramme für Unterwasserforscher angeboten werden, kamen doch im Laufe von 20 Jahren in den Unterwasserhöhlen Floridas nicht weniger als 234 Taucher ums Leben. Leider ist in Europa und auch in Österreich ebenfalls eine ähnliche Schreckensbilanz Tatsache.

So ereignete sich unter anderem am 16. Mai 1993 ein derartiger tragischer Tauchunfall in der Karstriesenquelle „Kessel" bei Hallstatt. Damals berichtete die Tageszeitung „Kurier" über die Beschaffenheit der Unterwasserhöhle, den Unfallhergang und die Bergeversuche recht objektiv:

„Igor Niels Kreinig, 25, aus Wien und Christian Richter, 23, aus Villach studierten in Wien Betriebswissenschaft bzw. Biologie. Das Wochenende *verbrachten sie mit ihren Freundinnen auf einem Campingplatz in Hallstatt. Von dort starteten sie die verhängnisvolle Tauchtour.*

Sonntag gegen 11 Uhr stiegen die beiden Männer in den ‚Kessel', eine wasserführende Karstgesteinshöhle zwischen Obertraun und Hallstatt. Die gefährliche Expedition sollte etwa vier Stunden dauern. Als die jungen Männer aber um 17 Uhr noch immer nicht zurück waren, alarmierten die Freundinnen die Gendarmerie.

Der ‚Kessel' ist ein rund 65 Meter tiefes Höhlengebilde. Selbst Routinierte wagten noch nicht, sie zur Gänze zu erforschen. Um diese Jahreszeit kommt es außerdem zu unberechenbar starken unterirdischen Strömungen, auch die Beschaffenheit der Höhle selbst birgt zahlreiche Gefahren für Unroutinierte. Nach dem Einstieg folgt eine etwa 100 m lange Tauchstrecke zum sogenannten ‚Canyon', in dem man kurz auftauchen und ein Stück kriechend zurücklegen muss. Dann fällt die Höhle 60 m senkrecht ab und mündet in einen engen Schlauch. Bis dahin ist der ‚Kessel' bereits erforscht.

Der unbekannte Schlauch dürfte nach Echolotungen zwischen 50 und 200 Meter lang sein und mündet in eine große Halle. Sie ist bereits erforscht, da man sie über einen anderen Gang zu Fuß erreichen kann.

Sonntag (Anmerkung: es müsste Montag gewesen sein!) gegen 13 Uhr hatten die Suchmannschaften den erforschten Bereich der Höhle erfolglos abgesucht. Kurze Zeit schöpfte man Hoffnung, die Vermissten könnten sich in die große Halle gerettet haben. Man plante bereits einen fünftägigen Fußmarsch durch einen 70 km langen unterirdischen Zugang.

Schließlich entschloss man sich, den ersten Teil der Höhle doch noch einmal zu durchsuchen. Gegen 16.30 Uhr war alle Hoffnung mit einem Schlag zunichte. Die Taucher entdeckten die Leiche eines der beiden Studenten."

Die in der Ufernähe des südlichen Teiles des Hallstätter Sees gelegenen Karstriesenquellen stellen das östliche Entwässerungssystem von Österreichs drittlängster Höhle, der Hirlatzhöhle, dar und sind im Zuge einer Oberflächenbegehung völlig ungefährlich. Bei normalem Wasserstand entspringt Wasser nur den unteren Quellen des Hirschbrunns, die vom unterirdischen Bachlauf, dem „Donnerbach", gespeist werden. Erst unter Hochwasserbedingungen wird zunächst der Hirschbrunn aktiv und etwas später läuft der Kessel über. Wenn dann die ungestümen Gewässer den Quelltöpfen tobend entströmen, wird dem Betrachter ein äußerst beeindruckendes Naturschauspiel geboten.

Noch einige Erklärungen zur nahe gelegenen Hirlatzhöhle, die ja mit den beeindruckenden Quellen zusammenhängt. Der Eingangsbereich der drittlängsten Höhle Österreichs wurde 1927 erstmals erkundet. Dabei verwehrte ein nach dreißig Metern angetroffener Siphon jegliches Weiterkommen. Dieses Hindernis konnte erst am 26. November 1949, nachdem das Wasser auf natürliche Weise zurückgegangen war, überwunden werden und der weiteren Erforschung stand nichts mehr im Wege.

In den darauffolgenden Jahren wurden, meist in den Wintermonaten, unzählige größere und kleinere Expeditionen durchgeführt, deren Ergebnis eine vermessene Gesamtlänge aller Gänge und Hallen von 8,5 km erbrachte. Als es im Dezember 1983 einer Gruppe von deutschen und Hallstätter Höhlenforschern in der „Westlichen Schwarzen Halle" gelang, einen Schlot mittels Kletterstangen zu ersteigen, eröffneten die dahinter liegenden Fortsetzungen jedoch ein System von ungeahnter Größe. In den nachfolgenden Jahrzehnten wurden oftmals unter schwierigsten Bedingungen zahlreiche Neulandvorstöße durchgeführt. Der letzte große Längenzuwachs erwuchs im Dezember 2011 durch den Zusammenschluss der Oberen Brandgrabenhöhle (Kat.-Nr.1546/6) mit der Hirlatzhöhle.

Die heute bekannten labyrinthischen Höhlenabschnitte haben eine von Ost nach West ausgerichtete maximale Horizontalerstreckung von über 5 km und eine Gesamtlänge von 101 km. Auch die Vertikalerstreckung kann sich sehen lassen, denn der Höhenunterschied beträgt stattliche 1009 m, wobei der tiefste in der Höhle erreichte Punkt annähernd auf Höhe des Hallstätter Sees liegt. Auch die Gesteinsüberlagerung einiger durchwegs großräumiger Höhlenteile beträgt äußerst bemerkenswerte 1 200 m.

Wie der Name schon andeutet, befindet sich das riesige Höhlensystem in den Nordwestabstürzen des Vorderen Hirlatz (1 934 m) bei Hallstatt. Die Höhle ist, da abgesperrt, nicht frei zugänglich, man kann ihr auffälliges, etwa 400 m über dem Talgrund befindliches Portal aus dem Echerntal recht gut erkennen.

Verwendete Literatur:
(24): 9, 78–79, 161; (25): 138–141; (29): –; (39): 9; (67): 18; (127): 3; (147): 87–88.

Höhlentaucher im Kessel am Südrand des Hallstätter Sees.

Offizieller Name:
KOPPENBRÜLLERHÖHLE
Lage: Am orogr. linken Ufer der Koppen-traun am Fuße des Ostabhanges des Hohen Koppen (1780 m)
Kat.-Nr.: 1549/1
Seehöhe: 565 m
Gesamtganglänge: 4054 m
Höhenunterschied: 146 m

Führungszeiten
Von Anfang Mai bis Ende September täg-lich. Die Führungen beginnen stündlich zwischen 9 und 16 Uhr. Außerdem wird eine eineinhalbstündige „Kleine Abenteu-erführung" für sportliche Erwachsene und Kinder ab 8 Jahren angeboten. Diese „Kleine Abenteuerführung" findet im Juli und Au-gust täglich ohne vorherige Anmeldung und ohne Mindestteilnehmerzahl statt. Für eine zweieinhalb Stunden dauernde Tour durch die „Urwassergänge" ist eine mittlere Kon-dition nötig und für Kinder ab 12 Jahren geeignet.

Schauhöhlenbeleuchtung: Handlampen und elektrisch.

Info und Kontakte
Wie Dachstein-Mammuthöhle.

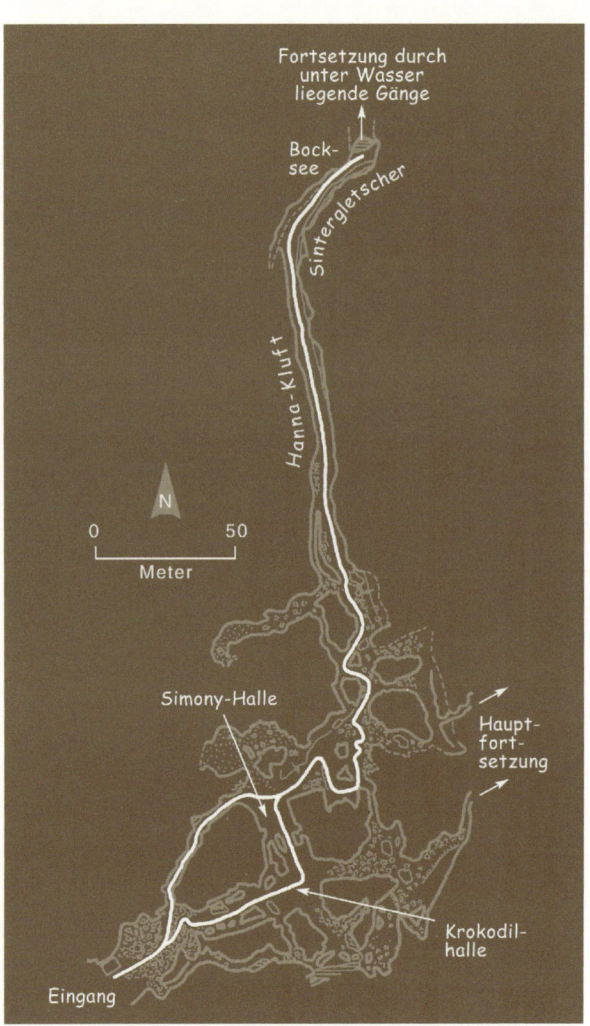

Was Sie erwartet
Im Lauf der Führung kann man auf sicheren We-gen den insgesamt 770 m langen Schauteil der Höhle (etwa 4 km Gesamtlänge) kennenlernen. Die Koppenbrüllerhöhle weist zwar weder Eisbil-dungen noch spektakuläre Tropfsteine auf, aber Wasserhöhlen haben ihren ganz besonderen Reiz. In ihnen fehlt nur die vom Geräusch des Tropfen-falls unterbrochene beschauliche Stille der hoch-alpinen Höhlen. Hier erlebt und hört man, wie die Höhlenräume durch das tosende Wasser erweitert werden. Durch jahrtausendelanges Fließen „mo-delliert" das Wasser mittels seiner chemischen und mechanischen Wirkung bizarre Formen aus dem Fels. Diese Vorgänge geschehen nicht nur im reißenden Höhlenbach, sondern werden auch in Wasserfällen und Seen und sogar beim Trop-fenfall wirksam. Die Teilnehmer der Führung be-treten die Höhle durch einen kurzen Stollen und nach dieser „Umgehungs-Strecke" wird eine Folge ausladender Gänge und Hallen betreten. Da sich dieser Höhlenbereich oberhalb des Bachbettes befindet, kann er bei fast jedem Wasserstand be-sucht werden. In der geradlinigen „Hannakluft" ändert sich sodann der Raumcharakter merklich und die Höhlenbesucher werden nun vom Brau-sen des Höhlenbachs begleitet. Vorbei an einem

Das Brausen des Wassers begleitet den Besucher durch die Koppenbrüllerhöhle: In Jahrtausenden von Jahren modellierten hier tosende Wassermassen eine Vielfalt von Formen aus dem Felsen.

Wasserfall und an Sinterbildungen endet sodann der Führungsweg bei einem Siphonsee. Dieser sogenannte „Bocksee" war 1962 der Ausgangspunkt für einen aufwendigen Einsatz von Höhlentauchern, denen es gelang, unter Wasser liegende Gänge zu erforschen und hinter dem Höhlensee trockenes Neuland zu entdecken. Die Führung dagegen kehrt um, zweigt bei der „Simony-Halle" ab und begibt sich in die tiefer gelegene „Krokodilhalle", in der sich auch der kleine „Spiegelsee" des Franz Engel befindet. Von hier ist es nicht mehr weit zur Vorhalle der Höhle, wo die Führung begonnen hat.

Auch in der Koppenbrüllerhöhle findet seit 2007 eine Kunstinszenierung einen Platz: die Regentrommel-Akustik-Installation.

So kommen Sie hin

Als Ausgangspunkte für die kurze Wanderung zur Koppenbrüllerhöhle dienen entweder der Parkplatz beim Gasthof „Koppenrast" oder die Bahnstation „Obertraun-Koppenbrüllerhöhle". Der gut bezeichnete und bequeme Weg führt den Wanderer durch das tief eingeschnittene Engtal der Traun zur Höhle. Nach etwa einer halben Stunde Gehzeit in der wildromantischen Koppenschlucht erblickt man das Ziel, das dunkle Höhlenportal, im steilen Fels- und Waldhang. Obertraun selbst befindet sich am südöstlichen Ufer des Hallstätter Sees und ist mit dem Auto von Bad Goisern oder von Bad Aussee über den Koppenpass zu erreichen. Der Gasthof „Koppenrast" bzw. die Bahnstation „Obertraun-Koppenbrüllerhöhle" liegen hingegen ca. 2 km östlich vom Ort.

Wanderkarten

Österreich-Karte: ÖK-50 3218 (Bad Mitterndorf) bzw. NL-33-01-18
freytag & berndt-Wanderkarte: WK 082 (Bad Aussee – Totes Gebirge – Bad Mitterndorf – Tauplitz; 1:50 000) und WK 281 (Dachstein – Ausseerland – Filzmoos – Ramsau, Wanderkarte 1:50 000)
Kompass-Wanderkarte: WK 020 (Inneres Salzkammergut – Hallstatt – Ausseerland; 1:25 000), WK 20 (Dachstein – Ausseerland – Bad Goisern – Hallstatt; 1:50 000), WK 229 (Salzkammergut; 1:50 000) und WK 293 (Dachsteingruppe – Schladminger Tauern; 1:25 000)
Alpenvereinskarte: Nr. 14 (Dachsteingruppe; 1:25 000) – auf diesem Kartenblatt ist nur der Zugang und nicht das Höhlenportal wiedergegeben.

Die dritte Schauhöhle des Dachsteinhöhlenparks, die Koppenbrüllerhöhle, befindet sich auf Talniveau und ist die am längsten bekannte dieser Höhlen. Daher ist es nicht verwunderlich, dass sich mehrere Sagen um die Höhle ranken – so sollte sie etwa dem sogenannten „Koppengespenst" als Heimstatt gedient haben.

Eine andere Geschichte über eine angeblich wahre Begebenheit aus dem Leben des Deserteurs Franz Engel ist uns aus dem Jahr 1776 überliefert. Die Koppenbrüllerhöhle diente damals diesem Fahnenflüchtigen als Unterschlupf, wobei er regelmäßig von seiner Freundin Seff (Josephine) Hofer mit Essen versorgt wurde. Selbst als er erkrankte, betreute ihn das liebende Mädchen fürsorglich weiter. Als sie aber selber im darauffolgenden Winter krank und von den Strapazen gezeichnet in der Höhle zusammenbrach, konnte ihr der junge Mann hingegen nicht helfen. Er vertraute sich dem Hallstätter Pfarrer, Mathias Stibinger, an und bat diesen, ihm in sein Versteck zu folgen, jedoch auch der Gottesmann konnte der Sterbenden keine irdische Hilfe mehr angedeihen lassen. Engel war verzweifelt und erbat sich von dem Manne seines Vertrauens Fürsprache vor dem göttlichen und weltlichen Gericht. Auf Grund eines von Pfarrer Stibinger verfassten Gnadengesuchs wurde der Deserteur von Maria Theresia begnadigt; im Gedenken an diese rührselige Geschichte hat sich in der Gegend der Spruch „Treu wie die Hofer Seff" erhalten.

Ein weiterer Umstand erinnert uns heute noch an Franz Engel: Während seines Aufenthalts in der Höhle konnte er, ohne selbst gesehen zu werden, mittels der Spiegelung in einem kleinen Höhlensee den Eingang beobachten. Dieses Lichtphänomen warnte ihn somit vor seinen Verfolgern. Die Höhlenführer zeigen auch heute Besuchern gerne diese einmalige Naturerscheinung.

Da die alte Straße durch den Koppen, genauer über den Koppenpass, der das Oberösterreichische mit dem Steirischen Salzkammergut verbindet, schon 1474 urkundlich erwähnt wurde, ist anzunehmen, dass die Höhle in der gleichnamigen Schlucht schon seit langer Zeit bekannt war. 1820, 1828 und 1847 wird sie in verschiedenen Reiseführern eingehend beschrieben und in „Steiners Reisegefährten" von 1869 sogar als „berühmte Schauhöhle" bezeichnet. Damals gab es sicherlich keinen geregelten Führungsdienst und wahrscheinlich auch keine Steiganlagen. Es ist eher anzunehmen, dass gelegentlich mondäne Gäste aus dem Ausseerland von Einheimischen, selbstverständlich gegen Bezahlung, in die Höhle geführt wurden.

Die systematische Erforschung der Höhle erfolgte ab 1909, auch dabei waren die uns schon bekannten Pioniere Georg Lahner und Hermann Bock am Werk. 1910 kam es zu einer dramatischen Situation, als der Höhlenforscher Josef Kling von plötzlich einbrechenden Wassermassen eingeschlossen wurde und erst im letzten Moment gerettet werden konnte. Bedeutende Entdeckungen gelangen schließlich in den Jahren 1962 und 1979. Schon 1910 hatte man einfache Weganlagen eingebaut und damit einen ersten Schauhöhlenbetrieb eröffnet. In den folgenden Jahren sorgte man tatkräftig für weitere Verbesserungen, sodass sich heute die Wege dem Besucher absolut bequem und sicher präsentieren.

Wenn etwa gerade Schneeschmelze herrscht oder vier Stunden zuvor ein heftiges Sommergewitter auf dem Dachsteinplateau niederging, dann kann sich dieser idyllische Ort rund um den Höhleneingang recht schnell in ein – allerdings faszinierendes – Inferno verwandeln. Das düstere Riesenmaul der Höhle, aus dem tobende Wassermassen herausstürzen, gleicht dann einem brutalen Rachen der Unterwelt. Dem berühmten Dachstein-Pionier Prof. Friedrich Simony gelang am 5. September 1875 ein hervorragendes Foto der Hochwassersituation beim Eingang in die Koppenbrüllerhöhle. Für das Sensationsfoto – er nannte die Aufnahme „Ausbruch des Brüllbachs" – musste er bei schlechtestem Wetter 36 Stunden vor dem Höhleneingang ausharren!

Früher führte man in der Höhle im Gegensatz zu den beiden elektrisch beleuchteten Dachsteinhöhlen (Rieseneis- und Mammuthöhle) mit Karbidlampen. Diese romantisch anmutenden Beleuchtungskörper werden gelegentlich dem Höhlenbesucher noch immer ausgehändigt, aber auch hier hat sich die moderne Technologie durchgesetzt. Der „Fortschritt" begann hier 1980 mit einer bescheidenen 12-Volt-Autobatterie, die eine Lampe zur Beleuchtung des „Bocksees" speiste, heute wird der Strom für die Höhle von einem 100-Watt-Gerät erzeugt, der die effektvolle Beleuchtungsanlage sowie einen Unterwasserscheinwerfer im „Bocksee" speist. Eine automatische Lichtsteuerung sorgt schließlich dafür, dass sich dieses unterirdische Zauberreich dem Besucher von seiner schönsten Seite zeigt.

Verwendete Literatur:
(2): 191; (24): 9, 72–74, 161; (25): 131–134. (44): 71–76; (45): I–21; (76): 120; (83): 226–230; (108): 5–14; (110): 166–173; (147): 96; (148): –; (169): –.

Das riesige Portal der Koppenbrüllerhöhle, aus dem während der Schneeschmelze oder nach starken Regenfällen ein reißender Fluss (Foto unten) stürzt.

OBERÖSTERREICH
KREIDELUCKE

Offizieller Name: KREIDELUCKE
Weitere Bezeichnung: Kreidelucka
Lage: Am Fuß des OSO-Abhanges des Kleinen Priels im Stoder(Steyr)-Tal am nördlichen Ortsrand von Hinterstoder, südsüdwestlich von Stromboding
Kat.-Nr.: 1628/2
Seehöhe: 580 m
Gesamtganglänge: 1160 m
Höhenunterschied: 76,7 m (+51 m und −25,7 m)

Frei zugänglich oder mit Führung.

Führungszeiten

Führungen in die Kreidelucke finden vom 15. Mai bis 30. September statt. Termine sind im Nationalpark-Sommerprogramm (Link zu Veranstaltungskalender) ersichtlich. Der Terminkalender ist auch unter „Nationalpark Zentrum Molln" abrufbar. Je Gruppe können max. 20 Besucher teilnehmen und Kinder ab dem zehnten Lebensjahr.

Info und Kontakte

Veranstalter: Nationalpark Kalkalpen, Nationalpark-Zentrum Molln, Allee 1, 4591 Molln; Tel.: + 43 (0) 75 84/36 51
Nationalpark-Zentrum Molln
nationalpark@kalkalpen.at

www.hinterstoder.at/cms/content/rubbel-wanderstation-kreidelucke
npk.riskommunal.net/gemeindeamt/download/222268126_1.pdf
www.kalkalpen.at/system/web/veranstaltung.aspx?bezirkonr=0&menuonr=221353040&detailonr=221748079-2237

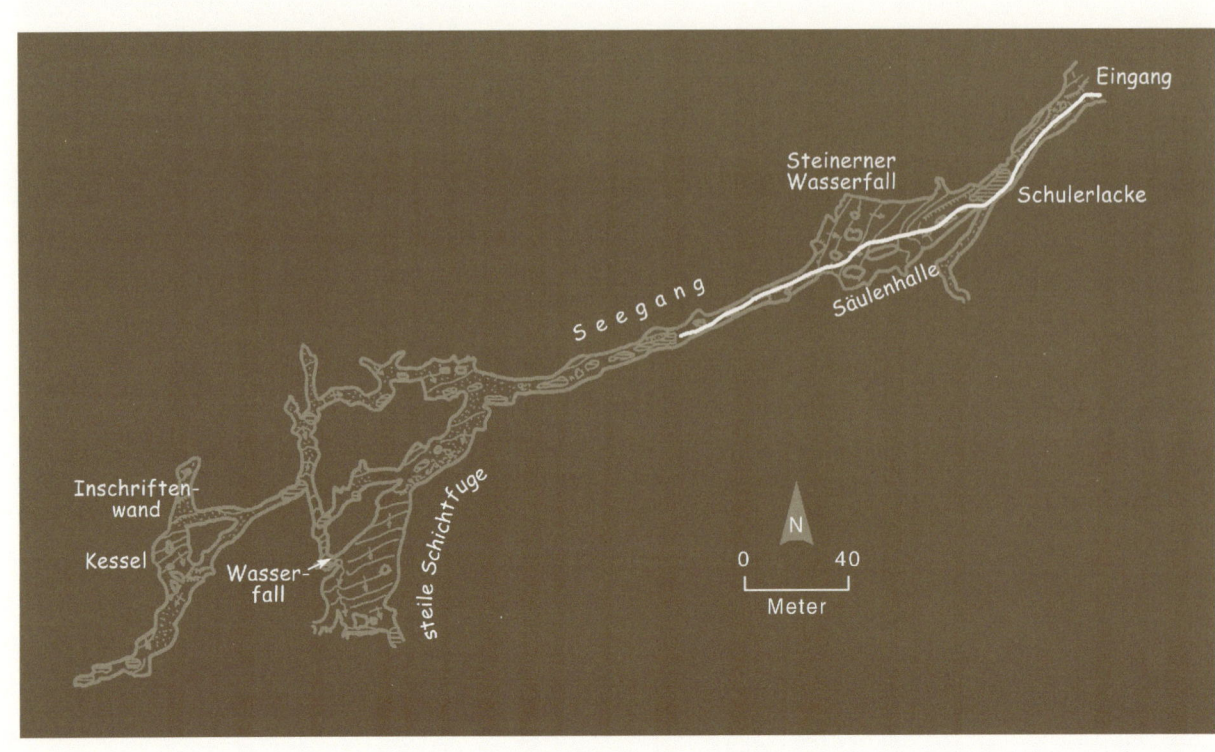

Was Sie erwartet

Der vordere Teil der Kreidelucke ist als Wasserhöhle anzusehen, die nur bei extremem Hochwasser als Quellhöhle bezeichnet werden kann. Trotzdem findet man schon im Eingangsbereich viele Gumpen und kleine Seen, man kann sich an der großen eingangsnahen und immer vorhandenen „Schulerlacke" nur an der linken Seite einigermaßen trockenen Fußes vorbeischwindeln. Die ersten mächtigen Bergmilchablagerungen, hier „Kreidelager" genannt, findet man in der steil ansteigenden „Säulenhalle" mit ihrem „Steinernen Wasserfall". Durch den am obersten Punkt der Halle ausgehenden „Vorderen Seegang" erreicht man einen ziemlich tiefen See, der die gesamte Breite des Ganges einnimmt. In schwieriger Kletterei kann der See zwar umgangen werden, doch wer es nicht in Kauf nehmen will, vollkommen durchnässt zu werden, sollte hier umkehren. Danach folgt ein ausgedehnter labyrinthischer Höhlenteil mit großen „Kreidelagern", mehreren Gerinnen, Seen, Wasserfällen, Steilstufen und Schächten. Im untersten Bereich der „Steilen Schichtfuge", dem tiefsten Punkt der Höhle, trifft der Besucher auf das Gerinne des „Schwarzbaches". Eine Befahrung der Höhlenteile hinter dem See im Seengang ist nicht nur eine ernsthafte Sache, die schon etwas an Kondition und Erfahrung verlangt, sondern man sollte auch keine Abneigung vor kalter Nässe und Schmutz zeigen.

Zu beachten ist

Bei starken Niederschlägen oder während der Schneeschmelze kann die Schwarzbach-Quelle die Wassermassen nicht fassen, sodass durch die Höhlengänge der Kreidelucke als deren Rückstaubereich äußerst gefährliche Wildbäche brausen.
Für die geführte abenteuerliche Höhlentour sollte man Bergschuhe oder rutschfeste Gummistiefel, warme Bekleidung, Wechselkleidung (Hose, Socken, Schuhe und Handtuch) mitnehmen, denn man wird nass! Helme und Stirnlampen werden beigestellt. Auch Trittsicherheit ist erforderlich! Es werden kurze Wasserstellen kniehoch durchwatet und an einigen Stellen bieten Sicherheitseinrichtungen wie Seile und Trittbügel zusätzlichen Halt.

So kommen Sie hin

Vom Autobahnknoten „Voralpenkreuz" über die Autobahn A9 und auf der Bundesstraße 138 nach Süden. Vorbei an Kirchberg a. d. Krems und Klaus bis zur Kreuzung bei Steyrbrücke/St. Pankraz. Von der Kreuzung auf der Bundesstraße 138 durch das Stodertal (Eisenstraße) nach Hinterstoder sind es 8,7 Kilometer. Eine gebührenpflichtige Parkmöglichkeit hat man am Parkplatz bei der Hösshalle. Bester Ausgangspunkt für die kurze Wanderung zur Höhle ist der nördliche Ortsausgang von Hinterstoder. Unmittelbar nach der Ortstafel überquert man die Steyr in der Rechtskurve, der Zugang ist ab hier bestens beschildert. Entlang des orografischen linken Ufers führt der breite Wanderweg „Flötzersteig/Flötzerweg" (Nr. 402) flussabwärts, dieser Zugangsweg wurde neu gestaltet und ist recht bequem. Nach kurzer Wegstrecke kommt man zu einer mit grobem Blockwerk bedeckten Hangeinbuchtung, in den Bereich der Schwarzbach-Quelle. Nach abermals kurzer Strecke zweigt ein schmaler Weg nach links ab und führt bezeichnet über Blockwerk zur Höhle. Im Eingangsbereich wurden die Gumpen durch Bretter überbrückt.

Wanderkarten

Österreich-Karte: ÖK-50 4207 (Windischgarsten) bzw. NL-33-02-07
freytag & berndt-Wanderkarte: WK 081 (Pyhrn-Priel – Eisenwurzen – Grünau – Almtal – Steyrtal – Nationalpark Kalkalpen – Bad Aussee; 1:50.000) und WK 082 (Bad Aussee – Totes Gebirge – Bad Mitterndorf – Tauplitz; 1:50 000)
Kompass-Wanderkarte: WK 19 (Almtal – Totes Gebirge – Stodertal; 1:50 000), WK 68 (Ausseerland – Ennstal – Tauplitz; 1:50 000) und WK 70 (Nationalpark Kalkalpen; 1:50 000)

Das markante und gut sichtbare Portal der Kreidelucke war auf Grund seiner Lage sicherlich schon seit jener Zeit bekannt, als die ersten Menschen das Stodertal besiedelten. Daher ist es nicht verwunderlich, dass das mächtige Höhlenportal die Fantasie der Einheimischen anzuregen vermochte, die dessen Entstehung dem Wirken des Teufels zuschrieben. Darüber schildert uns die entsprechende Sage Folgendes: Schon immer führten die Leute von Hinterstoder einen besonders frommen Lebenswandel und dem Beelzebub blieb nur das Schäumen vor Wut, da es ihm nicht gelingen wollte, Seelen für seine finsteren Absichten zu gewinnen. Seine unzähligen, mit allen Mitteln durchgeführten Versuche, die

Leute zum Abfall von Gott zu verführen, schlugen allesamt fehl. Als letzter Ausweg aus diesem Dilemma wollte er nur noch seinen Rachegelüsten frönen und er entschloss sich, das ganze Tal samt seiner frommen Bevölkerung zu ersäufen. Sein satanischer Plan bestand darin, den „Kleinen Priel" und den „Steyrsberg" übereinanderzustürzen, damit sich der Steyrfluss aufstaue und dadurch ganz Stoder in einem See ertränke. Er machte sich ans Werk, aber trotz größter Anstrengungen gelang ihm sein Vorhaben nicht, er vermochte nur einige große Steine zu bewegen, die noch heute in der Steyr liegen. Wegen der riesigen Anstrengung floss ihm schwarzer Schweiß vom Körper, woraus der heutige „Schwarzbach" entstand. Als er die Sinnlosigkeit seines Wirkens erkannte, stampfte er vor Wut gegen den Fels und fuhr mit Gestank durch den Berg in die Hölle. Dieses dabei entstandene Loch ist die bekannte Kreidelucke.

Wie bei vielen leicht erreichbaren Höhlen waren wahrscheinlich Schatzgräber die ersten Besucher dieses Objektes. Inschriften, deren Datierung bis ins 18. Jahrhundert zurückführt, weisen darauf hin. Später bauten sogenannte „Kreide-Sammler" das begehrte Mineral in der Höhle ab. Denn ihren Namen verdankt die Höhle den bedeutenden, bei Wasserentzug zu einem leichten, krcideartigen Staub zerfallenden Bergmilchablagerungen. Diese im Volksmund bezeichnenderweise als „Nix" genannte Substanz wurde früher zu allerlei zweifelhaften und oft auch betrügerischen Zwecken verwendet. So schreibt beispielsweise Gottfried Hauenschild, der eigentliche Ersterforscher der Kreidelucke, bereits 1866, dass es von „speculativen Viehhändlern unter das Futter der Haustiere, besonders der Pferde gemengt werde, damit sie leibiger aussähen".

Die Forschungsarbeiten in der 1160 m langen, im Dachsteinkalk liegenden Schichtfugenhöhle mit periodischer Wasserführung wurden im Jahr 1909, die eingehende wissenschaftliche Untersuchung dann 1949 unter maßgeblicher Beteiligung des Österreichischen Alpenvereins, Sektion Edelweiß Wien, durchgeführt.

Im Jahr 1950 stellte man die Kreidelucke und die Schwarzbach-Quelle wegen ihrer Eigenart und ihres besonderen Gepräges sowie wegen ihrer naturwissenschaftlichen Bedeutung unter Denkmalschutz.

Verwendete Literatur:
(11): ?; (12): 307–336; (25): 135–137.

Die vom Wasser besetzten Gangabschnitte in der Kreidelucke.

Der Höhlenboden besteht teilweise aus dem großflächigen „Kreidelager".

Eine Gruppe von Höhlenforscher nach der Befahrung der Kreidelucke.

Offizieller Name:
EINSIEDELEI-HALBHÖHLEN
Weitere Bezeichnungen: Einsiedelei St.
Georg, Eremitage hinter dem Schloss Lichtenberg, Einsiedelei am St. Georg – Palfen,
Einsiedelei von Saalfelden
Lage: Oberhalb des Schlosses Lichtenberg
bei Saalfelden am Steinernen Meer
Kat.-Nr.: 1331/2
Seehöhe: 950 m
Ganglänge der drei Objekte: jeweils ca. 10
bis 20 m

Frei zugänglich, ohne Führung.

Besuchszeiten
In den Sommermonaten (Mai bis Oktober)
von etwa 9 bis 17 Uhr (Montag bis Sonntag)
trifft man den Klausner an.

Info
de.wikipedia.org/wiki/Palfen_(Toponym)
de.wikipedia.org/wiki/Saalfelden_am_Steinernen_Meer
www.pfarre-saalfelden.at/geschichte/einsiedelei/
www.salzburg.com/wiki/index.php/Einsiedelei_am_Palfen
www.salzburg.com/wiki/index.php/Karl_Kurz

Was Sie erwartet

Bei dieser Lokalität handelt es sich um drei geräumige Halbhöhlen. In der südlichsten befinden sich keine nennenswerten Einbauten. Darin wird vorwiegend Holz gelagert und außerdem ist eine recht einfache Duschanlage unterhalb der Trauflinie aufgestellt. Über diese Dusche meinte Herr Schantl (Einsiedler im Jahr 1999): „Mit einer Gießkanne kann man sich herrlich duschen."

Das eigentliche Heiligtum, die St.-Georgs-Kapelle (der heilige Georg starb um 304 den Märtyrertod), wurde im mittleren Objekt errichtet. Beim ursprünglichen Kapelleneinbau um 1675, einer Legende nach dem heiligen Georg selbst zugeschrieben, wurde auch die Höhle erweitert. Einmal jährlich, zu Georgi (23. April), versammelt sich die Gemeinde mit vielen Touristen in und vor der Kapelle, in der ein Priester die Messe liest und von der im Freien darüberliegenden Kanzel die Predigt hält. Das feierliche Amt wird von einer Musikkapelle unterstützt.

Im Sommer werden gelegentlich auch zu anderen Anlässen Messen abgehalten. Obwohl im Winter die Einsiedelei geschlossen ist, wird zu Weihnachten in der St.-Georgs-Kapelle eine heilige Messe gefeiert. Dabei finden sich meist über 1000 Gläubige ein. In der über der Kanzel befindlichen Halbhöhle nehmen die Musikanten Platz und ihre Klänge sollen sehr weit zu hören sein.

Für derartige Feierlichkeiten mit einem starken Zustrom von Gläubigen wurde eine große Terrasse vor der Kapelle errichtet. Am Nordrand der Plattform führen Holzstiegen über den gestuften Fels in die dritte Halbhöhle hinauf, der Zustieg ist aber leider verboten. Auf einer Zwischenplattform befindet sich die vorhin erwähnte Kanzel. Auch in dieser Halbhöhle ist eine hölzerne Aussichtsterrasse eingebaut. An der Rückwand der Terrasse ist eine Figurengruppe mit dem Thema „Jesus am Ölberg" zu sehen, auch in einer westlich gelegenen Felsnische wurde eine weit sichtbare Kreuzigungsgruppe untergebracht.

So kommen Sie hin

Von der Bundesstraße 311 durch das Saalachtal fährt man auf der Lichtenbergstraße durch Obsmarkt, einen Ortsteil von Saalfelden a. Steinernen Meer, in Richtung Steinalm. Ab der 311er ist die Zufahrt zur „Einsiedelei" beschildert. Ein großer Parkplatz am bebauten Ende der Lichtenbergstraße ist der beste Ausgangspunkt für unsere kleine Wanderung. Der Weg führt zunächst über eine schmale Brücke, versehen mit einer Tafel, die den folgenden Hinweis trägt: „Aufstieg zur Einsiedelei

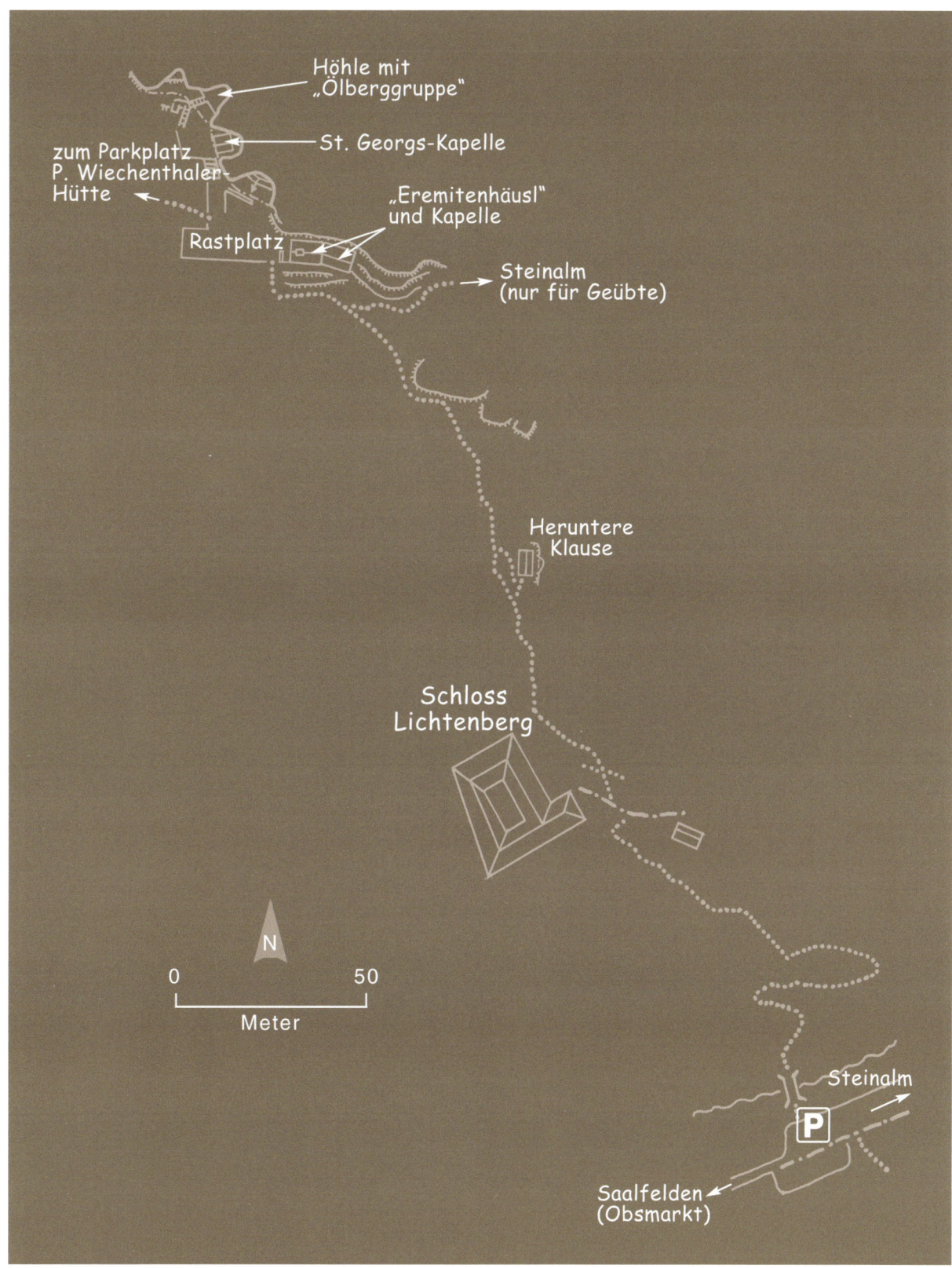

Höhle mit
„Ölberggruppe"

St. Georgs-Kapelle

zum Parkplatz
P. Wiechenthaler-
Hütte

„Eremitenhäusl"
und Kapelle

Rastplatz

Steinalm
(nur für Geübte)

Heruntere
Klause

Schloss
Lichtenberg

N

0   50

Meter

Steinalm

P

Saalfelden
(Obsmarkt)

20 Minuten." Ein breiter und steiler Weg führt hinauf zur Burg Lichtenberg. Das Schloss Lichtenberg wurde ursprünglich im 13. Jahrhundert erbaut und verkam in der Folgezeit bald zur Ruine. Um 1580 wurde es wiedererrichtet und nach 1872 romantisch umgestaltet. Heute ist das reizvoll gelegene Bauwerk in Privatbesitz, kann aber nicht besichtigt werden.

Danach führt der Weg etwas flacher ansteigend und den Hang querend zu einem Holzhaus, „Heruntere Klause" genannt, in der eine Kreuzwegstation untergebracht ist. Überrealistisch wird die

Geißelung des dornengekrönten Jesus gezeigt. Die Figurengruppe repräsentiert ein Musterbeispiel einer „Ecce-homo"-Darstellung (lat.: „siehe, [welch] ein Mensch", Worte des Pilatus, mit denen er den gegeißelten, dornengekrönten Jesus dem Volke vorstellte). Das Holzgebäude wurde 1664 errichtet und diente früher als Notunterkunft für den Eremiten, der vor allem im Winter, wenn es in der eigentlichen Klause zu kalt und ungemütlich wurde, hier einziehen konnte. Auch wenn Steinschlag den Zustieg akut bedrohte, fanden die Einsiedler in der „Herunteren Klause" Schutz. Die Kapelle wurde nicht wie geplant in der verfallenen Klause, sondern an dieser Stelle 1947 von den Bauern als Einlösung ihres Gelübdes nach Verschonung vor den Kriegsgräueln erbaut.

Am Weiterweg treffen wir auf mehrere Bildstöcke, Steinsetzungen und einfache Felsmalereien. Das letzte Wegstück führt entlang des Wandfußes hinauf zur „Einsiedelei".

Wanderkarten des Gebiets

Österreich-Karte: ÖK-50 3215 (Saalfelden a. St. Meer) bzw. NL-33-01-15

freytag & berndt-Wanderkarte: WK 103 (Pongau – Hochkönig – Saalfelden; 1:50 000) und WK 393 (Loferer und Leoganger Steinberge, Chiemgauer Alpen, Berchtesgaden; 1:50 000)

Kompass-Wanderkarte: WK 30 (Saalfelden – Saalbach – Hinterglemm – Zell am See; 1:50 000) und WK 291 (Rund um Salzburg; 1:50 000)

Das weithin sichtbare weiße Gebäude des „Eremitenhäusels" am Palfen erinnert an eine griechische Einsiedelei bzw. Höhlenkirche. Nicht nur wegen der Schönheit ihrer Lage und Aussicht ist diese Lokalität einen Besuch wert, sondern auch wegen der kulturhistorischen Bedeutung als älteste Salzburger Einsiedelei, die seit 1664 Eremiten Unterkunft und Andachtsstätte bietet.

Als wir im Jahr 1999 diesen „heiligen Bezirk" besuchten, bewohnte der 62-jährige Einsiedler Karl Schantl, Bruder Karl genannt, die Einsiedelei. Was veranlasst eigentlich einen Menschen „auszusteigen" und Klausner zu werden? Dem Eremitentum liegt der Gedanke zugrunde, dass der Mensch Gott näher sein kann, wenn er sich in der Wüste befindet oder zumindest in vollkommener Einsamkeit lebt. Diese meditative Lebensform, die im winterlosen Ägypten und Vorderasien ihren Ausgangspunkt hatte, wurde durch die Härte unseres nordalpinen Klimas gewissen Wandlungen unterworfen.

Der redselige Bruder Karl war der Meinung, dieser Ort sei seit mindestens 800 Jahren als christliches Heiligtum ausgebaut, obwohl dessen erste urkundliche Erwähnung mit 1570 datiert ist. Als Beweis führte er die Altersbestimmung eines Altarteiles durch einen Besucher an, ein eher vages Argument! Zu diesem frühen Zeitpunkt enthielt eine der Höhlen bestenfalls ein Bild des heiligen Georg, denn ein derartiges Heiligenbild wird 1570 in einer Urkunde angeführt. Mit Sicherheit dienten die Halbhöhlen schon im Mittelalter als Kultstätte, 1675 wurde die Höhlenklause erweitert und mit einer dem heiligen Georg geweihten Kapelle ausgestattet. So erfährt man aus einer Urkunde, dass der erste namentlich erwähnte Einsiedler, Bruder Thomas Pichler, im Februar 1699 starb, nachdem er 35 Jahre dort oben gelebt hatte. Um viele der nachfolgenden Klausner ranken sich mysteriöse Geschichten und auch dramatische Ereignisse werden überliefert. So gab es einen „Gottesmann", der ein übler Wilderer war, und ein anderer setzte hier durch Selbstmord seinem Leben ein Ende. Auch mehrere von den Klausnern waren „an der Seele krank" und andere wiederum hatten mit dem Alkohol ihre Probleme.

Ein recht drolliger Kauz muss der Palfen-Eremit Seppei Haitzmann gewesen sein, der von etwa 1913 bis 1933 hier oben hauste! Er zog allerdings zumeist durch die nahe und weitere Umgebung und war außerdem für seine lockeren Aussprüche bekannt und berüchtigt. „Won i nit sammeln göh' därfat, müssat i rein bettln göh' n", war eine seiner beliebten Aussagen. Wenn er sich dennoch in der Eremitage aufhielt, hatte er oftmals eine „Häuserin" heroben. „Es ist so viel netta, wann wer nachbetn tuat", lautete seine Begründung hierfür und er wurde vom Volk spaßeshalber „Zweisiedler" genannt. Früher und auch heute noch gibt es eine weltliche Aufgabe für den Einsiedler, nämlich Feuerwache über das Saalachtal zu halten. Bedingt durch seine ausgedehnten Wanderungen vernachlässigte Seppei natürlich diese seine Aufgabe gröblichst. Als er daher wegen seiner Verfehlung vom Bürgermeister Tadel empfing, antwortete er wiederum mit einer kernigen Entschuldigung, auch dieser Ausspruch wurde überliefert: „Schau i um elfi aussi, ist alls finsta; schau i um zwölfi aus-

Der Weg hinauf zu den Halbhöhlen mit der „St.-Georgs-Kapelle" und der „Ölberggruppe".

si, wieda alls finsta; schau i um oans aussi, brinnts scho hellauf, und die Zitrone surmmt a scho. Woaßt a niea, wannst da nacha aussischau' sollst." 1933 zog der beliebte Eremit Seppei ins Armenhaus, wo er 1938 starb.

Das außergewöhnlichste Kapitel in der Geschichte der Klause wird zwischen 1969 und 1970 über den Eremiten Karl Kurz geschrieben. Am 30. Dezember 1969 ist Kurz Stargast bei Robert Lembkes Fernsehsendung, das Beruferaten, „Was bin ich". Diese nachfolgende Beliebtheit des Eremiten löst im folgenden Sommer zwar einen Gästeansturm aus, ruft jedoch auch Neider auf den Plan. Am Sonntag, 27. September 1970, als er in der Wohnstube beim Gebet sitzt, peitschen Schüsse durch die Abgeschiedenheit. Ein Unbekannter hatte auf die Klause acht Schüsse abgefeuert und dabei nicht nur Schaden angerichtet, sondern auch einen Drohbrief auf einen Fensterladen gelegt. Die Erhebungen der Gendarmerie verlaufen ergebnislos im Sand. Karl Kurz bezichtigt sich selbst der Tat, verlässt Saalfelden als gebrochener Mann und wird am 11. November 1970 tot neben den Bahngleisen in Raach aufgefunden. Um die undurchsichtige Geschichte abzurunden, treffen auch nach dem Tod von Kurz bei der Gendarmerie Saalfelden anonyme Drohbriefe ein.

Abschließend sei noch erwähnt, dass jedenfalls die meisten Klausner des Palfen bei Saalfelden gottesfürchtige Männer waren.

Es ist zu empfehlen, den Einsiedler um eine Führung durch das Innere des „Eremitenhäusls" zu bitten. Im kleinen Aufenthaltsraum mit Kachelofen hängt das Gewehr des vorhin erwähnten wildernden Eremiten Simon Möschl. Auch in den winzigen Schlafraum werfen wir einen Blick. Durch die Küche mit ihrem gemauerten Ofen führt uns der Weg in die höher liegende private Eremitenkapelle. Die Holzstiege ist hoch zu klappen und diente einstmals dem Klausenbewohner als Zugang zu seinem Versteck, denn die Eremitage wurde in früheren Zeiten des Öfteren von Bösewichtern überfallen und auch verwüstet. Diese Lumpen kamen in der Hoffnung auf Reichtümer und beraubten die Opferstöcke ihres spärlichen Inhalts.

Die geräumige Kapelle wurde zum größten Teil aus dem Fels herausgearbeitet. Ob das vorhandene Felsdach natürlichen Ursprungs ist, kann heute nicht mehr festgestellt werden. Aus den talseitigen Fenstern hat man einen schönen Ausblick auf Saalfelden und die Kette der Hohen Tauern. Angeblich soll man an klaren Tagen im Süden den Großglockner, das Wiesbachhorn und die Staumauern von Kaprun erkennen können. In diesem Felsenraum sind auch die Kutten einiger Vorgänger des heutigen Eremiten ausgestellt. Auf dem Altar liegt unter anderem ein menschlicher Schädel, der den Andächtigen an den Tod erinnern soll. Auch weitere symbolische Gegenstände zeigt uns Bruder Karl, wie den jahrhundertealten Einsiedlerstab und eine von einem regional bekannten Krippenbauer angefertigte Krippe. Mit diesem Stab sind die Klausner bis in die erste Hälfte des 20. Jahrhunderts sammeln und nicht betteln gegangen. Wo liegt der Unterschied? Ebenso wurde uns ein alter „Klingelbeutel" gezeigt, der bei Messfeiern vor der Felsenkapelle seine Verwendung findet und von einem von den Bauern gewählten „Absammler" bedient wird. Dieses Ehrenamt übt zurzeit ein älterer Mann aus, der angeblich immer schon lange vor dem kommenden Ereignis recht nervös und aufgeregt ist.

An dem Gebäude ist noch alles „alt", die Riegel, Reiber und Holz- sowie Eisennägel sind alle offensichtlich händisch verfertigt worden, auch das Fensterglas ist uneben und voller Luftblasen. Unser eremitischer Führer erzählt auch von seinen Problemen mit der Wasserversorgung. Das tägliche Trink-, Koch- und Waschwasser muss der Eremit von der Burg Lichtenberg herauftragen bzw. das Regenwasser in Kübeln auffangen. Aber auch sonst ist der Klausner nicht zum Nichtstun verurteilt. Aufgestanden wird um 5 Uhr, nach einer Schale Tee beginnt das Tagwerk: das Gelände und die Klause wird aufgekehrt, die Kapelle aufgesperrt, für frische Blumen in den Vasen ist zu sorgen und dreimal am Tag wird die kleine Glocke zum Gebet geläutet. Untertags bleibt dem Klausner Zeit zur Meditation, Andacht zu halten und sich den Besuchern zu widmen. Abends schließt er die Kapelle ab und unternimmt dann meist ausgedehnte Wanderungen oder Radtouren in der näheren Umgebung.

Der derzeitige Klausner ist Bruder Raimund von der Thannen, der die Klause als 32. Eremit bewohnt und betreut. Der 67-jährige gebürtige Vorarlberger ist schon den dreizehnten Sommer hier in der Einsiedelei und die Wintermonate verbringt er in den wärmeren Räumlichkeiten im Benediktinerkloster St. Lambrecht in der Steiermark.

Verwendete Literatur:
(25). 174–178; (88): 170–171; (116): 254–257; (194): 61–75.

Höhle mit Ölberggruppe.

Wie ein griechisches Bergkloster schmiegen sich die Mauern des „Eremitenhäusls" an die Felswand.

Offizieller Name: EISKOGELHÖHLE
Weitere Bezeichnungen: Eiskogel-Durchgangshöhle, Eiskogel-Eishöhle, Eiskogellöcher, Eishöhlen am Eiskogel, Richter-Eishöhlen, Östliche bzw. Westliche Eduard-Richter-Eishöhle.
Lage: Am Fuß der östlichen lotrechten Wandstufe des Kleinen Eiskogels im zentralen Teil des Tennengebirges, nördlich der Hackelhütte
Kat.-Nr.: 1511/101
Seehöhe: 2 110 m (Osteingang) und 1 970 m (Westeingang)
Gesamtganglänge: 4920 m
Höhenunterschied: 423 m

Führungszeiten
Von Anfang Juni bis Ende Oktober nur gegen Voranmeldung. Nur für alpinistisch geübte Bergsteiger geeignet. Höhlenausrüstung (Helm, Karbidlampen etc.) wird zur Verfügung gestellt. Beleuchtung: beigestellte Karbidlampen.

Info und Kontakt
Höhlenführer, Information und Anmeldung: Herbert Burian, 5450 Werfen, Markt 19.
Telefon und Fax: 06468 7554
E-Mail: h.burian@sbg.at

www.schauhoehlen.at
www.hoehlenverein-salzburg.at
www.salzburg.com/wiki/index.php/Eiskogelh%C3%B6hle
de.wikipedia.org/wiki/Eiskogelh%C3%B6hle

Was Sie erwartet
Die im Jahr 1947 zum Naturdenkmal erklärte Höhle enthält keine künstlichen Steiganlagen, der Höhlenbesucher bemerkt recht bald, dass eine Befahrung der Eiskogelhöhle keinen Sonntagsspaziergang darstellt und man sich den Genuss der unterirdischen Pracht schwer verdienen muss. Denn gleich nach dem Eingang steigt man über die Flanke eines steilen Firnkegels ab, die aber bald in blankes Eis übergeht. Der Abstieg führt direkt in den ersten Eisteil, der im „Eissaal", in den durch eine Tagöffnung bläuliches Tageslicht einfällt, seinen Höhepunkt findet. Die Schlüsselstelle für den Besuch des eisfreien Mittelteils der Höhle bildet ein etwa 40 cm hoher Schluf, die „Polyphemuspforte". Danach geht es über Geröll und Blockwerk aufsteigend zum höchsten Punkt des „Trümmerbergs", der in die „Titanenhalle" mit den beachtlichen Ausmaßen von 140 m Länge, 60 m Breite und einer Höhe von 50 m weiterleitet. Von dieser gigantischen Halle aus zieht der bis zu 30 m breite „Myrmidonengang" mit dem anschließenden „Tropfsteingang" nach Norden. Mit dem nach Westen führenden 300 m langen und großräumigen (Querschnitt etwa 30 mal 20 m) „Gang der Titanen" setzt sich die Höhle fort. Am Ende dieses Riesengangs steigt man zunächst über Blockwerk und später über Eiswälle in den zweiten Eisteil ab. Folgt man dem rechten größeren Gang über einen Eissattel, eine steile Eisflanke und Blockwerk hinab, so gelangt man in die mächtige „Halle der Circe". Früher war dieser mehr als 80 m lange und bis zu 30 m hohe Dom mit seinen bis zu 20 m hohen Eisfiguren ein wahres Prunkstück im Verlauf dieser Höhlentour, derzeit leiden die Eisformationen allerdings unter einer starken Rückbildung. Zurück geht es zum schmäleren Hauptgang und im Abstieg über steiles Bodeneis durch die „Eduard-Richter-Halle" zum Endpunkt beim Westeingang. Da es jedoch von hier keine vernünftige Abstiegsmöglichkeit ins Tal gibt, müssen die Besucher den Rückweg wieder durch die Höhle vornehmen.

Zu beachten ist
Zur Befahrung der Eiskogelhöhle sind mittelmäßige Kondition, einige Bergerfahrung und adäquate Wanderausrüstung notwendig. Empfehlenswert

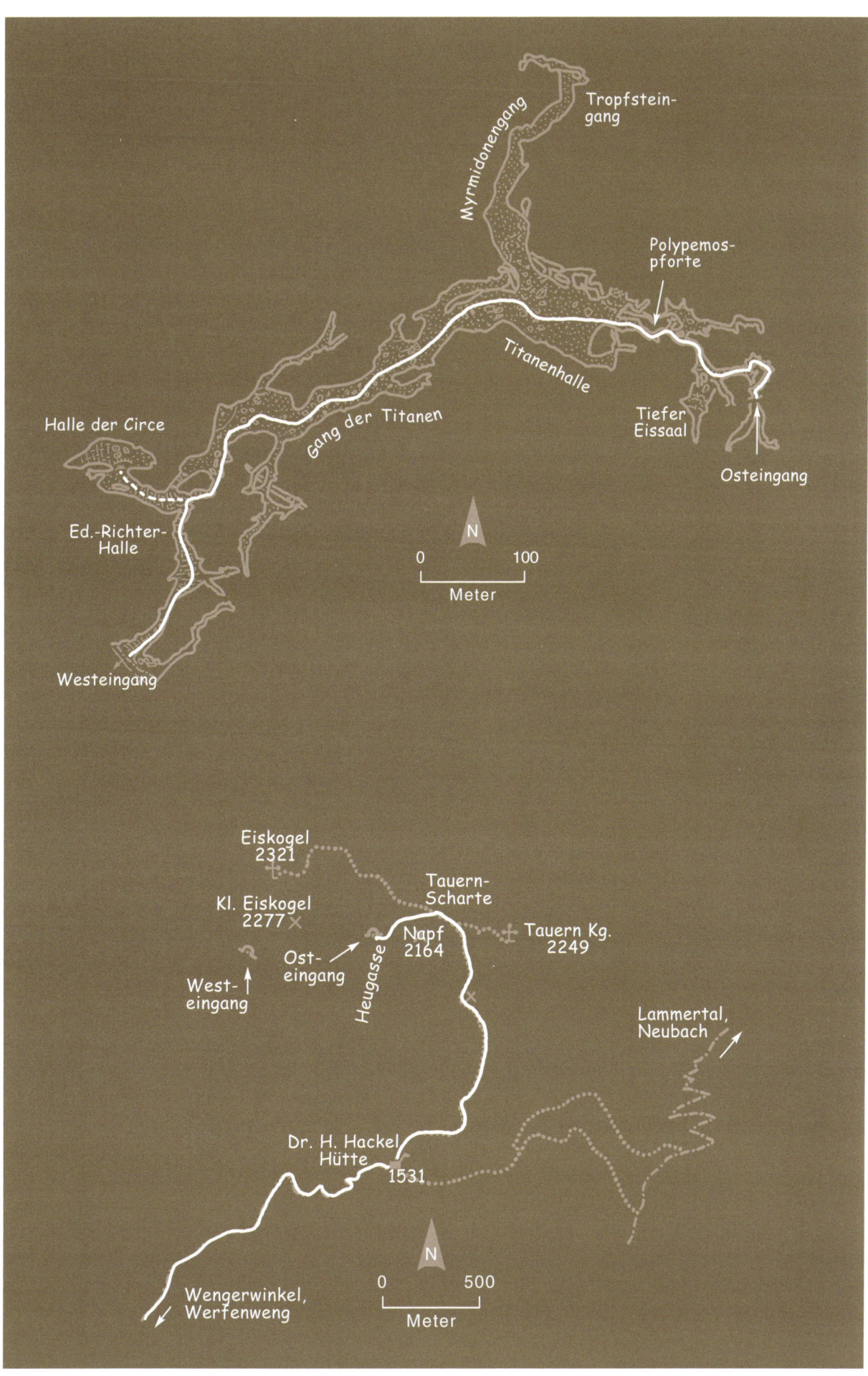

sind zusätzliche Kleidung, die schmutzig werden kann, und auch Arbeits- oder alte Handschuhe. Hinsichtlich der Kleidungsauswahl sollte man bedenken, dass die Temperatur in der Höhle ca. 1 bis 4° C (in den Eisteilen etwas kälter) beträgt.

Die gesamte Führungstour mit Zu- und Abstieg nimmt zwischen 10 und 12 Stunden in Anspruch, aus diesem Grunde ist eine Nächtigung auf der Dr.-Heinrich-Hackel-Hütte anzuraten.

So kommen Sie hin

Die Anreise zur Eiskogelhöhle erfolgt ab der Abfahrt „Pfarrwerfen" der Autobahn A 10 (Salzburg–Villach) auf der Bundesstraße über Werfenweng in den Wengerwinkel bis zum Gasthof Frommerbauer. Ab hier geht es zu Fuß auf einem bezeichneten Güterweg zur Dr.-Heinrich-Hackel-Hütte, wo nicht nur Speis' und Trank aufgewartet werden, sondern wo auch meist der verabredete Höhlenführer wartet. Der Weiterweg führt in Richtung „Eiskogel" bis zur „Tauernscharte" hinauf, wendet sich von dieser westwärts und umgeht am Nordhang des „Napf's" einen nördlich gelegenen Trog bis zu dem zwischen „Napf" und „Eiskogel" gelegenen Einschnitt, die sogenannte „Heugasse", die ins Salzachtal abfällt (Vorsicht, keine Abstiegsmöglichkeit!). Die Heugasse wird im obersten Teil überquert und dann geht es weglos über steile Wiesen aufsteigend zum Wandfuß des „Kleinen Eiskogels". Eine Wegspur führt um den Ostsporn herum zum versteckt gelegenen vergitterten Osteingang der Eiskogelhöhle.

Wanderkarten

Österreich-Karte: ÖK-50 3216 (Bischofshofen) bzw. NL-33-01-16

freytag & berndt-Wanderkarte: WK 392 (Tennengebirge – Lammertal – Osterhorngruppe; 1:50 000)

Kompass-Wanderkarte: WK 15 (Tennengebirge – Hochkönig – Hallein – Bischofshofen; 1:50000), WK31 (Radstadt–Schladming–Flachau; 1:50 000), WK 80 (St. Johann – Salzburger Land; 1:50 000) und WK 291 (Rund um Salzburg; 1:50 000)

entgegen. Glitzernde Schnee- und Eiskristalle belebten die eisgepanzerten Wände im Gang der Titanen. Weiter stießen die Forscher vor. Nochmals musste ein Wasser überquert werden. Schritt um Schritt tasteten sie sich vorwärts und nahmen den Weg durch das seichte Eiswasser (...) Ein Zauberwald von schneeigen Tropfsteingewächsen bot sich ihren Augen. Glitzern und Gleißen, Leuchten und Glänzen war in diesem kalzitenen Wunderreich."* Mit diesen begeisterten Worten gab am 12. Mai 1943 die Salzburger Landeszeitung die Eindrücke der Ersterforscher der Eiskogelhöhle wieder.

Das nur kletternd erreichbare Westportal dieses großartigen Höhlensystems wurde schon 1877 durch den Geologen Eduard Richter entdeckt, er konnte aber, da ihm Eis den Weg versperrte, die Höhle damals weder betreten, noch erahnte er, was sich darin an Großartigem verbarg. Heute wird dieser Eisverschluss entweder mit Pickel und Motorsäge oder durch natürliche Vorgänge offen gehalten.

Der „große Wurf" bezüglich dieses Objektes gelang erst 1942 Gustav Abel mit der Auffindung des Osteinganges und damit lag der Erforschung des Hauptsystems der Eiskogelhöhle nichts mehr im Wege. Die Begeisterung unter den Höhlenforschern war damals derart groß, dass innerhalb eines Jahres 28 weitere Expeditionen erfolgten. Bei ihren Vorstößen drangen die Forscher in Räume mit Dimensionen vor, die einen Vergleich an Größe und Pracht mit bekannten Riesenhallen weltweit nicht zu scheuen brauchten. Im Westen des Systems konnten die Höhlenforscher auch eine Verbindung zu den beiden „Eduard-Richter-Eishöhlen" herstellen. Die Vielzahl der Erkundungsfahrten ermöglichte einen enormen Forschungsstand, der erst 40 Jahre später überboten werden konnte.

Heute wird die Eiskogelhöhle als eine „Schauhöhle im Naturzustand" unter größtmöglicher Wahrung des Erlebens des Ursprünglichen geführt.

*D*ann standen die Forscher ergriffen und staunend vor einer neuen Naturgewaltigkeit. Auf Eishängen blühten Eisblumen, kristallene Farne standen zur Seite, eisgrüne Säulen wuchsen einander von der Decke und vom Boden

Verwendete Literatur:
(25): 142–146; (85): 154–165; (86): ?; (87): 114–127, 238, 268–290; (89): 138–157; (110): 124–133, 146–151, 159–165; (169): –.

Höhlenforscher in der Eiskogelhöhle in Salzburg.

Offizieller Name: EISRIESENWELT
Weitere Bezeichnungen: Posselthöhle, Riesenhöhle des Tennengebirges
Lage: In den Südabstürzen des Hochkogels im Westteil des Tennengebirges bei Werfen.
Kat.-Nr.: 1511/24
Seehöhe: 1641 m
Gesamtganglänge: 42 km
Höhenunterschied: 407 m

Führungszeiten

Vom 1. Mai bis etwa 26. Oktober täglich. Eine Besichtigung der Eishöhle ist täglich vom 1. Mai bis 26. Oktober möglich. Die Kassa im Besucherzentrum ist in der Zeit von 8 bis 15 Uhr geöffnet, im Juli und August bis 16 Uhr.
Die Höhlenführungen beginnen direkt beim Höhleneingang. Die erste Führung am Tag erfolgt nach jeweiligem Eintreffen der Besucher. Führungen finden zumindest immer zur vollen und halben Stunde statt, jedoch auch zusätzlich nach Bedarf. Die letzte Besichtigungstour erfolgt im Mai, Juni, September sowie Oktober um 15.45 Uhr und in der Hauptsaison (Juli, August) um 16.45 Uhr.
Schauhöhlenbeleuchtung: Karbidlampen und Magnesiumlicht durch den Höhlenführer.

Info und Kontakte

Verwaltung: Eisriesenwelt GmbH Eishöhlenstraße 30, 5450 Werfen,
Tel.: +43 (0) 6468/5248
Linienbusunternehmen Werfen:
+43 (0) 6468/5293
Berggasthof Dr. Oedl Haus:
+43 (0) 6468/5248-12
oedlhaus@sbg.at
www.oedlhaus.at

www.schauhoehlen.at
www.eisriesenwelt.at
info@eisriesenwelt.at
www.salzburg.com/wiki/index.php/Eisriesenwelt
de.wikipedia.org/wiki/Eisriesenwelt

Was Sie erwartet

Im monumentalen trichterförmigen Eingangsbereich werden den Besuchern Karbidlampen ausgehändigt, da man ganz bewusst auf eine elektrische Beleuchtung verzichtet, und durch den sturmdurchtosten Eingang geht es hinein zum grandiosen „Erlebnis im Berg".
Diese 42 km lange Höhle ist im eingangsnahen Abschnitt vollkommen vereist und bietet dem Besucher eine Vielzahl typischer Höhleneis-Formen wie Kaskaden, Vorhänge, Säulen, Eiszapfen und Eiskeulen sowie überhaupt riesige Höhlenräume. Von der eingangsnahen „Posselthalle" steigt man auf Stiegen aufwärts und danach geht es durch Räume, die mit ihren einprägsamen Bezeichnungen die gesamte nordische Mythologie vor dem geistigen Auge vorbeiziehen lassen. Man schreitet durch die „Hymirhalle", das „Niflheim", den „Odinssaal", die „Thrymhalle", den „Donardom" und „Wimur", doch auch die prächtigen Eisfiguren wurden mit Begriffen aus der altgermanischen Götterwelt versehen, so passiert der Besucher „Friggas Schleier", das „Asenheim" oder die „Utgardsburg". Nach dem „Asenheim" führt der Führungsweg über den „Sturmsee" und das „Eistor" in den „Alexander-von-Mörk-Dom", in dem sich dessen schon erwähnte Grabstätte befindet.
Nach einem Blick in den „Eispalast" beginnt der Rückweg, zwar durch die gleichen Räume, aber auf gesonderten Steiganlagen für den Abstieg. Zurückgekehrt zum Riesenfenster des Einganges und in die Wärme der Außenwelt hat man recht bald die Mühen der überwundenen 700 Stufen vergessen, nicht aber das Gesehene: Die gläsernen Berge und glitzernden Eisriesen dieses großartigen Höhlenkomplexes wirken als bleibender Eindruck lange nach.

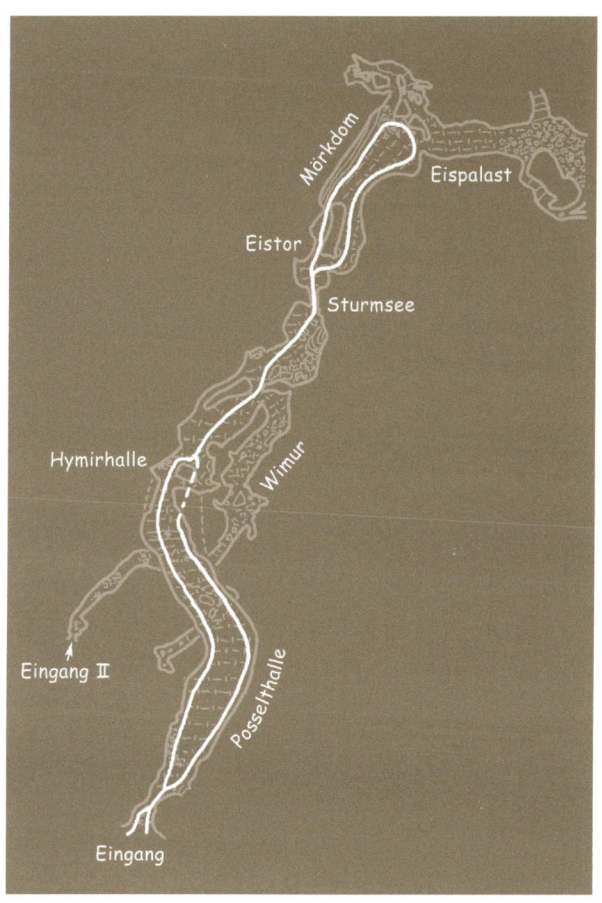

So kommen Sie hin

Dieser riesige „unterirdische Kühlschrank" befindet sich im Westteil des Tennengebirges oberhalb des Markts Werfen. Man erreicht das Naturwunder, für dessen Besuch warme Kleidung und festes Schuhwerk empfohlen werden, in einer Viertelstunde vom Dr.-Friedrich-Oedl-Schutzhaus, zu dem man entweder durch einen dreistündigen Aufstieg aus dem Tal gelangt oder, weit bequemer, über die private „Eisriesenwelt-Bergstraße" und die anschließende Seilbahn.

Zu beachten ist

Seilbahnbetrieb: In der Nebensaison erfolgt die letzte Bergfahrt der Seilbahn um 15.20 Uhr und in der Hauptsaison um 16.20 Uhr.

In der Hochsaison (Juli und August) kann es, vor allem bei Schlechtwetter, zu einem größeren Besucheransturm kommen und man muss sowohl bei der Seilbahn wie auch bei der Kassa mit Wartezeiten rechnen.

Eisgepanzertes Wunderreich im gläsernen Berg: die „Posselthalle".

Märchenhafte Eisformen erstrahlen im Gegenlicht.

Wanderkarten

Österreich-Karte: ÖK-50 3216 (Bischofshofen) bzw. NL-33-01-16

freytag & berndt-Wanderkarte: WK 103 (Pongau – Hochkönig – Saalfelden; 1:50 000) und WK 392 (Tennengebirge – Lammertal – Osterhorngruppe; 1:50 000)

Kompass-Wanderkarte: WK 15 (Tennengebirge – Hochkönig – Hallein – Bischofshofen; 1:50 000), WK 80 (St. Johann – Salzburger Land; 1:50 000) und WK 291 (Rund um Salzburg; 1:50 000)

Als im Jahr 1879 Anton von Posselt-Czorich (1854–1911), ein Reiseschriftsteller und begeisterter Bergsteiger, als erster uns bekannter Mensch ein Stück in das gewaltige Bergesloch in der Nähe von Werfen eindrang, ahnte er nicht, dass er damit die spätere „Königin der österreichischen Eis-Schauhöhlen", ja sogar die größte Eishöhle der Welt entdeckt hatte. Dass dieses gewaltige nach Süden gerichtete Höhlenportal so lange unbemerkt blieb, ist dem Umstand zuzusprechen, dass es sich hoch in den Steilflanken des Tennengebirges befindet, durch Felsrippen und durch den „Achselkopf" verdeckt wird und daher vom Tal aus nicht eingesehen werden kann. Obwohl Posselt 1880 über seine Entdeckung, die „Posselthöhle", ausführlich in der *Zeitschrift des Deutschen und Österreichischen Alpen-Vereines* berichtete, mussten die Wunder im Berg noch lange auf einen neuerlichen Menschenbesuch warten. Erst im September 1912 unternahm der akademische Maler Alexander von Mörk mit Benno Pehany die nächste Erkundungstour. 1913 war dann das Jahr der ersten gut vorbereiteten und erfolgreichen Expedition in die nun als „Eisriesenwelt" bezeichnete Höhle. Die entdeckten Höhlenteile und Eisfiguren wurden in eigenwilliger Art und Weise nach Motiven der – damals überaus populären – nordischen Eddasage *Thors Fahrt zu den Riesen* benannt.

Während des Ersten Weltkrieges kam es, wie überall, auch im Tennengebirge zum Stillstand der Höhlenforschung und schon in den ersten Monaten des schrecklichen Völkerringens fiel Alexander von Mörk. Seine Asche wurde übrigens im Jahre 1925 in der Eisriesenwelt, und zwar in dem nach ihm benannten „Alexander-von-Mörk-Dom", in einem Urnengrab beigesetzt. Mit den 1919 wiederaufgenommenen Höhlenexpeditionen reifte alsbald der Gedanke, die sehenswerte Eishöhle der Allgemeinheit zugänglich zu machen, und so erfolgte die offizielle Eröffnung der Schauhöhle am 26. September 1920. Während die Forschungen in dem riesigen Höhlensystem weiter vorangetrieben wurden, erwarben sich viele unermüdliche Arbeitsgeister durch die ständige Verbesserung des Schauhöhlenweges und des Zustiegs sowie durch den Bau der nötigen Gebäude bedeutende Verdienste. Die wichtigsten Stationen auf dem Weg zum überregional bedeutenden Fremdenverkehrsbetrieb und zur international anerkannten Natursehenswürdigkeit lauten: 1926 Fertigstellung des Dr.-Friedrich-Oedl-Schutzhauses, 1954 Eröffnung der Eisriesenweltstraße und 1955 Inbetriebnahme der Personenseilbahn, die auch Nichtalpinisten den Zugang ermöglicht.

Verwendete Literatur:
(2): 188, (24): 9, 80–84, 161; (25): 147–149; (76): 120; (83): 98–101; (87): 161–211; (110): 152–158, (169): –.

Unvergessliche Eindrücke: Eiszauber im „Niflheim", Eisriesenwelt.

Im „unterirdischen Kühlschrank" der Eisriesenwelt erhält der Besucher Einblick in die schichtweise Entstehung des mächtigen Bodeneises.

Ein mächtiger gläserner Eisberg: „Friggas Schleier", auch „Eisorgel" genannt.

SALZBURG
ENTRISCHE KIRCHE

Offizieller Name: ENTRISCHE KIRCHE
Lage: Nördlichster Teil des Gasteiner Tals, Haßeck-Westfuß. Zustieg über den markierten Wanderweg von Klammstein aus
Kat.-Nr.: 2595/2
Seehöhe: 1040 m
Gesamtganglänge: etwa 4 km
Höhenunterschied: 145 m

Führungszeiten

Die Führungen werden im Mai, Juni und September am Mittwoch, Freitag, Sonntag um 12 und 14 Uhr durchgeführt. Im Juli und August gibt es keinen Ruhetag, in diesem Zeitraum kann man die Höhle täglich um 11, 12 und 14 Uhr bzw. nach Bedarf besichtigen. Mit Kleinkindern wird zu einem Höhlenbesuch erst ab einem Mindestalter von drei Jahren geraten. Die ca. sechs Stunden dauernde „große Höhlentour" ist nur gegen Voranmeldung möglich. Auch eine Sitzung oder Meditation im Kraftfeld der positiven Erdstrahlung ist nur nach vorheriger Absprache bzw. Terminvereinbarung durchführbar. Mit Angabe des Namens, einer Handynummer, gewünschter Tag und Anzahl der Personen sollte die Anmeldung per E-Mail erfolgen. Eigene Taschenlampen sind unbedingt mitzubringen. Schauhöhlenbeleuchtung: elektrisch, zusätzliche Gas-Handlampen.

Info und Kontakte

Verwaltung: Richard Erlmoser, Unterberg 32, 5632 Dorfgastein
(Postanschrift: 5620 Schwarzach, Postfach 11)
Tel.: +43 (0) 664 9861347 und
+43 (0) 6433 7695
E-Mail: hoehle@dorfgastein.net
Elisabeth Frank, gleiche Adresse;
Tel.: +43 (0) 664 9800570

www.schauhoehlen.at
dorfgastein.net/naturhohle-entrische-kirche/
de.wikipedia.org/wiki/Entrische_Kirche
www.salzburg.com/wiki/index.php/Entrische_Kirche

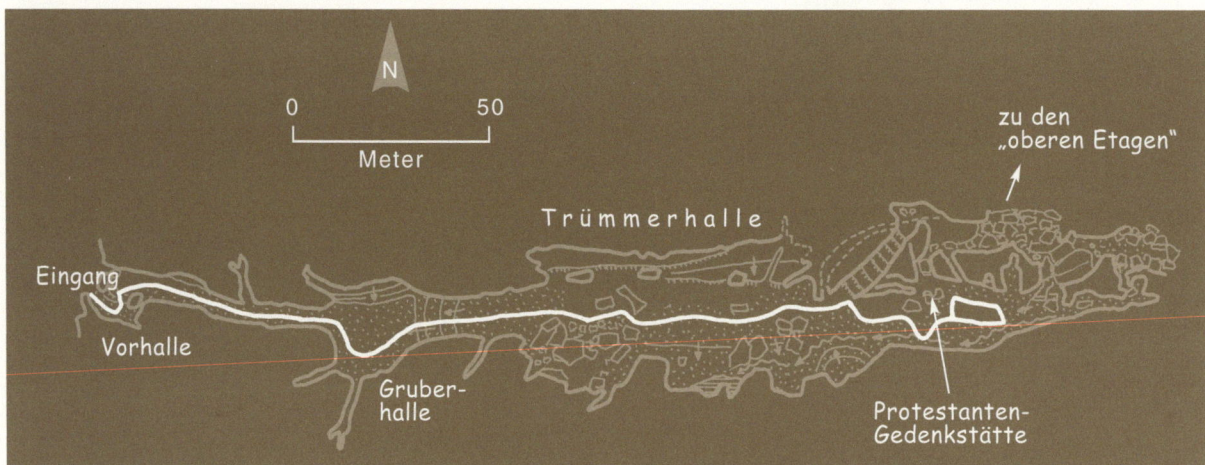

Was Sie erwartet

Bei der Führung lernt der Besucher vor allem das Wirken des Wassers in den angelagerten Klammkalken der Zentralalpen kennen, aber auch über Leben und Schutz der heimischen Fledermäuse kann man sich ausreichend informieren. Obwohl die Wege elektrisch beleuchtet sind, werden einzelne Führungsteilnehmer mit Gas-Handlampen ausgestattet. Der gut ausgebaute Weg führt von der Vorhalle durch den „Erosionsgang" in die

„Gruberhalle" und die riesige „Trümmerhalle". Der von schönen Sinterbildungen geschmückte „Fledermausdom" bedeutet nicht nur den Umkehrpunkt für die Normalführung, sondern hat auch einige Attraktionen zu bieten. Am Boden entlang des Wegs trifft man auf sinterüberzogene angebrannte Hölzer – mit großer Wahrscheinlichkeit Reste von aus dem 12. Jahrhundert stammenden Kienspänen.

Die bedeutendste Sehenswürdigkeit aber stellt die 1975 eingeweihte Protestanten-Gedenkstätte zur Erinnerung an deren Verfolgung im 18. Jahrhundert durch die Salzburger Bischöfe dar. Diese Andachtsstätte besteht aus einem großen Kreuz und einem altarähnlichen Felsblock, auf dem einige Kerzen und zwei Abbildungen angebracht sind, von denen eine den Hofgasteiner Bergherrn Martin Loringer zeigt, den Anführer der ersten Lutherischen in Gastein. Seit dem Jahr der Einweihung wird nun hier unter zahlreicher Beteiligung alljährlich ein ökumenischer Gottesdienst gefeiert.

Als Richard Erlmoser eines Tages eine Bibel für seine Höhlen-Gedenkstätte benötigte, bat er in einem Aufruf in einer regionalen Zeitung darum und erhielt prompt drei alte Exemplare gespendet, die älteste Heilige Schrift stammte aus dem Jahr 1733. Außerdem steht seit 2004 am Ende des 400 m langen Schauhöhlenteils eine Madonnenstatue.

Der „Fledermausdom" ist auch Ausgangspunkt für touristische Sonderführungen in die zwei höher liegenden Höhlenetagen. Man benötigt für diese sportliche Höhlentour zwar keine Kletterkenntnisse, Trittsicherheit ist jedoch unbedingt erforderlich. Die nötigen Ausrüstungsgegenstände wie Helm, Beleuchtung, Handschuhe und Schutzanzug werden vom Höhlenführer zur Verfügung gestellt.

So kommen Sie hin

Die unmittelbar neben der Gasteiner Klamm am Westhang des Haßeck-Westfußes (Luxkogel, 1824 m) in einer Seehöhe von 1040 m gelegene Höhle ist über einen gut ausgebauten, aber teilweise steilen Fußweg, der beim Parkplatz an der Bundesstraße 167, die in Richtung Bad Hofgastein führt, seinen Ausgang nimmt, zu erreichen. Der etwa 40 Minuten dauernde Aufstieg verlangt vom Besucher schon etwas Kondition, aber da der

Der „Höhlenbewohner" Richard Erlmoser bei der Führung durch sein Reich.

Schauplatz geheimer Zusammenkünfte, die Protestanten-Gedenkstätte im Fledermausdom.

Weg seit 1986 als einfacher Naturlehrpfad gestaltet ist, wird die Anstiegszeit etwas kurzweiliger. Der Fußpfad endet beim mächtigen Portal der Höhle, über das sich bei Schneeschmelze, etwa im Mai und Juni, ein riesiger Wasserfall ergießt. Bei Schönwetter und mit etwas Glück kann man dann einen wunderschönen Regenbogen über dem großen Felsdach bewundern.

Wanderkarten

Österreich-Karte: ÖK-50 3222 (Sankt Johann im Pongau) bzw. NL-33-01-22
freytag & berndt-Wanderkarte: WK 103 (Pongau – Hochkönig – Saalfelden; 1:50 000) und WK 191 (Gasteiner Tal – Wagrain – Großarltal; 1:50 000)
Kompass-Wanderkarte: WK 30 (Saalfelden – Saalbach – Hinterglemm – Zell am See; 1:50 000), WK 40 (Gasteiner Tal – Goldberggruppe – Nationalpark Hohe Tauern; 1:50 000), WK 040 (Bad Gastein – Bad Hofgastein – Dorfgastein; 1:35 000), WK 50 (Nationalpark Hohe Tauern, Großvenediger – Großglockner – Ankogel; 1:50 000), WK 80 (St. Johann – Salzburger Land; 1:50 000) und WM 579 (Gasteinertal XL; 1:25 000)

Der eigenartige Höhlenname „Entrische Kirche" bedeutet so viel wie „unheimliche Kirche". Der alte Ausdruck „entrisch" ist etwa den Begriffen „gruselig" bzw. „unheimlich" gleichzusetzen, und „Kirche" wird diese Höhle deswegen genannt, weil sie in der Zeit von 1730 bis 1732 den Protestanten der Gegend als geheimer Versammlungsort und Kirchenersatz diente. Obwohl die Ersterforscher die Höhle durch Schutt verschlossen vorfanden, erbrachten Funde den Beweis, dass die Höhle schon vor den Lutherischen aufgesucht worden war, denn man fand eine Stichgabel für den Fischfang und einen Schaber aus der Steinzeit sowie Knochenreste von Höhlenbären. Auch mittelalterliche Tonscherben und Kienspanreste, die wahrscheinlich von „Schatzgräbern" stammen, wurden zutage gefördert. Die erste urkundliche Erwähnung erfolgte im Jahr 1428, denn in einem mit diesem Jahr datierten Dokument wird von „pösenprakticken" in der „Entrischen Kirche" berichtet, nähere Erläuterungen zu den mysteriösen „bösen Praktiken" werden leider nicht gegeben. Auch in den unruhigen Zeiten der Bauernkriege des 16. Jahrhunderts diente die Höhle als Andachtsstätte und Ort geheimer Zusammenkünfte. Wie schon erwähnt gewann die Höhle in der Zeit der dunklen religiösen Intoleranz ihre größte gesellschaftspolitische Bedeutung.

Auf die mittelalterlichen „Schatzgräber" geht die Überlieferung folgendermaßen ein: Am berginneren Ende der Höhle solle der Höhlen- oder Höllenfürst am Weihnachtsabend mutige Männer erwarten, um ihnen je nach Variante gegen Eintausch der eigenen Seele oder durch die Bewältigung einer Aufgabe jeglichen Wunsch zu erfüllen. So sollen einmal zwei beherzte Burschen zur weihnachtlichen Mitternacht den Fürsten der Hölle aufgesucht haben. Er stellte ihnen die Aufgabe, innerhalb der Geisterstunde tausend Goldstücke mit je einem Vaterunser nachzuzählen, um den Schatz zu gewinnen. Daran war jedoch die teuflische Bedingung geknüpft, dass von ihnen das Wort „Amen" im Gebet nicht verwendet werden durfte. Die Macht der Gewohnheit jedoch siegte, einer der beiden versprach sich und somit blieb ihnen jeglicher Reichtum versagt.

Die ersten ernsthaften Untersuchungen der Höhle führte im Jahr 1920 Hofrat Ing. M. Hell durch. Es gelang ihm jedoch bloß, die Höhle auf nur 60 m Länge zu vermessen. Am 24. November

1928 arbeitete sich schließlich Hermann Gruber durch einen verlegten Schluf und konnte somit in die dahinterliegenden großen Räume vordringen. Er begann alsbald mit Erschließungsarbeiten, die aber unter keinem guten Stern standen. Nach dem finanziellen Fiasko erwarb der Wirt des Gasthofes Klammstein das Recht, in der „Entrischen Kirche" gelegentlich Führungen zu veranstalten. Mit den Kriegswirren kam der Schaubetrieb zum Erliegen und die einfachen Steiganlagen verfielen, sogar die Tropfsteine wurden zum Teil zerstört oder geplündert. Erst 1962 begann der heutige Pächter Richard Erlmoser mit der neuerlichen touristischen Erschließung der Höhle. Nach langen und mühseligen Arbeiten konnte der reguläre Führungsbetrieb 1968 aufgenommen werden. Im Jahr 1972 errichtete Erlmoser im Eingang der Höhle ein Blockhaus als seine Wohnstätte, das von ihm liebevoll „Entrische Villa" genannt wurde. Neben seiner Tätigkeit als Schauhöhlenführer trieb der Höhlenmann auch die weiteren Forschungen in der Höhle voran; bis heute konnten rund 4000 m Ganglänge erkundet bzw. vermessen werden.

Gleich neben dem eigentlichen (versperrten) Höhleneingang befindet sich ein Führungshaus, etwas

„Höhlenbewohner" Richard Erlmoser bei der Protestanten-Gedenkstätte im „Fledermausdom", dem Ausgangspunkt für sportlich anspruchsvolle Sonderführungen in die zwei höher liegenden Höhlenetagen.

tiefer, aber noch unterhalb des Felsdaches steht die „Entrische Villa". Im Winter 1998/99 musste Richard Erlmoser das erste Mal seine Heimstatt verlassen, da das Haus durch gewaltige Eisbildungen an der Halbhöhlendecke bedroht wurde. Erlmoser, der „Höhlenbewohner", bezeichnete dieses Naturphänomen als „Jahrhundert-Eis". Da diese Eismassen auch für die Touristen auf dem Wanderweg eine große Gefährdung darstellten, wurden zu ihrer Beseitigung durch den Bürgermeister Bundesheerpioniere angefordert, die mittels 6 Kilogramm TNT, begleitet von einem ohrenbetäubenden Knall, die gesamte Eispracht von der Felswand absprengten. Dabei wurde aber nicht nur der Gefahrenherd entfernt, sondern auch die „Entrische Villa" schwer beschädigt. Jedoch fiel der Neubau der Höhlenvilla weit größer und schöner aus.

Neben den Raumformen, den Sinterbildungen und der Protestanten-Gedenkstätte stellt das Auftreten positiver Erdstrahlung eine weitere Besonderheit in der Entrischen Kirche dar. Die ersten teleradiästhetischen Messungen wurden im Jahr 1991 vorgenommen und erbrachten extrem hohe Werte. Aufgrund dessen errichtete Richard Erlmoser am optimalen Standort, in der Trümmerhalle, eine Art „Erholungsstätte" für Sitzungen und Meditationen, die sich genau im Zentrum des Erdstrahlenkraftfeldes befinden soll. Daher wird die Höhle außer von Touristen auch von vielen Personen aufgesucht, die an die heilende Wirkung der Strahlen glauben und sich Heilung von allerlei Beschwerden erhoffen. So manche Besucher verspüren nach Verlassen der Höhle Linderung ihrer

Migräneanfälle oder anderer Leiden, andere wiederum können zumindest über ein Kribbeln in den Zehen berichten. Derartige Sitzungen werden aber nur nach vorheriger Absprache abgehalten.

Noch eine wertfreie Bemerkung zu den Erdstrahlungen: Es handelt sich bei ihnen um angeblich von der Erde, z. B. von Wasseradern, ausgehende Strahlen, die physikalisch nicht nachweisbar sind, aber auf den Menschen positive oder schädliche Einflüsse ausüben können. Die wissenschaftlich umstrittene Lehre über diese Strahlen wird als „Radiästhesie" bezeichnet, sie beschäftigt sich mit der Strahlung belebter und unbelebter Gegenstände, die von besonders aufnahmefähigen Menschen mithilfe von Wünschelruten und Pendeln festgestellt werden kann.

Die „Höhlenfrau" Elisabeth Frank berichtete uns darüber hinaus, dass schon viele Besucher in der Höhle Erscheinungen gehabt hätten. Sie konnten bei vollkommener Dunkelheit in der Höhle Astralkörper und verschiedenste schemenhafte Gestalten von bläulichem Schein wahrnehmen, die Ähnlichkeit mit einem Nordlicht aufwiesen. Weiters hörten sie Hundegebell, Männerchöre und verschiedene Stimmen. Damit hat sich der Kreis geschlossen – die größte Höhle der Salzburger Zentralalpen ist wiederum zur „entrischen", zur geheimnisvollen „Kirche" geworden.

Verwendete Literatur:
(24):9, 85–88, 161; (25): 150–154; (38): –; (76): 118–120; (83): 54–55; (85): 469–484; (116): 246–484; (169): –.

Bodensinter in mannigfaltigsten Formen bedecken die Höhlensohle.

In der riesigen „Trümmerhalle" der „Entrischen Kirche" gut zu erkennen: die angelagerten Klammkalk-Schichten.

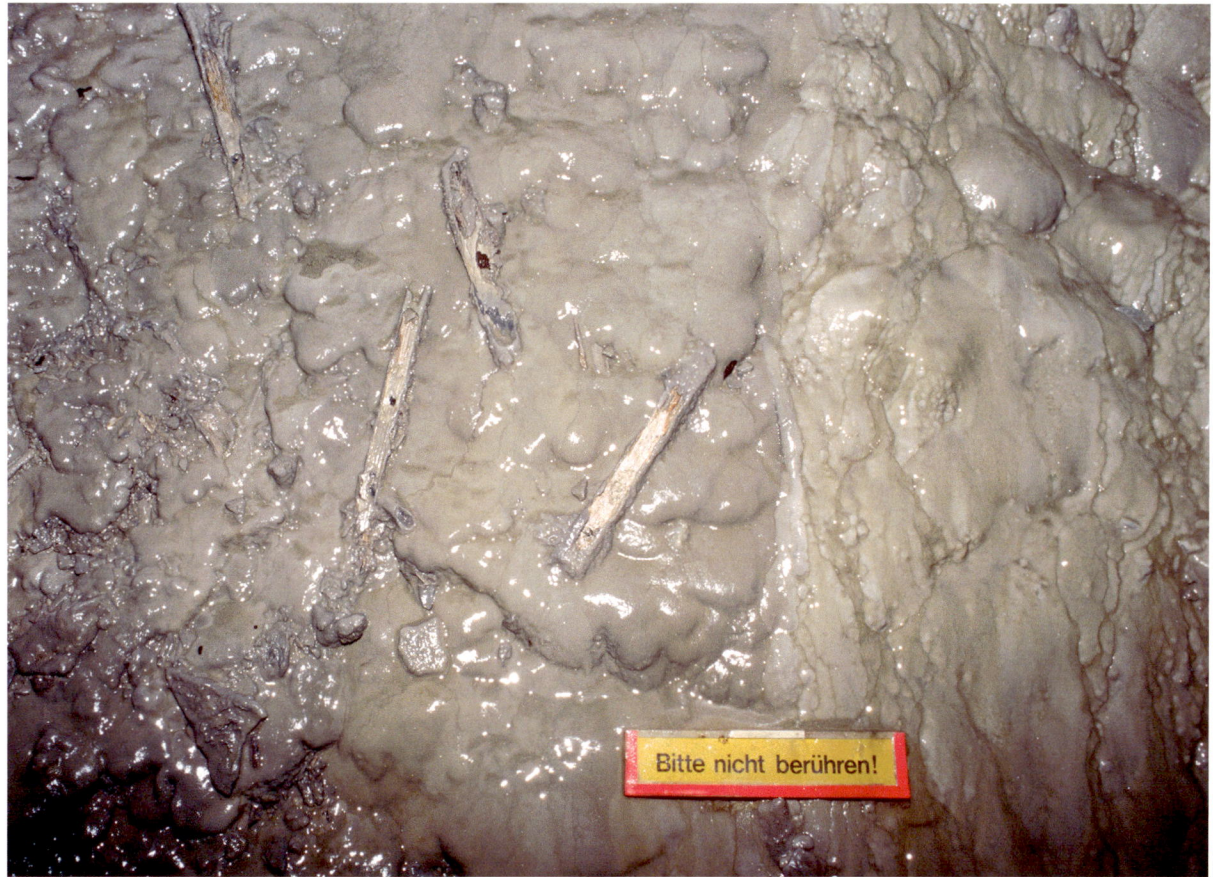

Bereits vom Sinter überzogen. Die Lösungsvorgänge des Kalks können in Höhlen sehr rasch voranschreiten.

Offizieller Name: FEUCHTER KELLER
Lage: In Hintertrattberg, wenige Meter unter dem großen Parkplatz am Ende der Trattberg-Mautstraße
Kat.-Nr.: 1524/3
Seehöhe: 1400 m
Gesamtganglänge: 1100 m
Höhenunterschied: 100 m

Führungszeiten
Führungen finden von Juni bis Oktober jeweils am Samstag, Sonntag und Feiertag (je nach Witterung) um 10 und 14 Uhr (bei Wunsch auch um 17 Uhr) statt. Es können durchaus auch Höhlenführungen während der Woche gebucht werden, dazu ist aber eine Anmeldung mit Terminvereinbarung unbedingt nötig. Höhlenschutzbekleidung sowie Helm mit Kopflampe werden von der Salzburger Höhlenrettung zur Verfügung gestellt.

Schauhöhlenbeleuchtung: Kopflampen.

Info und Kontakte
Anmeldung für Führungen beim Team der Wimmeralm am Trattberg;
Tel. +43 (0) 62 41 239
wimmeralm@aon.at;
oder Andrea Bernberger; Tel. +43 (0) 650 697 0402;
a.bernberger@gmail.com

www.salzburg.com/wiki/index.php/Feuchter_Keller
www.hoehlenrettung.at/Hoehlenrettungsdienst-Salzburg-Hoehlenfuehrung_pid,27039,type,aktuelles.html
www.meinbezirk.at/tennengau/freizeit/hoehlenfuehrung-ein-besonderes-abenteuer-der-feuchte-keller-d1424683.html
www.stkoloman.info/de/sommer/naturschauhoehle-feuchter-keller

Was Sie erwartet
Der „Feuchte Keller" ist eine schöne, interessante, sowie relativ leicht begehbare Naturhöhle in der Osterhorngruppe.

Über Treppen aus Natursteinen und entlang von Steig- und Sicherungsanlagen steigt man zu einem Wasserlauf mit einem Wasserfall in die Höhle hinab. Die Höhlensohle besteht meist aus Lehm oder Blockwerk. Excentriques können im „Neuen Teil" angesehen werden. Auch Tropfsteinbildungen mit einigen beachtlich großen Excentriques. Der Gang erreicht gelegentlich eine Höhe von 15 Metern. Die Begehung mit leichter Kletterei im Inneren des Bergs ist für Groß und Klein ein besonderes Abenteuer. Besonders für Kinder stellt so eine Höhlenbefahrung ein Abenteuer und Erlebnis dar. Rund zweieinhalb Stunden dauert eine geführte Tour, die über etwa 700 Meter lang ist.

Nach Beendigung der ca. zweistündigen Führung bietet eine Einkehr in einer der in der näheren Umgebung liegenden Almhütten einen ausgezeichneten Ausklang des Höhlenerlebnisses.

Zu beachten ist
Festes Schuhwerk ist nötig, am besten sind Bergschuhe.

So kommen Sie hin
Von der Tauernautobahn (A10) nimmt man die Abfahrt „Hallein" und fährt durch Bad Vigaun sowie durch St. Koloman zur „Trattberg Panoramastraße". Diese Mautstraße führt bis zum Parkplatz am Straßenende in Hintertrattberg und in unmittelbarer Nähe befinden sich der Eingang zum „Feuchten Keller" bzw. die zwei benachbarten Schachtöffnungen.

Wanderkarten des Gebietes
Österreich-Karte: ÖK-50 3210 (Hallein) bzw. NL-33-01-10

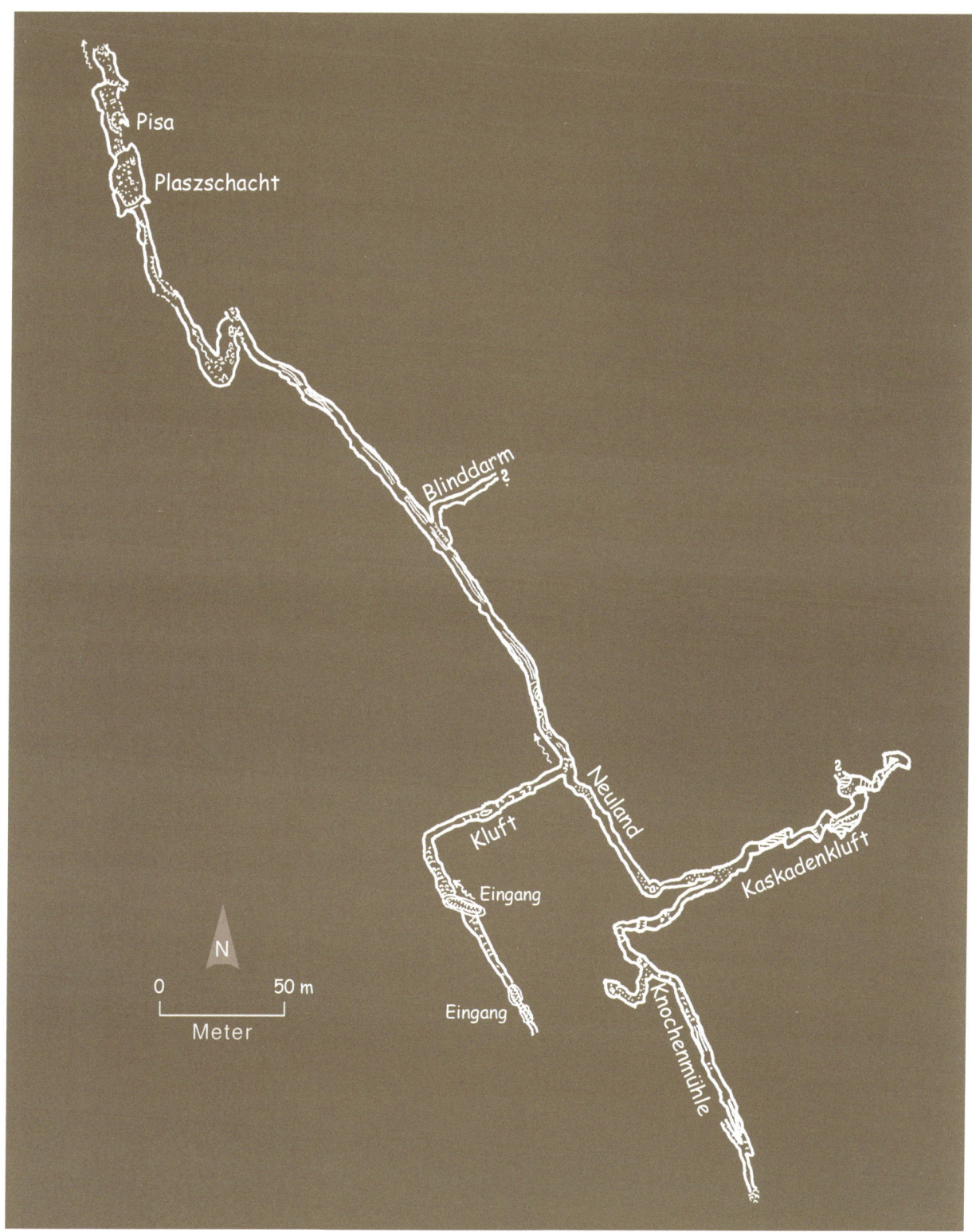

freytag & berndt-Wanderkarte: WK 392 (Tennengebirge – Lammertal – Osterhorngruppe; 1:50 000)

Kompass-Wanderkarte: WK 15 (Tennengebirge – Hochkönig – Hallein – Bischofshofen; 1:50 000), WK 229 (Salzkammergut; 1:50 000) und WK 291 (Rund um Salzburg; 1:50 000)

Der Einstiegsschacht war, wie der Eingangsbereich vieler Höhlen, den Jägern und vor allem den Almleuten lange gut bekannt. Jedoch wie zahlreiche Skelettreste im Eingangs- und „Neuen Teil" von Weidevieh beweisen, wurde die Höhle gerne von den Almbewohnern als willkommener Abfall- und Entsorgungsort verwendet.

Bedingt durch den Bekanntheitsgrad erfolgten die ersten ernsthaften Untersuchungen des „Feuchten Kellers" sehr früh. Aber vor allem in den 80er-Jahren des vorigen Jahrhunderts setzte eine systematische Erforschung dieser Höhle ein. Diese Erkundigungen wurden vorwiegend von Mitgliedern des Landesvereins für Höhlenkunde in Salzburg durchgeführt. Jedoch hatten Forscherkollegen aus Deutschland auch einen gewissen Anteil an diesen speläologischen Entdeckungen und Dokumentationen.

Ein faunistisches Kuriosum sind sicherlich die in der Finsternis lebenden Kröten und Frösche. Diese aus Versehen gewordenen „Höhlentiere" gelangen als Jungtiere durch den Almbach ins Unterirdische und können dank der eingeschwemmten organischen Stoffe überleben.

Die Höhle wurde in den letzten Jahren von Mitgliedern des Höhlenrettungsdienstes Salzburg besuchergerecht gemacht und als jüngste Schauhöhle Österreichs eröffnet.

Verwendete Literatur:
(85):125–129; (169): –.

Der wildromantisch verwachsene und Schachtartige Höhleneingang.

Im Feuchten Keller sind die Spuren des Wassers allgegenwärtig.

Offizieller Name: GAMSLÖCHER-KOLOWRATHÖHLE-HÖHLENSYSTEM
Weitere Bezeichnungen: Nebelhöhle, Nebelloch, Kolowratshöhle
Lage: Am Fuß des Bierfaßlkopfes im Nebelgraben in den Ostabstürzen des Untersbergs
Kat.-Nr.: 1339/1
Seehöhe: 1391 m
Gesamtganglänge des Gamslöcher-Kolowrat-Höhlensystems: 40 554 m
Höhenunterschied: 1130 m

Frei zugänglich, ohne Führung.

Info
Weitere Auskünfte bei: Untersbergbahn Talstation, Dr. Ödlweg 2, 5083 Gartenau
Tel.: 06246/72477-0, Fax: -75.
E-Mail: untersbergbahn@aon.at
www.untersberg.net
oder Tourismusinformation Grödig-St. Leonhard;
Tel.: 06246/73570, Fax: 06246/74795
E-Mail: info@tourist-groedig.co.at

www.salzburgnet.com
salzburg.com/wiki/index.php/Kolowratshöhle
de.wikipedia.org/wiki/Kolowratshöhle
www.lochstein.de/hoehlen/A/sb/untersberg/kolowrath/kolowrath.htm

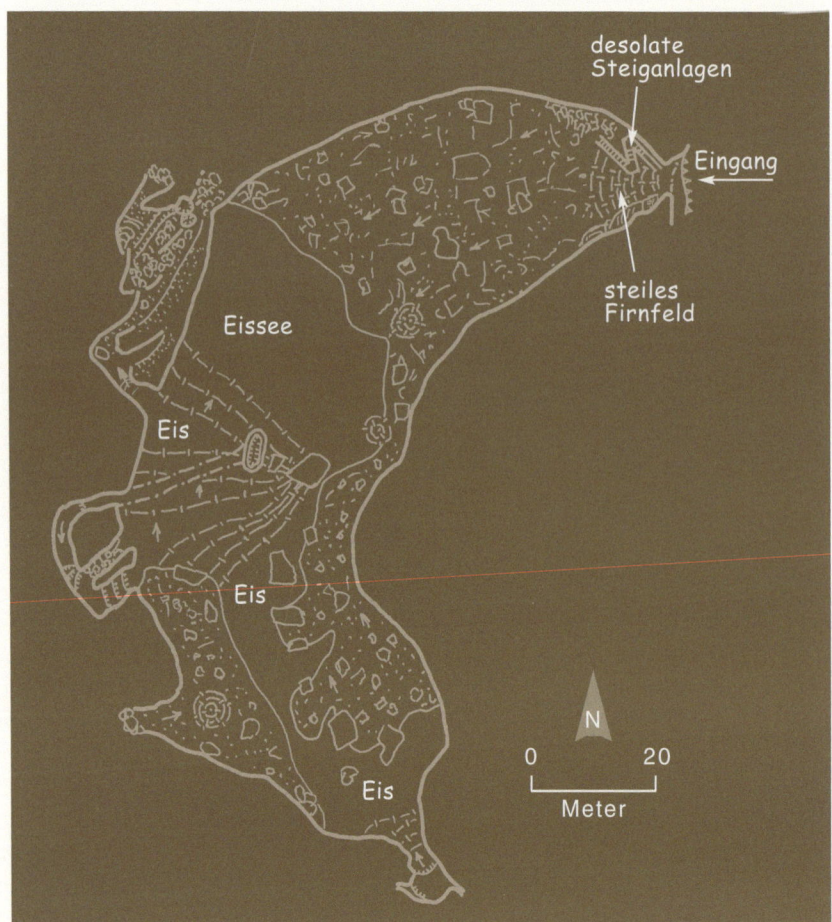

Was Sie erwartet

Durch den verhältnismäßig kleinen Eingang, aus dem kühler Wind und gelegentlich Nebel austreten, betritt man den riesigen Höhlenraum an seiner höchsten Stelle. Mit Ausmaßen von ca. 120 m Länge, bis zu 40 m Breite und einer Höhe von 36 m ist die Halle als derzeit größter unterirdischer Raum des Untersbergs zu bezeichnen. Gleich nach dem Eingang führt eine desolate und brüchige Steiganlage abwärts zum Grund der Halle, bei deren Begehung zu besonderer Vorsicht geraten wird. Die Steiganlage ist meist schmierig-glatt und auch gelegentlich vereist, Kameradensicherung mit einem Seil ist daher unbedingt nötig, mithilfe

Unfälle in Höhlen hat es leider schon immer gegeben; die frühesten, denen Menschen zum Opfer fielen, ereigneten sich sicherlich schon im frühen Paläolithikum. Schauplatz eines denkwürdigen Höhlenunglücks am 29. September 1866 war auch die Kolowrathöhle im Untersberg, als eine desolate Holztreppe unter dem Gewicht bayerischer Touristen einbrach. Von den drei abgestürzten Teilnehmern kamen zwei mit dem Schrecken davon, während der dritte, der königlich bayerische Staatsrat und ehemalige Minister Baron Gustav von Lerchenfeld, schwere Verletzungen erlitt. In relativ kurzer Zeit wurde der Verunglückte von einer eiligst herbeigerufenen Rettungsmannschaft geborgen, versorgt und abtransportiert. Anschließend wurde der Baron auf eigenen Wunsch nach Berchtesgaden gebracht, wo er nach etwa zwei Wochen seinen Verletzungen erlag.

Die erste Eishöhle Österreichs mit Schauhöhlenbetrieb: Blick vom Eissee zum Portal. Holzschnitt, 2. Hälfte 19. Jahrhundert.

ren versuchte. Da der Unglückliche bei der waghalsigen Aktion das Gleichgewicht verlor, prallte er gegen einen großen Felsblock. Obwohl er aus mehreren Wunden blutete, blieben dennoch alle Knochen heil, nichtsdestoweniger gestalteten sich Bergung und Abtransport des Verletzten mühsam und langwierig. Aber auch der damals noch nicht ausgebaute Zustieg zur Höhle soll um die Mitte des 19. Jahrhunderts mehrere Opfer gefordert haben.

Die Kolowrathöhle – damals hieß sie noch „Nebelhöhle" oder „Nebelloch" – wurde 1842 oder 1845 von einem Senner der Rosittenalm entdeckt. Recht bald baute man Steiganlagen ein und sie wurde als erste Eishöhle des Landes als einfach ausgebaute Schauhöhle erschlossen. In der großen Halle fanden damals auch Feste unter „bengalischer Beleuchtung" statt. Aber erst 1876 wurde der gefährliche Zustieg in Verbindung mit dem spektakulären Ausbau des Dopplersteigs entschärft. Durch Aussprengungen und mithilfe von Einbauten wurde ein sicherer Weg geschaffen. Da der naturliebende Ministerpräsident Franz Anton Graf Kolowrat-Liebsteinsky für die finanzielle Seite der Erschließung aufkam, erhielt die Höhle ihm zu Ehren seinen Namen.

Forschungen zwischen 1979 und 1993 lieferten die Erkenntnis, dass die Kolowrathöhle mit den „Gamslöchern" ein gewaltiges gemeinsames Höhlensystem bildet, und die intensiven Erkundigungen der letzten Jahre ergaben die beachtliche Gesamtlänge von 40,5 Kilometern.

Ein noch weiter zurückliegender Unfall ereignete sich kurz nach der Entdeckung der Höhle im Jahr 1845, als ein Teilnehmer an der ersten großen Expedition das steile und vereiste Firnfeld unterhalb des Einganges mithilfe eines Bergstockes abzufah-

Verwendete Literatur:
(24): 9, 98–102, 162; (25): 165–168; (83): 88–89; (86): 29–35; (90): 93–99; (91): 55–62; (110): 77–80; (147): 37–39.

Die nur spärlich vom Tageslicht erhellte Riesenhalle der Kolowrathöhle. Am Rand des Eissees ist einer der Autoren zu erkennen.

Trittsicherheit und Schwindelfreiheit werden vorausgesetzt, der abenteuerliche, teilweise in den Fels gesprengte Steig zum Portal.

„Gletscher in der Kolowrats-Höhle". Lithografie von Georg Pezolt, 1849.

Offizieller Name: LAMPRECHTSOFEN
Weitere Bezeichnungen: Lamprechts-
ofenloch, Lamprechtsofenlochhöhle, Lam-
prechtshöhlen, Ofenloch, Loferer Loch,
Jungfernloch, LampO, LAO
Lage: Die Höhle liegt zwischen Sankt
Martin und Weißbach unmittelbar an der
Bundesstraße Lofer–Saalfelden
Kat.-Nr.: 1324/1, Sh. = 660 m (unterer Ein-
gang) und 2 284 m (oberster Einstieg)
Gesamtganglänge: 51 000 m
Höhenunterschied: 1632 m

Führungszeiten

Während des Sommers ist die Höhle vom
1. Mai bis 31. Oktober täglich von 8.30 bis
19 Uhr offen und in der Winterzeit vom
1. November bis Mitte April kann man den
Lamprechtsofen jeweils Freitag, Samstag
und Sonntag von 9 bis 17 Uhr besuchen.
Bei der Planung eines Höhlenbesuchs sollte
man auch die jährlich veränderten Betriebs-
urlaube beachten.
Bei einem Gruppenbesuch (ab 10 Personen)
kann per Voranmeldung ein Wunschtermin
außerhalb der Führungszeiten vereinbart
werden.
Außerdem werden auch Kindergeburtstage
mit Schatzsuche in der Höhle und Laternen-
wanderung (Dienstag und Donnerstag 19.30
Uhr) gegen Voranmeldung angeboten.

In den Wintermonaten (Dezember bis Anfang
März) können nach Voranmeldung sportliche
und konditionsstarke Personen auch einen Teil
des unerschlossenen Höhlenbereichs unter
fachmännischer Führung befahren.
Schauhöhlenbeleuchtung: elektrisch.

Info und Kontakte

Verwaltung: Sektion Passau des DAV, Lud-
wigstraße 8, 94032 Passau, Deutschland.
Pächter für Schauhöhle und Gasthaus: Holl-
aus Elisabeth, Obsthurn Nr. 28,
5092 St. Martin bei Lofer,
Tel. +43 (0) 676 4480791
E-Mail: info@lamprechtshoehle.at
Führungen im Forscherteil: Glitzner Karoline und Franz Meiberger;
5092 St. Martin bei Lofer,
Tel.: +43 (0) 650 2202749
E-Mail: info@lamprechtshoehle.at
www.lamprechtshoehle.at
www.hoelenwelten.at
glitzner@hoehlenwelten.at

www.schauhoehlen.at
de.wikipedia.org/wiki/Lamprechtsofen
www.hoehlenfuehrungen.at/kontakt.php
www.salzburger-saalachtal.com
info@alpenverein-passau.de
e.hollaus@gmx.at
www.gasthaus-lamprechtshoehle.eu

Was Sie erwartet

Der tagnahe Bereich der heute über 50 km
Ganglänge messenden Riesenhöhle ist seit 1905
als Schauhöhle ausgebaut und dadurch wurde
auch die Hochwassergefahr gebannt bzw. mini-
miert. Hinter dem Gasthof „Lamprechtsofen" gelangt der Besucher unter einer Massivholz-Über-
dachung zum großen Höhlenportal und hat dort
die Möglichkeit, einem Münzautomaten in Gestalt einer zwergähnlichen Puppe, der mit dunkler
Stimme die Geschichte des Ritters Lamprecht sowie seiner Töchter schildert, zuzuhören. Danach
setzt die zumeist trockene Siphonstrecke an, die
nur durch extremes Hochwasser überflutet werden kann, weshalb man zur eigenen Sicherheit
auch die automatische Alarmanlage beachten sollte. Außerdem sind im Schauhöhlenteil Notrufsäu-
len aufgestellt und Notausrüstungsdepots verteilt.
Nach Passieren des tiefsten Punktes des Höhlensystems führt der ausgebaute Weg vorbei an Wasserfällen durch Gänge und Räume aufwärts zur
„Kanzlerhalle" und zur „Johann-Stainer-Halle".

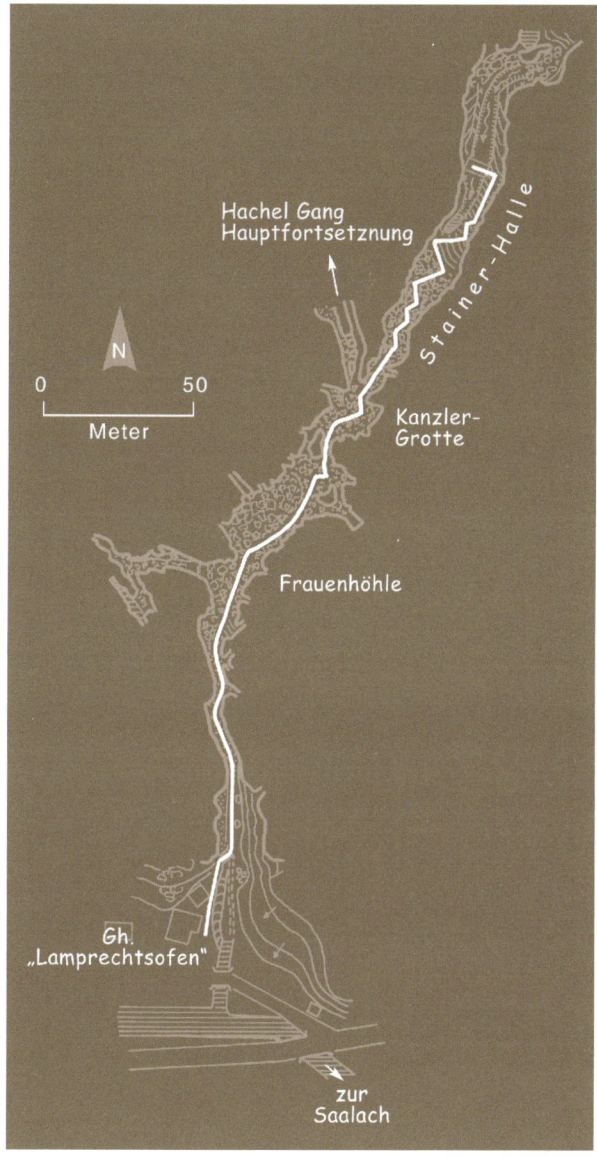

Hier befindet sich der Umkehrpunkt des 700 m langen Schauhöhlenteils, von dem man nicht nur einen imposanten Tiefblick genießt, sondern auch gut erhaltene Inschriften aus dem 19. Jahrhundert an den Höhlenwänden sehen kann.

So kommen Sie hin

Das Höhlenportal des „Lamprechtsofen", das zugleich auch als Eingang des Schauhöhlenbetriebs dient, liegt unmittelbar neben der Bundesstraße, die von Lofer nach Saalfelden führt, zwischen den Orten St. Martin und Weißbach bei Lofer.

Wanderkarten

Österreich-Karte: ÖK-50 3215 (Saalfelden am St. Meer) bzw. NL-33-01-15

freytag & berndt-Wanderkarte: WK 103 (Pongau – Hochkönig – Saalfelden; 1:50 000) und WK 393

(Loferer und Leoganger Steinberge, Chiemgauer Alpen, Berchtesgaden; 1:50 000)

Kompass-Wanderkarte: WK 14 (Berchtesgadener Land – Chiemgauer Alpen; 1:50 000), WK 30 (Saalfelden – Saalbach – Hinterglemm – Zell am See; 1:50 000) und WK 291 (Rund um Salzburg; 1:50 000)

Alpenvereinskarte: Nr. 9 (Loferer und Leoganger Steinberge; 1:25 000)

Der in den Leoganger Steinbergen gelegene „Lamprechtsofen" wird auch „Lamprechtshöhle" bzw. „Lamprechtsofenhöhle" genannt, sein Name leitet sich vom sagenhaften Ritter Lamprecht ab, von Höhlenforschern wird auch vielfach die Kurzbezeichnung „Lampo" oder „Lao" verwendet.

Wie bei vielen auffälligen und altbekannten Höhlen ranken sich auch um diese Sehenswürdigkeit unzählige Sagen. Die wichtigsten Erzählungen mit Bezügen auf dieses Objekt sind die variantenreichen Geschichten rund um den Ritter Lamprecht von der Burg Saaleck, deren ehemalige Existenz heute nur noch durch Ruinenreste bezeugt wird. Lamprecht soll einerseits ein gefürchteter Raubritter gewesen, anderseits als gütiger Herr aufgetreten sein. Egal, welch ethischer Status ihm nun auch zukommen mochte – er war jedenfalls ein steinreicher Mann und hortete unermessliche Schätze auf seiner Burg. Nach seinem Tod – Ursache und Verlauf seines Hinscheidens sind in verschiedenen Versionen überliefert – vererbte er sein gesamtes Vermögen seinen beiden Töchtern. Da eines der Mädchen blind war, hatte die Sehende leichtes Spiel, ihre behinderte Schwester grob zu übervorteilen. Zur Strafe wurde die Sünderin samt dem erschlichenen Vermögen in die damals als „Ofenloch" bezeichnete Höhle verbannt. Nach einer Variante der Sage hat die charakterlose Schwester die Höhle selbst als Schatzdepot gewählt und als Wächter fungieren sowohl zwei schwarze Höllenhunde als auch der Teufel höchstpersönlich.

Ritter Lamprecht war aber nicht nur für den Namen der Höhle verantwortlich, sondern seine sagenhaften Schätze lockten in der Folge viele Menschen an, die über Nacht reich werden wollten. So bargen die ersten Erforscher der Höhle 198 Skelette von „Schatzsuchern", die im Laufe der Jahrhunderte in die Höhle eingestiegen waren. Vermutlich wurden sie entweder von überraschenden Hochwässern eingeschlossen oder mangelnde Ausrüstung, etwa unzureichende Lichtquellen, trugen an ihrem Tod die Schuld. Um den gefährlichen Unfug abzustellen, wurde das Höhlenportal sogar zweimal unsinnigerweise zugemauert (1701, 1723); „unsinnig" deswegen, weil die nächsten Hochwässer das Mauerwerk wieder aufsprengten und wegrissen.

In den unteren, tagnahen Bereichen wird der Lamprechtsofen seit 1905 als Schauhöhle geführt. Über den dem allgemeinen Publikum nicht zugänglichen „Südgang" setzt sich das eigentliche riesige Höhlensystem fort. Erst in den Sechziger-Jahren des 20. Jahrhunderts gelang der große Durchbruch, als ein Siphon beim altbekannten „Bocksee" durchtaucht werden konnte. Nachdem ein den Siphon überfahrender Stollen angelegt wurde, stand weiteren Forschungen nichts mehr im Wege. Die äußerst schwierigen Vorstöße, die vom Wasser in allen seinen, hier aber unterirdischen Erscheinungsformen (Seen, Wasserfälle, reißende Bäche usw.) erschwert, immerzu aufwärts führten, wurden vor allem von Forschern des Salzburger Landesvereines, unterstützt durch Kollegen aus Großbritannien und Polen, durchgeführt. Besonders polnische Tiefenalpinisten betrieben die Neuforschungen in den letzten Jahrzehnten; ihnen war es auch vorbehalten, eine Verbindung zwischen dem „Lamprechtsofen" und dem „Vogelschacht" in schwieriger Kletterei festzustellen, und schließlich fand man während einer Expedition unter österreichischer Beteiligung im August 1998 eine Verbindung mit dem etwas höher ansetzenden Schacht „PL-2". Da sich diese Schachtöffnung im Nebelsbergkar der Leoganger Steinberge in einer Seehöhe von 2284 m befindet und die Seehöhe des unteren Eingangs 660 m (−8 m tiefster Punkt der Höhle!) beträgt, ergibt sich ein Gesamthöhenunterschied von 1 632 m, womit das Lamprechtsofen-Höhlensystem für einige Zeit die tiefste Höhle der Welt darstellte. Erst vor Kurzem musste sie diesen Rang an die „Voronja-Höhle" im Arabika-Massiv des West-Kaukasus abtreten, denn dort erreichte am 7. Jänner 2001 eine Expedition der Ukrainischen Speleo-Gesellschaft eine Tiefe von 1710 Metern. Inzwischen weist die georgische Krubera-Höhle (Voronja) einen vermessenen Höhenunterschied von 2197 m auf. Zum Trost bleibt das Lamprechtsofen-Höhlensystem noch immer die „höchste Durchgangshöhle der Welt".

Ein ausgebauter, mit Seilsicherungen versehener Gangabschnitt, ermöglicht ein sicheres und rasches Vorankommen in der Lamprechtsofenhöhle.

Verwendete Literatur:
(24): 9, 89–92, 161; (25): 155–158; (76): 118: (83): 13–25; (86): 164–173; (88): 57–97; (110): ?; (147): 7–11; (169): –.

Im Fels verewigt: Inschriftenwand in der Johann-Stainer-Halle.

Wasseraktive Höhlen erfordern gute Trittsicherheit!

Höhlenabenteuer Lamprechtsofen. Unterwegs in der vierttiefsten Höhle der Welt, im sogenannten „Pokal" des „Südgangs".
Dieser Abschnitt des Lamprechtsofen kann nur mit einer Sonderführung besucht werden.

Imposanter Tiefblick in die romantisch beleuchtete „Johann-Stainer-Halle" des Lamprechtsofen.

Inschriftenwand in der „Johann-Stainer-Halle". In alter Zeit lockten die sagenhaften Schätze des Lamprechtsofen zahlreiche „Schatzsucher" an.

Offizieller Name: MAXIMUSHÖHLE
Weitere Bezeichnungen: Maximilianska-
pelle, Maximilianshöhle, Maximuskapelle
Kat.-Nr. 1352/2
Seehöhe: 434 m
Ganglänge: ca. 20 m

Offizieller Name: ST.-ÄGIDIUS-KAPELLE
Weitere Bezeichnungen: Ruperti Höllein,
St.-Ruprechts-Höhle
Kat. Nr.: 1352/14
Seehöhe: 425 m
Ganglänge: ca. 20 m

Offizieller Name: GERTRAUDENKAPELLE
Kat.-Nr.: keine
Seehöhe: ca. 430 m
Ganglänge: ca. 20 m

Öffnungszeiten

Mai bis September:	täglich 10–18 Uhr
Oktober bis April:	täglich 10–17 Uhr
Geschlossen:	1 Jänner,
	24. bis 27. Dezember,
	31. Dezember

Info

www.stift-stpeter.at/de/katakomben
de.wikipedia.org/wiki/Katakomben_Salzburg
www.salzburg.com/wiki/index.php/Katakomben
www.salzburg.info/de/sehenswertes/kir-
chen_friedhoefe/erzabtei_st_peter_friedhof

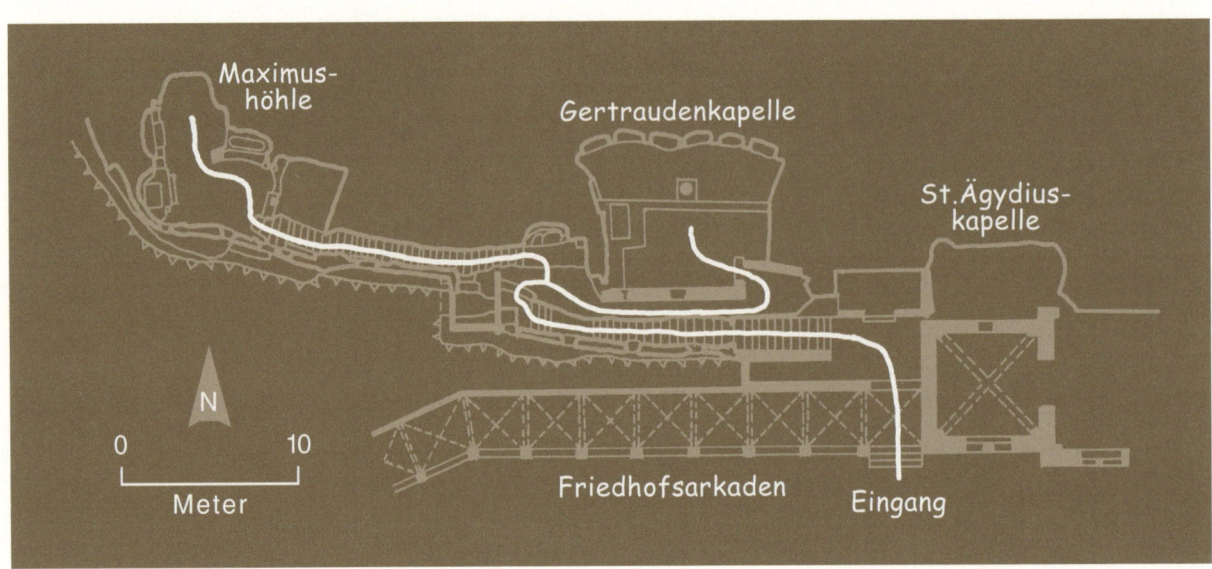

Was Sie erwartet

Im südöstlichen Teil der Friedhofsarkaden schließt die Kreuzkapelle an, in der sich die Höhle „St.-Ägydiuskapelle", auch „Ruperti Höllein" oder „St.-Ruprechts Höhle" genannt, befindet. Da das kleine Gotteshaus die Funktion einer Aufbahrungshalle hat, ist es meist verschlossen und daher nicht zugänglich. Linker Hand der Kreuzkapelle setzt der Zugang zu den Katakomben an, in denen früher Führungen veranstaltet wurden; heute begehen die Besucher die Anlage ungeführt. Informationen darüber vermittelt lediglich eine käuflich zu erwerbende Broschüre. Nach Besichtigung der „Kommunegruft" gelangt man über eine 48-stufige Treppe bzw. einen in den Fels geschlagenen Tunnel zur höher gelegenen „Gertraudenkapelle".

An der Form ihrer Decke lässt sich erkennen, dass man sich hier in einer ursprünglich natürlichen Höhle befindet. An der Bergseite sind sechs Rundbogennischen in das Konglomeratgestein gemeißelt. In der Mitte des relativ großen Raumes steht ein romanisch-gotischer Pfeiler; erwähnenswert ist das aus dem 15. Jahrhundert stammende Fresko „Martyrium des hl. Thomas Becket"; auch hier werden heute übrigens noch heilige Messen gefeiert. Nach dem Verlassen der Kapelle und einige Stufen höher erreicht man eine kleine Aussichtsplattform mit Glockenturm, der daran erinnern soll, dass die Höhlen einstmals als Einsiedelei Verwendung fanden. Über weitere 36 Stufen gelangt der Besucher schließlich in die Maximuskapelle, auch als „Maximushöhle" bezeichnet. Dieses Objekt wurde ebenfalls in auffälliger Art und Weise künstlich verändert. Die Wände tragen Reste von Verputz und über dem Bogengrab, das sicherlich auch als steinerne Liegestatt von Einsiedlern verwendet wurde, ist eine Tafel aus dem Jahr 1530 angebracht, die vom angeblichen Martyrium des „Heiligen Maximus in Iuvavum" berichtet:

ANNO DOMINI CCCCLXXVII ODOACER
REX RHVTENORVM GEPPIDI GOTHI
VNGARI ET HERVLI CONTRA ECCLE
SIAM DEI SERVIENTES BEATVM MAXIMVM
CVM SOCIIS SVIS QVINQVAGINTA
IN HOC SPELEO LATITANTIBVS OB
CONFESSIONEM FIDEI TRVCIDATOS
PRECIPITARVNT NORICORVM
QVOQVE PROVINCIAM FERRO
ET IGNE DEMOLITI SVNT

„Im Jahr des Herrn 477, als Odoaker, König der Ruthenen, Gepiden, Goten, Ungarn und Heruler, wider die Kirche Gottes wütete, stürzten sie den seligen Maximus mit fünfzig Gefährten von dieser Höhle, wo sie verborgen waren, ob ihres Glaubens grausam in die Tiefe. Und sie zerstörten mit Feuer und Schwert die Provinz Noricum."
Die Wissenschaft zweifelt an der hier beschriebenen Lokalität der Maximus-Legende, denn sie ist der Ansicht, das Martyrium hätte in „Joviacum", also bei Schlögen in der Nähe von Engelhartszell, stattgefunden. Dessen ungeachtet wurde bis vor kurzer Zeit, zum Teil geschieht das auch noch heute, aus Gründen der Haustradition an dieser frommen Legende und der Bezeichnung „Katakomben" festgehalten.

Abschließende Anmerkung: Bei den Höhlen scheint nur die Decke natürlichen Ursprungs zu sein, der Rest der Objekte wirkt stark überarbeitet. Der Friedhof St. Peter befindet sich im Zentrum der Stadt Salzburg und man erreicht ihn vom Domplatz bzw. Residenzplatz über den Kapitelplatz sowie die Festungsgasse. Im Südteil des malerischen Friedhofes, im untersten Abschnitt der Steilwand des Mönchsberges, liegen die Höhlen. Sie können nur während der Öffnungszeiten der „Katakomben" besucht werden.

Wanderkarten
Österreich-Karte: ÖK-50 3210 (Hallein) bzw. NL-33-01-10; besser ist ein Stadtplan von Salzburg.
Wanderkarte: Salzburg Stadt (Stadtplan; 1:7 500 – 1:15 000)
Kompass-Wanderkarte: WK 017 (Salzburg und Umgebung; 1:25 000) und SP 444 (Salzburg; 1:10 000)

Inmitten der Stadt Salzburg, am Fuß der Steilwände des Mönchsbergs, liegt die überaus romantische Anlage des St.-Peter-Friedhofs, dessen heutige Form auf das Jahr 1627 zurückgeht, die älteste noch in Verwendung stehende Begräbnisstätte Salzburgs. Diese äußerst sehenswerte Anlage ist an drei Seiten von Arkaden mit Familiengrüften umgeben. Die in den nordwestschauenden Felsabstürzen liegenden markanten Einbauten der „Katakomben" sind vom Friedhof aus nicht nur gut zu erkennen, sondern geben auch ein gern gewähltes Fotomotiv ab.

Der Altar in der Gertraudenkapelle.

Eines aber ist gleich als Richtigstellung festzuhalten: Es handelt sich keinesfalls um Katakomben. Dieser Irrtum basiert auf den Arbeiten des bekannten italienischen Katakombenforschers Giovanni Battista de Rossi, der in der Mitte des 19. Jahrhunderts die früher als „Eremitorien" bezeichneten Höhlen in der Mönchsbergwand als Gebetshöhlen der frühchristlichen Zeit interpretierte. Diese Aussage wurde von den Salzburgern falsch aufgenommen und man nannte die Höhlen fortan „Katakomben". Mit an Sicherheit grenzender Wahrscheinlichkeit ist diese älteste christliche Höhlenkultstätte Österreichs in den ersten Jahrzehnten des 3. Jahrhunderts durch die Christengemeinde des römischen Iuvavum ausgebaut worden. Außerdem ist anzunehmen, dass diese Örtlichkeit schon zuvor sogenannte „heidnische" Heiligtümer beherbergte. Später fungierten die Höhlen als Andachtsraum und bescheidene Wohnstätte für Eremiten.

Verwendete Literatur:
(24): 9, 93–95, 161; (25): 159–164; (90): 276–277, 286; (109): 69; (116): 243–245; (172): –;

Idylle am Fuß der Mönchsberg-Steilwände: der St.-Peter-Friedhof mit „Katakomben". Ansichtskarte, um 1930.

Alter Kupferstich der Maximuskapelle. Die Zahl 4 zeigt die Eremiten-Liegestatt.

Wohl die älteste christliche Höhlenkultstätte Österreichs: Der aus Tonplatten zusammengefügte Altar in der Maximushöhle entstand – wie alle „Katakomben-Altäre" – um 1860.

Die Decke der Gertraudenkapelle verrät noch den natürlichen Ursprung der Höhle.

Offizieller Name: PRAX-EISHÖHLE
Weitere Bezeichnungen: Praxer Eishöhle, Eishöhle an der Prax
Lage: Die Höhle durchquert den Prax-Rücken in den Loferer Steinbergen, oberhalb von St. Martin bei Lofer.
Kat.-Nr.: 1323/1
Seehöhe: 1600 m (Osteingang) und 1615 m (Westeingang)
Gesamtganglänge: 1040 m
Höhenunterschied: 63 m

Führungszeiten

Die Führungen werden vom späten Frühjahr bis zum Herbst derzeit durch die staatlich geprüften Höhlen- und Wanderführer Glitzner und Meiberger nach Voranmeldung vorgenommen. Voraussetzung zur Teilnahme sind das vollendete 14. Lebensjahr, etwas Kondition, Trittsicherheit, Bergbekleidung und festes Schuhwerk mit Profilsohle. Die nötige Höhlenausrüstung wird durch den Höhlenführer beigestellt.
Beleuchtung während der Besichtigung: Karbidlampen und elektrische Stirnlampen.

Info und Kontakte

Voranmeldung bei den Höhlenführern Glitzner Karoline und Franz Meiberger, 5092 St. Martin bei Lofer;
Tel.: +43 (0) 650 2202749
E-Mail: glitzner@hoehlenwelt.at bzw.
praxeishoehle@saalachtal.net

www.schauhoehlen.at
office@saalachtal.net
www.salzburger-saalachtal.com
de.wikipedia.org/wiki/Prax-Eish%C3%B6hle

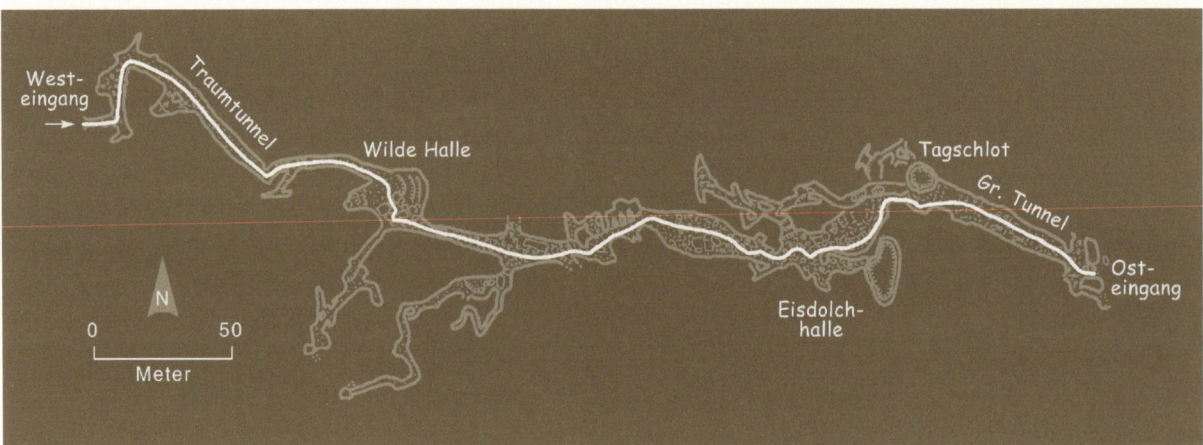

Was Sie erwartet

Aus dem Höhleneingang bläst dem Besucher je nach Jahreszeit und Witterung ein mehr oder weniger starker eisiger Wind entgegen. Hinter der Naturbrücke tritt man in eine dämmrige Vorhalle, aus der man durch eine stark bewetterte Engstelle die eigentliche Höhle erreicht. Nach der hier angebrachten massiven Absperrung setzt der ansteigende „Große Tunnel" an, in welchem sich schon die ersten großen Eisfiguren zeigen. Nach Passie-

ren des hohen Tagschlots (Schlot mit Tagöffnung) geht es unter mehrmaligem Auf- und Abstieg durch eine Folge romantisch anmutender Gänge und großer Hallen. Im Lichte der Karbidlampen schillern starke und hohe Eissäulen, viele davon sind durch eingeschlossene Luftbläschen getrübt. Andere Eisgebilde zeichnen sich wiederum durch außergewöhnliche Klarheit aus, durchsichtig, beinahe wie aus Glas, ziehen sie den Betrachter in ihren Bann. Da man auf diesem Weg den Bergrücken der Prax durchquert, gelangt man am Ende des Durchgangs zum Westeingang der Höhle. Der exponierte Vorplatz dieses Höhleneingangs sitzt wie ein Adlernest in der „Schwarzenwand" und gewährt bei Schönwetter eine eindrucksvolle Fernsicht auf die faszinierenden Steinberge und die Schmidt-Zabierow-Hütte, bei klarer Sicht auch auf das Gruberhörndlgebiet und die Grenzberge zu Bayern. Nach einer ausreichenden Rast verlässt man dieses idyllische Plätzchen und begibt sich wiederum auf dem gleichen Weg, den Berg abermals durchquerend, zum Ost- bzw. Haupteingang der Durchgangshöhle zurück. Außer den oft gewaltigen Eisfiguren und dem schönen Bodeneis weist die Prax-Eishöhle noch eine weitere Attraktion auf, nämlich zahlreiche herausgewitterte Fossilien, die auf die Entstehung des Kalkgesteins im Triasmeer hinweisen. Auch verschiedene Falterarten und Fledermäuse finden hier ihren Überwinterungs- bzw. Tagesschlafplatz.

Um Touristen durch die 1040 m lange Höhle besser und sicherer führen zu können, wurde sie in ausreichendem Maß mit Alu- und Eisenleitern, Seilen und Holzstegen versehen.

Zu beachten ist

Für die Aufstiegszeit sollte man 2½ bis 3 Stunden einplanen, für die Begehung der Höhle ohne Umziehen, Rasten und Fotopausen ist mit etwa zwei Stunden zu rechnen, insgesamt sollte man daher für diese Tagestour mindestens 7 bis 9 Stunden veranschlagen.

So kommen Sie hin

Um den besten Ausgangspunkt für den Aufstieg zur Höhle zu erreichen, fährt man auf einer kurvenreichen Bergstraße von St. Martin in den malerisch gelegenen kleinen Wallfahrtsort Maria Kirchenthal, dessen prunkvolle barocke Kirche von Fischer von Erlach errichtet wurde. Hier befindet sich üblicherweise der Treffpunkt für die geführten Wanderungen zur Prax-Eishöhle.

Am Anfang des zur Höhle führenden „Schärdingersteigs" weist eine Tafel darauf hin, dass die Prax-Eishöhle versperrt ist, daher sollten sich Personen, die einen Besuch dieses Objekts beabsichtigen, zuvor zu einer geführten Führung anmelden. Ansprechpartner sind das Gemeindeamt bzw. der Fremdenverkehrsverein St. Martin.

Auf dem steilen Schärdingersteig, der auf das Große Ochsenhorn und zur Schmidt-Zabierow-Hütte

führt, geht es bergan bis zu einer Quelle, die von Resten alter Wassertröge umgeben ist. Bald danach verlässt man den Steig und quert unter einer auffallenden Hangstufe (Wegspuren) gegen Westen. Erst unmittelbar vor dem Objekt wird der durch eine etwa 10 m breite und 2 m hohe Naturbrücke erreichbare Osteingang der Prax-Eishöhle sichtbar. Da der Anstieg sowohl steil als auch sehr lang ist, sollten Höhlenbesucher nicht nur mit ausreichender Kondition, sondern auch mit gutem Schuhwerk versehen sein; die weitere Höhlenausrüstung, wie Helm mit Beleuchtung, Überhose, Handschuhe und Brustgurt, wird durch den Höhlenführer bereit gestellt.

Wanderkarten

Österreich-Karte: ÖK-50 3215 (Saalfelden am St. Meer) bzw. NL-33-01-15; am Blattrand zu ÖK-50 3214 (Kitzbühel)

freytag & berndt-Wanderkarte: WK 393 (Loferer und Leoganger Steinberge – Chiemgauer Alpen – Berchtesgaden; Wanderkarte 1:50 000)

Kompass-Wanderkarte: WK 14 (Berchtesgadener Land – Chiemgauer Alpen; 1:50 000) und WK 291 (Rund um Salzburg; 1:50 000)

Alpenvereinskarte: Nr. 9 (Loferer und Leoganger Steinberge; 1:25 000)

Faszinierende Eisgebilde von außergewöhnlicher Klarheit.

Hoch über dem Fremdenverkehrsort St. Martin bei Lofer, in den Loferer Steinbergen, wartet eine besondere unterirdische Attraktion auf erlebnishungrige Besucher. Es handelt sich hierbei um die in einer Seehöhe von 1600 m gelegene Prax-Eishöhle, die 1925 erstmals in der Literatur Erwähnung findet. Der Tagesausflug zu dieser Eishöhle ist zweifellos ein eindrucksvolles und einmaliges Erlebnis, denn schon beim Aufstieg und an der Oberfläche rund um den Höhleneingang blühen viele der schönsten Alpenblumen. Aber erst die abenteuerliche Höhlenführung gewährt einen außergewöhnlichen Einblick in das Innere des Kalksteingebirges mit seinem ganzjährig konservierten Eisvorkommen. Dieses präsentiert sich, je nach Niederschlägen und Jahreszeit, dem staunenden Besucher als imposante Bildung von Eissäulen, Eisfällen, Bodeneis und schönen Eiskeulen.

Verwendete Literatur:
(24): 9, 96-97, 162; (25): 162–164; (88): 20–26; (169): –.

Gläsernes Wunderreich: faszinierende Eisgebilde in der „Eisdolchhalle". Prax-Eishöhle.

Auf dem abenteuerlichen Weg ins Berginnere entdecken wir übermannshohe Eisformen.

Wildromantische Prax-Eishöhle: mit grobem Blockwerk versehener Gangabschnitt.

SALZBURG
ST.-WOLFGANG-HÖHLE u. STEINKLÜFTE

Offizieller Name: ST.-WOLFGANG-HÖHLE
Weitere Bezeichnung: Wunderhöhle
Lage: Am Falkenstein im Nordbereich des Wolfgangsees, östlich von St. Gilgen
Kat.-Nr.: 1531/3
Seehöhe: 710 m
Ganglänge: 12 m

Offizieller Name:
STEINKLÜFTE bei St. Gilgen
Weitere Bezeichnungen: Steinklüfte am Plomberg, Franzosenklüfte, Kalte Küche, Teufelsschlucht, Felsentempel, Durchgang

Lage: Am Fuß der Plombergwand bei St. Gilgen
Kat.-Nr.: 1523/3
Seehöhe: ca. 660 m
Ganglänge: je Höhle etwa 10-20 m

Frei zugänglich, ohne Führung.

Info
de.wikipedia.org/wiki/Falkensteinkirche
salzburg.orf.at/radio/stories/2591615/

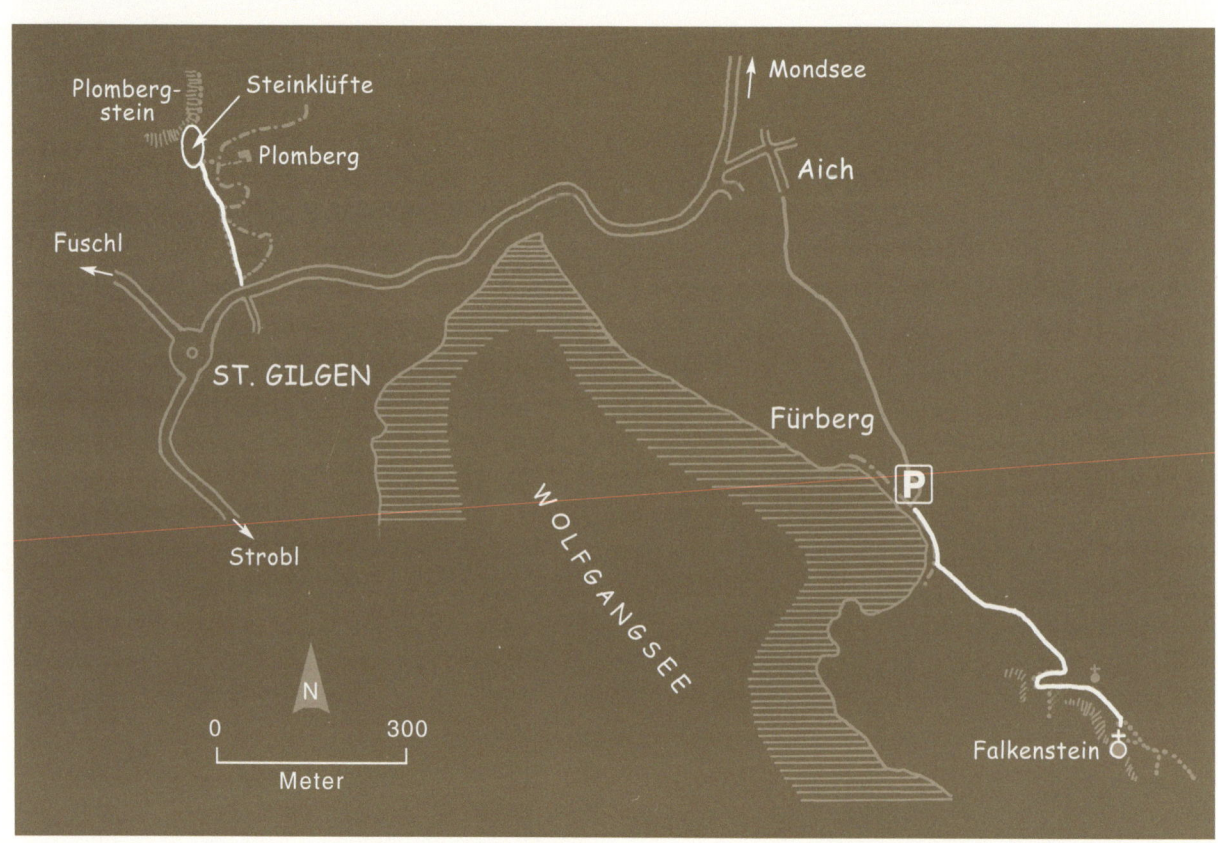

Was Sie erwartet

Durch ein großzügiges Treppenhaus im zweigeschossigen Kirchengebäude gelangt man hinauf zur Wallfahrtskapelle „auf dem Falkenstein". Eine schmale Treppe führt rechter Hand zu der hinter der Kapelle gelegenen Höhle. Die St.-Wolfgang-Höhle besitzt eigentlich zwei Eingänge, einen schliefbaren Spalt und den Normaleingang, mannshoch und recht breit, bei dessen Benützung man eine fast einen Meter hohe bearbeitete Felsbarriere zu überwinden hat. Beide Öffnungen führen in eine kleine Kammer und bilden damit das

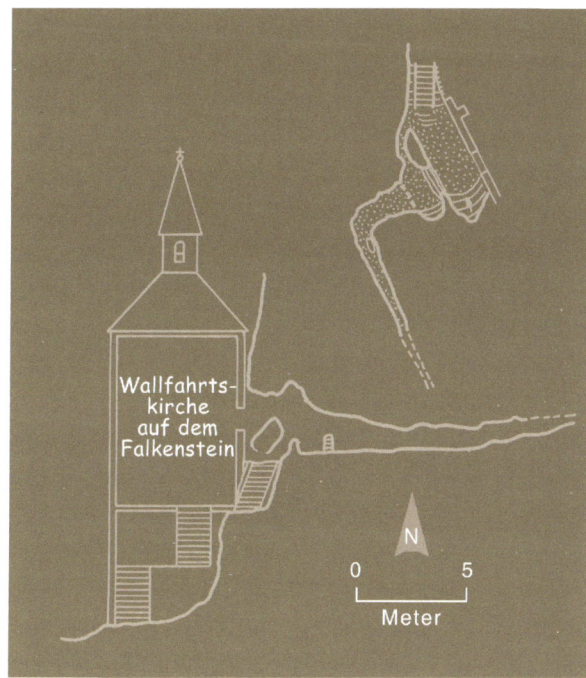

„Durchschlupfheiligtum". Die einzige Fortsetzung nach der Kammer bildet eine sehr enge Felsspalte, die nach einigen Metern unschliefbar endet. Die kleine Höhle dürfte vor langer Zeit als Eremitage gedient haben. Drei ausgetretene Felsstufen beim größeren Eingang deuten auf ein hohes Alter der vermutlichen Einsiedelei hin.

Bei den Steinklüften handelt es sich durchwegs um Abbruchklüfte und Überdeckungshöhlen im Felssturzbereich am Fuß der Plombergwand. Die durch dieses Gebiet führenden Wanderwege benützen gelegentlich solche Höhlen, weitere Objekte öffnen sich unmittelbar neben dem Pfad. Tafeln mit romantischen Benennungen, wie „Kalte Küche", „Teufelsschlucht" und „Franzosenhöhle", markieren einige der Sehenswürdigkeiten. Folgt man dem rot markierten Wanderweg „4", so gelangt man nach wenigen Metern zum eigentlichen Wandfuß mit den unfertig behauenen Steinblöcken. Den Weg am Fuß der Wand weiter verfolgend erblickt man nach einem weiteren kurzen Stück einen mächtigen an den Fels gelehnten Block, der als „Durchgangs-Versturzhöhle" mit der Bezeichnung „Felsentempel" versehen wurde.

Zu beachten ist

Wir bitten Sie, zum Besuch der Steinklüfte nicht die Zufahrt zum Plomberghof zu verparken und die Autos auch nicht in den Wiesen abzustellen! Im Bereich der Steinklüfte und am Wandfuß des Plombergsteins sollte man das Abbrennen von La-

gerfeuern, Campieren, Müllablagern und unnötige Lärmentwicklung vernünftigerweise unterlassen. In jüngster Vergangenheit kam es aus solchen Anlässen immer wieder zu Konflikten mit dem Grundbesitzer.

So kommen Sie hin

Von St. Gilgen fahren wir über Mondsee auf der Bundesstraße 158 bis Winkl/Aich und biegen dort rechts ab. Auf schmaler Asphaltstraße geht es dann weiter zum Strand des Wolfgangsees im Bereich Fürberg, wo das Auto für den Besuch des Falkensteins abzustellen ist. Wir folgen dem zeitweise steilen und breiten Pilgerweg, vorbei an der Kapelle „Steine", hinauf zur Wallfahrtskapelle im Hochtal des Falkensteins. Die angegebene Wegzeit beläuft sich zwar auf eine Stunde, doch ohne Weiteres kann man die Strecke ebenso in 20 Minuten zurücklegen. In der Nähe der romantischen Wallfahrtskapelle kann man auch zwei eher unbedeutende Halbhöhlen, ein kurzes Stück rechts von ihr gelegen, besuchen.

Die kleine Höhlenkammer: Hier soll der heilige Wolfgang Zuflucht vor den Nachstellungen des Satans gefunden haben.

Der Ausgangspunkt der Wanderung zu den Steinklüften liegt ebenfalls an der Straße nach Mondsee. Gegenüber der „Steinklüfte-Gasse", etwa hundert Meter nach der Ortstafel „St. Gilgen", zweigt eine öffentlich benutzbare Privatstraße ab. Obwohl diese bis zum Plomberggut eine gute Fahrmöglichkeit bietet, sollte wegen des dortigen Parkplatzmangels dem hier beginnenden Wanderweg der Vorzug gegeben werden. Dieser markierte Weg „17" führt durch einen Mischwald etwa Richtung Norden bergaufwärts. Bei Erreichen eines zum „Plomberggut" gehörigen Wiesengeländes führt linker Hand ein als „Wanderweg Plombergstein" gekennzeichneter Weg in äußerst kurzer Zeit zu den Steinklüften.

Wanderkarten
Österreich-Karte: ÖK-50 3211 (Bad Ischl) bzw. NL-33-01-11

freytag & berndt-Wanderkarte: WK 282 (Attersee – Traunsee – Höllengebirge – Mondsee – Wolfgangsee, 1:50 000), WK 391 (Mattsee – Wallersee – Irrsee – Fuschl – Mondsee – Oberndorf; 1:50 000) und WK 5282 (Attersee – Mondsee – Wolfgangsee; 1:35 000)

Kompass-Wanderkarte: WK 17 (Salzburger Seengebiet – Kobernaußerwald; 1:50 000), WK 017 (Salzburg und Umgebung; 1:25 000), WK 18 (Nördliches Salzkammergut, Wolfgangsee, Attersee, Traunsee; 1:50 000), WK 018 (Wolfgangsee – Fuschlsee – Mondsee; 1:25.000), WK 229 (Salzkammergut; 1:50 000) und WK 291 (Rund um Salzburg; 1:50 000)

In der Nähe von St. Gilgen am schönen Wolfgangsee gelegen, können wir zwei bemerkenswerte Höhlen-Wanderziele empfehlen. Das erste Ziel lässt uns die malerische Gegend des felsigen Bergrückens des Falkensteins mit der kleinen Wallfahrtskirche kennenlernen, die mit der einstigen Anwesenheit des heiligen Wolfgang in Verbindung gebracht wird. Wie eine Legende zu berichten weiß, hatte der Heilige hier Zuflucht vor den Nachstellungen des Satans gesucht.

Das zweistöckige Gebäude der 1626 erbauten Wallfahrtskirche ist einer kleinen Höhle vorgebaut, nämlich der St.-Wolfgang-Höhle oder Wunderhöhle. Der Eingang wird durch einen so bezeichneten „Durchkriechstein" geteilt, durch den die Pilger schlüpfen, um alles Üble abzustreifen.

Dieser Brauch findet mit Sicherheit seine Wurzeln schon in grauer Vorzeit.

Die Wallfahrtskapelle kann auch mit einer „Wunschglocke" aufwarten, die, wenn sie vom Pilger durch einen Seilzug bedient ein dreimaliges Anschlagen des Klöppels vernehmen lässt und einen Wunsch erfüllt – so heißt es zumindest.

Mit der einstigen Ruhe und Einsamkeit ist es vorbei – sehr oft herrscht Hochbetrieb um die Kapelle und Glockengebimmel erfüllt das Hochtal.

Im Felsgewirr der Steinklüfte.

Noch einige nüchterne Erklärungen zur Person des Kirchenpatrons: Der Heilige Wolfgang kam um 924 in Schwaben zur Welt und starb am 31. Oktober 994 im oberösterreichischen Pupping. Er trat 965 in das Kloster Einsiedeln in der Schweiz ein, war 971 oder 972 auf Mission in Ungarn, förderte die Klosterreform in Regensburg, wo er auch von 972 bis 994 als Bischof dieses Bistums wirkte. Sein reformatorisches Wirken in Regensburg leitete auch eine Neuordnung und Förderung der österreichischen Klöster ein. Auf seinen Aufenthalt in Mondsee in den Jahren 976 und 977 sind vermutlich einige Kirchengründungen zurückzuführen. Wolfgang wurde 1052 heiliggesprochen und sein Gedenktag wurde mit dem 31. Oktober festgesetzt.

Fern-Wallfahrten zur Kirche St. Wolfgang im gleichnamigen Ort am Abersee, wie früher die Bezeichnung des Wolfgangsees lautete, sind seit dem Jahre 1306 belegt. Laut einer Legende soll die Gründung dieser Kirche, die einen Besuch wert ist, auf ihn zurückzuführen sein, da er auf dem nahen Falkenstein als Einsiedler gehaust haben soll. Um den Aufenthalt des Heiligen auf dem Falkenstein rankt sich ein sehr reicher Legendenkranz, dessen Wahrheitsgehalt allerdings als eher sehr gering anzunehmen ist. Seit der Wende vom 14. auf das 15. Jahrhundert wird der Heilige vor allem in Oberösterreich und Salzburg verehrt.

Die zweite Wanderung führt uns zum Fuß der Felswände des Plombergsteins, in denen sich die Steinklüfte befinden. In dieser wildromantischen Landschaft, die vor allem durch ihre von Bergstürzen herrührenden hausgroßen Felsblöcke geprägt ist, trifft man auch auf einige Klammen und etliche Versturzhöhlen. In den Zeiten der Türkennot und der Franzosenkriege konnten sich hier der Überlieferung nach die Bauern der Umgebung mit ihren Frauen, Kindern und der wertvollen Habe verbergen. Da am Südrand dieses eng begrenzten Gebiets eine kleine Quelle entspringt, erscheint dieser Aufenthalt in den Höhlen allerdings recht glaubhaft. An einer Stelle neben dem Weg durch das Felsengewirr kann man große Blöcke erkennen, die zwar bearbeitet wurden, aber nicht mehr zum Abtransport kamen. Wann diese Steinbrucharbeiten vorgenommen wurden, entzieht sich leider unserer Kenntnis.

Ferner stellt die Versturzzone mit den Steinklüften nicht nur ein geologisch interessantes Gebiet dar, sondern sie hat auch eine außerordentliche ökologische Bedeutung. Das kleinräumige feuchte und kühle Schluchtklima bietet ideale Voraussetzungen für die dort häufig vorkommenden Eiben sowie für das zahlreiche Auftreten von Feuersalamandern.

Verwendete Literatur:
(25): 179–183; (85): 344–345, 350–351; (113): 187–199; (116): 240-241; (137): –; (165): 121–123, 132; (194): 39–61.

Die Versturzzone mit den Steinklüften stellen ein geologisch interessantes Gebiet dar.

Eine schmale Treppe führt hinauf zur St.-Wolfgang-Höhle hinter der Kapelle.

Offizieller Name:
STEINTHEATER HELLBRUNN
Weitere Bezeichnung: Steinernes Theater
Lage: Im Schlosspark von Hellbrunn, an der Ostseite des Hellbrunner Bergs (Südwestteil)
Kat.-Nr.: 1352/13
Seehöhe: 460 m
Ganglänge: bis ca. 10 m

Offizieller Name: GROTTEN BEI DEN HELLBRUNNER WASSERSPIELEN
Bezeichnungen der einzelnen Grotten:
Orpheus-, Neptun-, Spiegel-, Vogelsang-, Muschel- und Ruinengrotte, Venus-, Steinbock- und Kronengrotte
Lage: Im und beim Schloss Hellbrunn
Kat.-Nr.: keine
Seehöhe: 430 m

Führungszeiten
Das Steintheater Hellbrunn ist frei zugänglich. Öffnungszeiten des Parks: im Jänner, Februar, November und Dezember von 6.30 bis 17 Uhr, im März und Oktober von 6.30 bis 18 Uhr und von April bis September von 6 bis 21 Uhr.
Führungen durch Wasserspiele und Schloss finden täglich von April bis Oktober statt: April und Oktober von 9 bis 16.30 Uhr, Mai, Juni und September von 9 bis 17.30 Uhr, Juli und August von 9.00 bis 18.00 Uhr sowie zusätzlich um 19, 20 und 21 Uhr.
Außer bei den zusätzlichen Abendführungen im Juli und August beginnen die Besichtigungen halbstündlich.

Info und Kontakt
Verwaltung: Schlossverwaltung Hellbrunn, Fürstenweg 37, 5020 Salzburg.
www.salzburgnet.com

de.wikipedia.org/wiki/Hellbrunn
www.salzburg.info/de/sehenswertes/festung_schloesser/schloss_hellbrunn_wasserspiele

Was Sie erwartet

Der eigentliche Bereich der Wasserspiele wird durch ein Gartentor betreten, bei dem auch die Führung ihren Ausgang nimmt. Nach Besichtigung des Fürstenteiches und des Römischen Theaters mit Fürstentisch kommt man an der Orpheusgrotte vorbei. Darin ist nach antikem Vorbild die unglückliche Geschichte des griechischen Sängers, dessen Gesang den Lauf des Wassers zu ändern vermochte, und seiner jungen Gemahlin, der Nymphe Eurydike, dargestellt. Ein Blick durch das Rundbogenportal in das Innere der Grotte zeigt, dass die Wände zur Gänze mit Tuffstein ausgekleidet sind. Vorbei am Weinkeller und an der Bacchus-Figur geht es durch das Gartenportal in die untersten Räume des Schlosses, wo sich die Neptun-, Spiegel-, Vogelsang-, Muschel- und Ruinengrotte befinden. In der Neptungrotte ist die Zentralfigur dieses altrömischen Gottes, des Herrschers über Meere, Quellen und Flüsse, recht augenfällig. Zu Füßen dieses bärtigen Wassergotts bestaunen wir einen einfachen, aber genialen Wasserautomaten, das sogenannte „Germaul". Nachdem sich ein Kupfergefäß im Unterkiefer mit Wasser gefüllt hat, verdreht die Blechmaske mittels Kraftübertragung ihre Augen und streckt eine lange Zunge heraus. Angeblich wollte der Erzbischof Markus Sittikus mit dem „Hellbrunner Germaul" seinen Kritikern und Neidern kräftig „die Meinung" sagen. Von den weiteren romantischen Höhlennachbauten im Erdgeschoss des Schlosses ist die Vogelsanggrotte sicherlich die eindrucksvollste. Fast feenhaft liegt der Höhlenraum im Halbdunkel und über einen mit Wasserkraft betriebenen Blasebalg wird aus zwölf Pfeifen ein fröhliches Vogelkonzert intoniert. Tief beeindruckt verlassen wir das Schloss und treten ins Freie, um dem am großen Vorplatz mit dem

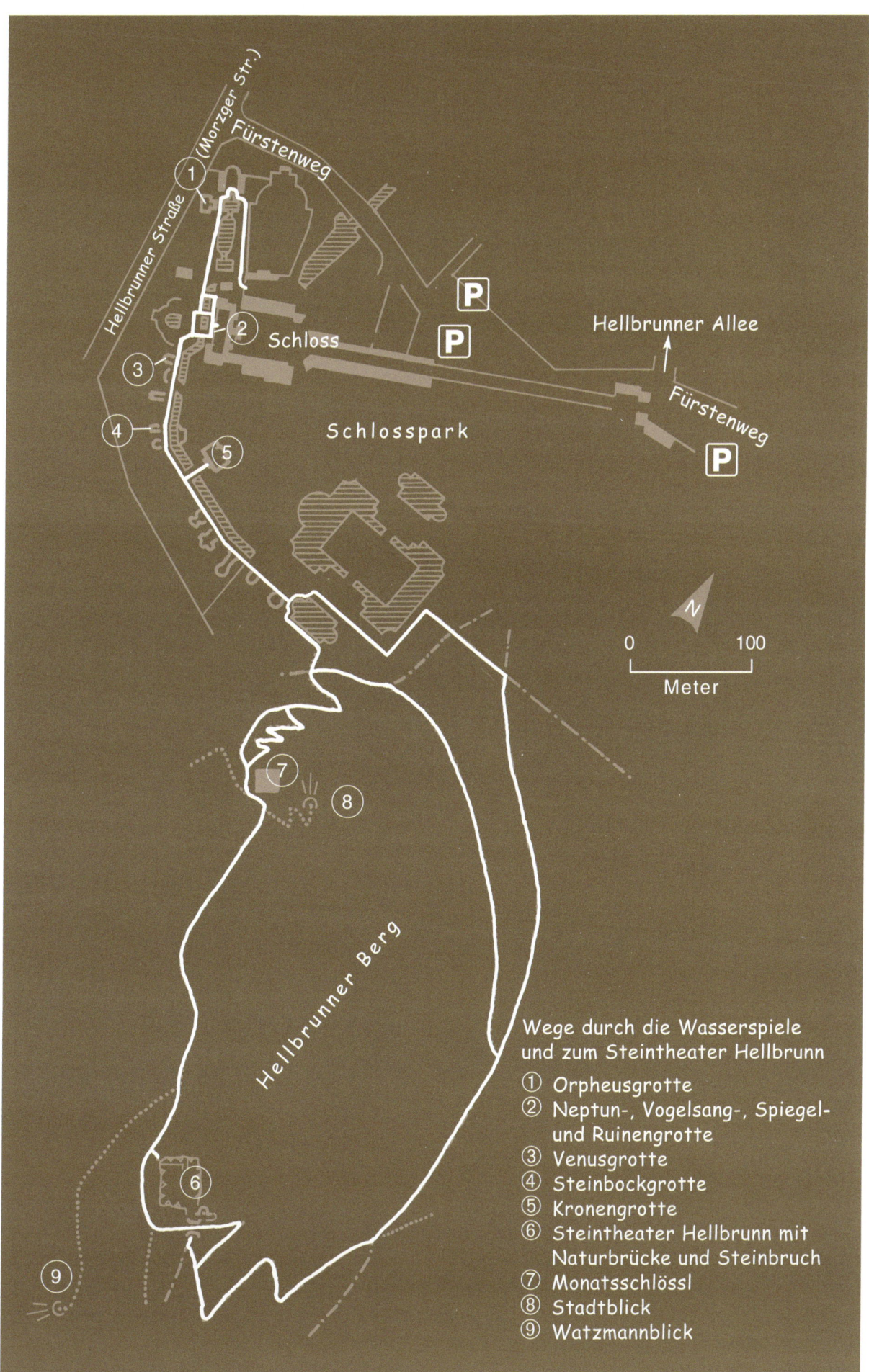

Wege durch die Wasserspiele
und zum Steintheater Hellbrunn

① Orpheusgrotte
② Neptun-, Vogelsang-, Spiegel-
   und Ruinengrotte
③ Venusgrotte
④ Steinbockgrotte
⑤ Kronengrotte
⑥ Steintheater Hellbrunn mit
   Naturbrücke und Steinbruch
⑦ Monatsschlössl
⑧ Stadtblick
⑨ Watzmannblick

Sternenweiher ansetzenden künstlichen Bachlauf zu folgen. Gleich zu Beginn dieses Wegs erkennen wir rechter Hand die seichte, mit Tuffstein ausgekleidete Venusgrotte. Die Göttin der Liebe ist hier auf einen Delfin gestützt dargestellt. An der linken Seite des Weges sind Wasserautomaten aufgebaut und bieten Darstellungen und Szenen aus dem damaligen Alltag und aus der antiken Mythologie. Auf der rechten Seite, gegenüber dem weltberühmten „Mechanischen Theater" mit seinen mehr als hundert beweglichen Figuren, liegt die Anlage der Steinbockgrotte. Als nächste und letzte künstliche Höhlen-Sehenswürdigkeit auf unserem Weg folgt die Kronengrotte, auch Marsyas- oder Midasgrotte genannt. Diese sehr schöne Grotte, die in einem eigenen Gebäude untergebracht ist, verdankt ihren Namen dem darin befindlichen Brunnen, der eine Krone auf einem sich hebenden und senkenden Wasserstrahl tanzen lässt.

Die Neptungrotte mit dem „Hellbrunner Germaul".

Nach dem beeindruckenden Schauspiel der Wasserspiele begeben wir uns in einem etwa fünfzehnminütigen Spaziergang über den Hellbrunner Berg zum alten Steinbruch mit dem Hellbrunner Steintheater. Aus einer Felswand des Steinbruchs ließ Markus Sittikus eine mächtige Nische als Bühnenraum herausarbeiten. Recht auffällig sind in der 12 m breiten und 10 m tiefen Halbhöhle die erhalten gebliebenen Felspartien, die ihre Funktion als Kulisse bzw. Teil der Szenerie sicherlich bestens erfüllten. An der Rückseite des Bühnenraumes setzt eine natürliche Durchgangshöhle an. Dem Theater vorgelagert ist eine mächtige Naturbrücke von 8 m Spannweite, die aller Wahrscheinlichkeit nach natürlichen Ursprungs ist.

Zu beachten ist

Bei den Wasserspielen sind nicht nur sichtbare Wasserdüsen in Funktion, sondern auch so manche raffiniert versteckte, die von den Führern zum gegebenen Zeitpunkt aktiviert werden und dadurch die Besucher überraschenden Wasserstrahlen aussetzen. Trotz des allgemeinen Gaudiums kann dies für den „Getroffenen", vor allem bei kaltem Wetter, recht unangenehme Folgen zeitigen.

So kommen Sie hin

Am besten benützt man nach der Autobahnabfahrt (A10) „Salzburg-Süd" die Bundesstraße 150 zuerst nach Nordost, durch Anif und dann nach Nord („Alpenstraße") bis zur Kreuzung „Fürstenweg", biegt dann links ab und erreicht über die Straße „Fürstenweg" nach einem kurzen Stück den Parkplatz von Hellbrunn. Darüber hinaus ist die Zufahrt zum Schloss Hellbrunn bestens beschildert. Den Eingang zu den Wasserspielen findet man an der rechten Seite des Hauptgebäudes. Das Steintheater ist auf zwei verschiedenen Zustiegen erreichbar. Nach dem Besuch der Wasserspiele kann man den nahen Weg benützen, der in einigen Serpentinen zum Monatsschlösschen hinaufführt und weiter über den Rücken des „Hellbrunner Bergs" zu unserem Ziel leitet. Die zweite Möglichkeit ist ein breiter Weg, der in wenigen lang gezogenen Serpentinen vom Park ausgehend über den Osthang zum Hellbrunner Steintheater führt.

Wanderkarten

Österreich-Karte: ÖK-50 3210 (Hallein) bzw. NL-33-01-10

freytag & berndt-Wanderkarte: WK 391 (Mattsee – Wallersee – Irrsee – Fuschl – Mondsee – Oberndorf; 1:50 000) und Salzburg Stadt (Stadtplan; 1:7 500 – 1:15 000)

Kompass-Wanderkarte: WK 017 (Salzburg und Umgebung; 1:25 000) und WK 291 (Rund um Salzburg; 1:50 000)

Das Steintheater und die Wasserspiele mit ihren Grotten im Schlosspark von Hellbrunn, in unmittelbarer Nähe des berühmten Lustschlosses gelegen, sind zwei kulturhistorische Kuriositäten mit einem besonderen Höhlenbezug. Nicht nur wir, die Autoren, waren von diesen interessanten Anlagen in der näheren Umgebung der Festspielstadt Salzburg sehr angetan; schon 1666 fand der Chronist und Schriftsteller Franz Dückher von Haslau folgende begeisternde Worte: „... *auff ein Stund von der Statt ligt das Fürstliche Lusthauß und Thiergarten Helleprun/von Erzbischoff Marc Sittich in 15. Monat als verwunderlich kurzer Zeit erbaut/allda vielfältig ansehenliche Wasserkunst!von denen allda häuffigen entspringenden Quellen/dergleichen in so grosser Anzahl im Teutschland wenig werden zu finden seyn/beneben allerhand schöne Grotten/Weyer/herzliche Fisch/fremdde Aenten/und dergleichen Gfligl/samt schönen Fürstlichen Zimmern/und nit weit darvon die beyde Lusthäuser Belvedere und Waldembs/und daselbs die unterschidliche Einsidlers Zellen/mitten darinnen ist ein Berg von Puchbäumen uberwachsen/unnd darin in ein Felsen außgehauter Schauplatz oder Theatrum, und dergleichen wunderliche Sachen mehr zu sehen.“*

Das Schloss und seine Gärten wurden auf dem Areal eines ehemaligen Tiergartens in den Jahren 1613 bis 1619 im Auftrag des mächtigen Salzburger Fürsterzbischofs Markus Sittikus vermutlich von seinem Architekten Santino Solari erbaut bzw. angelegt. Das im Stil der Spätrenaissance gehaltene schmucke „Wochenendhaus“ erfuhr bis heute keine Veränderung und stellt mit seinen seltenen Kostbarkeiten ein Gesamtkunstwerk und einen einzigartigen österreichischen Kulturschatz dar.

Schon immer war die generöse Verwendung des

Feenhaftes Halbdunkel verzaubert die Grotten bei Hellbrunn.

Wassers ein Zeichen für ansehnlichen Wohlstand. Die „Hellbrunner Wasserspiele" wurden von begabten Ingenieuren konstruiert, die mit den Mitteln der damaligen Technik und mithilfe der Naturgesetze ein gut funktionierendes, von überraschenden Effekten strotzendes Schauspiel schufen. Die mit zahlreichen Brunnen, Spritzanlagen, Grotten, Wasserautomaten und Wasserläufen aufwendig ausgestattete Anlage diente einst zur Unterhaltung der Gäste des Auftraggebers, heute ist dieses Juwel für jedermann zugänglich. Die zweite von uns beschriebene Sehenswürdigkeit findet man in einem Steinbruch des Hellbrunner Bergs. Wahrscheinlich lieferte der Steinbruch Material für den Schlossbau und Markus Sittikus ließ darin in Verbindung mit einer natürlichen Höhle das erste Freilufttheater nördlich der Alpen einrichten.

Am 31. August 1617 wurde vor zahlreichen honorigen Gästen des Fürsterzbischofs eine der ersten Opern im deutschsprachigen Raum aufgeführt. Wie jüngere Forschungen ergaben, soll eine derartige Opernaufführung schon früher, nämlich am 4. März 1615, in der fürsterzbischöflichen Residenz zu Salzburg stattgefunden haben.

Die überaus imposante und kulturhistorisch interessante Anlage stellt das älteste im deutschsprachigen Raum erhaltene Freilichttheater dar und wird seit 1968 im Rahmen der Salzburger Festspiele bespielt.

Verwendete Literatur
(25): 169–173; (32): –; (36): 9; (62): –; (90): 285–286.

Die unterschiedlichsten Gesteinsschichten waren für die Genese der Naturbrücke verantwortlich.

Hier wurde Musikgeschichte geschrieben: das „Steintheater" im Schlosspark Hellbrunn.

STEIERMARK
DACHSTEINSÜDWANDHÖHLE

Offizieller Name: SÜDWANDHÖHLE
Weitere Bezeichnungen: Dachstein-Süd-wandhöhle, Dachsteinloch, Höhle in der Dachstein-Südwand
Lage: Im südwestlichen Wandfuß des Mit-tersteins an der Dachsteinsüdwand nord-westlich der „Dachstein-Südwand-Hütte" bei Ramsau
Kat.-Nr.: 1543/28
Seehöhe: 1870 m
Gesamtganglänge: 10 904 m
Höhenunterschied: 509 m

Führungszeiten

Die ganztägigen Führungen (je Berg- oder Höhlenführer 4–8 Teilnehmer) finden jeweils Donnerstag statt. Für diesen Höhlen-besuch sind Trittsicherheit und Erfahrung im hochalpinen Gelände unbedingte Vor-aussetzung. An Ausrüstung ist Folgendes mitzubringen: knöchelhohe Bergschuhe mit guter Profilsohle, Rucksack ca. 30 l, Regen-schutz, Sonnenschutz, Jause je nach Bedarf, zusätzlicher Pullover als Kälteschutz für die Höhlenbegehung.

Die nötige Höhlenausrüstung, wie Beleuch-tung, Overall und Helm, wird vom Höhlen-führer beigestellt. Da sich die Führungstätig-keit in der Höhle nach der Öffnungzeit der Dachstein-Südwand-Hütte orientiert, kann man diesen Zeitraum von Ende Juni/Anfang Juli bis etwa Anfang Oktober ansetzen.

Info und Kontakte

Anmeldung und Information im Tourismus-büro Ramsau am Dachstein Ramsau 372, 8972 Ramsau am Dachstein;
von Montag bis Samstag von 16 bis 18 Uhr geöffnet
Tel.: +43 (0) 664 5220080
E-Mail: info@ramsau.com

de.wikipedia.org/wiki/Südwandhöhle
www.scinexx.de/wissen-aktu-ell-6288-2007-03-28.html
www.springer.com/earth+sciences+and+-geography?SGWID=1-10006-2-448811-0
www.alpenverein-schladming.at
www.outdooractive.com/de/hoehle/steier-mark/dachsteinloch/1687469/

Was Sie erwartet

Durch das in 1860 m Seehöhe gelegene Portal betritt man die Vorhalle; der weitläufige Raum wird durch riesige Versturzblöcke untergliedert. Den eigentlichen Einstieg in das Höhleninne-re findet man an der rechten Seite der Vorhalle: zwischen einem riesigen Versturzblock und der Höhlenwand führt eine Engstelle in die Tiefe. In problemloser Kletterei, erleichtert durch eine 3 m lange Aluleiter, gelangt man zur Eiskluft. Unter dem abenteuerlichen Wandsteg, der die Eiskluft überbrückt, sind Boden- und Wandvereisung zu erkennen. Verglichen mit alten Berichten wirken die Eisfiguren heute, so wie bei vielen alpinen Eishöhlen, etwas bescheidener als ehemals. Nach einer weiteren Schrägstrecke in der „Klamm" gelangt man in den „Erosionsgang", wo sich der Charakter der Höhle nunmehr verändert. Der stark mäandrierende Höhlengang führt relativ eben in das Berginnere. Vor einer markanten Raumerweiterung, dem „Ofen", erblickt man die Inschrift „1887". Danach wird der Gang allmäh-lich niedriger und findet im „Windloch" seinen geringsten Querschnitt. In dem nur etwa 40 cm hohen Gangstück spürt man förmlich das Atmen des Berges, hier herrscht zumeist eine ausgespro-chen starke Wetterführung. Nach dem „Wind-loch" erreicht man den wasserführenden Bereich der Höhle. Mithilfe fix eingebauter Seile und Lei-tern gelangt man in den „Ramsauer Dom", dem Umkehrpunkt dieser Führungen – der Weiterweg ist nur Forschungsexpeditionen und daher aus-nahmslos geübten Höhlenforschern vorbehalten. Der breite Abgrund in der Halle wird mittels ei-

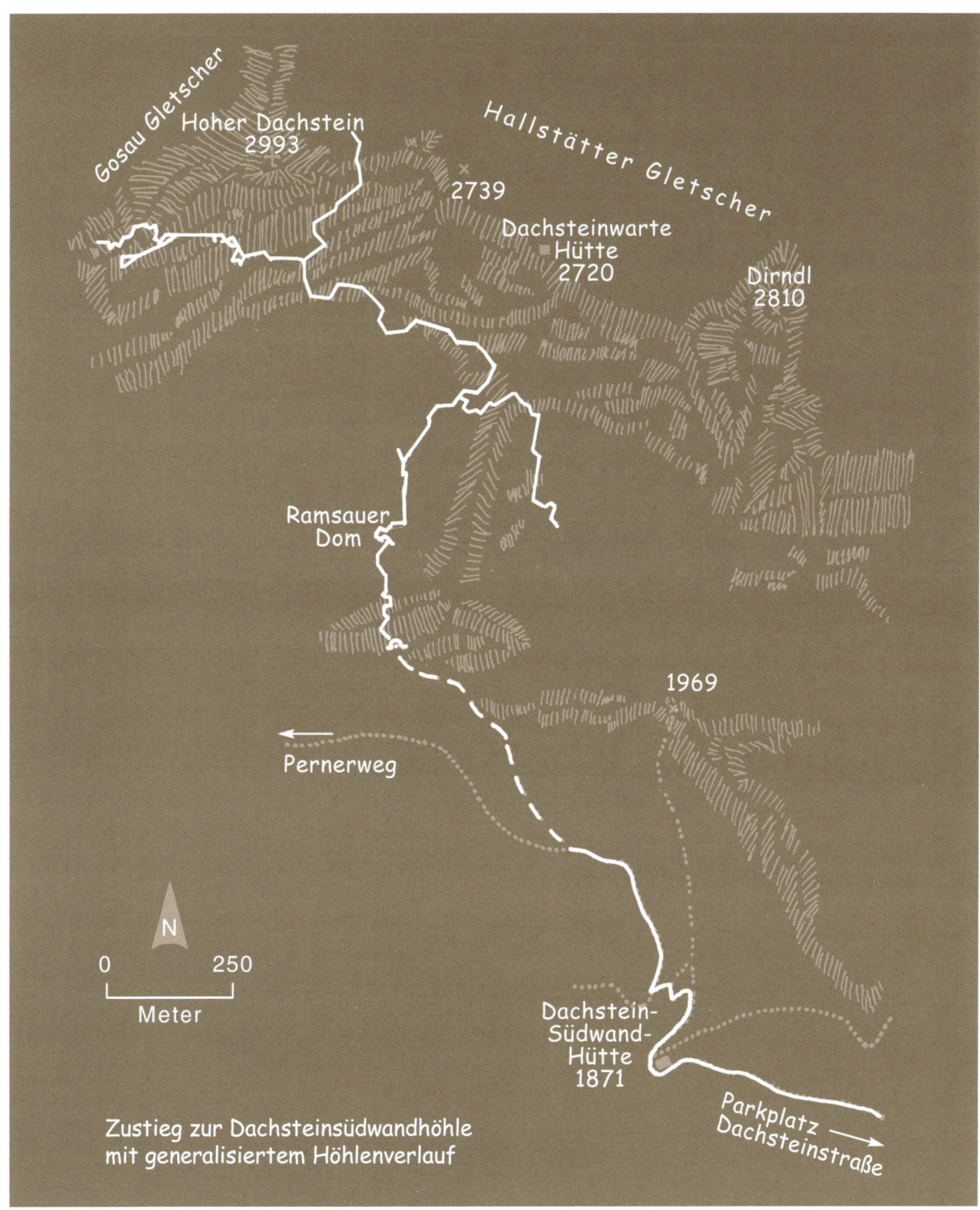

Zustieg zur Dachsteinsüdwandhöhle
mit generalisiertem Höhlenverlauf

ner kühn gebauten Seilbrücke überwunden. Den absoluten Endpunkt der Tour für den „Normalverbraucher" stellt eine ebene Fläche dar, die von Hermann Bock als „Altan" bezeichnet wurde. Hier findet man einen altarähnlich geschichteten Steinhaufen und Gedenktafeln an der Felswand sowie einige Bänke vor, die vor der Rückkehr ans Tageslicht zur Rast einladen. Bis hierher hat der Höhlenbesucher eine Gangstrecke von 369 m zurückgelegt, aber eine Höhendifferenz von minus 65,5 m überwunden. Daher sollte man für den Aufenthalt in der Höhle, je nach Kondition und Interesse, etwa 4 bis 5 Stunden einplanen, dabei sind aber der obertägige Zustieg und Rückmarsch nicht eingerechnet.

Große Sinterbildungen lassen sich entlang der Führungsstrecke, dem sogenannten „Alten Teil", nicht erblicken, nur im tagnahen Abschnitt sind

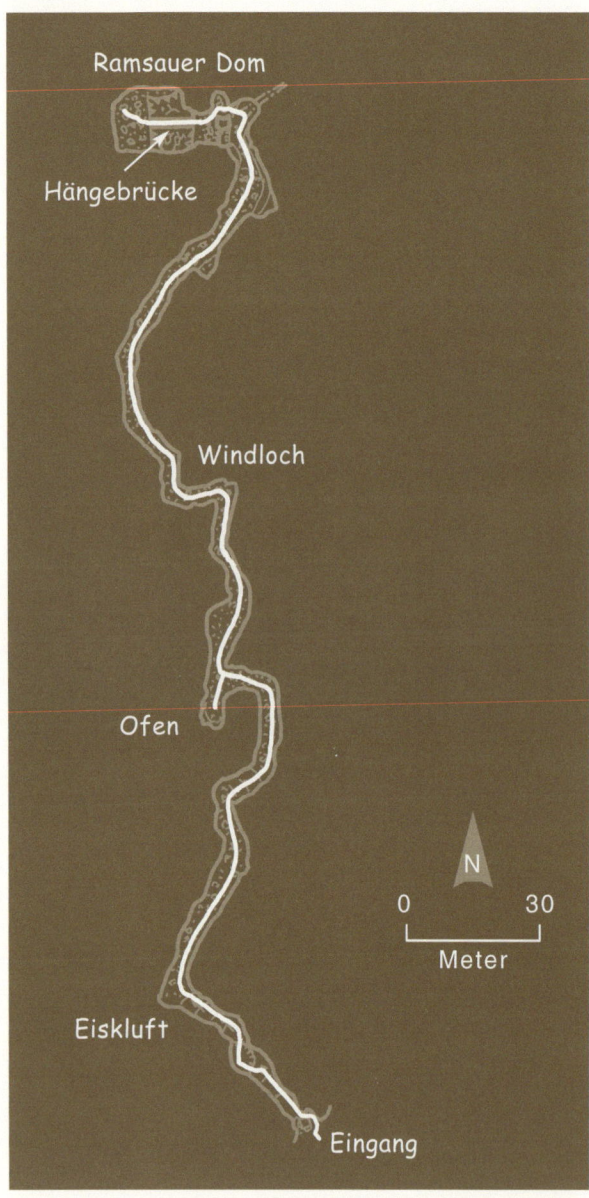

nur im Rahmen einer Führung anzuraten. Derartige Führungen durch die Dachsteinsüdwandhöhle werden von Bergführern vorgenommen, die als staatlich geprüfte Höhlenführer tätig sind.

So kommen Sie hin

Von Schladming fährt man in den Ort Ramsau und auf einer Mautstraße bis zu dessen oberes Ende, nämlich bis zur Türlwandhütte bzw. Talstation der Seilbahn. Auf dem Wanderweg „615" geht es zu Fuß hinauf zur Dachstein-Südwand-Hütte und von hier auf dem markierten Weg „617" (Pernerweg) über einen Hang, der zum Teil mit Latschen bewachsen ist, abwärts. Nach Erreichen einer Schutthalde mit grobem Blockwerk zweigen schlecht erkennbare Wegspuren vom markierten Weg ab und führen in nordwestlicher Richtung zu den Felsabstürzen. Entlang des Wandfußes geht es bergauf zum weithin sichtbaren Höhlenportal. Das letzte Stück des Zustiegs führt über eine etwa 25 m lange, mit Seilen versicherte steile Felsrinne aufwärts.

Wanderkarten

Österreich-Karte: ÖK-50 3217 (Hallstatt), NL-33-01-17

freytag & berndt-Wanderkarte: WK 201 (Schladminger Tauern – Radstadt – Dachstein; 1:50 000), WK 281 (Dachstein – Ausseerland – Filzmoos – Ramsau; 1:50 000) und WK 5201 (Schladming – Ramsau am Dachstein – Haus im Ennstal – Filzmoos – Stoderzinken; 1:35 000)

Kompass-Wanderkarte: WK 20 (Dachstein – Ausseerland – Bad Goisern – Hallstatt; 1:50 000), WK 31 (Radstadt – Schladming – Flachau; 1:50 000), WK 031 (Dachstein – Ramsau – Filzmoos; 1:25 000), WK 229 (Salzkammergut; 1:50 000) und WK 293 (Dachsteingruppe – Schladminger Tauern; 1:50 000)

Alpenvereinskarte: Nr. 14 (Dachsteingruppe; 1:25 000)

einige bescheidene Bildungen aus Karfiolsinter vorhanden.

Die Hängebrücke, die Aluleitern, der Wandsteg sowie sonstige Einbauten sind derzeit in gutem Zustand, sie sind aber trotzdem nur als Steighilfen zu betrachten. An der Höhle wurde nichts verändert, womit die Führungen einen ausgesprochen abenteuerlichen Charakter erhalten. Der Ausbau der Höhle bis zum „Ramsauer Dom" erfolgte mit dem Ziel, den Zustieg für Expeditionen zu erleichtern, nicht aber, um touristische Begehungen zu fördern.

Zu beachten ist

Da ein Besuch der Höhle ein ernst zu nehmendes touristisches Unternehmen darstellt und als solches, wie alle Touren in hochalpinen Höhlen, etliche Gefahren in sich birgt, ist eine Besichtigung

Der Hohe Dachstein ist mit 2995 m der schönste und höchste Gipfel des gleichnamigen Massivs, das einer gewaltigen Festung gleich über dem Ennstal thront. Die Krönung dieser majestätischen Landschaft stellt die mächtige Dachsteinsüdwand dar. In dieser Wand, genauer gesagt in dem ihr vorgelagerten Mitterstein, erstreckt sich die großartige Dachsteinsüdwandhöhle. Dieses sehenswerte Objekt im Berg befindet sich nicht allzu weit von der wunderschön gelegenen Dachstein-Südwand-Hütte oberhalb der Hochebene „Ramsau" bei Schladming.

Der abenteuerlich angelegte Wandsteg über die Eiskluft erleichtert das Vorwärtskommen.

Weil die Höhle, wie schon erwähnt, im Mitterstein und nicht in der Südwand liegt, geriet ihre Namensgebung zu einer Streitfrage, die ein echtes Verwirrspiel begründete. Der Name „Dachsteinloch" scheint die älteste aller Bezeichnungen zu sein, „Höhle in der Dachstein-Südwand" wurde für die ersten wissenschaftlichen Arbeiten verwendet, nicht weniger konfus sind die heute geläufigen Benennungen „Dachsteinsüdwandhöhle" oder „Südwandhöhle" und auch nach wie vor „Dachsteinloch".

Obwohl das Eingangsportal den Einheimischen schon längst bekannt war, wird für die Entdeckung der „Südwandhöhle" durch den Schladminger Johann Knauß der September 1886 angesetzt, da dieser Bergführer damals behauptete, 600 Meter ins Berginnere vorgedrungen zu sein. Sicherlich

hat er dabei die Länge der unterirdischen Strecke bis zum „Großen Dom", dem heutigen „Ramsauer Dom", bei Weitem überschätzt. In den darauf folgenden Jahren wurde die Höhle mehrmals von Gruppen Höhleninteressierter begangen, eine derartige Tour erfolgte am 23. Jänner 1887 im Auftrag der Sektion Austria des D. u. Ö. AV. Während einer Befahrung durch Hermann und Hanna Bock, begleitet von August Hödl, Theodor Kabrhel und Georg Lahner, fand am 22. Oktober 1910 die erste wissenschaftliche Untersuchung der Südwandhöhle statt. Vermutlich wurde somit der erste Plan dieses Höhlenobjekts im Dezember 1919 von Hermann Bock angefertigt.

Eine neuerliche Vermessung des sogenannten „Altteiles" erfolgte 1965 durch oberösterreichische Höhlenforscher, wobei die Höhle auch diesmal nur bis zum „Großen Dom", dem „Ramsauer Dom", begangen wurde.

Hier spürt man das Atmen des Bergs: das Windloch, eine Engstelle auf dem Weg zum Ramsauer Dom.

Ab dem Jahr 1975 wurde vom „Landesverein für Höhlenkunde in der Steiermark" (Graz) mit dem senkrechten Aufstieg im „Ramsauer Dom" begonnen. Aber erst 1980 gelang der „OeAV-Höhlengruppe Schladming" die Überwindung des etwa 60 m hohen Schlotes. Nach dieser Schlüsselstelle setzt eine 150 m lange niedere Strecke an, die mehrmals die Richtung wechselt und zu einem riesigen Schacht leitet. Durch Abseilen im 65 m tiefen „Schladminger Schacht" gelangt man wiederum in den bergwärts führenden großräumigen Hauptgang. Über dem „Schladminger Schacht" setzt außerdem ein gewaltiger Schlot an, aus dem sich ein 180-Meter-Wasserfall, der sogenannte „Schleierfall", ergießt. In der nordwärts führenden Fortsetzung befinden sich nicht nur riesige Hallen, sondern auch große Schächte und gewal-

Der Eingang zur Dachsteinsüdwandhöhle mit dem Zustieg durch eine steile Felsrinne.

Trotz der noch großen Entfernung zu den Höhlen am Dachstein-Nordrand (z. B. Dachstein-Mammuthöhle) ist ein ursächlicher Zusammenhang sehr wahrscheinlich. Ob allerdings eines schönen Tages eine unterirdische Dachsteindurchquerung Realität werden kann, steht noch in weiter Ferne. Die modernen Forschungen in der Südwandhöhle werden seit dem Jahr 2001 vorwiegend von Mitgliedern des „Vereines für Höhlenkunde in Obersteier (VHO)" getragen, weiters gehört dem Forschungsteam das Institut für Geowissenschaften der Montanuniversität Leoben an, Prof. Dr. Fritz Ebner ist für geomorphologische, geologisch-tektonische und höhlenentwicklungsgeschichtliche Fachfragen zuständig. Außerdem wird eine hochexakte geodätische Vermessung durch das Institut für Kartografie der Technischen Universität Dresden vorgenommen. Prof. Dr. Manfred Buchroithner hat bis heute mithilfe deutscher Studenten eine Theodolit-Vermessung mit etwa 70 Fixpunkten und Unmengen von Querschnittserfassungen bis in den „Ramsauer Dom" durchgeführt. Die bisherige Auswertung ermöglichte eine topografische 3-D-Visualisierung des „Altteils"; geplant ist eine topografische und geologische 3-D-Visualisierung des gesamten Höhlensystems.

tige Harnischflächen; beim „Biwak III" setzt eine bedeutende Abzweigung in östlicher Richtung an. Nach weiteren Auf- und Abstiegen führt der schwierig befahrbare Gang ohne Abzweigungen bis in Bereiche unterhalb der eigentlichen Südwand. Hier teilt sich der Höhlengang wiederum in zwei Fortsetzungen, sowohl der nördliche wie auch der westliche Ast enden derzeit mit einer Überdeckung von mehr als 1500 m unterhalb des Bereiches des Hohen Dachsteins bzw. des Hallstätter und Gosau-Gletschers. Das derzeitige Ende bilden mehrere aussichtsreiche Fortsetzungen, die in Richtung Nord und West weisen. Das absolute Ende des Höhlensystems konnte jedoch noch nicht erreicht werden, die Gesamtlänge der erforschten Höhlenteile beträgt fast 11 km.

Verwendete Literatur:
(16): 52–59; (24): 9, 119–122, 161; (25): 202–203; (106): 90, 127; (163): 27; (166): 62–64.

Im „Alten Teil" der Dachsteinsüdwandhöhle: typisches Gangprofil hochalpiner Höhlen.

Der große Ramsauer-Dom, das Ende der geführten Touren.

Offizieller Name: DRACHENHÖHLE
Weitere Bezeichnungen: Kogellucken
Lage: Im Westhang des Röthelsteins bei Mixnitz
Kat.-Nr.: 2839/1
Seehöhe: 947 m
Gesamtganglänge: 4815 m
Höhenunterschied: 246 m

Führungszeiten

Von Mitte Mai bis Anfang Oktober werden jeden zweiten Samstag oder Sonntag Führungen in der Drachenhöhle durchgeführt. Anmelde- und Informationsstelle ist das „Heubergstüberl" (ehemaliges „Tennisstüberl").
Aus organisatorischen Gründen gab es 2016 keine Führungen in die Drachenhöhle. Ab 2017 werden angeblich wieder Höhlenbesichtigungen angeboten.
Auskünfte erteilt auch die Gemeinde Pernegg a. d. Mur.

Info und Kontakte

Information, Anmeldung und Treffpunkt beim Heubergstüberl (eh. Tennisstüberl) in 8131 Mixnitz, Heubergstraße 32. Voranmeldung erbeten unter 0650/50 66 166.
Infos vom Gemeindeamt Pernegg an der Mur (8132 Kirchdorf 16) unter 03867/8044-0.

www.baerenschuetzklamm.at/web/berg-romantik/28-die-drachenhoehle
www.almenland.at/natur-drachenhoehle.html
www.almenland.at/drachenhoehle.html
www.pernegg.at/drachenhöhle.aspx de.wikipedia.org/wiki/Drachenhöhle_bei_Mixnitz
www.lvhstmk.at/schauhoehlen_stmk.html

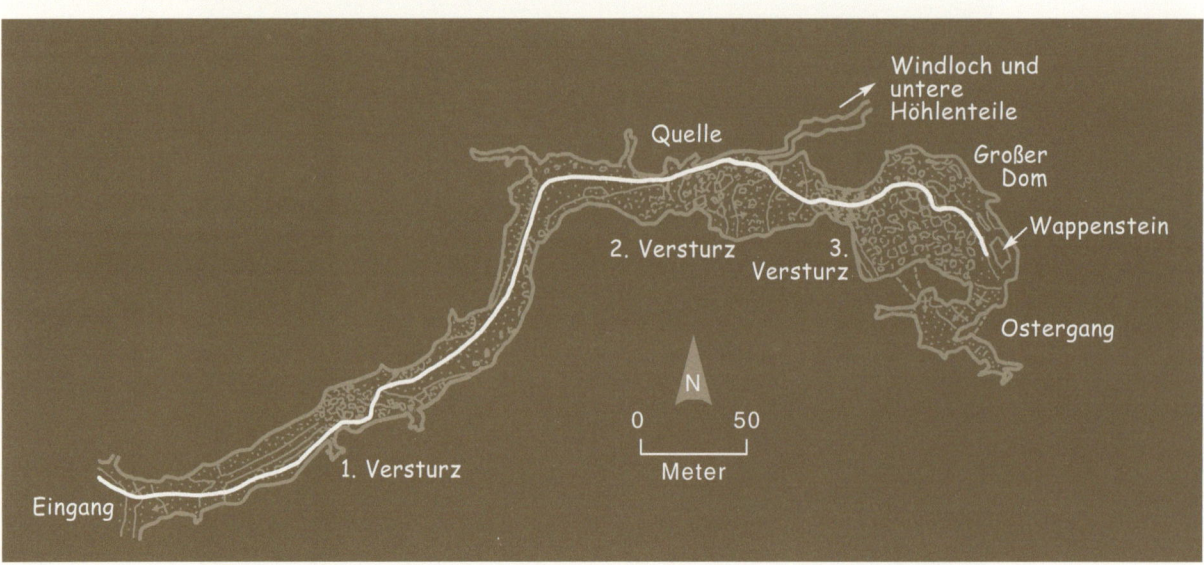

Was Sie erwartet

Vom annähernd dreieckigen, 15 m hohen und 20 m breiten Portal führt der große Höhlengang 90 m weit bis zum ersten Versturz. Die gewaltigen Steinblöcke, die fast die gesamte Gangbreite auffüllen, können rechts einfach umgangen werden. Der geräumige Gang erweitert sich dann zur etwa 40 m breiten „Mittelhalle", in der sich eine Quelle und der zweite Versturz befinden, nach 70 m geht diese in den steilen dritten Versturz über. Diese Stelle wird mittels zweier vorhandener Leitern überwunden, und der Besucher betritt den 80 × 60 m messenden „Großen Dom". Der vom Dom südwärts weiterführende „Ostergang" schließt den nicht ganz 600 m langen Horizontalteil ab. Beim zweiten Versturz setzt 30 m nach der Quelle die „Windlochkluft" an. Diese bildet den Zugang zu einem Schacht, der in untere Etagen führt und die Drachenhöhle zu einem System mit einer Gesamtlänge von derzeit 4,8 km bei einem Höhenunterschied von fast 250 m ausweitet.

Zu beachten ist

Für den über eine Stunde dauernden Aufstieg zur Drachenhöhle ist schon etwas Kondition mitzubringen, und die steile Rinne erfordert unbedingt Trittsicherheit. Nicht nur für den Zustieg, sondern auch wegen des oftmals rutschigen Bodens in der Höhle ist unbedingt gutes Schuhwerk nötig. Überdies sollte man Arbeitshandschuhe, Jause, Getränke, Stirn- oder Taschenlampe und eventuelle Reservewäsche nicht vergessen. Wegen der nicht ausgebauten, lehmigen Führungswege in der Höhle ist eine Verschmutzung der Kleidung wahrscheinlich.

Da die Drachenhöhle eine „besonders geschützte Höhle" ist, ist ein Besuch außerhalb der offiziellen Führung nicht erlaubt.

So kommen Sie hin

Der Ausgangspunkt des gut bezeichneten Wanderwegs zur Drachenhöhle befindet sich süd-südöstlich vom Mixnitzer Ortskern, und zwar beim Haus Heubergstraße Nr. 19. Der gut markierte Weg führt über Wiesen und Wälder oftmals steil den Berg hinan. Erst im letzten Abschnitt, knapp vor der Steilrinne, hat man einen sehr schönen Ausblick auf das Murtal und am Ende des steilen Felsgrabens öffnet sich das mächtige Portal der Höhle.

Wanderkarten

Österreich-Karte: ÖK-50 4223 (Weiz) bzw. NL-33-02-23
freytag & berndt-Wanderkarte: WK 131 (Grazer Bergland – Schöckl – Teichalm – Stubenbergsee; 1:50 000), WK 132 (Gleinalpe – Lipizzanerheimat – Leoben – Voitsberg; 1:50 000) und WK 5131 (Teichalm – Schöckl – Raabklamm – Weiz – Birkfeld; 1:35 000)
Kompass-Wanderkarte: WK 221 (Grazer Bergland – Fischbacher Alpen; 1:50 000) und WK 221 (Grazer Bergland – Fischbacher Alpen; 1:50 000)

Unerklärlich war dem Menschen des Mittelalters jene Unmenge von „seltsamen" Knochen, die in der „Kogellucken" im Mixnitzer Röthelstein, hoch über dem unteren Murtal, vorzufinden waren. In diesen Zeiten, reich an Drachensagen und ähnlichen Legenden, hatte man jedoch rasch eine Auslegung bei der Hand – man nahm an, es handle sich um die sterblichen Überreste gewaltiger Lindwürmer oder ähnlicher Ungetüme, gelegentlich wurde auch die Vermutung geäußert, die vielen Knochen seien Fraßreste des Riesengewürms. Diese fantastischen Vorstellungen führten dazu, dass die „Kogellucken" mit dem heute weit geläufigeren Namen „Drachenhöhle" versehen wurde.

Bergstation der Seilbahn während der Höhlendünger-Kampagne zwischen 1920 und 1923. Zeitgenössische Ansichtskarte.

Einst lebte, so weiß die Sage, in dieser Höhle ein gewaltiger Drache, der immer wieder in einer Felsrinne ins Tal hinabglitt, um weidende Haustiere oder Menschen zu rauben und zu verschlingen. Ein Bauer, der bei Mixnitz einen Meierhof besaß, musste durch die Raubgier des Drachens besonders viel Leid erfahren. Obwohl der reiche Mann eine hohe Belohnung aussetzte, konnte niemand das Untier erlegen, und die meisten, die dies

Sagenumwobene Drachenhöhle bei Mixnitz: Blick aus dem Eingangsbereich.

versuchten, mussten bei der Drachenjagd ihr Leben lassen. In dieser Not ersann der Ziehsohn des Bauern eine List. Da das riesige Ungeheuer einen Schuppenpanzer trug und nur der weiche Bauch verwundbar schien, vergrub der listige Bursche in der „Drachenrinne" Sicheln und Sensen, deren Spitzen aus dem Boden ragten. Als der Drache bei seinem nächsten Beutezug in das Tal rutschte, bohrten sich die scharfen Spitzen in seine weiche Bauchdecke. Je mehr das furchtbar brüllende Ungetüm um sich schlug, desto fürchterlicher wurden die Wunden. Schließlich rollte es heulend den Berg hinab, blieb im Tal liegen und verendete. Der furchtlose Bursche bekam nicht nur seinen versprochenen Lohn, sondern auch die Hand der liebreizenden Tochter des Bauern.

Die ältesten Daten über Besuche in der Drachenhöhle sind uns durch den im „Großen Dom" befindlichen „Wappenstein" überliefert. Dieser Wappenstein, der leider vor einigen Jahren von Vandalen schwer beschädigt wurde, zeigt 127 historische Inschriften und 39 Schildwappen; die älteste bezeugte Eintragung stammt vom Pfarrer Otto aus Bruck an der Mur, der am 15. Juni 1387 bis in diesen tagfernen Teil der Höhle vordrang. Man nimmt an, dass die Wappendarstellungen von Rittern stammen, die eine unterirdische Wanderung in diese auf sie sehr mystisch und feindlich wirkende Höhle als eine Art von Mutprobe unternahmen.

Im 17. und 18. Jahrhundert, aber auch späterhin wurde die Höhle nachweislich oftmals von „Beindlstierern" (Knochensammler) aufgesucht. Diese betrieben mit den Knochen ein lukratives Geschäft, denn die fossilen Überreste waren in der Volksmedizin äußerst begehrt und wurden als „wundertätige Einhornknochen" in Apotheken verkauft. Der gelehrte Topograf Franz Sartori berichtet 1807 in seinem Werk *Naturwunder des Oesterreichischen Kaiserthumes* über die Knochensucher Folgendes: *„Alle Jahre im Frühlinge und Sommer kommen aus Kärnthen, Oesterreich und Ungarn Beingräber zu dieser Höhle, um Knochen zu sammeln, und dieselben in ihren Ländern an Apotheker, Bauernärzte und Charlatane zu verkaufen, welche sie gut bezahlen. Sowohl in der Steyermark, als in den vorher genannten Ländern sind diese Wunderknochen ehemals als Drachenbeine bekannt gewesen, jetzt aber schätzt man sie als Universalarcanum unter dem Nahmen Einhorn (Oanhorn), und es soll schon manchen vom Tode errettet haben."* Aber auch über die Herkunft der Knochen macht sich Sartori zutreffende Gedanken: *„Wenn der Verfasser dieser Beschreibung sei-*

ner Beobachtung trauen darf, der in der Minera-lien-Sammlung des Hrn. Ignaz Grafen von Attems zu Grätz das Skelet eines halben Kinnbackens und andere Knochen aus dieser Höhle sah, auch selbst mehrere besitzt, so glaubt er in diesen Petrefacten nichts anders als das Ueberbleibsel des sogenannten Höllenbären und anderer Waldthiere, zu sehen, der (…) in Höhlen lebt, dorthin seinen Raub trägt, und denselben auch dort verzehrt."

Sechzig Jahre vor Sartori, im Jahr 1747, besuchte der Hofmathematikus Joseph Nagel die Höhle, deutete aber das reichliche Vorkommen der Knochen als in Zusammenhang mit der „Sintfluttheorie" stehend.

Entscheidend für die Erforschung der Drachenhöhle wirkte sich endlich der Düngerabbau aus, denn durch diesen wurde nicht nur das heutige Aussehen des Höhleninneren geprägt, sondern aus dieser Zeit stammen auch die wichtigsten wissenschaftlichen Erkenntnisse. Das hierzu erforderliche Gesetz „betreffend die Gewinnung von phosphorsäurehaltigen, für Düngerzwecke verwendbaren Stoffen tierischen und mineralischen Ursprungs" trat am 21. April 1918 in Kraft, nach umfangreicher Planung begann man 1920 mit dem Aufbau des Betriebes und der dazugehörigen Anlagen. Auf dem Bahnhofsgelände in Mixnitz wurde eine großzügige Aufbereitungs- und Verladeanlage geschaffen, ein Laboratorium für die Prüfung des Materials und für die wissenschaftlichen Arbeiten wurde eingerichtet. Durch eine über 1,5 km lange Materialseilbahn verband man diese Anlagen mit der Drachenhöhle. Im Eingangsbereich der Höhle wurde die Bergstation der Seilbahn untergebracht und man errichtete darin vier Holzbaracken als Unterkunft für die Arbeiter; sogar eine Feldbahn wurde innerhalb der Höhle verlegt. Zwischen August 1920 und August 1923 wurden 23 218 Tonnen Phosphaterde gefördert und abtransportiert, wobei während des Abbaus der bis 10 m starken Schichten alle Knochen- und sonstigen Funde sofort registriert wurden. Stieß man auf größere Fundkomplexe, stoppte man sofort die Arbeiten und setzte Grabungen an – die wissenschaftlichen Ergebnisse fielen daher großartig aus. Von der kolossalen Menge von 404 Tonnen Knochen waren 157 290 kg fossiles Material, davon sonderte man wiederum 4 Tonnen für wissenschaftliche Zwecke aus. Mehr als 80 % des Materials konnten dem Höhlenbären zugeordnet werden, man fand aber auch u. a. Knochen vom Höhlenlöwen, Wolf, Vielfraß und Steinbock.

Sowohl während der Höhlendünger-Kampagne als auch schon zuvor durch Grabungen in den Jahren 1914 und 1916 konnten reichliche Nachweise für die Anwesenheit des Menschen von der Altsteinzeit bis in die Römerzeit erbracht werden. Von besonderer Bedeutung waren die Funde einer paläolithischen Höhlenbärenjägerstation unterhalb des zweiten Versturzes sowie von neolithischen Schichtfolgen mit menschlichen Skelettresten im Eingangsbereich. In einer über 1000 Seiten starken Monografie publizierten 1931 mehrere Wissenschaftler ihre einschlägigen Erkenntnisse über die Funde und auch über die Höhle.

Als Treffpunkt für geführte Touren in die Drachenhöhle fungiert das Heubergstüberl in Mixnitz, Heubergstraße 32, in dem auch die Anmeldungen dafür vorgenommen werden können.

Verwendete Literatur:
(1): -; (24): 9, 122–125, 162; (25): 207–210; (27): 52-54; (106): 30–31, 33, 99–102, 127–128; (111): 384; (112): 24–26; (147): 178–179; (159): 77–92; (191): 28–30; (195): 57–59.

Offizieller Name: FRAUENMAUERHÖHLE
Weitere Bezeichnung: Riesengrotte in den norischen Alpen (1837)
Lage: Ostnordöstlich von Eisenerz in der Frauenmauer, im westlichen Teil des Hochschwabs
Kat.-Nr.: 1742/1
Seehöhe Westeingang: 1 467 Meter
Seehöhe Osteingang: 1 589 Meter.
Ganglänge: Der Durchgang ist über 600 Meter lang und weist einen Höhenunterschied von über 120 Metern auf. Die Frauenmauerhöhle stellt mit ihrer Gesamtganglänge von mehr als drei Kilometern bloß einen Teil des 38 897 m langen Frauenmauer-Langsteinhöhlensystems (Kat.-Nr. 1742/1) dar. Der Verbindungsweg zwischen Frauenmauerhöhle und Langsteinhöhle wurde erst 1961 entdeckt, genauer gesagt freigegraben.
Höhenunterschied des Höhlensystems: 633 m

Frei zugänglich oder mit Führung.

Führungszeiten
Führungen werden vom 15. Juni bis 15. September jeweils an Samstagen, Sonn- und Feiertagen veranstaltet. Der Höhlenführer wartet beim Westeingang um 11, um 13 Uhr und beim Osteingang um 12 und 14 Uhr. Bei Schlechtwetter entfallen die Führungen. Wochentagsführungen können nur gegen telefonische Voranmeldung vorgenommen werden.
Führungsbeleuchtung: Karbid- und Akkulampen. Es ist zu empfehlen, eigenes Geleucht mitzubringen.

Info und Kontakte
Die zwei autorisierten Höhlenführer können telefonisch kontaktiert werden:
Gutjahr Albert, 0664/9108777
Stanglauer Günter, 0664/9248319

www.schauhoehlen.at
de.wikipedia.org/wiki/Frauenmauerhöhle
www.lvhstmk.at/schauhoehlen_stmk.html
www.bergfex.at/sommer/steiermark/touren/wanderung/11761,durch-die-frauenmauer-hoehle/
www.erlebnisregion-erzberg.at/sommer/wandern-bergsport/frauenmauerhoehle.html

Was Sie erwartet
Der Durchgang vom „Westeingang" in Richtung „Osteingang" erfolgt folgendermaßen: Von einer Plattform mit Sitzgelegenheit steigt man im Portal des Westeingangs über eine steile Stiege in den großräumigen Höhlengang. Geradeaus und dann nach links führt ein abfallender Weg in die Eiskammer bzw. Eishalle, in der sich im Frühjahr schöne Eisbildungen auffinden lassen. Früher waren dort sogar ganzjährig mächtige Eisfiguren anzutreffen. Zurück nun zum Hauptgang, um den Durchgang fortzusetzen. Über eine Brücke geht man nach rechts, um leicht ansteigend zur „Klamm" bzw. „Kirche" zu gelangen. In dieser Verbruchzone bezwingt man unter großem Blockwerk eine zumeist feuchte Engstelle.

Die Höhle weist an vielen Stellen ein sehr hohes Gangprofil auf. Am Ende der „Kreuzhalle" leitet der Weg über eine Schutthalde aufwärts. Danach führt der ansteigende, verengte Höhlengang in einem scharfen Knick nach links und man erreicht nach etwa 100 m die „Elisabeth-Halle". Von diesem großen Höhlenraum aus ist schon das Tageslicht zu sehen, das durch das Portal des Osteinganges eindringt. Dort sind mehrere zu einer Rast einladende Sitzgelegenheiten aufgestellt, die auch einen herrlichen Rundblick auf die Gebirgslandschaft des Hochschwabmassivs bieten.

Zu beachten ist
Obwohl der Weg durch die Höhle mit gutem Schuhwerk, wetterfester Bekleidung und ausrei-

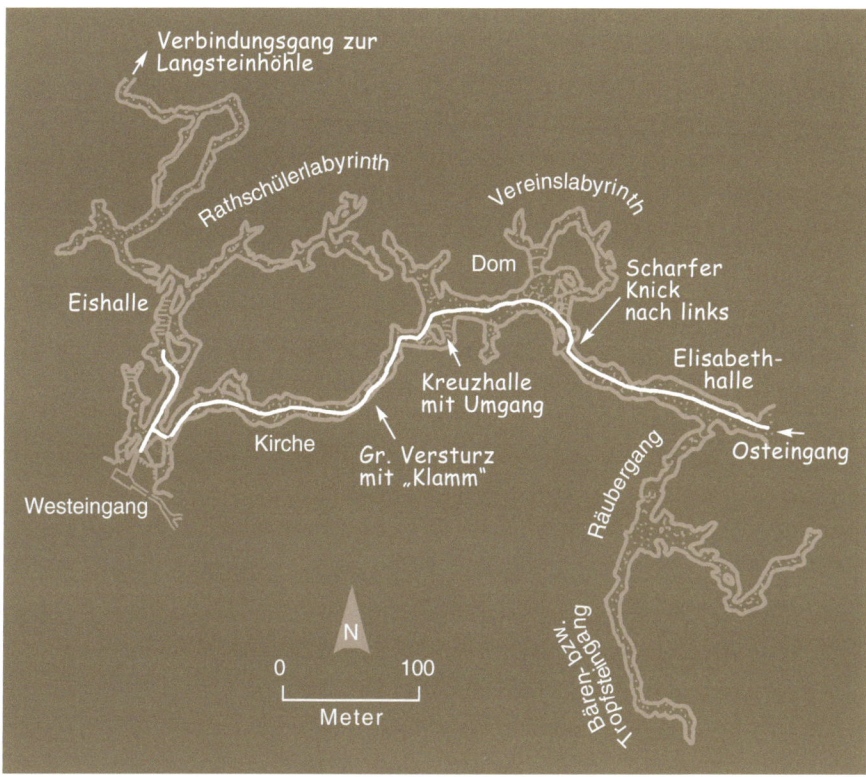

chender Beleuchtung ohne Schwierigkeiten begehbar ist, sollte man die Gefahren dieser Höhle, wie auch die vieler anderer Höhlen, nicht unterschätzen. Daher ist es empfehlenswert, an den Wochenenden während der Sommermonate die Dienste eines Höhlenführers in Anspruch zu nehmen.

So kommen Sie hin

Ausgangspunkt ist der große Parkplatz in der Gsollkurve, einer markanten Linkskurve, wenn man vom Präbichl kommt, etwa 2 Kilometer östlich von Eisenerz. Von hier geht man zu Fuß über einen Fahrweg (Fahrverbot) bis zur Gsollalm/ Gsollhütte (im Sommer Einkehrmöglichkeit). Von der Gsollhütte führt ein in der Folge steiler Wanderweg zum Westeingang der Frauenmauerhöhle.

Vor kurzer Zeit gab auch eine etwas bequemere Zugangsmöglichkeit: Vom Präbichl fuhr man mit einem Sessellift auf den Polster (1910 m), um dann dem Wanderweg über den Hirscheggsattel (1699 m) entlang der Griesmauer zu folgen. Auf diesem Weg gelangt man zum Osteingang der Höhle. Leider wurde diese technische Aufstiegshilfe eingestellt und man muss den Berg wiederum zu Fuß besteigen. Man kann die beiden Wege auch kombinieren, um vom Polster über die Frauenmauerhöhle durch den Gsollgraben zum großen Parkplatz zu wandern. Diese Variante bietete früher den Vorteil, dass man fast nur bergabwärts geht. Vom Parkplatz Gsollgraben gibt es eine Autobusverbindung zur Talstation des ehemaligen Polster-Sesselliftes am Präbichl.

Alle Wege sind markiert und Hinweise auf die Führungszeiten sind sowohl beim Sessellift wie auch beim Gsollgraben-Parkplatz angebracht.

Wanderkarten

Österreich-Karte: ÖK-50 4215 (Eisenerz) bzw. NL-33-02-15

freitag & berndt-Wanderkarte: WK 041 (Hochschwab – Veitschalpe – Eisenerz – Bruck an der Mur; 1:50 000), WK 062 (Gesäuse – Ennstaler Alpen – Schoberpass; 1:50 000) und WK 5041 (Hochschwab – Aflenz – Wildalpen – Salzatal; 1:35 000)

Kompass-Wanderkarte: WK 212 (Hochschwab/ Mariazell – Eisenwurzen; 1:50 000) und WA 596 (Großer Wander-Atlas Rund um Wien; 1:50 000)

Zu einer Zeit, als wieder einmal Türkennot im steirischen Oberland herrschte, lebte im „Gsollhof" unweit von Eisenerz eine gewisse Kunigunde, Witwe eines reichen Eisenherrn. Gemeinsam mit den waffenfähigen Männern bereitete sie mit starker Hand die Verteidigung ihres festen Gebäudes vor. Als diese Vorbereitungen abgeschlossen waren, geleitete die mutige Frau eine Kolonne von angeblich 1480 Menschen, bestehend aus der restlichen Eisenerzer Einwohnerschaft, durch den Gsollgraben bis hoch hinauf in die mächtige Höhle. Nachdem alle Greise, Frauen und Kinder in der Höhle untergebracht waren, vergrub Kunigunde auf dem scharfen Felskamm, der zur Höhle führte, ein Pulverfass und kehrte zum „Gsollhof" zurück, um den Angriff der Türken abzuwarten. Die Türken, welche auf Beutefang aus waren, um Geld und Gold zu rauben, ließen nicht lange auf sich warten. Bei dem fürchterlichen Gemetzel, das sich Verteidiger und Türken lieferten, überlebte von den ersten nur die tapfere Frau. Sie wurde von den Muselmanen gefangen genommen und gezwungen, noch in der gleichen Nacht die feindlichen Krieger zum Versteck der Frauen und des vermeintlichen Golds zu führen. Im Lichterschein der brennenden Fackeln kamen sie unterhalb des Eingangs der Höhle an. Kunigunde

nutzte eine kurze Unaufmerksamkeit ihrer Bewacher und flüchtete im Schutz der Dunkelheit in die Nacht. Nachdem sie sich in Sicherheit gebracht hatte, gelang es ihr, das zuvor vergrabene Pulverfass zur Explosion zu bringen. Mit einem ohrenbetäubenden Knall und einer gewaltigen Stichflamme explodierte das Fass und krachend sausten riesige Felstrümmer durch die Luft auf den Feind hernieder. Am nächsten Morgen bot sich den Eisenerzern, welche noch immer in der Höhle saßen, ein gar grauenvolles Bild: Der steile Zustiegsgrat zum Eingang der Höhle war verschwunden und ein fürchterlicher Abgrund machte nun die Höhle unzugänglich, ringsum lagen verstümmelte Türkenleichen. Nach einigen Tagen der Ruhe führte die tapfere Kunigunde die Eisenerzer die Höhle hindurch auf die andere Seite des Bergs. Die Frauen und Kinder staunten nicht schlecht, als sie nach einer einstündigen Höhlenwanderung das Tageslicht erblickten. Die Höhle hatte der Bevölkerung Zuflucht geboten und ihnen somit Glück gebracht.

Auf dieser Begebenheit, eine nicht durch Urkunden belegte Überlieferung, soll die Bezeichnung „Frauenmauerhöhle" zurückgehen.

Die bequeme witterungsunabhängige Abkürzung durch den Berg stellt die besondere Attraktion der im Westteil des Hochschwabmassivs gelegenen Frauenmauerhöhle dar. Nicht zuletzt aus diesem Grund war die Höhle den Einheimischen schon seit Jahrhunderten bekannt. Die älteste im Hauptgang gefundene Inschrift belegt einen Besuch von mindestens fünf Personen im Jahr 1605. Vor allem den Jägern, Hirten und auch den Sennerinnen war dieses Naturphänomen bestens bekannt. Mit dem gestiegenen Interesse an der Natur und dem Einsetzen des Tourismus im 19. Jahrhundert errang diese Höhle einen ganz besonderen Stellenwert. Die früher große Popularität des unterirdischen Wanderweges beweist der mehrmalige Besuch von Mitgliedern des österreichischen Kaiserhauses. Eine Erinnerungstafel in der Nähe des Osteinganges weist darauf hin, dass im Jahr 1886 sogar Kaiserin Elisabeth und Erzherzogin Valerie der Frauenmauerhöhle einen Besuch abstatteten.

Durch die Höhle führt heute der kürzeste Wanderweg von der Gsollhütte zur Sonnschienhütte. Bedingt durch den Zustrom von vielen Höhlenwanderern hat die Frauenmauerhöhle wegen einer Serie verhängnisvoller Unfälle einen traurigen Bekanntheitsgrad erlangt. Nachweislich kam es in dem Durchgang zwischen 1890 und 1967 zu zehn Höhlenunfällen, davon zwei Selbstmorden, wobei elf Personen den Tod fanden. Eine dieser beiden Verzweiflungstaten erregte damals großes Aufsehen und hat an ihrer Dramatik bis heute nichts verloren. Der Salzburger Realschuldirektor Prof. Franz Rathschüler wollte 1928 im Alleingang die Höhle durchqueren und verirrte sich dabei in einem engräumigen Nebengang. Dieser verhängnisvolle Irrtum erfolgte wahrscheinlich auf Grund einer falschen Wegbeschreibung in einem namhaften Reiseführer. Dabei rutschte der Mann in einen kleinen Kessel ab, aus dem er sich nicht mehr befreien konnte. In dieser hoffnungslos erscheinenden Lage beging er den folgenden Verzweiflungsakt: Er erhängte sich mit dem Riemen seines Rucksacks. Die nachfolgenden Untersuchungen gaben dem traurigen Tod des Schuldirektors noch einen zusätzlichen dramatischen Akzent: Rathschüler übersah in seiner Aufregung eine in geringer Entfernung befindliche Fortsetzung, die ihm die Rettung gebracht hätte.

Unfälle sind zumeist auf unzureichende Höhlenkenntnis und mangelnde Ausrüstung, wie unbrauchbare oder ungenügende Beleuchtung zurückführen.

Fand in der Frauenmauerhöhle ein tragisches Ende: Prof. Franz Rathschüler.

Verwendete Literatur:
(4): 76–78; (24): 9, 126–130, 162; (25): 211–215; (27): 193–197; (73): 167–226; (83): 105–113; (106): 46, 79, 81, 82; (155): 44–47; (169): Beilage; (196): 91–99

Der Wanderweg durch den Berg führt den Besucher durch Gänge mit beachtlichen Dimensionen.

Durch den Osteingang wird die „Elisabeth-Halle" mit dämmerigem Licht versorgt.

Verdiente Rast nach gelungener Höhlendurchquerung:
Besucher beim „Osteingang". Ansichtskarte, um 1900.

Blick aus dem Osteingang der Frauenmauerhöhle.

„Die Riesengrotte der norischen Alpen": Stich aus dem „Pfennig-Magazin" (1837).

Offizieller Name: GRASSLHÖHLE
Lage: Bei Dürntal nordwestlich von Weiz
Kat.-Nr.: 2833/60
Seehöhe: 740 m
Länge und Höhenunterschied: sind offiziell nicht bekannt.
Gesamtganglänge: etwa 280 m (geschätzt)
Höhenunterschied: ca. 20 m

Führungszeiten

Im April und Oktober sind Führungen nur durch Voranmeldung möglich. Im Mai und September von Montag bis Freitag auch durch Anmeldung, jedoch Samstag, Sonntag sowie an Feiertagen ist die Höhle von 10 bis 16 Uhr geöffnet. In der Hauptsaison (Juni, Juli und August) ist die Öffnungszeit täglich von 10 bis 16 Uhr.
Gesondert werden einige Themenführungen angeboten: „Sagenführung" (April bis Oktober) in der Grasslhöhle; bei einigen Stationen werden Höhlensagen der Umgebung erzählt. „Fledermauskundliche" Führung (Oktober-November) in der Grasslhöhle.

„Naaser Höhlenweg" (geologisch-geschichtliche Führung); Dauer der Tour etwa 2,5 bis 3 Stunden (ohne eventueller Höhlenbesichtigung).
Führungen sind bereits ab 4 Personen möglich, bei Sonderführungen wird auch um Voranmeldung gebeten.
Schauhöhlenbeleuchtung: elektrisch.

Info und Kontakte

Verwaltung bzw. Eigentümer:
Johann Reisinger, 8160 Weiz, Dürntal 4;
Tel.:/Fax: +43 (0)3172/67328
Mobil: +43 (0) 664/5241757 und
+43 (0) 664/5143034
www.grasslhoehle.at
karin.ulrike.reisinger@aon.at

www.schauhoehlen.at
www.lvhstmk.at/schauhoehlen_stmk.html
de.wikipedia.org/wiki/Grasslhöhle
www.steiermark.com/de/poi/familienausflugs-ziel-grasslhoehle---tropfsteinhoehle_21097

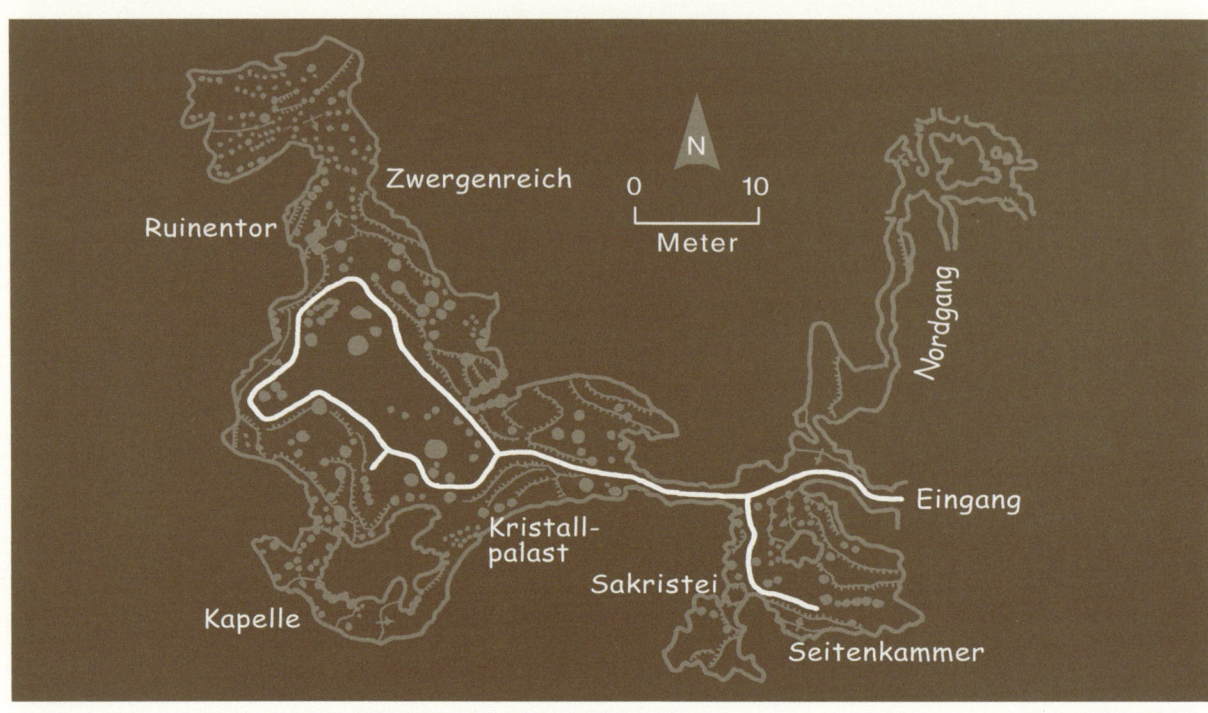

Was erwartet Sie

Die Wanderung durch das unterirdische Zauber-reich führt vom erweiterten Eingang über Stufen sofort in die Tiefe. Man erblickt in einem Neben-raum zwei mit Perlsinter überzogene Tropfstein-säulen, dann Sinterwände, Stalaktiten und Stalag-miten, das hier Gebotenc gibt aber nur einen Vorgeschmack auf das Kommende. Nach einem weiteren Abstieg über Stufen gelangt man in den Zentralraum der Höhle, den überreich mit Tropf-steinen geschmückten „Dom". Inmitten dieses Raumes steht der 10 m hohe „Riese", ein pracht-voller Stalagmit mit dem darauf thronenden „Märchenschloss". Damit sich der Leser ein unge-fähres Bild von der unterirdischen Pracht machen kann, seien nur einige Namen der Sinterbildun-gen angeführt: Hier gibt es ein „Zwergenreich", eine „Große Orgel", „Zwillinge", den „Höhlenkö-nig" sowie eine „Madonna mit Kind" und noch vieles mehr. Auch besonders schöne Sinterbecken, mit glasklarem Wasser gefüllt, und geheimnisvolle Excentriques sind am Führungsweg, der sich zum Teil durch einen wahren „Wald von Tropfsteinen" schlängelt, zu bewundern.

So kommen Sie hin

Schon auf dem Hauptplatz von Weiz erblickt man die Hinweisschilder zur Grasslhöhle und zum Katerloch. Diesen folgend erreicht man nach un-gefähr 9 km den kleinen Ort Dürntal und zweigt beim Gasthof „Reisinger" links eine Bergstraße hinauf ab. Man sollte auf dieser Straße verbleiben und eine in einer Rechtskurve links abzweigende Straße ignorieren, um nach wenigen hundert Me-tern den Parkplatz oberhalb der Grasslhöhle zu erreichen.

Wanderkarten

Österreich-Karte: ÖK-50 4223 (Weiz) bzw. NL-33-02-23
freytag & berndt-Wanderkarte: WK 131 (Grazer Bergland – Schöckl – Teichalm – Stubenbergsee, 1:50 000) und WK 5131 (Teichalm – Schöckl – Raabklamm – Weiz – Birkfeld; 1:35 000)
Kompass-Wanderkarte: WK 221 (Grazer Berg-land – Fischbacher Alpen; 1:50 000) und WA 596 (Großer Wander-Atlas Rund um Wien; 1:50 000)

Ein bedauerlicher Unfall bildete bei diesem erstaunlichen Naturobjekt in der Nähe der Raabklamm bei Weiz die Ursache seiner zufälligen Entdeckung. Ende des 18. Jahrhunderts soll ein Hirtenjunge bei der Suche nach verlaufe-nen Schafen in eine Felsspalte gestürzt sein, aus der er sich nicht selbst befreien konnte. Obwohl bald mit der Suche begonnen wurde, konnte der Verunglückte erst nach drei Tagen von einem Jäger gefunden werden. Während der Bergung entdeck-te man das an die Spalte anschließende fantasti-sche Tropfsteinreich und benannte in der Folge die neu entdeckte Höhle nach dem Grundbesitzer Grassl, einem Landwirt, der jedoch mit dem nie-derösterreichischen Räuberhauptmann ähnlichen Namens nichts gemein hat. Die Kunde von der unterirdischen Pracht erweckte alsbald das Inte-resse des naturbegeisterten Publikums. Der Ein-gangsbereich wurde erweitert und so konnte 1816 der Topograf Karl Schmutz in der Grazer Zeitung „Der Aufmerksame" nicht nur vom bequemeren Eingang berichten, sondern er schilderte auch die Schönheit der Höhle, lobte ihren Ausbau mittels eingeebneter Wege, Stufen und Leitern und er-wähnte den guten Höhlenführer Franz Weber. Die Grasslhöhle ist damit die älteste österreichische Höhle mit Führungsbetrieb.

Impressionen vom Führungsweg: Durchblick zum „Riese".

In der Folge entwickelte sich die Grasslhöhle zur bedeutenden Fremdenverkehrsattraktion und wurde sowohl von Einheimischen als auch von auswärtigen Touristen gerne aufgesucht. Der berühmteste Besucher war sicherlich Erzherzog Johann, der die Höhle um 1850 bewunderte. Auch in der Literatur fand die Höhle reichen Niederschlag, so z. B. in einer umfangreichen Beschreibung durch August Mandel im Jahr 1837. Kurios sind darin Mandels Bekleidungsvorschläge für höhlenbesuchende Frauen – die zum Teil auch heute noch ihre Gültigkeit haben: *„Den Damen empfehlen wir, zarte Beschuhung und dem Verfärben unterliegende Stoffe zu vermeiden, am rathsamsten dürfte es sein, selbst der Kleidung ihres Geschlechtes zu entsagen, und sich für einen halben Tag zu jener der seit Jahrtausenden unterjochten Herren der Schöpfung herabzulassen.“*

Etwa ein ganzes Jahrhundert lang betreuten Personen aus der näheren Umgebung die Höhle und hielten darin den Führungsbetrieb aufrecht. 1924 bis 1942 hatte der „Verein für Höhlenkunde" in Weiz diese Agenden inne, schließlich wurde die Schauhöhle 1952 von Hermann und Regina Hofer wieder eröffnet. Der Betrieb währte jedoch nur kurz, denn das Forscherpaar wandte sich bald darauf seinem Lieblingsprojekt, dem nahen „Katerloch", zu. Nach umfangreicher Modernisierung wurde der Schauhöhlenbetrieb 1971 von den Grundbesitzern, der rührigen Familie Reisinger, wiederaufgenommen.

Verwendete Literatur:
(2):198; (24): 9, 103–104, 162; (25): 184–186; (71): –; (76): 124; (106): 33, 124; (118): 137–151; (155): 28–30; (162): ?; (169): –.

Ein unterirdisches Zauberreich: „Riese" mit „Märchenschloss" im „Dom", dem Zentralraum der Grasslhöhle.

Unterirdische Märchenwelt: prachtvolle Sinterbildungen im geschmückten „Dom".

Offizieller Name: GROTTE
Weitere Bezeichnungen: Maxgrotte, Tropfsteinhöhle, Oberweger Grotte
Lage: Südwestlich von Judenburg im Stadtwald von Fichtenhain in Oberweg, am Südhang des Oberweggrabens
Kat.-Nr.: 2763/2
Seehöhe: 900 m
Gesamtganglänge: ca. 170 m
Höhenunterschied: ca. 25 m

Offizieller Name: WINDLOCH
Lage: wie Grotte
Kat.-Nr.: 2763/3
Seehöhe: 880 m
Länge und Höhenunterschied: nicht bekannt

Frei zugänglich, ohne Führung.

Info und Kontakte
Tourismusverband Judenburg
Burggasse 5 / Volksbankpassage
8750 Judenburg;
Tel.: +43 (0) 3572/47127
www.judenburg-tourism.at
E-Mail: info@judenburg-tourism.at

www.judenburg.com/cms/Ausflugsziele.asp
www.guschi.at/be060701.php
www.freizeitinfo.at/Angebot/1321/
Oberweger_Grotte.html

Was Sie erwartet

Der Eingang unter einem Felsdach lässt sich mühelos erreichen, der anschließende sehr steile Höhlengang kann mittels bequemer Holztreppen überwunden werden. Diese kurze Durchgangshöhle führt in einen Felskessel, eigentlich eine Steilwanddoline, in die Tageslicht hinein dringt. Der Wanderweg leitet an der südöstlichen Wand des Einsturztrichters hinauf zum talseitigen oberen Rand, von wo sich auch ein sehr schöner Ausblick in die weitere Umgebung, aber auch zurück in den lichtdurchfluteten Höhlenteil bietet. Nach dem Besuch der Grotte könnte man von hier noch den Hang aufsteigen und in weiterer Folge zur nahen Stadt Judenburg marschieren. Aber die Höhle selbst hat noch mehr zu bieten. Von der Steilwanddoline aus führen drei zum Teil großräumige Gänge in das Berginnere, die nach ihrer Vereinigung in eine Engstelle übergehen. Der abwärts verlaufende Schluf führt in einen etwa 40 m langen Höhlenteil, der in einer Tropfsteinhalle seinen Höhepunkt findet. In dem zuletzt beschriebenen Höhlenabschnitt fällt die dunkle bis schwarze Färbung der Wände, des Bodens und der Tropfsteine auf. Dies wurde nicht nur durch Verrußung verursacht, sondern steht sicherlich in Zusammenhang mit den mineralogischen Gegebenheiten.

Zu beachten ist

Obwohl das Windloch und die Grotte zu den „besonders geschützten Höhlen" gehören, ist durch den Umstand, dass ein markierter Weg durch die zweite Höhle führt, offensichtlich das Betreten gestattet. Beim Besichtigen der tagfernen, also der aphotischen Teile der Grotte sollte der Höhlenbesucher absolute Vorsicht walten lassen und die entsprechende Ausrüstung verwenden. Vor einem Besuch des Windlochs ist wegen erhöhter Unfallgefahr absolut abzuraten!

So kommen Sie hin

Um Fichtenhain in der Gemeinde Oberweg zu erreichen, sollte man den Ortskern Judenburgs in südwestlicher Richtung verlassen; Judenburg geht nahtlos in den Ort Oberweg über. Als weitere Zufahrt dient die Seetalstraße, die in Richtung TÜPL Seetaleralpe bzw. Reiterbauer führt. Bevor man die letzten Häuser erreicht, trifft man rechts abbiegend auf eine Brücke mit einer anschließend kurzen, aber breiten bergwärts führenden Straße. Am Ende dieser Stelle liegt die sogenannte

„Schleife 2 des Judenburger Wanderweges Nr. 3". Dieser Platz bietet nicht nur genügend Parkmöglichkeit, sondern dient auch als Ausgangspunkt für unsere Wanderung. Rechter Hand erkennt man einen Wegweiser, der auf unser Höhlenziel hinweist. Der von Fichtenhain ausgehende gut bezeichnete Fußweg führt in Serpentinen den steilen bewaldeten Hang des Stadtwaldes hinauf, bis man, bei gemütlichem Ansteigen, nach einer halben Stunde oberhalb von Felsschrofen die chaotisch durchlöcherte Felswand erreicht, in der sich das große Portal der Grotte öffnet.

Wanderkarten

Österreich-Karte: ÖK-50 4226 (Judenburg) bzw. NL-33-02-26
freytag & berndt-Wanderkarte: WK 212 (Seetaler Alpen – Seckauer Alpen – Judenburg – Knittelfeld; 1:50 000)
Kompass-Wanderkarte: WK 223 (Seckauer Alpen – Murtal – Gleinalm; 1:50 000)

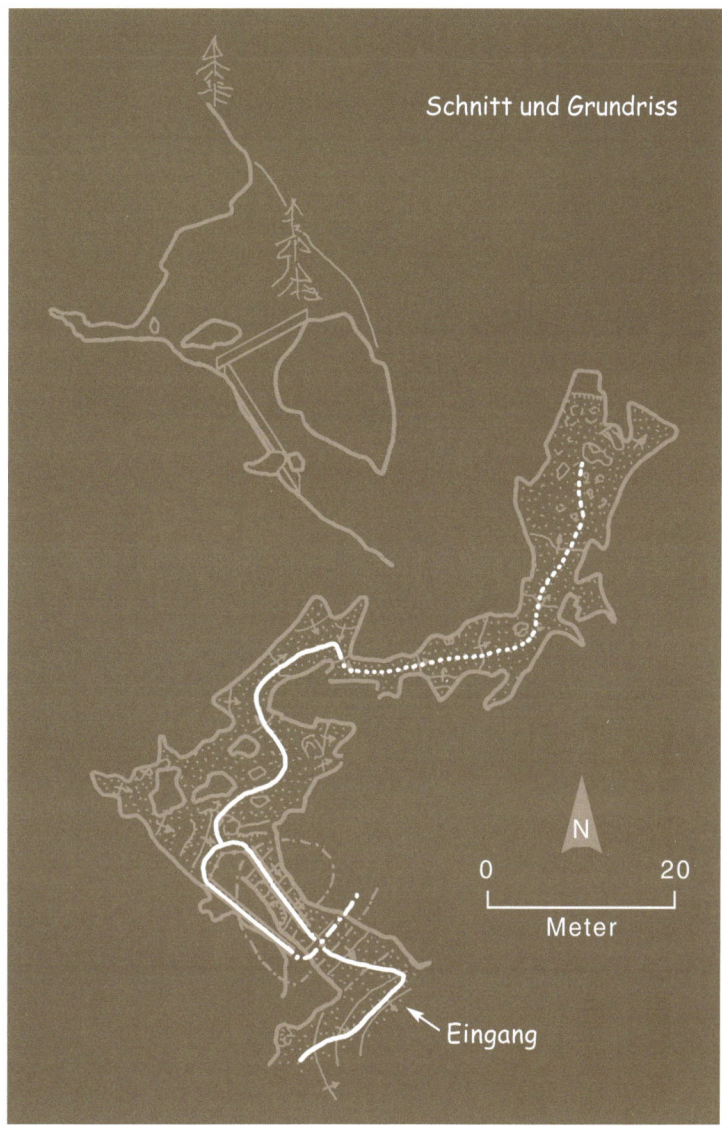

Schnitt und Grundriss

Eingang

Nahe der altehrwürdigen Stadt Judenburg befindet sich im Stadtwald von Fichtenhain die „Grotte", eine zauberhafte Höhlenruine, auch als „Maxgrotte" oder „Tropfsteinhöhle" bezeichnet.

Die in einem schmalen Kalkzug befindliche Grotte wurde samt ihrer Umgebung wegen ihrer beachtlichen zoologischen Bedeutung und Funden von Tonscherben und römischen Münzen am 5. April 1988 zum Naturdenkmal erklärt. Ein weiterer Beweggrund hierzu lag auch sicherlich in der Tatsache, dass die Höhlensedimente wichtige Rückschlüsse auf Klima- und Siedlungsentwicklung in urgeschichtlicher bis historischer Zeit zulassen.

In den vergangenen Jahren wurde aufgrund von Felsstürzen sowohl der Zustieg sowie durch die Zerstörung der Holztreppen ein Besuch der Höhle erschwert beziehungsweise schlussendlich unmöglich gemacht. Im Sommer 2006 wurden der Zugang zur Grotte und die Treppen innerhalb der Höhle von Pionier-Soldaten des österreichischen

Bundesheers wiedererrichtet, wodurch diese Natur-Kostbarkeit wieder gefahrlos begehbar ist.

Bevor man die Grotte auf dem bezeichneten Wanderweg von Fichtenhain aufsteigend erreicht, sieht man in der Felswand ein weiteres Höhlenportal, nämlich das des „Windlochs". Da es sich bei diesem Objekt um eine relativ schmale Klufthöhle mit schachtartigem Abbruch handelt, raten wir vor dessen Betreten dringend ab. Außerdem ist uns ein Unfall, der sich im September 1973 in dieser Höhle zugetragen hat, überliefert. Der 13-jährige Judenburger Mittelschüler Günther Stifter wollte das Windloch „erforschen" und stürzte dabei in den 5 m tiefen Schacht. Sein 11-jähriger Freund, der vor der Höhle wartete, konnte Hilfe herbeiholen, sodass der Verunglückte relativ rasch geborgen werden konnte. Da Stifter beim Sturz einen Bruch des Schädeldaches erlitt, musste der unglückliche junge Abenteurer in das Krankenhaus von Judenburg eingeliefert werden.

In der Judenburger Grotte wurden auch Tonscherben und schalenartige Gefäße gefunden, die Archäologen der neolithischen Epoche zuordneten. Am Rand sei noch bemerkt, dass sich in unmittelbarer Nähe von Judenburg der Weiler Strettweg befindet, der Freiland-Fundplatz des berühmten, wahrscheinlich einem Fruchtbarkeitskult dienenden bronzezeitlichen „Kesselwagens von Strettweg" (600 v. Chr.). Heute ist der kleine bronzene, vierrädrige und etwa 50 cm lange Kultwagen (mit stehender Göttin in Begleitung ihrer Trabanten) im Landesmuseum Joanneum in Graz zu bewundern.

Verwendete Literatur:
(10): 15; (25): 219–221; (186): 101–102; (191): 185–186; (197): 62.

Eine kurze Durchgangshöhle bildet den Eingangsbereich der Grotte.

Im lichterfüllten Einsturztrichter der Grotte.

STEIERMARK
HOHLENSTEINHÖHLE

Offizieller Name: HOHLENSTEINHÖHLE
Weitere Bezeichnungen: Rabenburg, Hohlensteingrotte
Lage: Nordöstlich von Mariazell, am Fuß einer Felswand, 50 m unterhalb des Schertlerkreuzes am Ostabhang der Bürgeralpe
Kat.-Nr.: 1831/1
Seehöhe: 1 031 m
Gesamtganglänge: 375 m
Höhenunterschied: 17 m

Führungszeiten

In den Sommermonaten gegen Voranmeldung.

Info und Kontakte

Anmeldungen bei Mario Kuss, 0664/7605432
E-Mail: hohlenstein@gmail.com
www.hohlensteinhoehle.at

www.schauhoehlen.at
www.mariazell.at/mein-urlaub/wandern/wanderwege-spaziergange/burgeralpe/
www.meinbezirk.at/bruck-an-der-mur/chronik/hoehlenverein-hohlenstein-mariazeller-land-d268175.html
www.oehr.at/oehr50/Tagung_2015.pdf
www.showcaves.com/english/at/caves/Hohlenstein.html

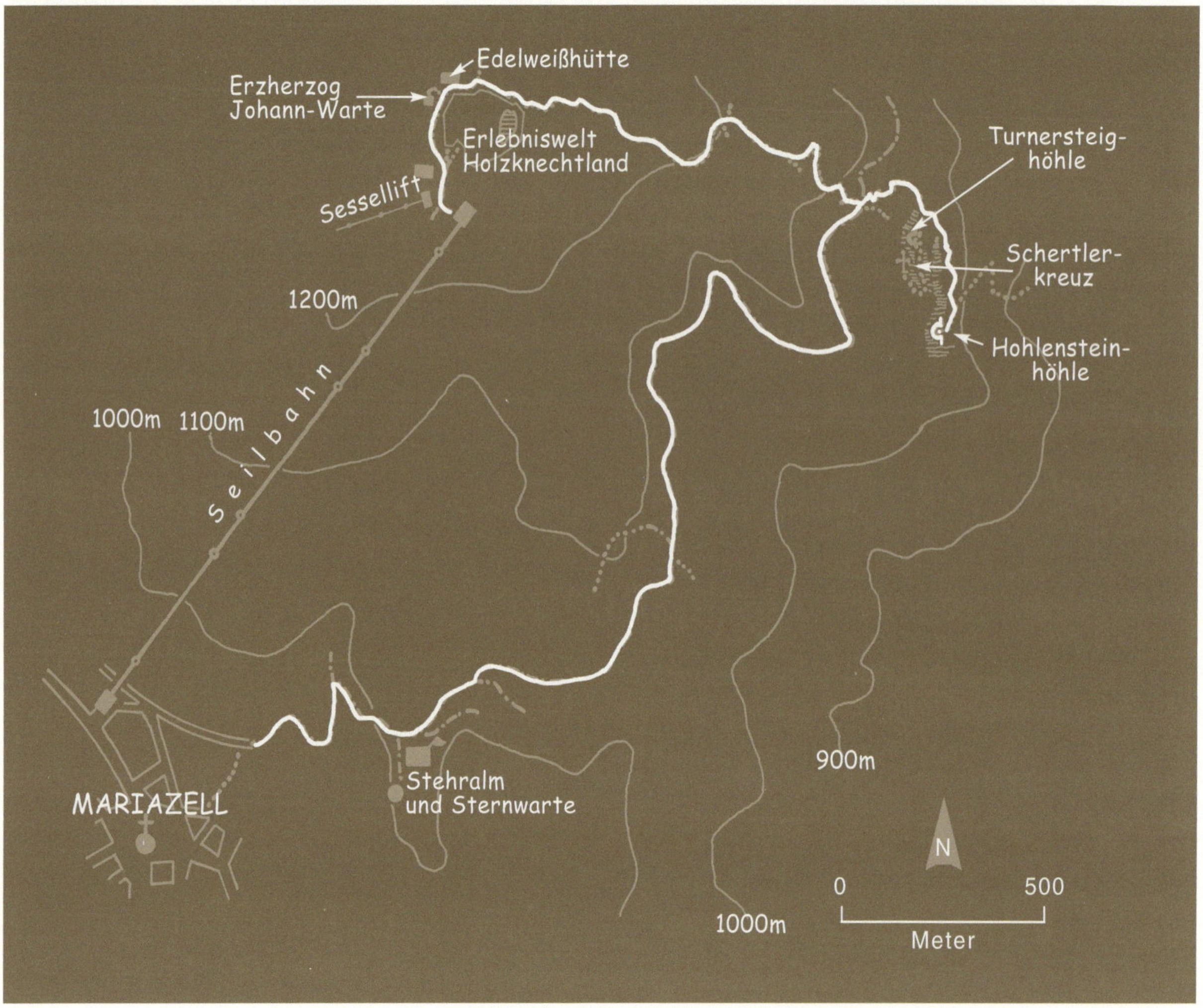

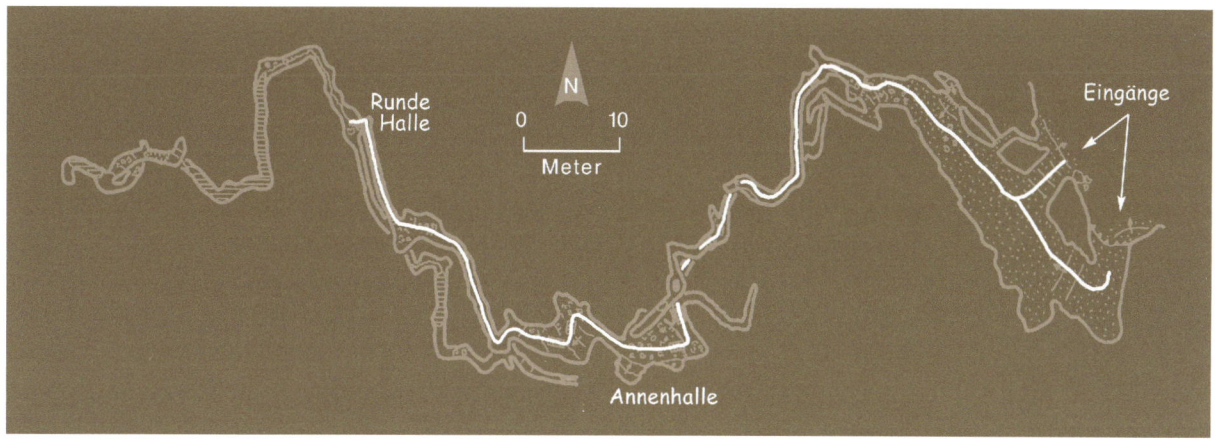

Was Sie erwartet

Die beiden Portale und die Eingangshalle der Hohlensteinhöhle beeindrucken durch ihre Größe. Die von Dämmerlicht etwas „erhellte" Eingangshalle ist immerhin 36 m lang, ihre Breite beträgt 7 bis 8 m und sie ist bis 12 m hoch. Im Nordwesten der Halle gelangt man über eine ca. 4 m lange Eisenstiege auf eine höhere Etage, in der der Hauptgang der Höhle ansetzt. Diesen Zickzackgang mit einigen Raumerweiterungen kann man ohne Ausrüstung etwa 100 m weit verfolgen und dabei einige Bergmilchablagerungen antreffen. Die Überwindung der vorhandenen Steilstufen wird durch eingebaute Holzstiegen und -leitern erleichtert. Das Ende der einfach ausgebauten Höhlenstrecke stellt die sogenannte „Runde Halle" dar, in der ein schon von Weitem vernehmbarer Höhlenbach anzutreffen ist

So kommen Sie hin

Da im Inneren des Wallfahrtsorts Mariazell Parkplätze sehr rar sind, sollte man das Fahrzeug auf einem der vielen Parkplätze am Ortsrand abstellen. Nicht weit von der Basilika entfernt befindet sich dann die Talstation der Seilbahn auf die Bürgeralpe, deren Gondel uns in 6 Minuten zur Bergstation mit einer Höhe von 1254 m hinaufbringt. Wir überqueren die Gipfelkuppe (1267 m) und benützen den rot markierten Fahrweg „694", vorbei an „Jägerwirt's Berggasthof", dem Gelände des Freizeitparks Bürgeralpe „Erlebniswelt Holzknechtland", der „Erzherzog-Johann-Warte" und an der „Edelweißhütte". Unterhalb der Edelweißhütte zweigt der Wanderweg „695" ab, wo sich auch schon der erste Hinweis „Hohlenstein" auf einer Tafel findet. Dieser Weg führt zuerst entlang der „Erlebniswelt Holzknechtland" und danach durch den Wald abwärts. Nach einer Gehzeit von etwa einer halben Stunde erreichen wir eine den Hang querende breite Forststraße. Hier zweigen mehrere Wege ab, man sollte jenen schmalen Abstieg wählen, der laut seiner Bezeichnung zur Hohlensteinhöhle führt. Auch dieser Weiterweg Richtung Rechengraben ist rot markiert und trägt noch immer die „695". Nach kurzer steil abfallender Wegstrecke gelangt man zu einer Felsgruppe, durch die der unschwierige, mit Holzstufen ausgebaute und mit Drahtseilen versicherte „Turnersteig" führt. Im unteren Teil des Steiges, unmittelbar am Weg, befindet sich die Turnersteighöhle, eine bis 6 m hohe, 16 m breite Halbhöhle mit einer Längserstreckung von 8 m. Den „Turnersteig" weiter aufsteigend gelangt man nach kurzer Zeit zum Schertlerkreuz mit schönem Ausblick in den Rechengraben und auf die waldreiche Gegend. Nach diesem Abstecher steigt man weiter auf dem Weg „695" ab und erreicht entlang einer Felswand gehend an der Stelle, wo der Wanderweg in einer scharfen Linkskurve in den Rechengraben hinab führt, die äußerst kurze Abzweigung zur Hohlensteinhöhle. Für den Abstiegsweg von der breiten Forststraße bis zur Hohlensteinhöhle sollte man etwa 10 Minuten veranschlagen.

Um nach Mariazell zurückzukehren, steigt man zur breiten Forststraße auf, folgt dieser in Richtung Südsüdwest und gelangt nach einem annähernd halbstündigen Fußmarsch auf der ebenen bis leicht geneigten Naturstraße zur Jausenstation „Stehralm" mit der nahen kleinen Sternwarte. Von hier hat man nicht nur eine schöne Aussicht auf Mariazell, sondern man kann sich auch im Lokal an vielen Köstlichkeiten laben. Nach der wohlverdienten Rast beträgt die Gehzeit nach Mariazell etwa 20 Minuten.

Wanderkarten

Österreich-Karte: ÖK-50 4211 (Neuberg an der Mürz) bzw. NL-33-02-11; am Blattrand zu 4210 freytag & berndt-Wanderkarte: WK 031 (Ötscherland – Mariazell – Erlauftal – Lunzer See – Scheibbs – Melker Alpenvorland; 1:50 000) und WK 5031 (Mariazell – Ötscher – Josefsberg – Annaberg – Erlaufsee; 1:35 000)
Kompass-Wanderkarte: WK 22 (Mariazell – Ötscher – Erlauftal; 1:25 000) und WK 212 (Hochschwab / Mariazell – Eisenwurzen; 1:50 000)

Das zum Teil baumfreie Gipfelplateau der Bürgeralpe beim Gnadenort Mariazell und der es um 25 m überragende Aussichtsturm bieten einen prächtigen Blick über das Mariazeller Becken und dessen Umgebung sowie über die nähere und fernere Bergwelt. Von hier kann man wirklich „ins Land einischaun". In der älteren Literatur wird dieser 1908 erbaute Aussichtsturm als „Erzherzog-Franz-Karl-Warte" bezeichnet, doch 1959 fand man einen klangvolleren Namen und er wurde in „Erzherzog-Johann-Warte" umbenannt.

Ein Berghotel und mehrere schmucke Berggaststätten laden im Gipfelbereich zum Verweilen ein und wer sich über alles, was mit Holz zu tun hat, informieren will und auch seinem Spieltrieb freien Lauf lassen möchte, findet in der „Erlebniswelt Holzknechtland" ein reiches Betätigungsfeld.
Wir aber laden den Leser zu einer romantischen

Wanderung ein, die im Besuch der Hohlensteinhöhle ihren Höhepunkt findet. Die altbekannte Höhle wurde früher oftmals aufgesucht, wie zahlreiche Zitate der Reiseliteratur beweisen. Ihre touristische Bedeutung erlebte sie bereits im 19. und noch einige Jahrzehnte lang im 20. Jahrhundert, man errichtete am größeren Eingang eine aufwendige Plattform, die in der Folge mehrmals erneuert wurde und deren Reste noch nach dem Zweiten Weltkrieg erkennbar waren. Einzelne Gangabschnitte wurden durch Sprengungen und einfache Holzeinbauten bequem gangbar gemacht. Anscheinend diente die Hohlensteinhöhle nie als Schauhöhle, gelegentlich wurden aber einfache touristische Führungen veranstaltet. Dafür diente die Eingangshalle mit ihrer pompösen Plattform oftmals ausgelassenen Höhlenfesten. Heute ist es „Gott sei Dank" recht still in und bei der verträumten Hohlensteinhöhle.

Der am 24. September 2010 gegründete „Höhlenverein Hohlensteinhöhle Mariazell" machte sich zum Vereinsziel, die Hohlensteinhöhle als Schauhöhlenbetrieb zu betreuen. Daher mussten die Steiganlagen wiederum hergestellt werden und die feierliche Eröffnung erfolgte im Rahmen der „Tagung des Verbands österreichischer Höhlenforscher" am 23. August 2015.

Verwendete Literatur:
(25): 230–233; (51): 20–22; (57): 186; (93): 42; 139): 77–79; (153): 293; (169): –.

So sahen die ehemaligen alten Steiganlagen der Hohlensteinhöhle aus.

Der Höhleneingang in seiner heutigen Gestalt.

Historische Abbildung mit Holzbauten aus dem Jahr 1900.

Offizieller Name: KATERLOCH
Lage: Südlich des Lärchsattels im Sattelberg, nördlich von Dürntal, nordwestlich von Weiz.
Kat.-Nr.: 2833/59
Seehöhe: 920 m
Länge und Höhenunterschied: offiziell nicht bekannt
Gesamtganglänge: 1400 m (geschätzt)
Höhenunterschied: 220 m laut H. Hofer

Führungszeiten

April bis Oktober, gegen telefonische Voranmeldung. Führungen finden ab 9 Personen statt (bei 1–8 Personen: Anschluss an größere Gruppen möglich oder Führung gegen Aufpreis). Kinder: nur in Begleitung Erwachsener und ab schulpflichtigem Alter. Außerdem wird „Mental- und Bewusstseins-Training" angeboten!

Beleuchtung: elektrisch.

Info und Kontakt

Eigentümer: Mag. Fritz Geissler, 8160 Weiz, Göttelsberg 304/1;
Mobil: 0664/48 53 420 – Fax: 03172/89 0 53
E-Mail: info@katerloch.at

www.schauhoehlen.at
www.lvhstmk.at/schauhoehlen_stmk.html
www.katerloch.at
info@katerloch.at
de.wikipedia.org/wiki/Katerloch

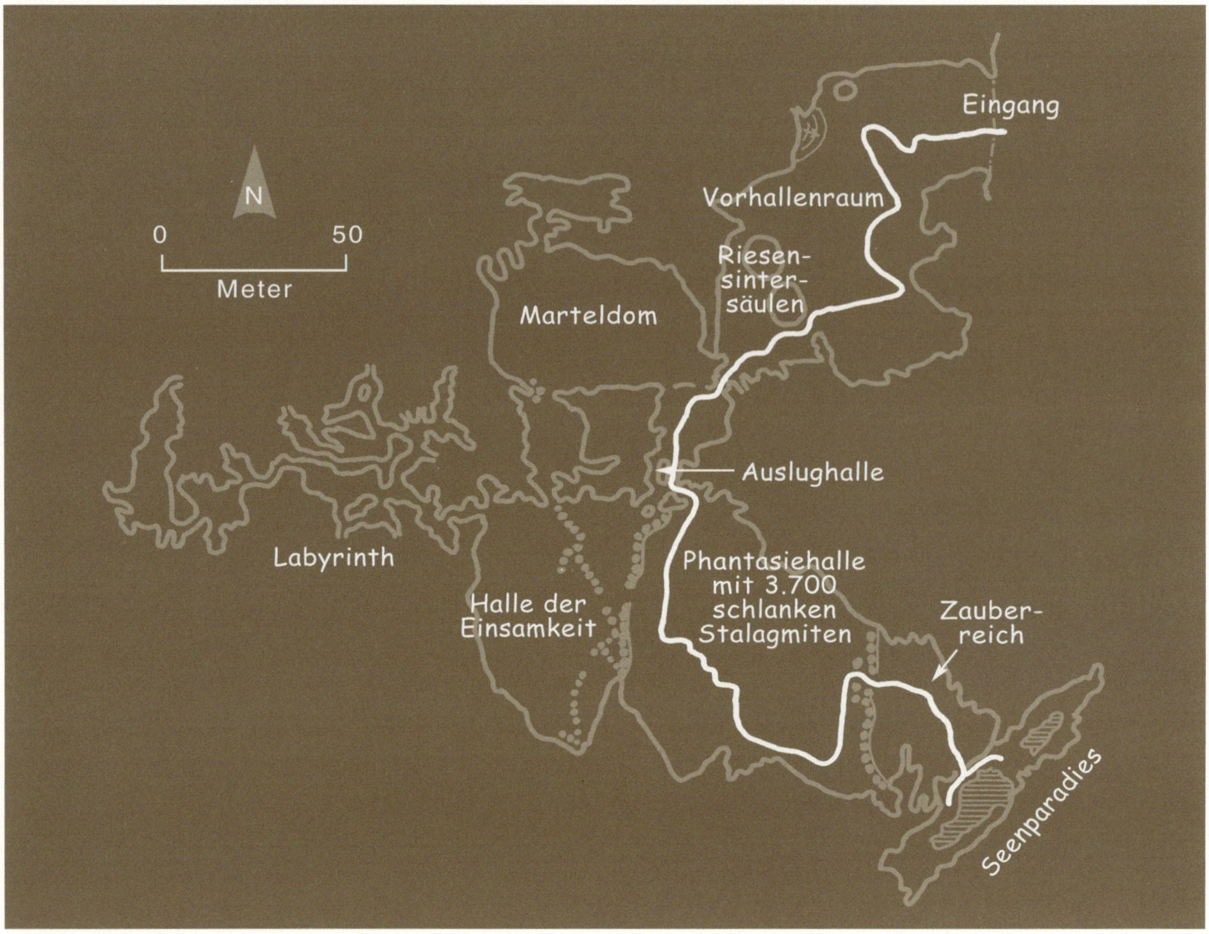

N

0 _____ 50
Meter

Eingang
Vorhallenraum
Riesen-sinter-säulen
Marteldom
Auslughalle
Labyrinth
Halle der Einsamkeit
Phantasiehalle mit 3.700 schlanken Stalagmiten
Zauber-reich
Seenparadies

Was Sie erwartet

Den Eingang des Katerlochs bildet ein von Efeu umranktes Portal mit einer Breite von 22 m und einer Höhe von 10 m. Durch dieses Portal betritt man die nach innen abfallende Eingangshalle, in der man auf einem Serpentinenweg mächtige bemooste und algenüberwucherte Sintersäulen antreffen kann. Eine dieser Säulen hat den gewaltigen Umfang von 46 und eine Höhe von 22 m. Nach der 150 m langen und zwischen 40 und 70 m breiten Vorhalle führt der Führungsweg weiter hinab in die „Auslughalle", die einen Blick in den Abgrund des „Marteldomes" gestattet. Namensgebend für diesen Dom war nicht der bekannte französische Speläologe E. A. Martel, sondern ein gleichnamiger Professor, der schon um 1830 bis hierher vorgedrungen sein soll. Nach einem Abstieg über Stufen betritt man die „Fantasiehalle", die sich den einstigen Führungsteilnehmern als „leuchtendes Paradies der ewigen Nacht" präsentierte. Das Aussehen dieser 120 m langen, bis 85 m breiten und bis 18 m hohen Halle weist spielend jede Filminszenierung Hollywoods in die Schranken, denn der Besucher begibt sich in einen wahren „Tropfsteinurwald", in dem man neben hauchdünnen Sinterfahnen und -vorhängen mehr als 3700 schlanke Stalagmiten mit einer Höhe bis zu 10 m bestaunen kann. Eine dieser Tropfsteinkerzen ist besonders hervorzuheben: Bei einer Höhe von etwa 10 m erreicht ihr Querschnitt nur eine Stärke von 15 cm. Wenn man bedenkt, dass für die Entstehung dieser Pracht vor allem der stete Tropfenfall ursächlich ist, wird dem Betrachter wohl das Wirken des Wassers in diesem prächtigen Raum als das eines „hoch begnadeten Dekorateurs des Höhleninneren" bewusst. Nach Durchschreiten einer Tropfsteinbarriere und nach einem weiteren kurzen Abstieg lüftet das Katerloch sein letztes und größtes Geheimnis: die Hallen des „Zauberreiches" und des „Seenparadieses". In diesen außerordentlich schönen Tropfsteinräumen sind die verspieltesten Sinterformen, vom kristallenen „Eisberg" bis hin zu einem 3 m langen Sintervorhang mit zahlreichen Faltenwürfen, zu bewundern. Den absoluten Höhepunkt erlebt der Besucher am tiefsten bekannten Punkt der Höhle: Zwischen den Tropfsteinformationen, in einer Welt wie aus Zuckerguss, sind zwei Seen aus kristallklarem Wasser entstanden. Ihre grünlich schillernde Wasserfläche, auf der der Tropfenfall seine konzentrischen Kreise hinterlässt, wird nur durch emporragende schneeweiße Bodenzapfen und einige Sinterinseln unterbrochen.

Der Besucher legt auf dem Führungsweg etwa 800 m zurück und überwindet dabei den beträchtlichen Höhenunterschied von 133 m, aber nicht nur bergab, sondern auch wiederum hinauf zum Tageslicht. Das Katerloch wurde und wird auch heute noch oftmals zu Recht als die schönste Tropfsteinhöhle Österreichs bezeichnet.

Zu beachten ist

Die Führungsdauer beträgt etwa 2 Stunden und Voraussetzung ist eine allgemeine Fitness. Auch sollte man auf gutes Schuhwerk sowie warme Kleidung (Höhlentemperatur: 5° C) achten.

So kommen Sie hin

Die Zufahrt zum Katerloch gestaltet sich gleich wie die zur Grasslhöhle, man fährt jedoch von deren Parkplatz noch einige hundert Meter weiter bis zum nächsten und geht von dort noch rund hundert Meter bis zu einer Absperrung.

Wanderkarten

Österreich-Karte: ÖK-50 4223 (Weiz) bzw. NL-33-02-23
freytag & berndt-Wanderkarte: WK 131 (Grazer Bergland – Schöckl – Teichalm –Stubenbergsee; 1:50 000) und WK 5131 (Teichalm – Schöckl – Raabklamm – Weiz – Birkfeld; 1:35 000)
Kompass-Wanderkarte: WK 221 (Grazer Bergland – Fischbacher Alpen; 1:50 000) und WA 596 (Großer Wander-Atlas Rund um Wien; 1:50 000)

Unweit der Grasslhöhle, ein kleines Stück weiter bergwärts, liegt das Katerloch, die tropfsteinreichste Schauhöhle Österreichs. Von der österreichischen Fremdenverkehrswerbung wird sie als „Sehenswürdigkeit von internationalem Rang" angepriesen, „die auch eine weite Anreise lohnt".

Der einheimischen Bevölkerung war das auffällige Portal der Höhle schon seit alters her bekannt. Benannt wurde es nach den „Eulen", die hier als „Eulkater" bezeichnet wurden. Der großräumige Eingangsbereich des Katerloches wurde oft und gerne aufgesucht, dem Besucher sollte Abenteuerliches oder Kurioses vermittelt werden. Eine derartige Situation wurde im Tonlithoblatt „Kater-Höhle bei Weitz" von Josef Kuwasseg dargestellt, das 1850 in Graz erschien. Schon zu dieser Zeit sollen auch mehr oder minder ernst gemeinte Abstiege in den Schacht versucht worden sein, wie man dem ausführlichen Bericht von August Mandel aus dem Jahr 1837 entnehmen kann. Die 90 Klafter Tiefe erreichende Befahrung des Schachtes mithilfe einer dafür konstruierten Winde durch den Professor Martel um 1830 wird jedoch angezweifelt. Dokumentiert sind aber Pflanzenwuchs-, Temperatur- und Feuchtemessungen durch die Professoren Schrötter und Gintl im Jahr 1836, eine Erforschung mit Planaufnahme und Dokumentation setzte erst im Jahre 1899 ein. Diese und auch die nachfolgenden Tiefenvorstöße fanden jeweils am Grunde des „Marteldoms" ihr Ende.

Diese unbefriedigende Situation änderte sich schließlich mit der Verpachtung der Höhle an das Ehepaar Regina und Hermann Hofer im Jahr 1950, das mit Beharrlichkeit und Ausdauer weiter forschte. 1952 konnte die entscheidende Fortsetzung, fünfzehn Meter über dem Boden des „Marteldoms" ansetzend, gefunden werden, und bis 1955 wurden alle heute bekannten Höhlenteile entdeckt und vermessen. Das Forscherpaar baute das Katerloch als Schauhöhle mit elektrischer Beleuchtung aus und eröffnete diese im Jahre 1958. Jedoch 1985 wurde der allgemeine Führungsbetrieb eingestellt und am Anfang des 21. Jahrhunderts vom neuerlichen Besitzer Mag. Fritz Geissler wiedereröffnet.

Verwendete Literatur:
(2): 197; (24): 9, 104–109, 162; (25): 187–189; (71): –; (72): –; (76): 124; (83): 126–130; (106): 33, 36, 47, 71–74, 130; (118): 137–151; (155): 31–32; (169): –.

Hermann Hofer, der ambitionierte Erforscher des Naturwunders Katerloch.

Stimmungsvolles Naturerlebnis in malerisch-abenteuerlicher Umgebung: „Kater-Höhle bei Weitz im Gratzer Kreise." Lithografie von Joseph Kuwasseg, 1850. Dabei handelt es sich um eine Ansicht im Rahmen der „großen Lampelschen Suit" der Anstalt. Von Herbert Lampl.

Gewaltige Sintervorhänge mit „Faltenwürfen" sind eines der Markenzeichen der tropfsteinreichsten Schauhöhle Österreichs.

Am tiefsten bekannten Punkt des Katerlochs: grünlich schillernde Seen mit kristallklarem Wasser.

Eine Welt wie aus Zuckerguss: im Seenparadies, dem schönsten Teil des Katerlochs.

STEIERMARK
KLASSISCHE SCHACHTZONE
bei der Tauplitzalm

Offizieller Name:
BURGUNDERSCHACHT
Weitere Bezeichnungen: Schacht XXXVIII
Lage: Beim Jungbauernkreuz im Gebiet „In den Karen", nördlich des Steirersees bei der Tauplitzalm
Kat.-Nr.: 1625/20
Seehöhe des Haupteinstiegs: 1847 m
Gesamtganglänge: 22 588 m
Höhenunterschied: 848 m

Offizieller Name: DÖF-SONNENLEITER-HÖHLENSYSTEM
Weitere Bezeichnungen: DÖF-Schacht, Freundschaftsschacht
Lage: Etwa 490 m nordnordöstlich vom Jungbauernkreuz

Kat.-Nr.: 1625/379
Seehöhe: 1873 m (Einstieg DÖF-Schacht)
Gesamtganglänge: 23 722 m
Höhenunterschied: 1092 m

Frei zugänglich, ohne Führung.

Infos
www.hoehle.at/deutsch/karengebiet.htm
de.wikipedia.org/wiki/DÖF-Sonnenleiter-Höhlensystem
www.hoehle.at/wordpress/forschung/das-dof-sonnenleiter-hohlensystem-1625279/
www.ennstalwiki.at/wiki/index.php/Jungbauerkreuz

Zu beachten ist

Dass man einen touristischen Abstiegsversuch in die Schächte besser unterlassen sollte, versteht sich von selbst, der Weg zur „Klassischen Schachtzone" und die Begehung der Karstphänomene an der Oberfläche verlangen eine gewisse Erfahrung im Hochgebirge und natürlich auch die dazugehörige Ausrüstung. Da sich über den Schachtöffnungen oftmals nicht tragfähige Firnkappen bilden, sollte man bei Schneelage unbedingt von einem Besuch des Gebietes Abstand nehmen.

So kommen Sie hin

Um die faszinierende „Öde" eines Kahlkarstes kennenzulernen, empfehlen wir, das Seen-Plateau der Tauplitzalm nach Osten hin zu durchwandern und von den Steirersee-Almhütten auf einem bezeichneten Wanderweg in Richtung „Schwaigbründl" bzw. „Großes Tragl" aufzusteigen. Nachdem man das „Himmelreich" am Fuße der wunderschönen „Karrenwand" durchquert und einen Aufstieg über Felsstufen absolviert hat, gelangt man nach ungefähr zwei Stunden zum „Jungbauerkreuz", dem Zentrum der „Klassischen Schachtzone". Die Tauplitzalm selbst erreicht man mit einem Sessellift von Tauplitz oder über eine Mautstraße von Bad Mitterndorf aus.

Wanderkarten des Gebiets

Österreich-Karte: ÖK-50 4207 (Windischgarsten) bzw. NL-33-02-07
freytag & berndt-Wanderkarte: WK 082 (Bad Aussee – Totes Gebirge – Bad Mitterndorf – Tauplitz; 1:50 000)
Kompass-Wanderkarte: WK 19 (Almtal – Totes Gebirge – Stodertal; 1:50 000), WK 222 (Sölktäler – Rottenmanner Tauern – Ennstal – Murau – Naturpark Grebenzen; 1:50 000), WK 229 (Salzkammergut; 1:50 000) und WK 293 (Dachsteingruppe – Schladminger Tauern; 1:25 000)
Alpenvereinskarte: Nr. 15/2 (Totes Gebirge – Mittleres Blatt; 1:25 000)

Die Hochlandschaft der Tauplitzalm bietet mit ihren zahlreichen Seen und den trutzig überragenden Bergen des südlichen Toten Gebirges dem Auge ein besonders schönes Gepräge. Die Tauplitzalm ist zugleich ein guter Ausgangspunkt für zahlreiche Wandertou-

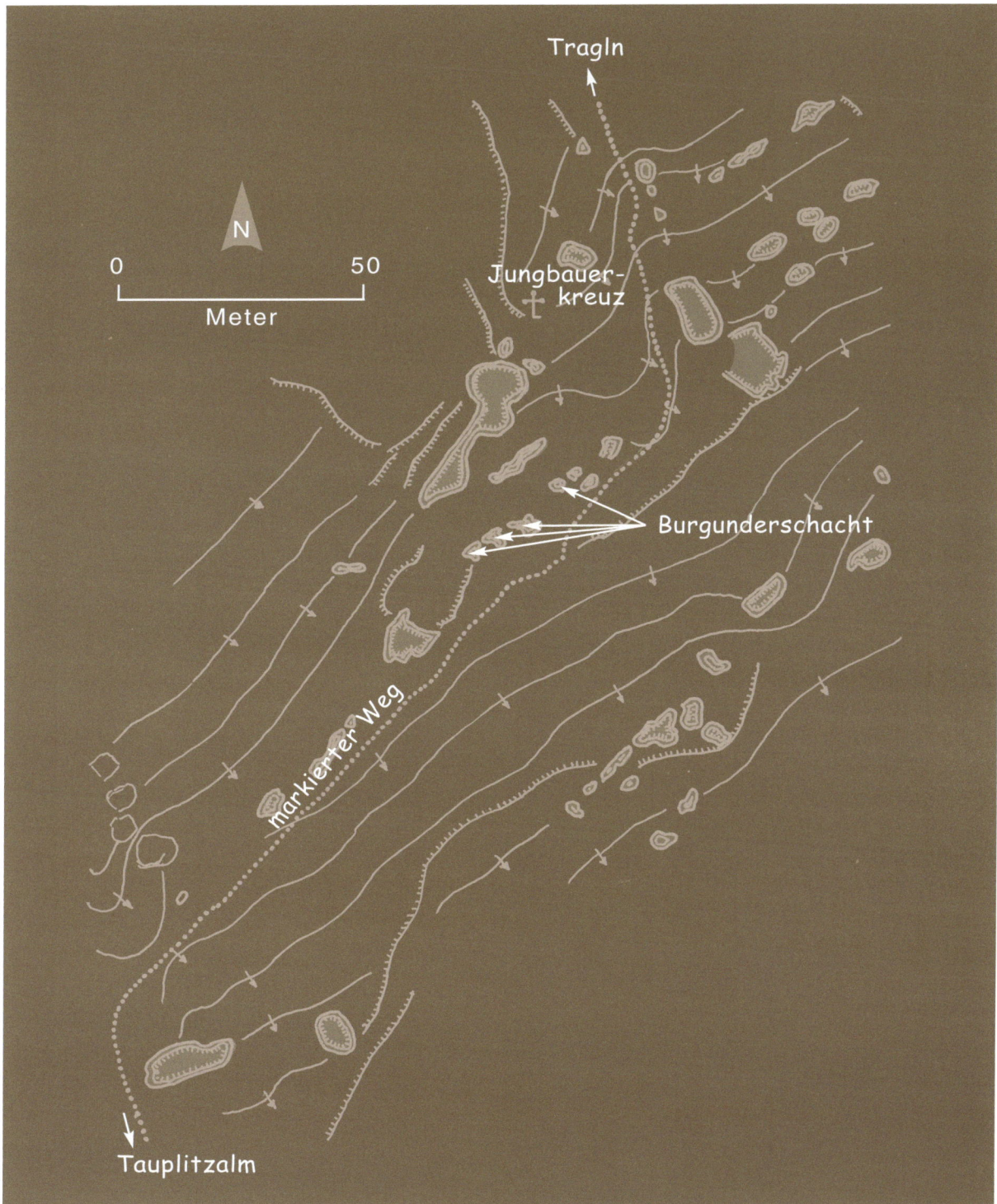

ren und Gipfelbesuche. Da es sich bei dem etwa 300 km² umfassenden Toten Gebirge um das größte unterirdisch entwässerte Gebiet und damit um den größten zusammenhängenden Karstkomplex Österreichs handelt, ist es nicht verwunderlich, dass man auf „Schritt und Tritt" mit ober- oder unterirdischen Karstphänomenen konfrontiert wird. Im Osten des Seenplateaus der Tauplitzalm befindet sich unterhalb der Südabstürze der Trageln, rund um das Jungbauerkreuz eine leicht zu

erreichende faszinierende Kahlkarstlandschaft, nämlich die „Klassische Schachtzone". Oftmals wurde diese Region mit einer Mondlandschaft verglichen, denn der nackte Fels ist tausendfach zerklüftet und ein Netz von Rissen und Schächten durchzieht seine Oberfläche.

Auch die Erforschung dieses Areals hat ihre eigene Geschichte. Auslösend für das speläologische Interesse und die späteren umfangreichen Erkundungen in diesem Gebiet war ein tragischer Unfall, bei dem 1948 der Linzer Skifahrer Herbert Jungbauer in einen Schacht stürzte und nicht mehr geborgen werden konnte. Der „Landesverein für Höhlenkunde in der Steiermark" fasste zwar schon 1950 den Entschluss, das Schachtsystem zu erkunden, aber erst 1951 kam eine aufwendige Expedition unter Leitung von Hermann Bock und Johann Gangl zustande. Die ca. 30 Personen umfassende Gruppe, wissenschaftlich betreut durch Hubert Trimmel, war vor allem im Gebiet um das „Jungbauerkreuz" tätig. Auf einer Fläche von 300 × 100 m, in einer durchschnittlichen Seehöhe von 1850 m, wurden 43 Schächte gezählt und davon 38 bezeichnet bzw. erkundet sowie vermessen. Als Basis dafür wurde zunächst eine genaue Theodolitvermessung der Oberfläche vorgenommen, bei den Tiefenvorstößen erreichte man im „Schacht XXXVIII" den tiefsten Punkt mit −275 m.

1975 begannen französische Forscher mit weiteren Erkundungen im rekordverdächtigen Gebiet. Diese hervorragenden Schachtspezialisten erreichten 1980 im vormals als „Schacht XXXVIII" benannten heutigen „Burgunderschacht" damals den tiefsten Punkt mit −827 m. 1978 hatten Teilnehmer der „3. Schulungs- und Diskussionswoche des Verbands österreichischer Höhlenforscher" unter schwierigen Bedingungen in 120 m Tiefe im Schacht III die Überreste Herbert Jungbauers gefunden und an die Oberwelt gebracht.

Seit 1981 ist die Forschung in der „Klassischen Schachtzone" eine Domäne des „Landesvereines für Höhlenkunde in Wien und Niederösterreich". Durch jahrelange penible Tätigkeit wurde dieses intensiv verkarstete Gebiet zu einem der besterforschten Höhlengebiete Österreichs. Anfangs war man noch der Meinung, es handle sich hier um eine lokale Schachtanhäufung, die Forscher wurden jedoch später eines Besseren belehrt, denn die enorme Höhlendichte ist als weiträumiges Phänomen zu bezeichnen. Daher wurde das Arbeitsgebiet unter der Bezeichnung „Tauplitz-Schachtzone" immer mehr erweitert, weshalb man es heute in „Klassische Schachtzone" bzw. „Südliche Tauplitz-Schachtzone" oder „Erweiterte Schachtzone" unterteilt.

Im Gebiet östlich der Abbrüche der Tragln, „In den Karen" genannt, wurden bis jetzt über 150 Höhlen, meist Schächte von unterschiedlichster Ausdehnung, bearbeitet. Um welchen geologischen „Emmentaler" es sich dabei handelt, zeigt das Beispiel eines großen Höhlensystems, des „Burgunderschachtes": Der Einstieg dazu befindet sich unmittelbar beim „Jungbauerkreuz", der am weitesten entfernt bekannte Eingang in dieses System liegt 325 m südlich davon. Das 22,6 km lange System weist einen Höhenunterschied von −848 m auf, bis jetzt sind fast 40 Tagöffnungen bekannt.

Im Gebiet der erweiterten Schachtzone wurde von Mitgliedern des „Vereins für Höhlenkunde in Obersteier" ein weiteres großes Höhlensystem erforscht. Das sogenannte „DÖF-Sonnenleiter-Höhlensystem" weist eine Tiefe von 1092 m auf und wurde im Jahr 2014 auf 23 722 m Gesamtlänge erforscht.

Verwendete Literatur:
(14): 106–107; (24): 9, 133–136, 162; (25): 222–225; (43): 54–72; (63): –; (64): 145–146; (78): 91; (79): 72; (99): 37–46; (106): 52, 54; (147): 136–138.

Nichts für schwache Nerven: Schachtbefahrung in eine tiefere Höhlenregion.

Die karge, aber trotzdem faszinierende Kahlkarstlandschaft im südlichen Teil des Toten Gebirges.

Abseilfahrt in den „Peripherieschacht II".

Die oft messerscharfen Oberflächenformen des hochalpinen Karstes sind durch Korrosion entstanden.

Das Abenteuer beginnt: Höhlenforscher am Schachteinstieg.

Offizieller Name: KRAUSHÖHLE

Weitere Bezeichnungen: Anerlbauernloch, Kraus-Grotte

Lage: In der Noth (Nothklamm) bei Gams, nördlich von Hieflau

Kat.-Nr.: 1741/1

Seehöhe: 616 m

Gesamtganglänge: 340 m

Höhenunterschied: 40 m

Führungszeiten

Von 1. Mai bis 31. Oktober gegen Voranmeldung, Montag und Dienstag geschlossen, außer an Feiertagen. Während der Sommerferien ist keine Voranmeldung nötig und die Höhle ist von Mittwoch bis Sonntag (ausgenommen Feiertage) von 9 bis 16 Uhr geöffnet.
Für Gruppen ab 15 Personen ist immer eine Voranmeldung erforderlich.
Schauhöhlenbeleuchtung: Scheinwerfer und Akkulampen.

Info und Kontakte

Verwaltung: Feuerwehr Gams, 8922 Gams; Tel.: (03637) 360 oder 206.
Kraushöhleverwaltung:
E-Mail: office @ kraushoehle.at
Info und Anmeldung: Gemeindeamt Gams bei Hieflau, 8922 Gams bei Hieflau Nr. 145;
Tel: +43 (0) 3637/206 od. 0650/26 00 598 –
Fax: +43 (0) 3637/2066
E-Mail: gde @ gams-hieflau.steiermark.at
oder Familie Mitterbäck: Tel. 03637/360 –
Mobil: 0650/2600598
www.kraushoehle.at

www.schauhoehlen.at
de.wikipedia.org/wiki/Kraushöhle
www.lvhstmk.at/schauhoehlen_stmk.html
www.geoline.at/ausflugsziele/kraushoehle/oe
www.cusoon.at/hoehlen-grotten-im-natur-park-eisenwurzen

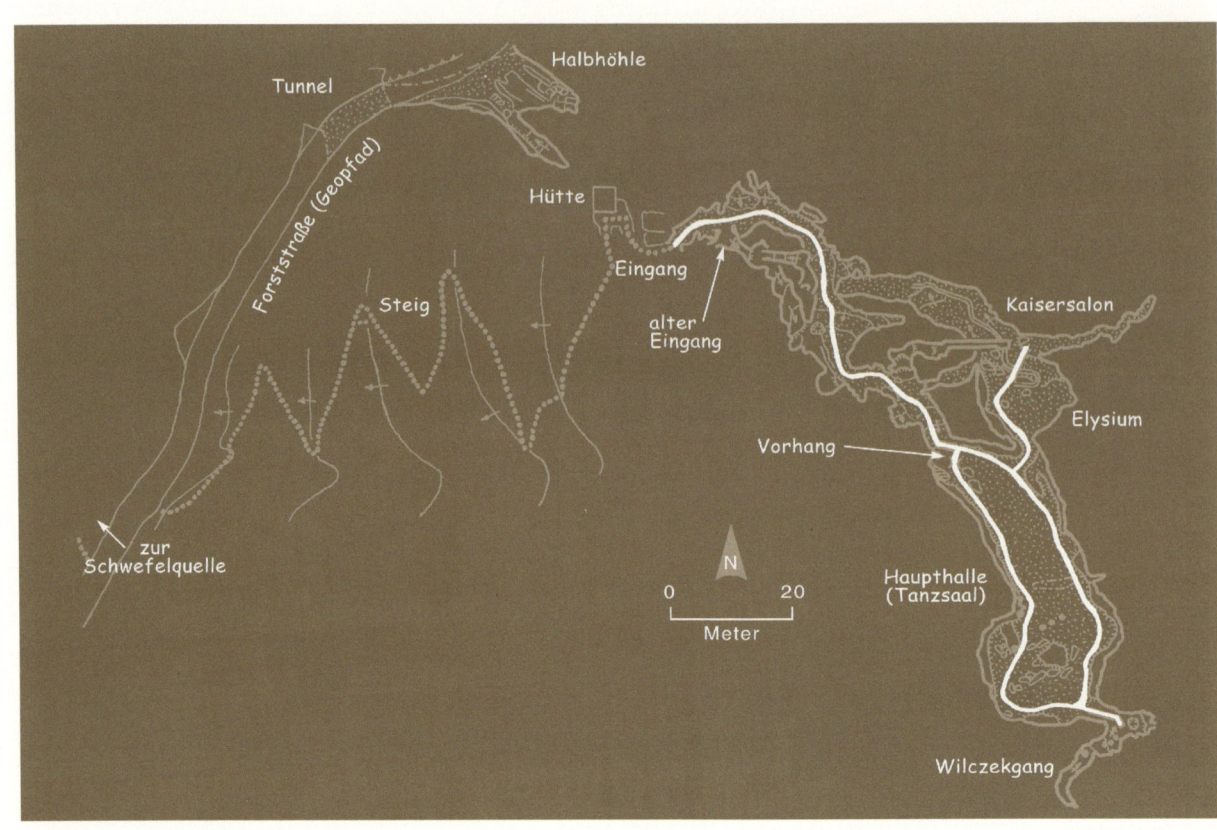

Was Sie erwartet

Am Höhlenvorplatz mit seinem Führungshäuschen fällt dem Besucher sofort das „Kraus-Denkmal", eine Büste über dem Höhleneingang, auf. Man betritt die Kraushöhle durch einen künstlich angelegten Stollen und folgt einem zwar schmucklosen, aber mit beeindruckenden Kolken ausgestatteten Gang; dabei passiert man auch den natürlichen schachtartigen Eingang zur Höhle, dessen Tagöffnung inzwischen abgemauert wurde. Während des Abstiegs auf einer Holztreppe in das Kernstück der Höhle, die „Große Halle", kann man rechter Hand ein riesiges Bergmilchgebilde bewundern, das von der Decke herunterzuwachsen scheint und als „Wasserfall" bezeichnet wird. Die eigentliche Attraktion dieser Halle und der nun folgenden Seitengänge stellen die schönsten blütenweißen, aber auch farbigen Gipskristalle, -blüten und -ablagerungen dar, wie man sie im mitteleuropäischen Raum nirgendwo anders antreffen kann. Den Höhepunkt der Höhle erlebt man schließlich im tagfernen Raum, dem „Elysium", der mit diesen glitzernden mineralischen Naturwundern über und über ausgeschmückt ist. Abschließend sei noch am Rande vermerkt, dass einst in der „Großen Halle" ein hölzernes Podium und ein Tanzplatz der Abhaltung von „Grottenfesten" gedient haben.

Weitere einschlägige Sehenswürdigkeiten der Umgebung sind Besuche des „Geo-Pfades", des „Geo-Zentrums", der „Halbhöhle" und der „Schwefelquelle".
Der Geo-Pfad (Wanderung durch 230 Millionen Jahre Erdgeschichte) ist ein ca. 8 km langer Rundwanderweg mit 32 Stationen ausgehend vom Geo-Zentrum. Der 2006 neu adaptierte Geo-Pfad/Geo-Rad ist je nach Witterung von Mai bis Oktober leicht begehbar bzw. befahrbar.
Gegen Anmeldung beim Tourismusverein oder Kirchenwirt Gams können auch Führungen vereinbart werden.

Kontakte und Informationen zum Geo-Pfad/Geo-Rad:

Tourismusverein Gams: 8922 Gams bei Hieflau 145. Tel.: 03637/206 – E-Mail: gde@gams-hieflau.steiermark.at
Kirchenwirt Gams: Gams bei Hieflau 150 – Dienstag Ruhetag, ansonsten von 11–20 Uhr;
Tel.: 03637/50350 – www.kirchenwirt-gams.at

www.bmlfuw.gv.at/umwelt/natur-artenschutz/lehrpfade/Geologie/GeoPfadGams.html

Die museale Aufarbeitung dieses geologischen Themas befindet sich im Geo-Zentrum im Gemeindehaus. Das Geo-Zentrum ist vom 1. April bis 31. Oktober täglich von 9 bis 12 und 13 bis 16 Uhr geöffnet. Eine große, mystisch anmutende Halbhöhle (ohne Kat.-Nr.) liegt zwischen den beiden Tunneln der Forststraße durch die „Noth". Im Höhlenportal findet sich ein großes Kreuz, darunter ein Betschemel sowie Blumenschmuck.
Rund 100 m unterhalb der Höhle tritt eine Thermenquelle aus, die als „Schwefelquelle" bezeichnet wird. Man kann annehmen, dass die Kraushöhle selbst einst eine Thermalquelle darstellte, die aber durch Absinken des Talniveaus und des Karstwasserspiegels versiegte. Vielleicht liefert diese Quelle bereits einen Hinweis auf die Entstehung einer neuen und mit schönem Kristallschmuck ausgestatteten Höhle.

So kommen Sie hin

Von der kleinen verträumten Sommerfrische Gams bei Hieflau führt eine schmale Straße in Richtung der wildromantischen „Noth" bis zu einem Parkplatz. Zu Fuß geht es von diesem zunächst auf einer Naturstraße und dann über einen Serpentinenweg zur Höhle hinauf. Auch über den „Geopfad", einen von Gams ausgehenden Lehrweg, kann man die Kraushöhle per pedes erreichen.

Wanderkarten

Österreich-Karte: ÖK-50 4209 (Hieflau) bzw. NL-33-02-09
freytag & berndt-Wanderkarte: WK 062 (Gesäuse – Ennstaler Alpen – Schoberpass; 1:50 000)
Kompass-Wanderkarte: WK 69 (Gesäuse – Ennstaler Alpen – Pyhrn – Eisenerz; 1:50 000) und WA 596 (Großer Wander-Atlas Rund um Wien; 1:50 000)

Die in der Nähe von Gams bei Hieflau gelegene Kraushöhle wird zu Unrecht stiefmütterlich behandelt. Denn ihre geschichtliche Entwicklung als Schauhöhle und das Vorkommen von einzigartigen Gipskristallen lohnen es besonders, dieses Naturobjekt näher zu erörtern und auch aufzusuchen. Sie ist außerdem die einzige Schauhöhle Europas, in der Schwefelwasserstoff den Kalk zu Gips umgewandelt hat.

Franz Kraus (1834–1897), der große Pionier und Wegbereiter der Speläologie in Österreich, war Autor unzähliger Publikationen, vor allem aber des Werkes „Höhlenkunde. Wege und Zweck der Erforschung unterirdischer Räume". In diesem 1894 erschienenen Höhepunkt seines Schaffens trug er das gesamte karst- und höhlenkundliche Wissen der damaligen Zeit zusammen – eine grandiose Leistung. Bereits im Jahr 1879 hatte er sich als einer der Mitbegründer des weltweit ersten Höhlenvereines in Wien hervorgetan.

Wegbereiter der Speläologie: Franz-Kraus-Büste über dem Höhleneingang.

Obwohl Franz Kraus zahlreiche Höhlen des In- und Auslandes kannte, hatte es ihm das sogenannte „Anerlbauernloch" bei Gams in besonderer Weise angetan. Er kaufte das Grundstück samt der Höhle und baute diese als Schauhöhle aus, die nach feierlicher Eröffnung am 28. Mai 1882 in Betrieb ging. Im darauffolgenden Jahr ließ er sogar ein Kleinkraftwerk errichten und beleuchtete die Höhlenräume ab Pfingsten 1883 mit der dadurch erzeugten Elektrizität. Deshalb konnte die Kraushöhle als erste Schauhöhle der Welt mit elektrischer Beleuchtung aufwarten. Die aus fünf mächtigen Bogenlampen bestehende Anlage musste leider nach sieben Jahren wegen technischer Schwierigkeiten und unwirtschaftlichen Betriebes eingestellt werden. Die elektrische Einrichtung wurde veräußert und heute erinnert leider nichts

mehr an diese Pionierzeit der Beleuchtungstechnik. Franz Kraus, als tüchtiger Beamter bis in den Rang eines „Regierungsrats" aufgestiegen, erhielt für seine Verdienste um den Ort nicht nur die Ehrenbürgerschaft der Gemeinde Gams, sondern erlebte es auch noch, dass sein „Loch", das „Anerlbauernloch", zu seinen Ehren den Namen „Kraushöhle" erhielt.

Schon zu Lebzeiten von Franz Kraus, besonders jedoch in den Jahren nach dem Ersten Weltkrieg wurde der Schauhöhlenbetrieb immer unrentabler, sodass er zu Anfang der Vierzigerjahre überhaupt eingestellt werden musste. Erst als die Freiwillige Feuerwehr von Gams die Höhle in Pacht nahm und sich zu ihrer Betreuung und Erhaltung verpflichtete, konnte im Jahr 1963 an eine Wiederaufnahme des Betriebes gedacht werden.

Nach dem Bundesgesetz vom 26. Juni 1928, BGBl. Nr. 169, zum Schutze von Naturhöhlen (Naturhöhlengesetz) steht die Kraushöhle unter „besonderem Schutz".

Verwendete Literatur:
(24): 9, 110–112, 162; (25): 190–193; (76): 122; (83): 122–123; (106): 37, 123–125; (117): 20–21; (155): 55–56; (157): 25–27 (o. Pagina); (169): –; (170): –.

Ein mineralisches Naturwunder und einzigartig in Mitteleuropa: Gipskristalle im tagfernsten Raum, dem „Elysium".

Die Tabelle zeigt die zehn ältesten mit elektrischer Beleuchtung ausgestatteten Schauhöhlen:

1.	Kraushöhle (Österreich/Steiermark)	1883
2.	Adelsberger Höhle/Postojnska jama (Slowenien/Notranjska, Inner-Krain)	1884
3.	Olgahöhle (Deutschland/Baden-Württemberg)	1884
4.	Dobschauer Eishöhle/Dobšinska ľadová jaskiná (Slowakei/Ostslowakei)	1887
5.	Jenolan Cave (Australien/Neusüdwales)	1887
6.	Grand Caverns (USA/Virginia)	1889
7.	Hermannshöhle (Deutschland/Sachsen-Anhalt)	1890
8.	Reckenhöhle (Deutschland/Nordrhein-Westfalen)	1890
9.	Dechenhöhle (Deutschland/Nordrhein-Westfalen)	1891
10.	Gussmannshöhle (Deutschland/Baden-Württemberg)	1891

Der „Wasserfall", ein riesiges Bergmilchgebilde in der „Großen Halle", dem Zentralraum der Kraushöhle.

Offizieller Name: LURGROTTE
Weitere Bezeichnungen:
Eingang Semriach: Lurhöhle, Lurloch, Lugloch, Luegllloch, Lueloch
Eingang Peggau: Schmelzgrotte, Schmelzbachhöhle
Lage: Die Lurgrotte durchquert zwischen Semriach und Peggau die „Tanneben" im Grazer Bergland, östlich des Unteren Murtals.
Kat.-Nr.: 2836/1
Seehöhe: 412 m (Peggau) und 640 m (Semriach)
Gesamtganglänge: 5975 m
Höhenunterschied: 273 m

Führungszeiten Schauhöhle in Peggau:
Vom 1. April bis 31. Oktober täglich von 10 bis 15 Uhr. Nach Voranmeldung werden auch während der Wintermonate (November bis März) Führungen vorgenommen. Dabei werden zwei Führungen angeboten, und zwar eine Normalführung (Dauer 1 Std.) und eine große Führung (Dauer 2 Std. mit LED-Lampen). Außerdem werden von Dezember bis März gegen Voranmeldung (mind. 10 Erwachsene) Abenteuerführungen (ca. 5 bis 6 Std.) durchgeführt. Bei Hochwasserrisiko kann die Abenteuerführung verschoben oder abgesagt werden.

Schauhöhlenbeleuchtung: elektrisch, große Führungen mit LED-Lampen (eventuell Karbidlampen).

Info und Kontakte
Verwaltung: Lurgrottenges. m. b. H., 8120 Peggau, Lurgrottenstraße 1/2;
Tel.: +43 3127 2580, Fax: +43 3127 2580
Mobil:+43 (0) 680 2324281

E-Mail: lurgrotte(at)gmx.net
www.schauhoehlen.at
www.lurgrotte.com
http://www.lvhstmk.at/schauhoehlen_stmk.html

Führungszeiten Schauhöhle bei Semriach:
Während des Sommerbetriebs, vom 15. April bis 31. Oktober werden Führungen täglich von 10 bis 16 Uhr durchgeführt. Die Hauptführungen erfolgen um 11, 14 und 15.30 Uhr; weitere Führungen je nach Bedarf. Um Wartezeiten zu vermeiden, wird bei Gruppen um Anmeldung ersucht! Innerhalb der Winterbetriebszeit, 1. November bis 14. April, sind Führungen wochentags nach Vereinbarung möglich. Am Samstag, Sonn- und Feiertag um 11 und 14 Uhr Führungen ab fünf Erwachsenen. Nach vorheriger Vereinbarung ist auch außerhalb dieser Führungszeiten ein Besuch möglich. Mit Voranmeldung und ab 10 Personen ist eine „Lange Führung" (3 Std.) möglich.

Schauhöhlenbeleuchtung: elektrisch, LED. Einen zusätzlichen Höhepunkt der Führung während der Sommermonate stellt das Licht- und Klangerlebnis im Großen Dom dar. Im Winter muss Rücksicht auf den Schlaf der Fledermäuse genommen werden.

Info und Kontakte
Verwaltung: Andreas Schinnerl, Lurgrottenstraße 1, 8102 Semriach.
Tel: 03127/8319 (Gasthaus Schinnerl)

www.schauhoehlen.at
www.lurgrotte.at
www.lvhstmk.at/schauhoehlen_stmk.html

Was Sie erwartet
Schauhöhle in Peggau:
Der abwechslungsreiche Führungsweg folgt dem Schmelzbach hinauf ins Berginnere und ermöglicht auch einen Besuch einer reich mit Tropfsteinen geschmückten oberen Etage, des „Dreizinnen-Gangs". Durch zwei Übertunnelungsstollen gelangt man in die „Siegeshalle", in der 1924 die

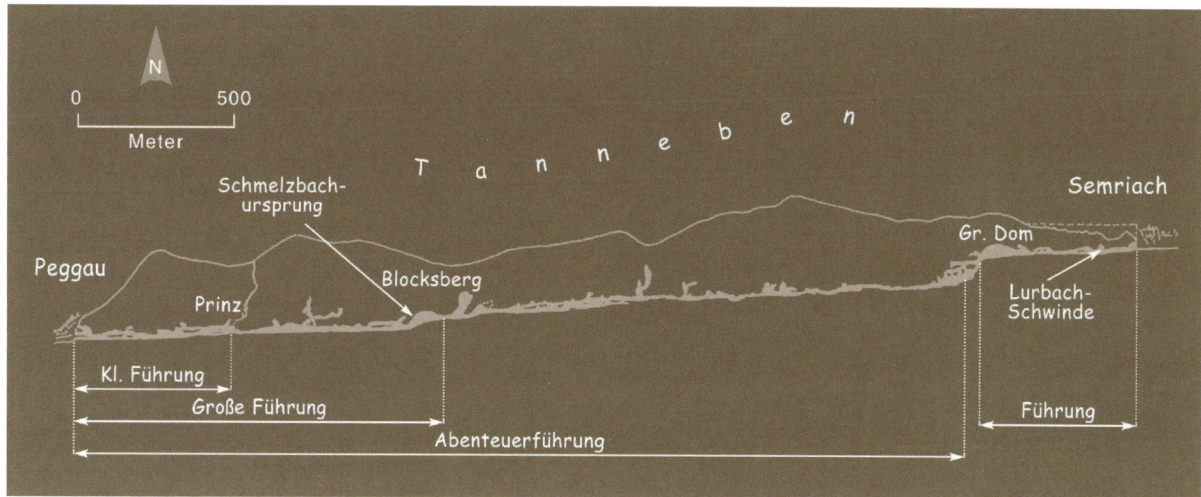

langersehnte Verbindung hergestellt werden konnte. Nach der „Regengrotte" beim „Prinzen", einem frei hängenden, ca. 3 Tonnen schweren Tropfstein, befindet sich der Endpunkt der „kleinen" Führung. Hier beim „Prinzen" wird ein fünfminütiges Video projiziert.

Der zweite Abschnitt, die „große" Führung, wird mit LED-Lampen begangen und folgt dem Bachlauf, vorbei an den Tropfsteingruppen „Gralsburg", „Riesenpalme", „Orgel" bis zum „Schmelzbach-Ursprung" am Fuß des „Blocksbergs". Nach einem Aufstieg über 116 Stufen sind am Umkehrpunkt das „Säulentor", das „Haifischmaul" und der „Riesenvorhang" zu bestaunen.

Schauhöhle bei Semriach:

Nach dem gewaltigen Höhlenportal geht es entlang des Baches zur Unglücksstelle von 1894 und man durchwandert reich mit Tropfsteinen geschmückte Gänge und Räume. Den Höhepunkt bildet der ca. 130 × 80 m messende „Große Dom" mit einer beachtlichen Höhe von 40 m. In dem zu den größten Höhlendomen Mitteleuropas zählenden Riesenraum wird der Besucher mit einem sogenannten „Licht-Klang-Erlebnis" überrascht. An der „Riesenglocke" vorbei steigt man zum tiefsten Teil des „Großen Domes" mit bezaubernden Tropfsteinformationen ab. Am Rückweg werden noch das Tropfstein- und Sinterensemble des „Belvederes" und der „Riese", ein frei hängender Tropfstein mit 14 m Höhe und 9 m Umfang, besucht.

So kommen Sie hin

Schauhöhle in Peggau:
Die Schauhöhle „Lurgrotte in Peggau", deren Ein-

gang der Schmelzbach entströmt, ist zwischen zwei riesigen Steinbrüchen am nördlichen Ortsrand von Peggau eingebettet und liegt am Fuß des Tannebenstockes im Murtal. Peggau selbst erreicht man am besten entweder auf der ehemaligen B67, der Schnellstraße S35, die Graz mit Bruck an der Mur verbindet.

Das Drama von 1894: Die Mitglieder der Grazer freiwilligen Rettungsgesellschaft geleiten die Geretteten über den Notsteg aus dem „Lugloch". Holzstich nach einer Zeichnung von F. Schlegel in „Das Buch für Alle".

Schauhöhle bei Semriach:

Die Schauhöhle „Lurgrotte bei Semriach" befindet sich am Grund einer schluchtartigen, von einem Halbkreis einer 70 m hohen Felsenmauer umgebenen Waldvertiefung im Ortsteil Pöllau, etwa 2 km von Semriach entfernt. Um nach Semriach zu kommen, sollte man jene Abzweigung der B67 südlich von Peggau benützen, die über Friesach an den Zielort führt.

Die Zufahrt zu beiden Schauhöhlen ist gut beschildert.

Tropfsteinzauber: die „Piniengruppe am Belvedere",
Semriacher Seite.

Wanderkarten

Österreich-Karte: ÖK-50 4223 (Weiz) bzw. NL-
33-02-232
freytag & berndt Wanderkarte: WK 131 (Grazer
Bergland – Schöckl – Teichalm – Stubenbergsee;
1:50 000) und WK 133 (Graz und Umgebung –
Raabklamm – Gleisdorf – Lannach – Stübing;
1:50 000)
Kompass-Wanderkarte: WK 221 (Grazer Bergland – Fischbacher Alpen; 1:50 000) und WK 223
(Seckauer Alpen – Murtal – Gleinalm; 1:50 000)

Die Lurgrotte, eine wasseraktive Tropfsteinhöhle, durchquert fast die gesamte
„Tanneben", einen Karststock im Grazer
Bergland. In ihr östliches Portal bei Semriach
fließt der Lurbach, der aber bald im Höhlenun-
tergrund verschwindet und nach unbekanntem
Verlauf als „Hammerbachursprung" bei Peggau
im Murtal zutage tritt. Durch katastrophales

Hochwasser kann jedoch beinahe das gesamte
Höhlensystem unter Wasser gesetzt werden. Nach
einer Folge von Gängen und Hallen entspringt am
Fuße des Blocksbergs ein weiteres Gerinne, der
Schmelzbach, der die Höhle beim Peggauer Portal
als Abfluss in Form einer Karstquelle verlässt. Das
ca. 6 km lange Höhlensystem weist zwischen den
beiden 2,7 km voneinander entfernten Eingängen
eine Höhendifferenz von 273 m auf, eine Durchquerung würde sich auf etwa 4,5 km Weglänge
belaufen.

An sich ist die Bezeichnung „Grotte" im deutschsprachigen Gebiet nur für künstlich geschaffene
unterirdische Hohlräume zulässig, eine Ausnah-
me machen einzelne schon längst eingebürgerte
Höhlennamen, wie es eben auch bei der „Lurgrotte" der Fall ist. Die Herkunft dieses Namens
ist bis heute nicht geklärt, er könnte sich aus einer
Verballhornung von „verloren/valurn" entwickelt
haben, wobei man an den „Lurbach" denken mag,
der bei Semriach am Fuße einer 70 m hohen Felswand die Oberwelt verlässt und daher „verloren"
ist. Der Name wurde später auch für die Peggauer Tagöffnung, die einst „Schmelzgrotte" genannt
wurde, am anderen Ende des Höhlensystems
übernommen.

Die wohl älteste Darstellung der Lurgrotte mit
dem Eintritt des Lurbaches bei Semriach und der
Austrittsstelle bei Peggau ist in der Landesaufnahme Innerösterreichs (1601/05) von Johannes
Clobucciarich zu erkennen. Die älteste Erwähnung der Peggauer Lurgrotte findet sich in einem
Dokument aus dem Jahre 1407, eine weit ältere
Erwähnung in einer Urkunde von 1050 ist hingegen eher als fraglich anzusehen. 1747 besuchte der
kaiserliche „Höhlenforscher" Joseph Nagel den
Eingangsbereich des Austritts des Schmelzbachs,
eben die Peggauer Lurgrotte, und verfasste darüber nicht nur einen Bericht, sondern ließ von seinem Reißer Sebastian Rosenstingl ein fantasievol-
les Bild des Höhleninneren anfertigen. In späterer
Zeit gab es zwar einige Kurzberichte, so auch von
Franz Sartori, aber die „echte" Höhlenforschung
setzte erst relativ spät ein, der Semriacher Eingang
der Lurgrotte ist namentlich erst im Jahr 1822 belegt.

Ab 1883 begannen auf der Semriacher Seite, wo
bis zu diesem Zeitpunkt nur die Vorhöhle im Eingangsbereich bekannt war, Mitglieder des Vereines „Die Schöckelfreunde" und der „Gesellschaft
für Höhlenforschung in der Steiermark" For-

Im Schein der Lampen enthüllen sich die Geheimnisse der Unterwelt: Mit Tausenden von Sinterröhrchen überzogene Höhlendecke in einem für das allgemeine Publikum nicht zugänglichen Abschnitt zwischen Peggau und Semriach.

schungsfahrten zu unternehmen. Vorerst endeten alle Vorstöße an einer Engstelle, die erst 1894 von einer Gruppe der „Gesellschaft für Höhlenkunde" überwunden wurde. Nachdem diese zwei Wochen später den „Großen Dom" erreichte und freudig ihre großen Erfolge in einer Tageszeitung publizierte, „erwachten" die rivalisierenden „Schöckelfreunde". Auch sie befuhren die Engstelle mit den dahinter liegenden Höhlenräumen, und da wiederum die Grazer Gruppe von diesem Unternehmen Wind bekam, begann nun ein folgenschwerer Wettlauf. Einen besonderen Anreiz für alle Beteiligten bildete deren Vorstellung, das Lurloch besäße einen Ausgang bei Peggau.

In der Nacht vom 28. zum 29. April 1894 stiegen sieben Grazer Forscher in die Höhle ein. Nach Überwindung der Schlüsselstelle des nur 0,4 m hohen und 5,5 m langen Schlufs und eines danach ansetzenden Kamins kamen sie unter der Leitung ihres Obmannes Josef Fasching flott voran und konnten bis zu den Abbrüchen des „Geisterschachts" vordringen. Als sie am Nachmittag des zweiten Tages zum Schluf zurückkehrten, fanden sie diesen unpassierbar mit Wasser gefüllt – man

war eingeschlossen und musste sich vor dem steigenden Hochwasser auf eine höher gelegene Stelle zurückziehen. Was war passiert? Das zuvor schon wechselhafte Wetter hatte sich verschlechtert und es regnete nun ziemlich heftig. In der Zwischenzeit, am Vormittag, kamen zwar einige „Schöckelfreunde" ebenfalls zum Höhleneingang, betraten aber die Höhle nicht mehr, da der Lurbach bereits stark angeschwollen war; von der Anwesenheit ihrer „Widersacher" bemerkten sie nichts.

Da die sieben Männer nicht wie geplant am Sonntagabend daheim eintrafen, wurden relativ schnell die ersten Rettungsversuche eingeleitet. Schon in den frühen Morgenstunden des Montags begann die Feuerwehr von Semriach den Lurbach tiefer zu legen. Wegen der anhaltenden Regenfälle brachte dies nicht den gewünschten Erfolg, und so begann eine dramatische Rettungsaktion, die acht Tage andauern sollte. Am Dienstag, dem 1. Mai, berichtete eine Zeitung das erste Mal über das Unglück, was einen starken Zustrom von Neugierigen, aber auch von freiwilligen Helfern zur Folge hatte: Obwohl es immer stärker regnete, sollen etwa 7000 Schaulustige anwesend gewesen sein.

Am Mittwoch begann man vor der Höhle drei Dämme aufzuwerfen, um das Wasser abzuhalten, und am verlegten Schluf sprengten Bergleute ein beachtliches Felsstück von der Decke. Abends traf ein aus Triest angeforderter Taucher mit umfangreichen Gerätschaften und zwei Gehilfen ein. In der Zwischenzeit konnten die Eingeschlossenen eine Kiste mit Lebensmitteln bergen, die die Retter an einem Seil in die Höhle hineinließen. Am Donnerstag scheiterte der Versuch des Tauchers, den mit Gestrüpp und Erdreich verlegten Schluf freizulegen. Der Mann wurde einerseits durch die Enge des Raumes, andererseits durch den 80 kg schweren Anzug in seinen Bewegungen stark behindert. Nicht nur Militär wurde nach Semriach abkommandiert, sondern auch die Prominenz erschien, darunter der bekannte Dichter Peter Rosegger. Obwohl es immer wieder stark regnete und man schon daran zweifelte, dass die Eingeschlossenen noch am Leben seien, wurde Tag und Nacht weitergearbeitet. Am Nachmittag des Samstags begann man mit der entscheidenden Aktion: dem Schlagen eines Rettungsstollens. Als am Montag, dem 7. Mai, alle Dämme geschlossen waren, sank endlich das Wasser in der Höhle und nachdem man den Schluf aufgesprengt hatte, konnten die Retter um 11 Uhr mit den Verunglückten ersten Kontakt aufnehmen. Um 16 Uhr war es so weit: Nach 207 Stunden führte man durch den Rettungsstollen die sieben befreiten Höhlenforscher ins Freie zu der jubelnden Menge.

Dieses Höhlenunglück erregte große Anteilnahme in der Bevölkerung, sogar bei Regierungsstellen und dem Kaiser selbst. Die hohen Kosten der Rettungsaktion von ca. einer Million Goldgulden wurden durch freiwillige Spenden und Zuschüsse der Regierung aufgebracht. Da die Lurgrotte nun einen riesigen Bekanntheitsgrad erreicht hatte, entschloss man sich, sie zu einer Schauhöhle auszubauen, die in Semriach 1895 eröffnet wurde.

Die systematische Erkundung der Höhle begann nun sowohl von Semriach wie auch von Peggau aus; bedeutende Erfolge auf der Peggauer Seite konnten erst nach Fertigstellung eines 86 m langen Entwässerungsstollens und nach Übertunnelung einiger Siphone erzielt werden. Mit der letzten Sprengung wurde 1924 schließlich die erhoffte Verbindung zwischen dem Peggauer und dem Semriacher Teil hergestellt; wegen eines sperrenden Siphons gelang die erste Durchquerung der Höhle jedoch erst 1935! Ein tragisches Unglück

ereignete sich schon zuvor, im Jahre 1926 in der Lurgrotte: Die bekannte Salzburger Höhlenforscherin und Lehrerin Poldi Fuhrich kam durch Absturz ums Leben.

Nach dem Zweiten Weltkrieg wurde ein Durchgang durch das gesamte Höhlensystem von Peggau nach Semriach geschaffen und 1965 fertiggestellt; dieser wurde aber 1975 durch ein verheerendes Hochwasser fast völlig zerstört. Daher sind durchquerende Führungen heute nicht mehr möglich.

Im schönen Rathaus (ehemaliges Hochhuberhaus, Grazer Str. 20) von Peggau befindet sich eine weitere höhlenkundliche Attraktion, nämlich das **Urgeschichtliche Museum „Mensch und Höhle in der Altsteinzeit".** Ein Besuch ist nur nach telefonischer Vereinbarung (03127/2222-15; Mag. Günter Meinhard) ganzjährig möglich.

Ausgewählte Exponate und ausdrucksvolle Schautafeln zeigen die urgeschichtlichen Höhlenfundplätze um Peggau und die weit zurückreichende vorgeschichtliche Bedeutsamkeit der Region. Die Steinwerkzeuge aus der Repolusthöhle zeugen bislang als älteste Spuren menschlicher Existenz in Österreich. Sie stammen von Neandertalern, die in der mittleren Altsteinzeit vor ungefähr 200 000 bis 30 000 Jahren lebten. Die Schau veranschaulicht das Leben und die Umwelt dieser eiszeitlichen Jäger, die die Höhlen in der Peggauer Wand und im Badlgraben über lange Zeit als Raststätten bzw. kurzzeitige Wohnstätte benutzten. Dabei hinterließen sie Reste ihrer Mahlzeiten und prunklose Steingeräte. Ganz besondere Exponate sind durchbohrte Wolfs-Schneidezähne und Steinklingen, die wohl die ältesten Schmuckstücke Österreichs darstellen.

Verwendete Literatur:
(15): –; (24): 9, 112–118, 162; (25): 196–198; (73): 7–81; (76): 124; (106): 25, 38–45, 47–50, 64–67, 125–126; (147): 177; (169): –.

Im riesigen „Dom". Linker Hand ist das höchst eigenwillige Tropfsteingebilde der „Glocke" erkennbar.

Der frei hängende, tonnenschwere Tropfstein „Prinz".

Offizieller Name: ODELSTEINHÖHLE
Lage: Im Grieskogel des Johnbachtals, südlich vom Gasthof Kölbl
Kat.-Nr.: 1722/1
Seehöhe: 1084 m
Gesamtganglänge: über 600 m

Führungszeiten

Von Mai bis Oktober nach Vereinbarung. Geführte Touren starten beim Gasthaus Kölblwirt und finden nur im Sommer statt; im Winter wäre der Zu- und Abstieg zu gefährlich. Helm und Stirnlampen werden zur Verfügung gestellt.

Schauhöhlenbeleuchtung: elektrische Stirnlampen.

Info und Kontakte

Verwaltung: Kölblwirt, 8912 Johnsbach; Gasthaus Kölblwirt Fam. Wolf-Berghofer, 8912, Johnsbach 65;
Anmeldung unter Tel.: +43 (0) 3611/216 oder +43 (0) 676/6611339, Fax: +43 (0) 3611/339 bzw. koelblwirt @ aon.at
www.koelblwirt.at

www.schauhoehlen.at
de.wikipedia.org/wiki/Odelsteinhöhle
www.lvhstmk.at/schauhoehlen_stmk.html
koelblwirt.at/in-die-odelsteinhoehle.html
www.cusoon.at/hoehlen-grotten-im-natur-park-eisenwurzen
www.wandern.com/land/at/steiermark/alpenregion-nationalpark-gesaeuse/ausflugsziele/odelsteinhoehle.html
www.geoline.at/

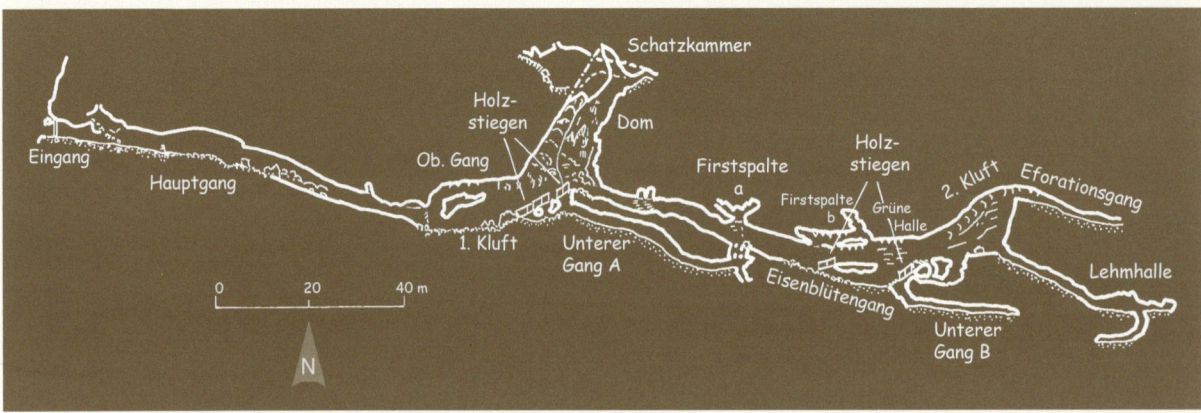

Vereinfachter Längsschnitt der Odelsteinhöhle nach Hermann Bock (1910).

Was Sie erwartet

Die Tropfsteinhöhle bekam ihren berühmten weltweiten Ruf nicht durch die vorhandenen Sinterbildungen, sondern wegen ihrer reichen Ausstattung an grünlich-bläulichen Aragonitkristallen. Die Färbung entstand durch gelöste Metalle (Eisen-, Nickel-, Kobalt- und Kupferverbindungen). Obwohl respektlose Mineralienräuber die schönsten Eisenblüten und Aragonite plünderten, ist die Odelsteinhöhle nach wie vor ein einzigartiges Naturjuwel.

Zu beachten ist

Der Zustieg ist ein alpiner Steig und erfordert gutes Schuhwerk, Trittsicherheit und etwas Kondition. Warme Kleidung, die etwas schmutzig werden kann. Eine geführte Tour dauert über 3 Stunden, dabei entfallen für den Zu- und Abstieg je 45 Minuten bis eine Stunde.
Während des Aufstiegs herrscht wegen eventuellen Steinschlags ab Erreichen der Felswand absolute „Helmpflicht".

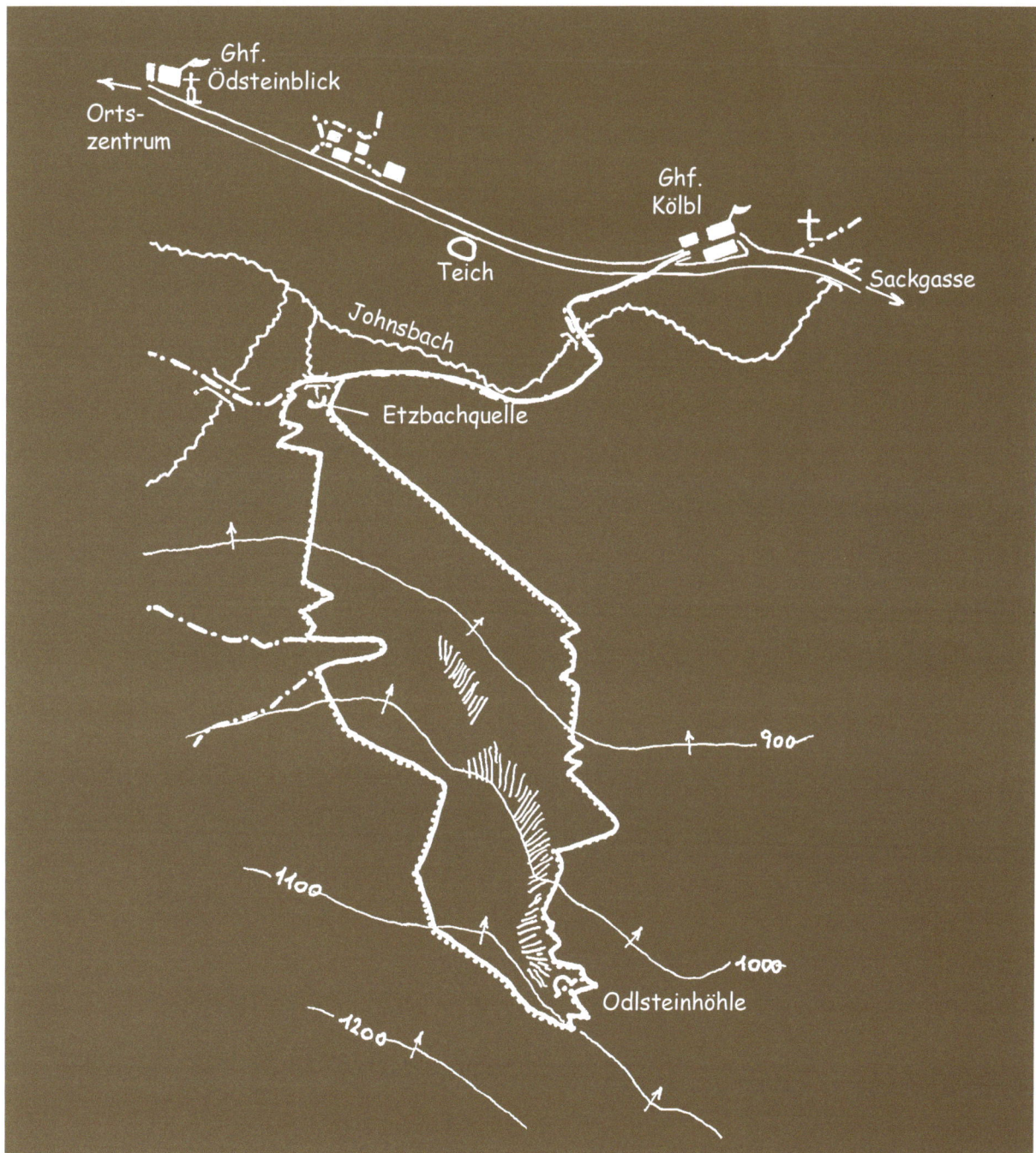

Grundriss der Odelsteinhöhle nach Rolf Freiherr von Saar (1909). Darstellung noch ohne Einbauten.

So kommen Sie hin

Von der Gesäusestraße (Nr. 146) zweigt westsüdwestlich von Gstatterboden die Sackstraße nach Johnsbach ab. Auf dieser durch das schöne Engtal und durch den Ort (mit seinem berühmten Bergsteiger-Friedhof) bis zum Gasthof Kölbl. Hier besteht eine Parkmöglichkeit.

Die geführte Tour findet hier ihren Ausgang und führt zuerst über den Talboden des Johnsbaches. Da sich der Zu- bzw. Abstieg als Rundwanderweg gestaltet, teilt sich am Fuß des Berges der Steig. Der rechte steigt kontinuierlich bis rund 1150 m Seehöhe an und leitet in kurzen Serpentinen zur Höhle hinab. Der linke Pfad bleibt vorerst fast waagrecht, um später steiler und in einigen Wegkehren zur Odelsteinhöhle zu führen.

Wanderkarten

Österreich-Karte: ÖK-50 4214 (Trieben) bzw. NL-33-02-14

freytag & berndt-Wanderkarte: WK 062 (Gesäuse – Ennstaler Alpen – Schoberpass; 1:50 000) und WK 5062 (Nationalpark Gesäuse – Admont – Eisenerz, 1:35 000)

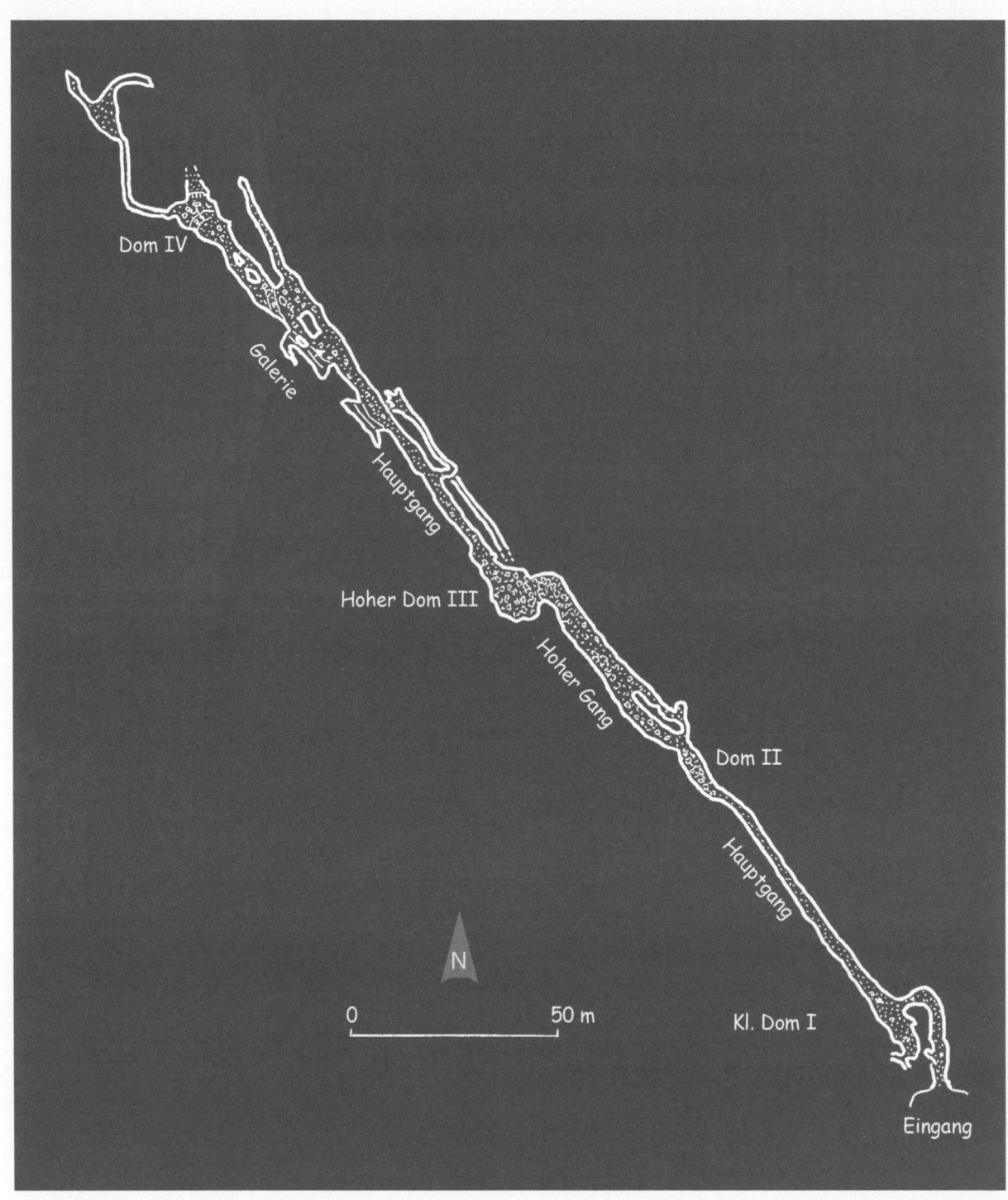

Kompass-Wanderkarte: WK 69 (Gesäuse – Ennstaler Alpen – Pyhrn – Eisenerz; 1:50 000) und WK 206 (Nationalpark Gesäuse; 1:25 000)

Auch mit den Schauhöhlenbetrieben gibt es ein Werden und Vergehen, so sperren manche zu und andere wieder auf. So wurde die Odelsteinhöhle im schön bizarren Gesäuse neuerlich gangbar gemacht und noch im Lauf des Jahres 2002 als Schauhöhle eröffnet. Der Höhleneingang der Odelsteinhöhle war bei den Einheimischen sicherlich schon lange bekannt. Die Erforschung aber setzte erst spät ein, und zwar am 19. Juni 1909 durch Mitglieder des Grazer „Vereins für Höhlenkunde in Österreich". Es reifte in ihnen sofort der Gedanke, schon wegen der darin befindlichen grünen Excentriques und schönen Kristalle, die Höhle für die Öffentlichkeit zugänglich zu machen. Gesagt, getan, ein Jahr später wurde sie als Schauhöhle eröffnet und leider nur kurze Zeit, nämlich bis in das Jahr 1931, geführt.

In der folgenden Zeit war die Höhle sich selbst überlassen und wurde gelegentlich von höhleninteressierten Personen aufgesucht. Verhängnisvoll, vor allem nach dem Zweiten Weltkrieg, war das Bekanntwerden der einzigartigen Naturschätze der Höhle in Mineraliensammler-Kreisen. Die Kristallbildungen dieser Höhle, insbesondere die Eisenblüten, wurden zum sehr begehrten Sammler- und Handelsobjekt. Der gesunde Menschenverstand sagt einem, dass diese einmaligen Aragonite zu bewahren sind, um die Wunder der Natur an Ort und Stelle allen Naturfreunden und auch künftigen interessierten Generationen zu zeigen. Aber gerade Raubgräber und Mineraliensammler, die Handel betreiben, sind es, die sich bei Nacht-und-Nebel-Aktionen über Eigentumsrecht und Naturschutzgesetze hinwegsetzen und Gittertore aufbrechen.

Über die Leiden der so geschändeten Höhle berichtete Hubert Trimmel im Jahr 1975 Folgendes: *„Wie schwierig es ist, einen wirksamen Schutz für eine unbeaufsichtigte Höhle zu gewährleisten, zeigt am deutlichsten das Beispiel der Odelsteinhöhle bei Johnsbach (Steiermark), die wegen der wissenschaftlich äußerst bedeutsamen Mineralvorkommen seit langem unter Schutz steht. Im Juni 1962 konnten Einheimische beobachten, daß drei Männer, die abends zur Höhle aufgestiegen waren, an einem Sonntagmorgen um 4.30 Uhr mit schweren Rucksäcken zu Tal stiegen und mit einem bereitstehenden Kraftfahrzeug wegfuhren. Die Beobachter verständigten telefonisch die Gendarmerie in Admont, die den Wagen bei der Durchfahrt durch diesen Ort anhalten konnte. Die aus der Höhle stammenden wertvollen Mineralstufen – es handelte sich um grüne Eisenblüte – wurden sichergestellt. Seit damals rückt diese Höhle immer wieder in den Blickpunkt der Mineraliensammler (und -händler) einerseits und der Fachleute, die weitere Zerstörung verhindern wollen. Bei einem Kontrollbesuch im Sommer 1966 wurde das Gittertor beim Höhleneingang – so wie schon 1962 – abermals abmontiert im Vorgelände angetroffen. Im Jahre 1969 brachte die Ortsstelle Johnsbach der Steirischen Bergwacht im Frühjahr ein neues, eigens für die Höhle angefertigtes Gittertor aus Flacheisen mit zwei Schlössern an, um der weiteren Ausplünderung der Odelsteinhöhle Einhalt zu gebieten. Schon Herbst 1971 war die Höhle wieder aufgebrochen. Die Ortsstelle Johnsbach, die die Höhle stichprobenweise immer wieder auf ihren Erhaltungszustand überprüft, nahm eine neuerliche Instandsetzung vor; das Bundesdenkmalamt hatte lediglich die Materialkosten zu tragen. Die Abrechnung war kaum abgewickelt, als im Spätsommer 1972 die gleiche Situation wie im Jahre vorher angetroffen wurde.*

Den vorläufigen Schlußpunkt in dieser Entwicklung stellt die notwendig gewordene neuerliche Verstärkung der Eingangstür dar, die die Bergwacht-Ortsstelle Johnsbach im September 1974 durchführen mußte.“

Im Jahr 2001 wurde die Höhle wieder erschlossen, ein neues, diebessicheres Eisentor angebracht und die altersschwachen, vermorschten Holzleitern im Großen Dom wurden durch verzinkte Gitterrostleitern ersetzt. Im Spätherbst des Jahres 2002 wurde die Odelsteinhöhle wiederum als Schauhöhle eröffnet.

Überdies ist noch erwähnenswert, dass die Odelsteinhöhle in erzführenden Kalken der Ostalpen-Schieferzone liegt. Daher wurde im Umkreis der Höhle seit der Mittleren Bronzezeit, vor 4000 Jahren, und später im Mittelalter Kupfererz abgebaut. Während des Aufstiegs weist der Höhlenführer auf eine Stelle mit Schlacken-Schicht hin, die von einem solchen alten Verhütungsplatz zeugt.

Verwendete Literatur:
(106): 87; (151): 1–7; (169): –; (184): 3–10.

Von Pilzen überzogener toter Weberknecht.

Stilles Gewässer bei der romantischen Etzbachquelle.

Die alte „Naturdenkmal-Tafel" hinter dem einbruchsicheren Eingangsgitter.

Blick durch den dichten Odelstein-Wald auf den markanten Gamsstein.

Blick durch das feste Eingangsgitter zum Tageslicht.

Spärliche Sinterbildungen und grünlicher Wandüberzug entlang den Führungswegen.

Moderne metallene Einbauten sorgen für Sicherheit.

Der versteckte Eingang der Odelsteinhöhle befindet sich direkt neben dem Wanderweg.

STEIERMARK
PUXER LUEG

Offizieller Name: PUXER LUEG
Weitere Bezeichnungen: Puxer Luegg,
Puxerloch
Lage: Im Puxerberg des Oberen Murtals
gegenüber von Teufenbach, westsüdwestlich
von Scheifling
Kat.-Nr.: 2745/1
Seehöhe: 945 m
Gesamtganglänge: 1004 m
Höhenunterschied: etwa 50 m

Offizieller Name: SCHALLAUN
Weitere Bezeichnungen: Chalons, Kuchl,
Schallun, Schalle, Schalvn
Lage: Westlich vom Puxer Lueg
Kat.-Nr.: 2745/2

Seehöhe: 874 m
Gesamtlänge: ca. 60 m
Höhenunterschied: 21 m

Frei zugänglich, ohne Führung.

Info und Kontakte
de.wikipedia.org/wiki/Puxerloch
www.sagen.at/texte/sagen/oesterreich/steier-
mark/pramberger_burgsagen/schallaun.html
www.burgen-austria.com/archive.ph-
p?id=1481
www.dickemauern.de/puxerloch/ge.htm
www.wehrbauten.at/stmk/steiermark.html?/
stmk/luegg_f/luegg.html
de.inforapid.org/index.php?search=Puxerloch

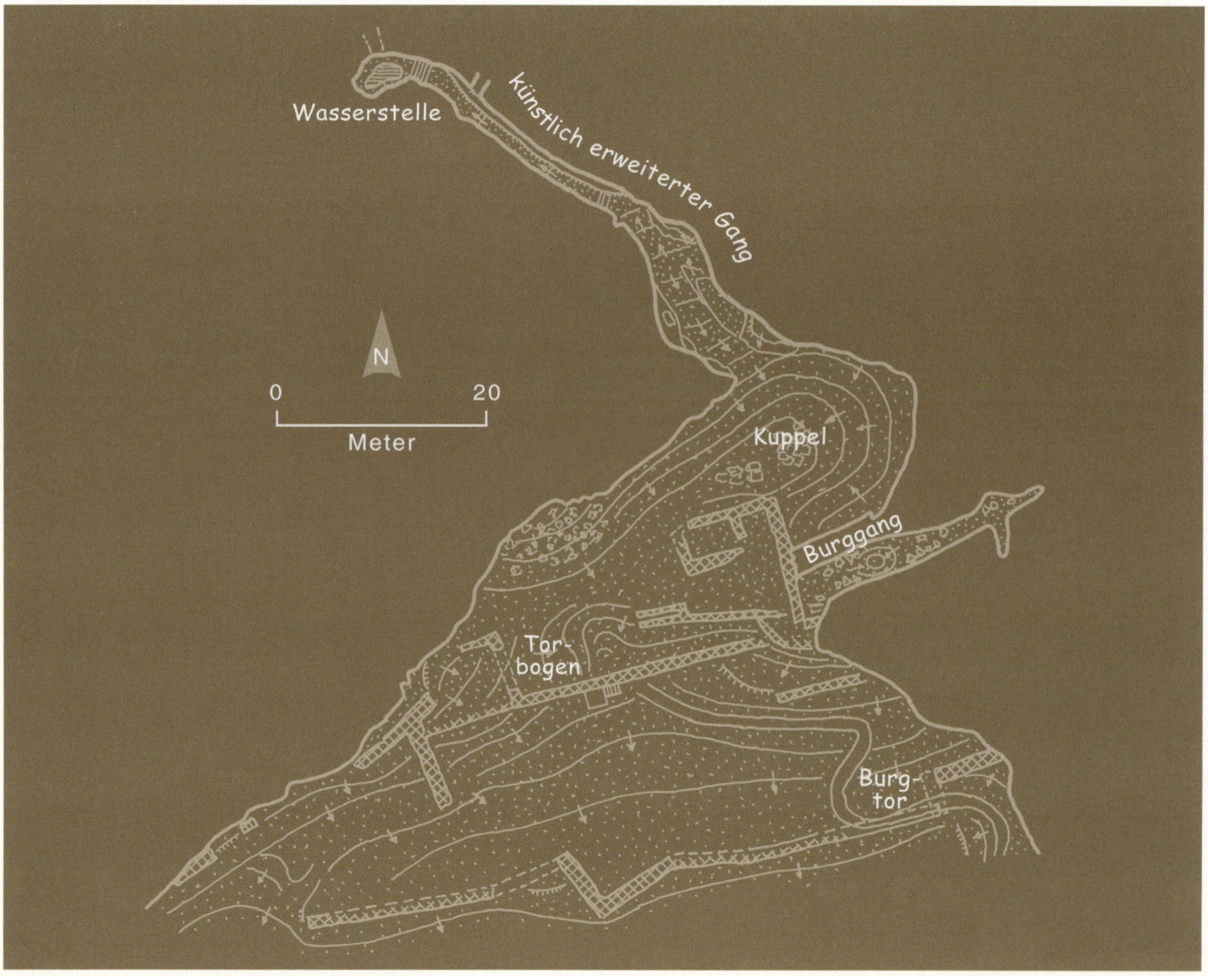

Wasserstelle

künstlich erweiterter Gang

N

0 — 20
Meter

Kuppel

Burggang

Tor-
bogen

Burg-
tor

Von der Murtalstraße gut sichtbar: die Puxerwand mit den beiden legendenumwobenen Höhlenburgen.

Was Sie erwartet

Obwohl in der gewaltigen lichtdurchfluteten Eingangshalle ausschließlich nur noch niedrige Mauerreste anzutreffen sind, kann man die einstige Größe des mittelalterlichen Festungswerkes recht gut erahnen. Auch die zwei am Abhang künstlich angelegten und gemauerten Wehrterrassen sind noch zu erkennen. Der bedeutendste Mauerrest ist der sogenannte „Torbogen", auf dem man, wenn man genau hinblickt, neben unzähligen „modernen" Inschriften auch solche aus den Jahren 1568, 1614 und 1621 finden kann. Im Osten des Höhlenportals, von dem sich ein grandioser Ausblick in das Murtal bietet, schließt eine kleine künstlich veränderte Seitenhöhle, der „Burggang", an, die einstmals in das Verteidigungswerk integriert war. Von der „Kuppel", dem bergwärtigen Teil der mächtigen Eingangshalle, setzt in 12 m Höhe und nur durch schwierigste Kletterei zugänglich der „Kamingang" an, ein in die Steilwand hinausführendes Gangstück, das als Fluchtweg gedient haben soll. Bemerkenswert sind die in dem nur besonders schwierig erreichbaren Höhlenteil angebrachten alten Wandzeichnungen, wobei neun Wappenschilder besonders auffallen. Von der

„Kuppel" aus führt der zum Teil erweiterte Hauptgang auch bergwärts, man trifft nach etwa 60 m auf gemeißelte Stufen und eine ständige Wasserstelle, die die Burgbesatzung mit dem lebensnotwendigen Nass versorgte. Diesen Punkt hat man lange Zeit für das Ende der Höhle gehalten, bis es Zeltweger Höhlenforschern gelang, sehr engräumige und feuchte Fortsetzungen aufzufinden. Da dieser labyrinthische Teil den Namen „Lehmparadies" trägt, erübrigt sich wohl eine nähere Beschreibung des Höhlencharakters.

Zu beachten ist

Der Zustieg zur wahrscheinlich älteren Ruine „Schallaun" ist zwar von Westen her einfacher zu bewältigen als von Osten, aber in beiden Fällen ist eine gute Portion Kletterfertigkeit notwendig. Aus diesem Grund sollte man auch von einem Besuch dieser kleineren Höhlenburg absehen.

So kommen Sie hin

Die Zufahrt bzw. der Zugang zum Puxer Lueg erfolgt am besten über die Sandstraße „Römerweg", die an der „Teufenbacher Murbrücke" von der Bundesstraße abzweigt. Über den bei einem kleinen Parkplatz beginnenden Anstieg erreicht man in etwa 20 Minuten die ersten Mauerreste der Burg. Nach einem kurzen Wegstück durch die kläglichen Überreste des Zwingers muss noch eine 3 m hohe Massivmauer auf einer Holztreppe überwunden werden, und man befindet sich im riesigen Höhlenportal, das sich dem Besucher in 150 m Höhe über dem Talboden öffnet.

Wanderkarten des Gebietes

Österreich-Karte: ÖK-50 4226 (Judenburg) bzw. NL-33-02-26

freytag & berndt-Wanderkarte: WK 211 (Naturpark Zirbitzkogel-Grebenzen – Murau – Sölkpass; 1:50 000)

Kompass-Wanderkarte: WK 222 (Sölktäler – Rottenmanner Tauern – Ennstal – Murau – Naturpark Grebenzen; 1:50 000)

„Das Höhlenschlosz Puxer Luegg in Steiermark." Holzstich nach einer fantasievollen Farbskizze von R. Zander, 1877.

Als Kaiser Karl der Große – damals noch König der Franken – im Jahr 776 die heidnischen Sachsen nach langen und sehr blutigen Kämpfen unterwarf und gewaltsam „christianisierte", unterzog er die Unterlegenen einem schrecklichen Gericht. So wurden an

einem einzigen Tag angeblich 4500 sächsische Krieger hingerichtet und in der Folge weit über 10 000 Familien aus ihrer Heimat vertrieben. Die Sage berichtet nun, dass Chalot von Chalons, ein französischer Edelmann aus dem Gefolge des Kaisers, sich in die Tochter eines gefallenen Sachsenfürsten verliebte und mit ihr in das Obere Murtal flüchtete, wo das Paar in der kleineren der beiden Höhlen in den fast senkrechten Abstürzen der Puxer Wand einen sicheren Unterschlupf fand. Chalot von Chalons baute die Höhle zu einer uneinnehmbaren Festung aus und heiratete seine Geliebte schließlich.

So weit die Gründungssage der Höhlenfeste Schallaun, auch „Schallun" oder „Schalle" geschrieben. Die erste urkundliche Erwähnung der Festung stammt jedoch erst aus dem Jahr 1181 und auch ihre Mauerreste weisen nicht auf die karolingische Zeit hin. Sowohl über Schallaun als auch über die weitaus größere und wahrscheinlich später erbaute Höhlenburg Puxer Lueg existieren relativ wenig Aufzeichnungen, dafür aber umso mehr Sagen. Einige Erzählungen erwähnen eine lederne Hängebrücke oder Holzstege, welche die beiden Objekte miteinander verbunden hätten. Sieht man von einigen Balkenlöchern in der Felswand ab, erinnert heute nichts mehr an diesen angeblichen Verbindungsweg.

Andere Sagen erzählen von Liebe und Leid, die sich in den Gemäuern der beiden Höhlennester zugetragen haben sollen. So wären die Nachfahren des ersten Burgherrn gefürchtete Raubritter gewesen, die Kaufleute und Reisende in der näheren und auch weiteren Umgebung ausraubten, ja sogar um ihr Leben brachten. Der letzte Ritter von Chalons soll ein besonders herrischer und grausamer Mann gewesen sein: Bei der Geburt seines einzigen Kindes, eines Mädchens, verstarb seine gütige und fromme Frau. Sie hatte es immer verstanden, den Ritter von Missetaten abzuhalten; nach ihrem Tod verwandelte er sich in einen zügellos Rasenden. Als der Wüterich wieder einmal eine Reisegesellschaft beraubte und niedermetzelte, ließ er nur einen Knaben am Leben, um ihn seiner Tochter als Spielgefährten mitzubringen. Die beiden Kinder wuchsen miteinander in der finsteren Höhlenburg heran und es kam, wie es kommen musste: In ihnen entwickelte sich mit der Zeit eine innige gegenseitige Zuneigung. Als nun der alte Ritter eines Tages die Liebenden belauschte, erfuhr er von ihrem gemeinsamen

Fluchtplan. Wütend befahl der rasende Vater seinen Knechten, nachdem er die Tochter einsperren ließ, den jungen Mann über die Felswand in die Tiefe zu werfen. Der Körper des Junkers lag bereits zerschmettert am Fuß der Wand, als sich das Mädchen aus seinem Kerker befreien konnte und blitzschnell den Alten umklammerte. Mit übermenschlicher Kraft und unter dem Aufschrei „Rabenvater!" stürzte es sich mitsamt dem verhassten alten Herrn in den Abgrund. Die entsetzten Knechte fanden die drei vereint, wenn auch fürchterlich entstellt, am Fuß der Wand.

Der Ursprung der Höhlenburgen verbirgt sich im Dunkel der Geschichte, dennoch wissen wir einiges über die verschiedenen Besitzer. 1181 wird ein Marchwardus de Schalun urkundlich erwähnt; danach war Schallaun im Besitz des Geschlechtes Saurau bzw. der Liechtensteiner. Die Höhlenfestung wurde 1481 von ungarischen Truppen eingenommen und bis 1490 besetzt. Anschließend verfiel die kleinere Burg und gelangte 1578 schon als Ruine in den Besitz der Prankhs. Bezüglich der weit größeren Burg vermutet man, dass sie von den Luegern, einem alten steirischen Geschlecht, im 12. Jahrhundert erbaut wurde. Im Jahre 1416 kam die Feste in den Besitz des südsteirischen – heute slowenischen – Grafengeschlechts Cilli, das sie als Lehen bzw. als Teilbesitz an die Puxer und Teufenbacher weitergab. Mit Ende des 18. Jahrhunderts dürfte die Burg Lueg aufgegeben worden sein, denn 1820 übernahm sie Alois Graf von Trautmannsdorf als Ruine. Da in den Burgresten immer wieder lichtscheues Gesindel Unterschlupf suchte, ließ man einen Teil der Anlage schleifen und die Räumlichkeiten unbewohnbar machen. Leider erlitt das Puxer Lueg in den Kriegstagen des Jahres 1945 durch einige gut gezielte und wirksame Artillerietreffer noch weitere Zerstörungen. Trotz ihres fortgeschrittenen Verfallszustandes wirkt die in der südschauenden Puxerwand im Oberen Murtal gegenüber dem Ort Teufenbach befindliche und bereits von Weitem sichtbare Burg Puxer Lueg, auch „Puxerloch" genannt, heute noch recht trutzig.

Wie Funde aus der Urnenfelderkultur und der Römerzeit beweisen, wurde die über einen Kilometer Länge messende Höhle schon lange vor dem Mittelalter aufgesucht. Seit 1931 ist sie ein Naturdenkmal nach dem Naturhöhlengesetz. Auch die gesamte Puxerwand wurde wegen ihrer besonderen klimatischen und dadurch begründeten bota-

nischen und zoologischen Bedeutung, aber auch wegen ihrer historischen Besonderheit zum „Geschützten Landschaftsteil" erklärt. So kann man z. B. des Öfteren eine brütende Kolonie der in Österreich recht seltenen Felsenschwalben (Ptyonoprogne rupestris) unter dem gewaltigen Felsdach antreffen.

Abschließend sei noch bemerkt, dass diese seltsamen Höhlenburgen von uns mit dem liebevollen Synonym eines „Steirischen Mesa Verde" belegt wurden. Das originale „Mesa Verde" bezieht sich auf einen Nationalpark im US-Bundesstaat Colorado, der durch seine alten burgenähnlichen Siedlungen der Puebloindianer unter ausladenden Felsdächern überaus bekannt ist.

Verwendete Literatur:
(24): 9, 137–140, 162; (25): 226–229; (27): 142–144; (42): 32–33; (48): 13–16; (106): 26, 28–29; (111): 474; (140): 11–21.

Von der „Kuppel" hat man einen beeindruckenden Blick zum Höhlenportal und zur Ruine.

Der „Torbogen" ist der bedeutendste Mauerrest der einst mächtigen Burg Lueg.

STEIERMARK
RETTENWANDHÖHLE

Offizieller Name: RETTENWANDHÖHLE
Weitere Bezeichnung: Rettenwand-Tropf-steinhöhle
Lage: in der Rettenwand bei Einöd, nord-westlich von Kapfenberg
Kat.-Nr.: 1731/1
Seehöhe: 641 m
Gesamtganglänge: 665 m
Höhenunterschied: 26 m (–22/+4)

Führungszeiten
Von Pfingstsonntag bis Ende September an Sonn- und Feiertagen von 9 bis 16 Uhr. Füh-rungen für Gruppen ab 10 Personen sind auch wochentags nach Voranmeldung möglich. Schauhöhlenbeleuchtung: elektrisch

Info und Kontakte
Verwaltung: Verein für Höhlenkunde Kap-fenberg, Adalbert-Stifter-Straße 10, 8605 Kapfenberg.
Eventuelle Anmeldungen:
+43 (0) 676/7717766 (Michael Riedl)

www.schauhoehlen.at
de.wikipedia.org/wiki/Rettenwandhoehle
www.lvhstmk.at/schauhoehlen_stmk.html
www.rettenwandhoehle.at/

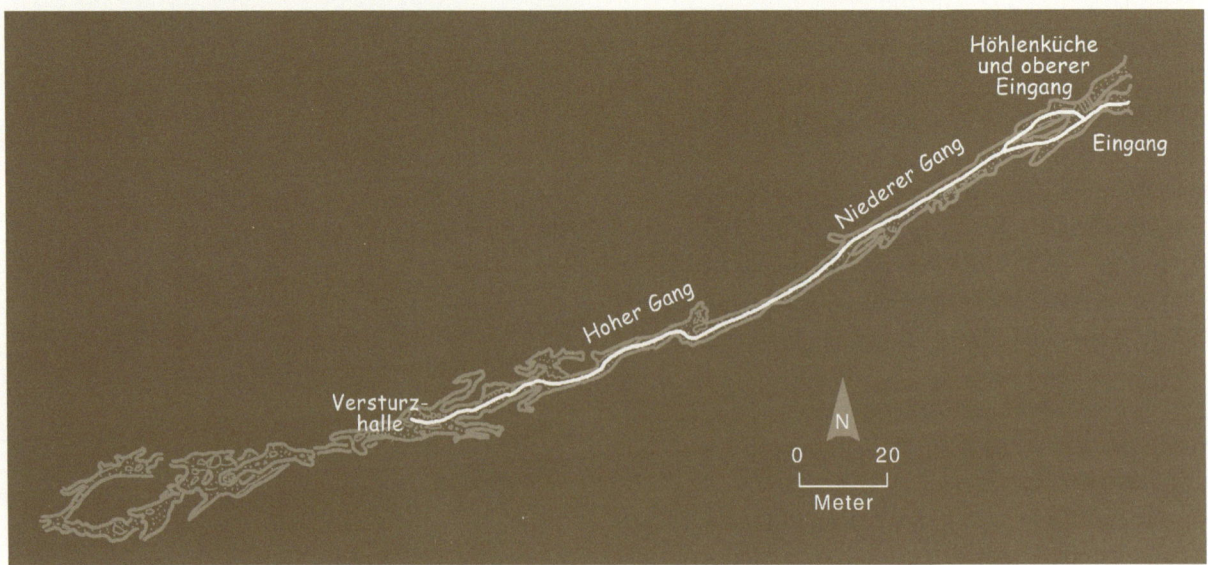

Was Sie erwartet

Der Schauhöhlenteil der Rettenwandhöhle besteht aus einem annähernd geradlinigen Kluftgang, der etwa 200 m weit in westliche Richtung führt. Dieser Höhlengang, der auch auf dem Rückweg durchwandert wird, ermöglicht die Betrachtung detailreicher Perlsinter- und sehr schöner Tropf-steinbildungen. Der Führungsweg findet in einem über 20 m langen Raum, dessen Boden zum Teil mit Verbruchblöcken bedeckt ist, sein Ende. Von hier zweigt ein Gang ab, der in den tieferen la-byrinthischen Höhlenteil führt. Weiters befindet sich in der Nähe des Einganges, in einem Umge-hungsgang, ein kleines Höhlenmuseum.

So kommen Sie hin

Auf der Bundesstraße 20 in Richtung Aflenz bzw. Mariazell erreicht man etwa 3 km nach dem Orts-ende von Kapfenberg auf der linken Seite vor dem Pewag-Austria-Werk (Kettenwerk) einen Parkplatz. Von diesem Parkplatz in Einöd über-quert man auf einer Brücke den Thörlbach, zweigt dann nach links ab und folgt einem Fahrweg am Talgrund. Auf einem dann rechts abzweigenden

Waldweg steigt man auch über einige Stufen bis zur Höhle hinauf. Der mit einer Gehzeit von ca. 20 Minuten zu veranschlagende Zugang ist vom Parkplatz aus gut markiert und mit Hinweisschildern versehen.

Wanderkarten

Österreich-Karte: ÖK-50 4216 (Bruck an der Mur) bzw. NL-33-02-16

freytag & berndt-Wanderkarte: WK 041 (Hochschwab – Veitschalpe – Eisenerz – Bruck an der Mur, Wanderkarte 1:50 000)

Kompass-Wanderkarte: WK 212 (Hochschwab /Mariazell – Eisenwurzen; 1:50 000), WK 221 (Grazer Bergland – Fischbacher Alpen; 1:50 000), WK 223 (Seckauer Alpen – Murtal – Gleinalm; 1:50 000) und WA 596 (Großer Wander-Atlas Rund um Wien; 1:50 000)

D er Eingang der Rettenwandhöhle am Fuß der sogenannten „Niederen Rettenwand" wurde im Jahr 1918 – so erzählt es zumindest eine unbestätigte Geschichte – von spielenden Kindern entdeckt. Bald darauf nahmen die Mitglieder des „Vereins für Touristik und Höhlenkunde in Kapfenberg" die Erforschung der Höhle in Angriff. Neben dem Erkunden und Vermessen von Gängen und Räumen betätigten sie sich auch noch als „Maulwürfe". Denn um die Höhle begehbar zu machen, mussten aus ihr über 200 Waggons Schutt und Geröll herausgeschafft werden. Während dieser Erschließungsarbeiten konnten in den Jahren 1924 und 1925 Steinwerkzeuge, Keramik- und Speisereste, zwei Bronzenadeln, ein Beil und ein Schleifstein aus Serpentin sowie einige menschliche Skelettreste und unzählige Tierknochen geborgen werden. Diese Funde lassen sich dem Neolithikum, der Urnenfelderzeit, der Hallstattzeit, der Latène- und der römischen Kaiserzeit zuordnen. Außerdem fand man später in der nahe gelegenen „Höhle der Bestattung" (auch „Wohnhöhle"; Kat.-Nr. 1731/2) Urnen mit Ascheresten und Grabbeigaben. Dadurch zählt die Rettenwandhöhle im Verein mit der „Höhle der Bestattung" zu den bedeutendsten archäologischen Höhlenfundplätzen der Steiermark.

Für die Dauer von etwa drei Jahren, bei einem Arbeitsaufwand von mehr als 2500 Stunden, waren ungefähr 15 Personen an diesem arbeitsintensiven Werk beteiligt. Nach dem freiwilligen und daher kostenlosen Arbeitsaufwand stand am 8. August 1926 der feierlichen Eröffnung nichts mehr im Weg. Die Rettenwandhöhle wurde mit Bescheid vom 5. September 1930 laut Naturhöhlengesetz zum Naturdenkmal erklärt.

Verwendete Literatur:
(25): 199–201; (76): 122; (106): 112, 126; (111): 259–260; (155): 40–41; (164): 39.

Reicher Tropfsteinschmuck im annähernd geradlinigen Kluftgang.

Im Reich der Stille und der Finsternis: Die Rettenwandhöhle beeindruckt durch eine Vielfalt an schönen Fels- und Tropfsteinformationen.

Offizieller Name: WASSERLOCH
Weitere Bezeichnung: Palfauer Wasserloch
Lage: Am Ende einer Schlucht in der Süd-westflanke des Hochkars, im Salzatal. Über dem versicherten Steig „Palfauer Wassloch-klamm" zu erreichen
Kat.-Nr.: 1814/3
Seehöhe: 800 m
Ganglänge: 55 m
Höhenunterschied: −42 m

Offizieller Name: ARZBERGHÖHLE
Lage: In der Nordseite des Arzbergs, wnw von Wildalpen. Halbwegs zwischen Fach-werk und Wildalpen führt orografisch linksufrig ein schmaler Pfad von der Straße (am nordseitigen Straßenrand ist ein größe-rer Parkplatz) steil durch den Wald empor.
Kat.-Nr.: 1741/4
Seehöhe: 735 m
Gesamtganglänge: 278 m
Höhenunterschied: 65 m

Führungszeiten

Das Wasserloch ist nach wie vor, verbunden mit Eintrittskosten, frei zugänglich. Die Pal-fauer Wasserlochklamm ist von Ende April bis Ende Oktober täglich ab 9 Uhr geöffnet. Im Juli und August ab 8 Uhr.
Die Arzberghöhle dagegen ist seit 1. Mai 2015 eine Schauhöhle und ist von Ende April bis Mitte Oktober geöffnet und Führungen mit 6 bis 10 erwachsenen Personen werden nur gegen Voranmeldungen durchgeführt. Bei Gruppen über 10 Teilnehmern können Besichtigungen etwas zeitversetzt mit einem zweiten Höhlenführer durchgeführt werden.

Kinder können ab dem 6. Lebensjahr in Begleitung eines Erwachsenen teilnehmen. Jeder Teilnehmer erhält bei der Führung leih-weise einen Helm und Stirnlampe. Schauhöhlenbeleuchtung: LED-Lampen.

Info und Kontakte

Wasserloch:
Gemeindeamt Palfau
8923 Palfau 1 – Tel.: +43 (0) 3638/722-0 –
Fax: +43 (0) 3638/722-4
www.palfau.at
GH Wasserlochschenke
Dorit und Martin Huber, 8923 Palfau 72 -
Tel.: +43 (0) 3638/322
E-Mail: huber@wasserloch.at

de.wikipedia.org/wiki/Palfauer_Wasserloch
www.wasserloch.at/de/willkommen.html
kontakt@wasserloch.at

Arzberghöhle:
Tourismusverband Wildalpen
8924 Wildalpen 91 - Tel.: 0043 (0) 3636 /
341 oder
E-Mail: info@tourismuswildalpen.at
www.wildalpen.at

www.schauhoehlen.at
www.wildalpen.at/index.php?id=525
www.meinbezirk.at/liezen/leute/eroeff-nung-arzberghoehle-und-sonderaus-stellung-eiszeitmensch-trifft-hoehlen-baer-d1308704.html
www.mariazell.at/2015/04/27/hochquellen-wasser-arzberghoehle435/

Was Sie erwartet

Nur vom höchsten Aussichtsplatz in der „Palfauer Wasserlochklamm" aus, nämlich von der Natur-brücke, ist das ca. 15 m hohe und 3 m breite Por-tal des Wasserloches in etwa 30 m Tiefe für den Wanderer sichtbar. Denn die Karstriesenquelle ist nur von oben durch einen ca. 30 m tiefen Abstieg mit Material (Seile oder Drahtseilleitern) erreich-bar. Bei Niederwasser soll man 15 m in die Höhle hineinwaten können, dann fällt die Sohle steil ab

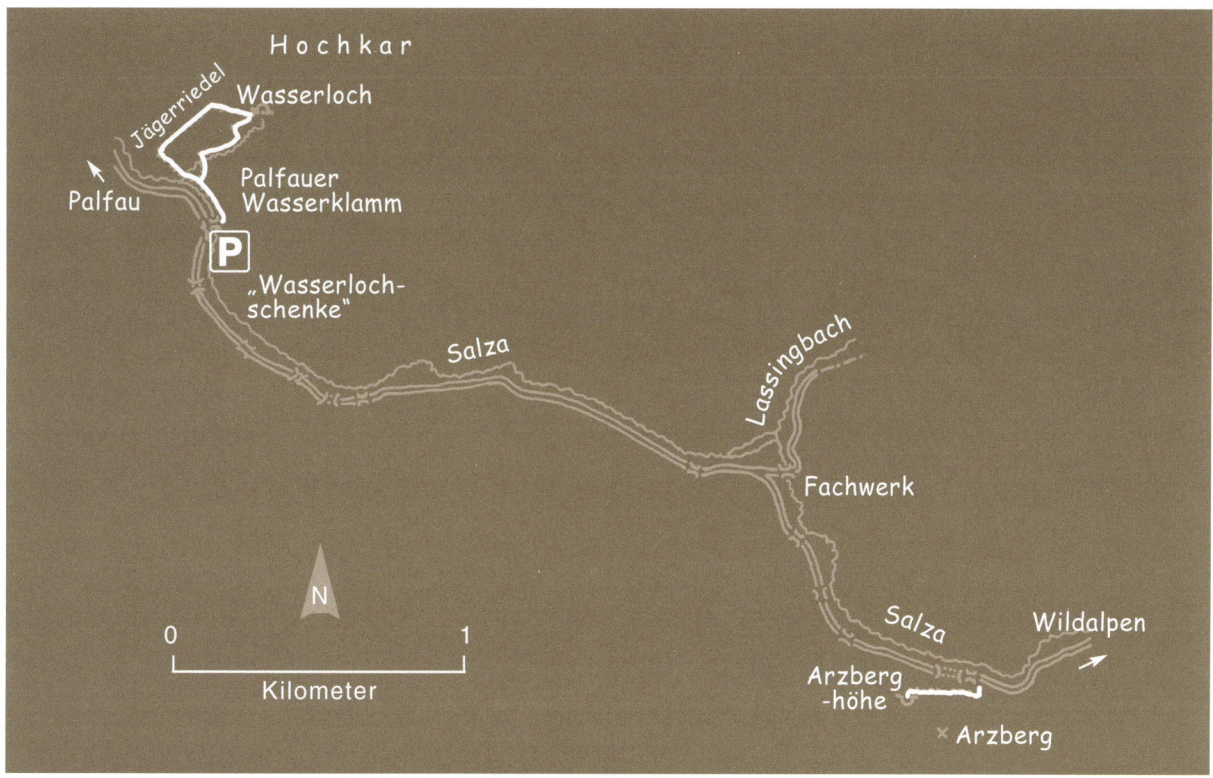

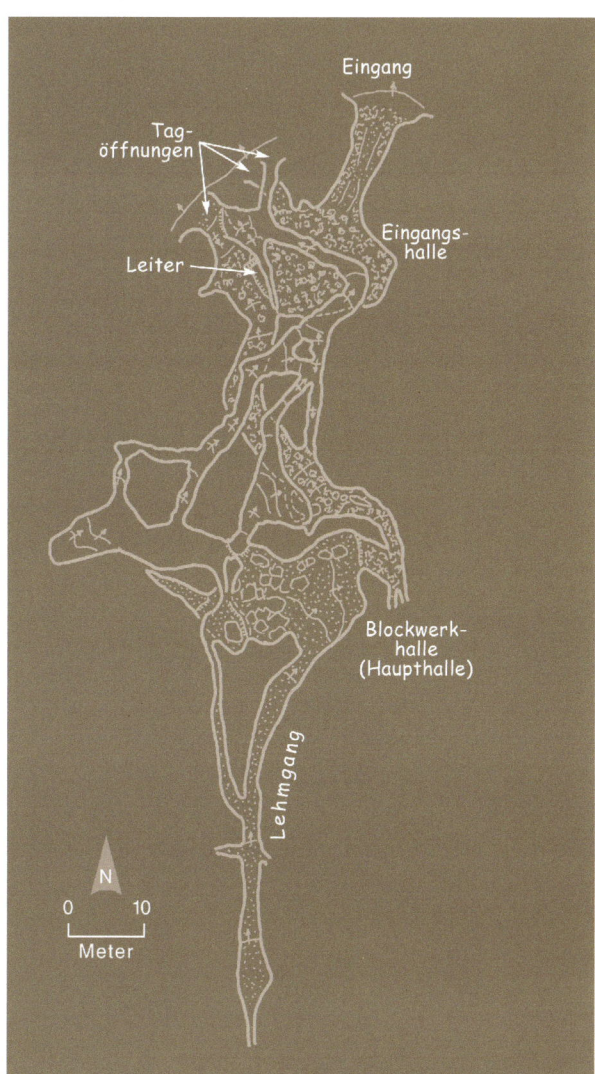

und die Decke taucht nach weiteren 15 m unter Wasser.

Ein röhrenförmiger Gang führt vom Höhlenportal in die imposante Eingangshalle der Arzberghöhle. In der durch Licht aus zwei großen Felsenfenstern erhellten Halle überwindet eine 8 Meter lange Leiter einen Überhang in die Hauptfortsetzung der Höhle. Nachdem sich der ansteigende Hauptgang verengt hat, gelangt man über glattes und rutschiges Gestein in die Blockwerkhalle. Aus dieser führen einige Gänge in verschiedene Richtungen, wobei sich die nach Norden weisenden wieder vereinen und als Tagöffnung enden. In den berginneren Teilen der Arzberghöhle sind schöne Bergmilchbildungen zu bewundern, aber um dieses Ziel zu erreichen, hat man erhebliche Rutschgefahr und lehmigen Schmutz in Kauf zu nehmen.

Zu beachten ist

Beim Wasserloch darf auf keinen Fall der Versuch unternommen werden, zum Höhlenportal abzusteigen. Beim Besuch der Arzberghöhle sind festes Schuhwerk (alpiner Zustieg), Trittsicherheit, keine Höhenangst und Schwindelfreiheit Voraussetzung; kurz gesagt, man sollte körperlich gesund und fit sein. Warme Kleidung für die Höhle, die etwas schmutzig werden kann, sollte mitgebracht werden. Die Höhlenführung beginnt und endet im Tal am Parkplatz Nähe Krimpenbach.

So kommen Sie hin

Ausgangspunkt für die Begehung der „Palfauer Wasserlochklamm" ist der Parkplatz des netten Einkehrlokals „Wasserlochschenke" an der Bundesstraße 24, etwa 12 km westlich von Wildalpen. Die 24er ist entweder über die Bundesstraße 25, die von Göstling nach Landl im Ennstal führt, über die Salzabrücke in der Nähe von Palfau oder über Mariazell zu erreichen.

In unmittelbarer Nähe des Parkplatzes der „Wasserlochschenke", gleich zu Beginn der Wanderung, treffen wir auf eine kühne Stahlseilhängebrücke, die sich in 20 m Höhe 65 m über die Salza spannt. Nach der Hängebrücke steigt man kurz über Serpentinen ab und der Weg führt entlang der Salza (orografisch rechts) in westliche Richtung. Beim Erreichen des von Norden einfallenden Tales steigt der Weg zuerst über drei Serpentinen den Hang an, um bald darauf in die eigentliche Klamm zu wechseln. Die zwar steil, doch leicht begehbar angelegten Steiganlagen besitzen eine Länge von etwa 900 Metern und helfen, eine Höhendifferenz von über 300 m auf kühn und aufwendig ausgebautem Wege zu überwinden. Die Anlagen bestehen aus zahlreichen und zum Teil sehr langen, doch stabilen hölzernen Treppen, Brücken und Hangstegen. Entlang des Weges kann man gezählte fünf herrliche Wasserfälle bewundern, die gemeinsam eine Höhe von 152 Metern erreichen. Nach dem unteren Teil der Klammwildnis, dem „Kolke-Canyon", wechselt der Weg äußerst beeindruckend auf den Westhang des Engtals und steigt wiederum in Serpentinen zum oberen Rand der eigentlichen Wasserlochschlucht an. Hier trifft man auf eine kleine stabile Holzhütte mit schmaler Terrasse, nicht nur Rastgelegenheit und Unterstand, sondern man kann auch in ihrem Inneren einige Tafeln mit Erläuterungen über das Wasserloch studieren. Die Schlucht bzw. der Steilwandeinbruch vor dieser ständig aktiven Wasserhöhle wird von einer Naturbrücke überspannt, die mit einem gesicherten Aussichtsplatz ausgestaltet wurde, von dem aus man die herrliche Aussicht ins Salzatal genießen kann und auch den einzigen Blick auf das Wasserloch werfen kann.

Für den Aufstieg sollte man eineinviertel bis eineinhalb Stunden einplanen und jedenfalls festes Schuhwerk, am besten Bergschuhe, verwenden. Beim Weg ins Tal kann man auch auf eine leichtere und durch den Wald führende Variante, „Jägerriedel" bezeichnet, ausweichen. Da sich dieser Weg im Tal mit dem Aufstiegsweg vereint, kann man somit den Ausflug zu einer schönen Rundwanderung gestalten.

Die sich in der Nordseite des Arzbergs öffnende Arzberghöhle ist nur auf unmarkiertem und nicht bezeichnetem Weg zu erreichen. Dieser nimmt seinen Ausgang von der Bundesstraße 24 bei Bau-km 40,0 mit einem Höhlenbär auf einer kleinen Holztafel, halbwegs in der Mitte zwischen Fachwerk und Wildalpen gelegen. Am uferseitigen Straßenrand findet man Parkmöglichkeiten vor, der schmale Pfad durch den Wald bis zum Fuß der steilen Nordwand des Arzbergs, an der man nach einigen kurzen Serpentinen und nach dem ungefähr 25-minütigen Aufstieg den Höhleneingang vor sich hat.

Wanderkarten des Gebietes

Österreich-Karte: ÖK-50 4209 (Hieflau) bzw. NL-33-02-09
freytag & berndt-Wanderkarte: WK 041 (Hochschwab – Veitschalpe – Eisenerz – Bruck an der Mur; 1:50 000), WK 062 (Gesäuse – Ennstaler Alpen – Schoberpass; 1:50 000) und WK 5041 (Hochschwab – Aflenz – Wildalpen – Salzatal; 1:35 000)
Kompass-Wanderkarte: WK 212 (Hochschwab / Mariazell – Eisenwurzen; 1:50 000)

Das Tal der Steirischen Salza, ein Naturparadies eigener Art, flankiert von zerklüfteten Kalkbergen, wird vor allem wegen seines faszinierenden und abwechslungsreichen Flusslaufes von Kajak- und Raftingsportlern sehr geschätzt. Aber auch dem Natur- und Höhlenfreund kann diese Region einiges bieten. Daher haben wir für Sie zwei Ziele mit großen Gegensätzen ausgewählt.

Gleich eines vorweg: Das „Höhlenziel" der ersten Wanderung, das Wasserloch, kann nicht betreten, sondern bloß aus der Entfernung besichtigt werden. Am Ende einer kurzen und ehemals nur sehr schwer zugänglichen Schlucht, an der steilen Südwestflanke des Hochkars, befindet sich der Austritt der Karstriesenquelle „Wasserloch". Die mächtige Quellhöhle, die einen Teil des Hochkarstocks entwässert, ist die wasserreichste Austrittsstelle in einem steirischen Karstgebiet und zählt zu den beeindruckenden einschlägigen Phänomenen Österreichs. In den Zwanzigerjahren des soeben zu Ende gegangenen Jahrhunderts war der Abstiegsweg in die Schlucht mit Drahtseilen versichert und es fanden auch touristische Führungen zum Höhlenportal statt. Von diesen Anlagen ist heute kaum mehr etwas zu erkennen. Nach einem Tauchvorstoß durch Hans Matz im Oktober 1964 gelang es dem steirischen Höhlentaucher Robert Seebacher mit Kollegen am 19. September 1995 bis in eine Tiefe von 42 Metern vorzudringen. Die groß dimensionierte Wasserröhre führt ohne Horizontalteil oder ansteigenden Ast tiefer in das unbekannte Bergesinnere. Für die nahe Zukunft sind weitere Tauchvorstöße und Forschungsarbeiten geplant.

In der Arzberghöhle dagegen ist kein Gerinne anzutreffen. Sie besticht besonders durch ihre Eingangshalle, in der, bedingt durch mehrere Tagöffnungen, je nach Tageszeit veränderte Lichtverhältnisse wahrgenommen werden können. In der teilweise recht großräumigen Höhle wurden Skelettreste von eiszeitlichen Tieren aufgefunden, in der Hauptsache Knochen des Höhlenbären. Aus diesem Grunde und auch wegen ihres einmaligen Gepräges, einem Vorkommen von „kreidigen" Zerfallsprodukten des Kalkes, wurde die Arzberghöhle nach dem Bundesgesetz vom 26. Juni 1928, BGBl. Nr. 169, zum Schutze von Naturhöhlen (Naturhöhlengesetz) unter „besonderen Schutz" gestellt.

Unterhalb des Höhlenportals: In mächtigen Kaskaden stürzt das Wasser zu Tal.

Verwendete Literatur:
(25): 234–237; (42): 28–30; (53): 64–65; (57): 67; (119): 56–59, 64–70; (165): 231–233.

Eine hölzerne Leiter diente früher als Aufstiegshilfe in die oberen Teile der Arzberghöhle.

Die neue metallene Treppenleiter in der Eingangshalle der Arzberghöhle.

Offizieller Name: HUNDALM-EIS- UND TROPFSTEINHÖHLE
Weitere Bezeichnungen: Buchacker-Eishöhle, Spenggel
Lage: Auf der Hundalm bei Wörgl, nordnordwestlich von Angath
Kat.-Nr.: 1266/1
Seehöhe: 1520 m
Gesamtganglänge: 264 m
Höhenunterschied: 49 m

Führungszeiten
Von Mitte Mai bis Ende September an Samstagen, Sonn- und Feiertagen, ab Mitte Juli bis Ende August täglich von 10 bis 16 Uhr.

Schauhöhlenbeleuchtung: Karbidlampen

Info und Kontakte
Verwaltung: Landesverein für Höhlenkunde in Tirol, 6300 Wörgl, Brixentalerstraße 1; www.hoehle-tirol.at/eishoehle.htm
Helmut Feldkircher,
Tel. +43 (0) 664/2536138 oder
Renate Tobitsch (Obfrau des Landesvereins für Höhlenkunde in Tirol);
Tel. +43 (0) 664/1551425
E-Mail: renate.tobitsch@aon.at

www.schauhoehlen.at
www.hoehle-tirol.at/eishoehle.htm
www.tirol-infos.at/kufstein/hundalm-eis-hoehle.html
de.wikipedia.org/wiki/Hundalm-Eish%C3%B6hle

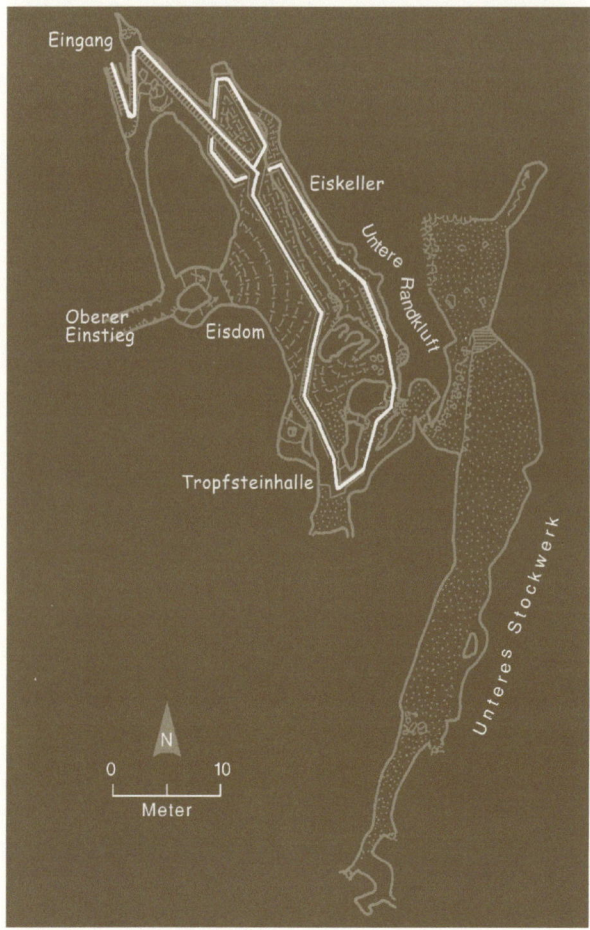

Was Sie erwartet
Im Forscherhaus „Viktor-Büchel-Hütte" löst man die Eintrittskarten, dann steht der ca. halbstündigen Höhlenführung nichts mehr im Weg. Über bequeme Stufen geht es hinunter in den ersten und zugleich größten Höhlenraum. Der „Eisdom" ist bei einer Breite von 6 und einer Länge von 25 m eigentlich das Ergebnis eines Doppelschachtes, der sich hier hallenbildend vereint. Die Besucher begehen den 8 m dicken Eisboden, der beachtliche Eisformationen trägt. Als starken Kontrast dazu betritt man anschließend die „Tropfsteinhalle", die mit überaus reichem Sinterschmuck aufwartet: Stalaktiten und vorwiegend Wandversinterungen geben diesem Raum das Gepräge. Über eine steile Stiege gelangt man dann abwärts in die „Sinterkammer", die ihrem Namen alle Ehre macht. Auf dem Weiterweg durch die „Untere Randkluft" passiert man den tiefsten Punkt der Führung, 35 m unter dem Eingangsniveau. Der letzte zugängliche Raum, der „Eiskeller", erstreckt sich direkt unter dem „Eisdom" und veranschaulicht anhand der Eiswand die schichtweise Entstehung des Bodeneises. Von hier führt der „Hufeisengang" zurück

zur Eingangsstiege. Noch einige Zahlen und Daten: Die auf eine Gesamtlänge von 264 m vermessene Hundalm-Eis- und Tropfsteinhöhle weist eine Höhendifferenz von 49 m auf und befindet sich in 1520 m Seehöhe, die Länge des Führungswegs beträgt (inkl. Rückweg) 180 m. Interessant sind die Ergebnisse von Altersuntersuchungen: So wurde 1998 festgestellt, dass ein in der untersten Eisschicht eingeschlossenes Holzstück ein Alter von 1380 Jahren (+/− 30 Jahre) aufwies. Eine 1999 durchgeführte Uran-Thorium-Untersuchung eines Sinterstücks aus der „Sinterkammer" zeigte ein den Messbereich überschreitendes Alter von mehr als 350 000 Jahren.

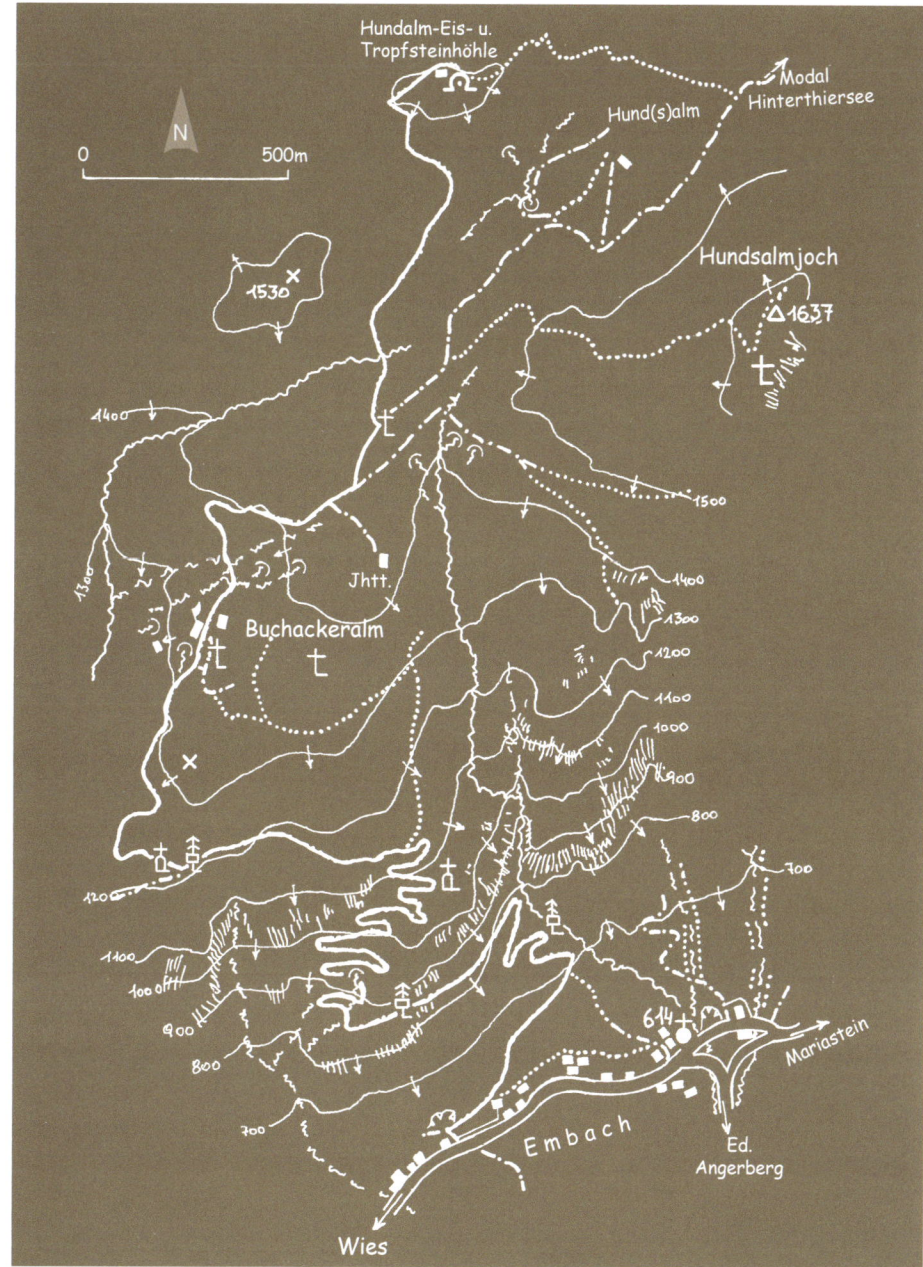

So kommen Sie hin

Wer diese Schauhöhle zu besuchen beabsichtigt, muss einiges an Wanderfreude mitbringen, da die Höhle nicht mit dem Auto erreichbar und daher ein längerer Zustieg in Kauf zu nehmen ist. Für den günstigsten Ausgangspunkt halten wir die Autobushaltestelle „Franzlerbrücke" in Embach (Gemeinde Angersberg), westlich der wehrturmartigen Wallfahrtskirche „Mariastein" bei Wörgl. Auf einer aussichtsreichen, mit allgemeinem Fahrverbot belegten Naturstraße geht es zu Fuß zunächst in Serpentinen und später etwas flacher über Almwiesen in ca. 2 Stunden zum Alpengasthof „Buchacker"; bis zur „Viktor-Büchel-Hütte" beim Eingang der Hundalm-Eis- und Tropfsteinhöhle benötigt man noch weitere 45 Minuten.

Es gibt auch die Möglichkeit, im Rahmen einer Wanderung von Hinterthiersee über Modal zur Höhle zu gelangen, aber auch dieser Zustieg nimmt an die drei Stunden in Anspruch.

Wanderkarten

Österreich-Karte: ÖK-3213 (Kufstein) bzw. NL-33-02-13
freytag & berndt-Wanderkarte: WK 301 (Kufstein – Kaisergebirge – Kitzbühel; 1:50 000) und WK 321 (Achensee – Rofan – Unterinntal; 1:50 000)
Kompass-Wanderkarte: WK 8 (Tegernsee – Schliersee – Wendelstein; 1:50 000), WK 9 (Kaisergebirge; 1:50 000) und WK 28 (Vorderes Zillertal – Achensee – Alpbachtal – Wildschönau; 1:50 000)

Seit auf den Matten nördlich und westlich des Hundalmjochs (1637 m) Almbewirtschaftung betrieben wurde, waren die Schachtöffnungen den Einheimischen natürlich bekannt, denn die Löcher, im Volksmund „Spenggel" genannt, bildeten eine besondere Gefahr für das Weidevieh. Um den Verlusten an Weidetieren vorzubeugen, ließen die Bauern die Höhleneingänge in diesem weitläufigen Gebiet durch Zäune absichern. Dabei stieg im Lauf der Zeit wahrscheinlich der eine oder andere waghalsige Almhirte aus Neugier in diese Höhle hinab. Die ersten höhlenkundlichen Untersuchungen erfolgten jedoch erst um 1920. Für die Speläologie gelten der Innsbrucker Leo Weirather und der Villacher Oskar Hossé als Erstbefahrer, wobei auf Ersuchen Weirathers 1922 von Salzburger Höhlenkameraden der erste Grundrissplan der Hundalm-Eis- und Tropfsteinhöhle angefertigt wurde.

Im Jahre 1956 wurde die Höhle nicht nur unter Denkmalschutz gestellt, sondern auch ein Plan zu ihrer Erschließung ins Auge gefasst. Da aber zu wenig Mitarbeiter hierfür zu begeistern waren und Mangel an Geldmitteln herrschte, musste das Vorhaben wieder fallen gelassen werden. Erst 1965 griff man die Idee wieder auf und nach aufopfernden Arbeitseinsätzen von Mitgliedern des „Landesvereines für Höhlenkunde in Tirol" wurde der Schauhöhlenbetrieb im August 1967, anlässlich der Jahrestagung des „Verbands österreichischer Höhlenforscher", in Wörgl feierlich eröffnet.

Die Hundalm-Eis- und Tropfsteinhöhle ist nicht nur wegen der eng nebeneinanderliegenden Eis- und Sinterbildungen besonders sehenswert, sondern man sollte sich diesen Tagesausflug als wunderbares Wandererlebnis gönnen und den Besuch der Höhle als dessen Höhepunkt betrachten.

Verwendete Literatur:
(24): 9, 141–142, 162; (25): 238–240; (76): 118; (95): 9–21 (ohne Pagina); (97): 199–200; (104): 277–283; (169): –.

Mittels ausgebauter Weganlagen, durchschreitet der Höhlenbesucher die Hundlam-Eis- und Tropfsteinhöhle.

Den seltenen Anblick von eng nebeneinanderliegenden Eis- und Sinterbildungen kann man in der Hundalm-Eis- und Tropfsteinhöhle genießen.

TIROL
MAXIMILIANSGROTTE

Offizieller Name: MAXIMILIANSGROTTE
Weitere Bezeichnungen: Kaiser-Max-Grotte, Maximiliansgrotte, Maxgrotte, Martinswandgrotte, Martinswandhöhle
Lage: In der Martinswand bei Zirl
Kat.-Nr.: 1252/1
Seehöhe: 799 m
Gesamtlänge: ca. 20 m

Frei zugänglich ohne Führung.

Infos
de.wikipedia.org/wiki/Martinswand
tirol.orf.at/radio/stories/2713569/
www.tirol.gv.at/meldungen/meldung/arti-kel/kaiser-max-grottensteig-neu-gestaltet/

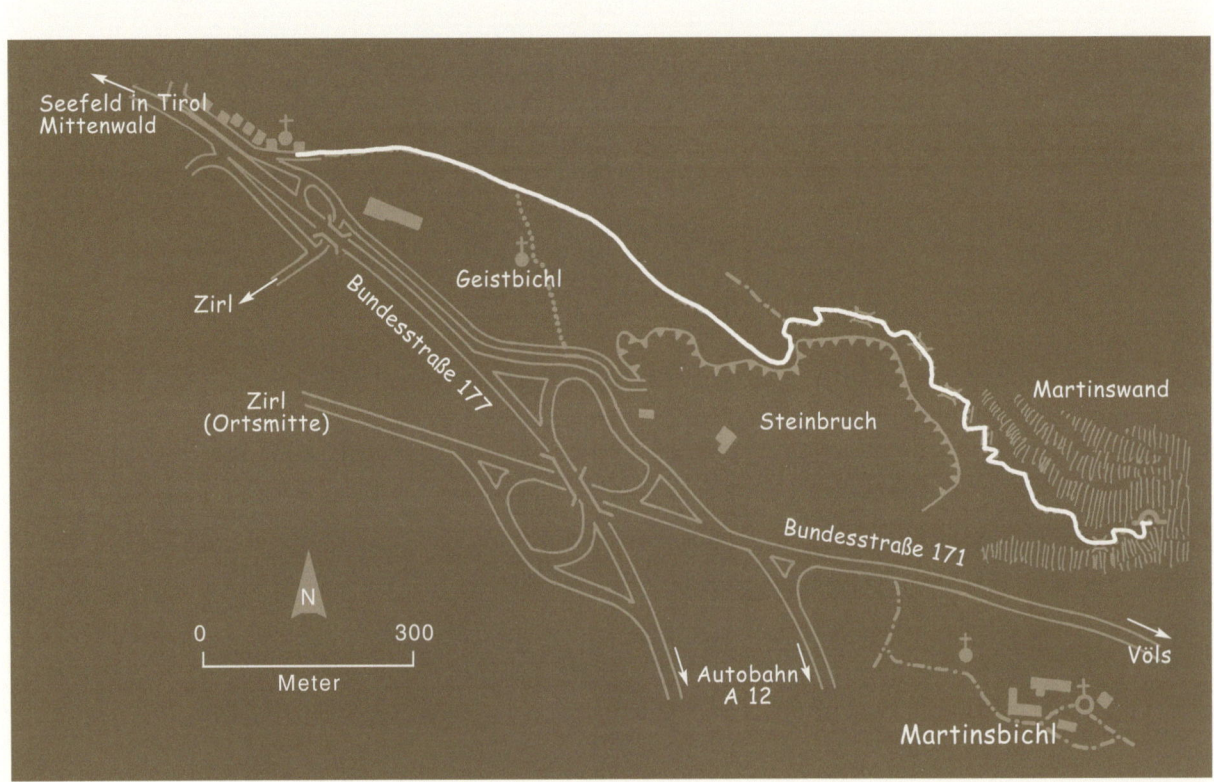

Was Sie erwartet

Bei der Maximiliansgrotte handelt es sich um eine sehr große Halbhöhle mit einem Felsband, das durch ein Geländer abgesichert ist. Sie weist auch mehrere Einbauten auf, zwei große Holzkreuze, ein Standbild und einige Gedenktafeln sowie Bänke, die zur Rast bzw. zum Meditieren einladen. Dass diese Höhle eine der bekanntesten Höhlen Nordtirols ist, verdankt sie mit Sicherheit nicht ihrer Ganglänge, sondern ihrer einzigartigen Lage, dem grandiosen Ausblick über das Inntal und ihrer sagenumwobenen Vergangenheit.

So kommen Sie hin

Die „Maximiliansgrotte", auch als „Kaiser-Max-Grotte", „Martinswandgrotte" oder als „Martinswandhöhle" bezeichnet, erreicht man über einen gut bezeichneten Steig vom Ort Zirl aus. Zunächst führt der Zugang oberhalb von Steinbrüchen über eine Naturstraße, dann als Weg durch eine Waldregion, und ab Erreichen der Felswand wird es wildromantisch. Nach der Überwindung einer Hangstufe auf Aluminiumtreppen geht man auf sicherem Steig mit Hangstegen und über Steintreppen zur Höhle hinauf.

Wanderkarten

Österreich-Karte: ÖK-50 2222 (Telfs), NL-32-03-22

freytag & berndt-Wanderkarte: WK 241 (Innsbruck – Stubai – Sellrain – Brenner; 1:50 000) und WK 322 (Wetterstein – Karwendel – Seefeld – Leutasch – Garmisch-Partenkirchen; 1:50 000)

Kompass-Wanderkarte: WK 25 (Zugspitze – Mieminger Kette – Ehrwald – Lermoos – Garmisch-Partenkirchen – Reutte; 1:50 000), WK 26 (Karwendelgebirge; 1:50 000), WK 36 (Innsbruck – Brenner; 1:50 000), WK 036 (Innsbruck und Umgebung; 1:35 000) und WK 290 (Rund um Innsbruck; 1:50 000)

Alpenvereinskarte: Nr. 5/1 (Karwendelgebirge, Westliches Blatt; 1:25 000)

Die Martinswand, ein dominierender lichtüberfluteter Felsklotz, aus dem Tal des grünen Schicksalsflusses Nordtirols aufragend, beherrscht nicht nur das Landschaftsbild bei Zirl, sondern trennt auch das Ober- vom Unterinntal. Die 1113 m hohe beliebte Kletterwand bildet den südwestlichen Absturz des Hechenbergs (Kirchenbergköpfl, 1943 m) und wird durch einen 1,8 km langen Tunnel der Mittenwaldbahn unter-, besser „hinterfahren". Doch uns interessiert an der markanten Felswand eigentlich nur das sich etwa 200 m über der Talsohle öffnende große und schon von Weitem sichtbare Wandloch der Maximiliansgrotte.

Um dieses Loch in der Martinswand rankt sich eine der gängigsten Tiroler Sagen, die den volkstümlichen Landesfürsten und späteren Kaiser Maximilian I., den „Letzten Ritter", verewigt. Seine Residenzen befanden sich in Augsburg, vor allem aber in Innsbruck, das er großzügig ausbaute und dem in der damaligen Zeit eine wichtige Stellung in der Rüstungs- und Geschützerzeugung zukam. In Innsbruck erinnern heute noch das „Goldene Dachl", die „Hofburg", das „Zeughaus" und das „Maximiliangrab" in der Hofkirche an den großen Kaiser. Abseits seines bedeutenden staatsmännischen Wirkens trat er als großer Förderer von Kunst und Wissenschaften auf, doch sein Hauptvergnügen fand er in der Jagd.

Die folgende, urkundlich nicht belegte Geschichte – ein Hinweis darauf findet sich nur im 20. Abenteuer von Maximilians autobiografischem Werk „Theuerdank" – beruht sicherlich auf einem historischen Kern. Dazu seien zunächst die

eigenwilligen und heute brutal anmutenden Praktiken der damaligen Gämsenjagd erläutert: Der Jäger versuchte ungesehen an das Jagdwild heranzukommen und dieses mit dem „Schaft", einem 7–8 m langen hölzernen Stab mit aufgesetztem Messer, aus der Wand zu werfen. Dabei sollen die Jäger von Treibern und Hunden unterstützt worden sein – ein sinnvoller Einsatz der vierbeinigen Jagdgehilfen war wohl eher unwahrscheinlich.

Kaiser Max auf der Martinswand. Gemälde von Moritz von Schwind. Ansichtskarte von 1926.

Außerdem wurden oftmals „Schaujagden" veranstaltet, bei denen die Jäger dem erlauchten Publikum ihre Kletterkünste vorführten, während die Gämsen dem ihnen zugedachten Schicksal zu entrinnen versuchten. Derartige Jagdfeste, an denen der begeisterte Gamsjäger Maximilian aktiv teilnahm, fanden auch in der Martinswand statt, wobei die geladenen Gäste in dem am Wandfuß liegenden Jagdschloss „Martinsbühel" ihren Aussichtsplatz einnahmen. Bei einer solchen Gelegenheit könnte sich nun das etwa 500 Jahre zurückliegende sagenhafte Abenteuer Maximilians ergeben haben. Wie erwähnt, liebte der Kaiser in seiner Jagdleidenschaft vor allem die Gamsjagd und erlebte dabei oftmals Todesängste und Gefahren. Sein berühmtestes Jagdabenteuer bestand er in den steilen Abbrüchen der Martinswand bei Zirl, als er sich darin eines Tages verstieg. Unter dem Felsdach der heutigen Maximiliansgrotte fand er schließlich auf einem schmalen Felsband nur spärlichen Halt. Er konnte weder vor noch zurück, und seine Getreuen, die sich am Martinsbühel im Tale angsterfüllt versammelt hatten, mussten tatenlos zusehen, da es ihnen unmöglich war, ihren kühnen Herrscher aus der unzugänglichen Felswand zu befreien. So verharrte Max zwei Tage und zwei Nächte in seinem unfreiwilligen luftigen Gefängnis über dem grässlichen Abgrund von mehr als hundert Klaftern. Als er jede Hoffnung schwinden sah und schon mit dem irdischen Leben abgeschlossen hatte, wollte er sich noch als guter Christ auf den Tod vorbereiten. Durch Zeichen und Zurufe tat er seinen Wunsch den am Wandfuß stehenden Dienern kund und diese veranlassten den Pfarrer aus dem nahen Zirl, versehen mit der heiligen Wegzehrung, zu erscheinen. So konnte der kniende Kaiser zumindest von der Ferne den Leib des Herrn in der goldstrahlenden Monstranz erblicken und den Segen des Geistlichen empfangen. Indessen hatte sich die Kunde von der betrüblichen Situation des geliebten Landesherrn in ganz Tirol verbreitet und überall wurde der Himmel um seine Errettung angefleht. Die zahllosen Gebete blieben nicht unerhört, denn am dritten Tag, als sich Maximilian schon mit seinem Schicksal abgefunden hatte, erreichte ihn ein junger Bursch in Bauernkleidern, der ihm aufmunternd zusprach: „Seid getrost, gnädiger Herr! Gott lebt noch, der euch retten kann und will. Folgt mir nur und fürchtet euch nicht!" Also reichte der Kaiser dem Jüngling die Hand und ließ sich sicher aus der Felswand herausführen. Während der Kaiser von seinen Untertanen umjubelt wurde, verschwand der Retter spurlos.

Maximilian I. veranlasste angeblich schon kurz nach diesem Abenteuer, dass ein sicherer Weg zu der großen Halbhöhle angelegt wurde. Dies erscheint glaubhaft, denn im Jahr 1503 oder 1504 wurde in der Maximiliansgrotte ein Gedenkkreuz mit seitlich angebrachten Figuren der heiligen Maria und des heiligen Johannes errichtet. Der heutige Weg durch die Felswand zur Grotte wurde 1883 geschaffen und 1935 von der Gemeinde Zirl renoviert. Im September 1936 kam es zur Aufstellung einer Statue des „Letzten Ritters", geschaffen vom Bildhauer Johann Obleitner. Der sogenannte

Die Holzplastik des vor dem Kruzifixus knienden Kaisers wurde von dem Bildhauer Johann Obleitner geschaffen und hier im Jahr 1936 aufgestellt.

„Grottensteig" wurde im Frühjahr 2015 grundlegend renoviert und noch besser abgesichert.

Die Martinswand liegt mit ihrer Umgebung in einem klimatisch bevorzugten Gebiet, so ist beispielsweise Zirl die bedeutendste Weinbaugemeinde Nordtirols. Daher nisten in den schmalen Felsklüften der Höhlendecke der Maximiliansgrotte (oftmals sogar ganzjährig) die in Österreich äußerst selten vorkommenden Felsenschwalben (Ptyonoprogne rupestris).

Verwendete Literatur:
(24): 9, 146–148, 162; (25): 245–248; (104): 304–307; (142): 14–15; (144): 219–222.

Prachtvoller Ausblick von der Maximiliansgrotte in das Inntal.

Offizieller Name:
HÖHLE BEIM SPANNAGELHAUS
Weitere Bezeichnungen: Spannagelhöhle,
Höhle unterm Spannagelhaus, Spannagel
Höhle, Schwarzkeeshöhle
Lage: Unmittelbar beim Spannagelhaus im
Zillertaler Gletschergebiet
Kat.-Nr.: 2411/1
Seehöhe: 2521 m
Gesamtganglänge: 11 190 m
Höhenunterschied: 326 m

Offizieller Name:
SCHRAUBENFALLHÖHLE
Lage: Etwa 2 km südwestlich von Hintertux
Kat.-Nr.: 2411/6
Seehöhe: 1578 m (oberer nordöstlicher
Eingang)
Ganglänge: 85 m
Höhenunterschied: 8 m

Offizieller Name: FACETTENSPALTE
Lage: In der Klamm des Tuxbachs, oberhalb
der Schraubenfallhöhle
Kat.-Nr.: 2411/7
Seehöhe: 1690 m
Ganglänge: 35 m

Führungszeiten
Unter fachmännischer Führung finden ganzjährig Besichtigungstouren durch die außergewöhnliche Marmorschauhöhle statt.
Ab Mitte Oktober bis Ende Mai sind Höhlenführungen am Dienstag und Freitag auf
Anfrage möglich! Telefonische Anmeldung

nötig. Im Sommer ab Anfang Juni bis
Mitte Oktober ist täglich von 10 bis 15 Uhr
ein stündlich geführter Besuch (Tour 1;
Mindestgröße: 1,2 m) der Spannagelhöhle
möglich. Als Ausrüstung werden Helm,
Jacke und für Skifahrer Gummistiefel zur
Verfügung gestellt. Gegen Voranmeldung (ab
14 Jahren) ist eine zweistündige sportliche
Trekkingtour möglich. Vergleichbar wäre
diese mit einem Klettersteig Kategorie A–B.
Auch gegen Voranmeldung (ab 18 Jahren)
wird eine sehr sportliche vierstündige
Höhlentour angeboten. Diese würde einem
Klettersteig der Kategorie E entsprechen.
Die nötige Ausrüstung für die zwei Höh-
len-Trekking-Touren wird zur Verfügung
gestellt.
Schauhöhlenbeleuchtung: elektrisch,
Trekkingtouren mit Helmlampen

Info und Kontakte
Verwaltung: Familie Anfang,
6294 Hintertux 799;
Tel.: +43 (0) 5287 87251 - Fax: +43 (0) 5287
86162
E-Mail: info@spannagelhoehle.at
www.spannagelhoehle.at

www.schauhoehlen.at
de.wikipedia.org/wiki/Spannagelhöhle
spannagelhoehle.jimdo.com/
www.hintertuxergletscher.at/de/erlebnis/
spannagelhoehle.html
www.hintertux.at/winter/aktivitaeten/out-
door/spannagelhoehle/

Was Sie erwartet
Durch die sparsamen Einbauten, wie in Fels ge-
schlagene Stufen, Stiegen, Handläufe und eine
Hängebrücke, erweckt der ausgebaute Höhlenteil
noch immer den Eindruck des Ursprünglichen
und vermag dem Besucher einen Hauch von Un-
berührtheit zu vermitteln. Dabei wird eine Strecke von etwa 300 m, das sind 2,5 % der gesamten
Höhle, auf elektrisch beleuchteten Wegen zurückgelegt. Attraktionen in den Hallen und Gängen
sind die kesselförmigen Auswaschungen, die glatten, blaugrau-weiß gebänderten Marmorblöcke
und ein kleines Höhlenmuseum.

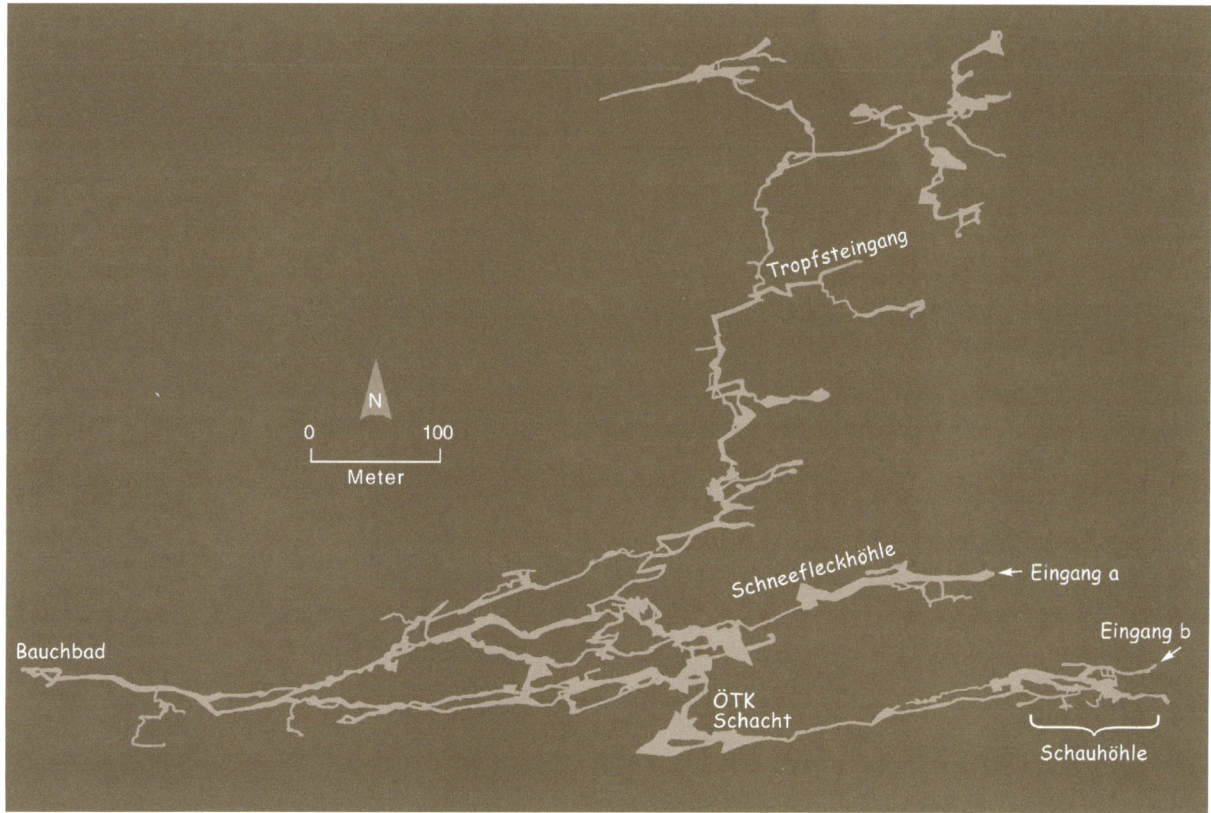

So kommen Sie hin

Mit den von Hintertux ausgehenden Zillertaler Gletscherbahnen/Skt. II bis zur Bergstation und von dort in 10 Minuten zum Spannagelhaus. Für sportliche Leser gäbe es die Möglichkeit, von Hintertux aus, vorbei am Schraubenfall in etwa 3 Stunden zum Spannagelhaus aufzusteigen.

Wanderkarten

Österreich-Karte: ÖK-50 2230 (Mayrhofen) bzw. NL-32-03-30; am Blatrand zu 2229
freytag & berndt-Wanderkarte: WK 152 (Mayrhofen – Zillertaler Alpen – Gerlos – Krimml – Tuxertal – Zell im Zillertal; 1:50 000) und WK 5152 (Zillertaler Alpen – Tuxertal – Mayrhofen – Zell i. Zillertal – Gerlos – Finkenberg; 1:35 000)
Kompass-Wanderkarte: WK 34 (Tuxer Alpen – Inntal – Wipptal – Zillertal; 1:50 000), WK 36 (Innsbruck – Brenner; 1:50 000), WK 37 (Zillertaler Alpen – Tuxer Alpen; 1:50 000), WK 037 (Mayrhofen – Tuxer Tal – Zillergrund; 1:25 000) und WK 132 (Tiroler Höhenweg – Alta Via Tiroler Höhenweg; 1:50 000)
Alpenvereinskarte: Nr. 35/2 (Zillertaler Alpen, Westl. Blatt; 1:25 000)

Einige Gletschergebiete der österreichischen Zentralalpen sind für das Erlebnis „Ganzjahres-Skifahren" ausgezeichnet geeignet, darunter auch der touristisch bestens erschlossene „Hintertuxer Gletscher". Mit den „Zillertaler Gletscherbahnen" gelangt man mühelos von Hintertux hinauf in die Welt des ewigen Eises, wo man die atemberaubende, aber nicht mehr sonderlich stille Bergwelt genießen kann. Nur wenige der im Sonnenschein dahingleitenden Snowboard- und Skifahrer wissen jedoch, dass sich unter ihren Füßen ein stilles und ausgedehntes Reich der Finsternis erstreckt. Der informierte Leser könnte nun die Frage stellen: „Eine Großhöhle im Kristallin der Zentralalpen?" Ja freilich, die Voraussetzung dazu, nämlich verkarstungsfähiges Gestein, wenn auch nur als eng begrenzte Kalkinsel, ist vorhanden. Genauer gesagt: Bei dieser besonderen geologischen Gegebenheit handelt es sich um Hochstegen-Kalkmarmor, der zwischen Phengit-Arkose-Gneis und Zentralgneis eingebettet ist. Der Eingang in das komplizierte Höhlensystem liegt unter einem Felsvorsprung, der einen Fahnenmast trägt, nur etwa 10 m (nördlich) von der Eingangstüre des Spannagelhauses entfernt. Obwohl man schließlich die Höhle wegen ihrer unmittelbaren Nähe zum Schutzhaus als „Spannagel

Höhle" oder „Höhle beim (unterm) Spannagelhaus" bezeichnete, hieß sie zunächst „Schwarzkeeshöhle". Das zufällig entdeckte Loch diente vorerst jahrzehntelang als willkommener Abfallplatz für den Hüttenmüll. Wie weit sich die Höhle ins Berginnere fortsetzte, interessierte damals eigentlich niemanden, bis sie der niederösterreichische Bergsteiger und Höhlenforscher Rudolf Radislovich befuhr und 1960 in der *Österreichischen Touristenzeitung* einen Artikel darüber veröffentlichte. Durch diesen Bericht animiert begannen Mitglieder des „Landesvereines für Höhlenkunde in Wien und Niederösterreich", allen voran Max H. Fink und Heinz Ilming, noch im gleichen Jahr die Höhle zu erforschen. Zieht man die Seehöhe von 2521 m und die geologische Situation der Höhle in Betracht, kann man bereits die damaligen Forschungsergebnisse und die vermessenen 327 m Ganglänge als sensationell bezeichnen. Im Sommer 1970 besichtigten im Rahmen eines Schlechtwetterprogramms Teilnehmer eines Eiskurses das schon als „Höhle beim Spannagelhaus" benannte Naturobjekt und entdeckten dabei eine Fortsetzung.

Durch die Überwindung der Engstelle namens „Postkastl" gelang es Hannes Jodl, in Neuland vorzustoßen und etwa 300 m zu erkunden. Ab diesem Zeitpunkt wurde die Weiterforschung zu einer Domäne des „Landesvereines für Höhlenkunde in Tirol", denn es gelang seinen Mitgliedern, hinter Jodls Umkehrpunkt, dem „ÖTK-Schacht", noch weitere Fortsetzungen zu befahren. Die Vermessung des reich verzweigten Systems erbrachte eine Gesamtganglänge von 11 190 m (Stand November 2014) bei einer Höhendifferenz von −326 m. Damit ist die Höhle beim Spannagelhaus mit Abstand die längste Höhle Tirols.

In den tagfernen Höhlenteilen können, selbstverständlich nur von Höhlenforschern, bemerkenswerte Sinter- und Tropfsteinbildungen bewundert werden. Da dieses einzigartige Höhlenobjekt eine der größten Schichtgrenzhöhlen ist, zählt es sowohl wegen seiner hochalpinen Lage als auch wegen seiner Gletschernähe zu den in wissenschaftlicher Hinsicht interessantesten Naturphänomenen Österreichs.

Nachdem die Höhle beim Spannagelhaus bereits 1964 unter Schutz gestellt wurde, mussten in der Folge natürlich die riesigen Mengen Müll aus dem Eingangsteil abtransportiert werden. Aber erst in den Neunzigerjahren reifte im Hüttenpächter Josef (Sepp) Klausner die Idee, einen Teil dieser Höhle der Öffentlichkeit zugänglich zu machen. Der sorgsame Ausbau erfolgte mit den nötigen Helfern auf seine Privatinitiative hin; die feierliche Eröffnung von Österreichs höchstgelegener Schauhöhle fand am 2. Juli 1994 statt. Der Vollständigkeit halber sei noch angeführt, dass sich unterhalb des Einganges der Höhle beim Spannagelhaus mehrere Kleinhöhlen befinden. Da der bereits erwähnte schmale Zug aus Hochstegen-Kalkmarmor bis zum Talgrund hinunterreicht, ist es nicht verwunderlich, dass auch der weithin sichtbare „Schraubenfall" donnernd aus einer Höhle stürzt. Ausgehend vom südlichen Rand des Talschlusses von Hintertux kann man über einen Wanderweg den oberen Eingang der „Schraubenfallhöhle" erreichen. Nach relativ kurzem Aufstieg gelangt man auf einen Aussichtsplatz über dem etwa 20 m tiefen „Kessel" mit einem berauschenden Tiefblick zum Südwestportal der mächtigen 105 m langen Durchgangshöhle, in welcher der „Tuxer-Bach" tosend verschwindet. Von einem Abstieg in den Kessel ist jedoch dringend abzuraten, da dies sehr gefährlich und das Betreten der Höhle zudem verboten ist.

In der relativ nahen und trockenen „Facettenspalte" lässt sich dafür die gewaltige Wirkkraft des Wassers betrachten.

Verwendete Literatur:
(24): 9, 143–145, 162; (25): 241–244; (77): –; (96): 39–43 (ohne Pagina); (147): 174; (169): –; (180): 54–61.

Verkarstungsfähiges Gestein: der in feinen Schichten aufgebaute Hochstegenkalk.

Tropfsteingebilde in der „Märchenwelt".

Eine „Schlüsselstelle" in der Höhlenwelt unter dem Hintertuxer Gletscher: Ab- bzw. Aufstieg im ÖTK-Schacht.

Auswaschungen im vom Wasser glatt polierten, blaugrau-weiß gebänderten Hochstegenmarmor.

In den tiefen Teilen der Spannagel Höhle stößt man auf eine wahre Märchenwelt.

TIROL
TISCHOFERHÖHLE

Offizieller Name: TISCHOFERHÖHLE
Weitere Bezeichnungen: Schäferhöhle,
Bärenhöhle, Tischhoferhöhle
Lage: Im Kaisergebirge, am orografischen
rechten Hang des Kaiserbach-Tals
Kat.-Nr. 1312/1
Seehöhe: 650 m
Ganglänge: 40 m

Frei zugänglich ohne Führung.

Info und Kontakte
de.wikipedia.org/wiki/Tischofer_Höhle
www.auf-den-berg.de/wandern/tirol/wande-
rung-zur-tischoferhohle-im-kaisertal/
www.tirol-infos.at/kufstein/tischofer-hoeh-
le-kufstein-kaisertal.html

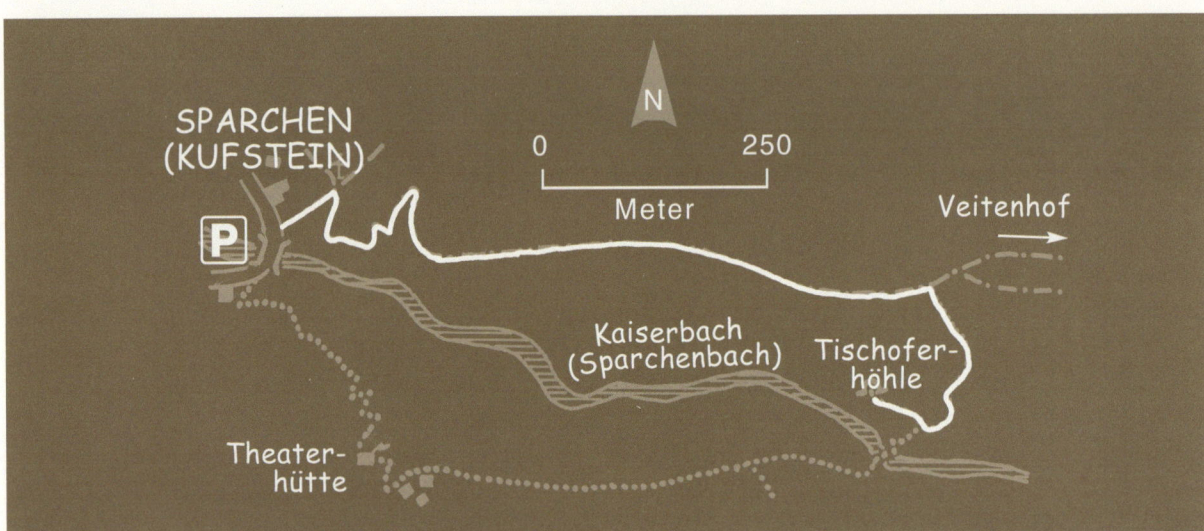

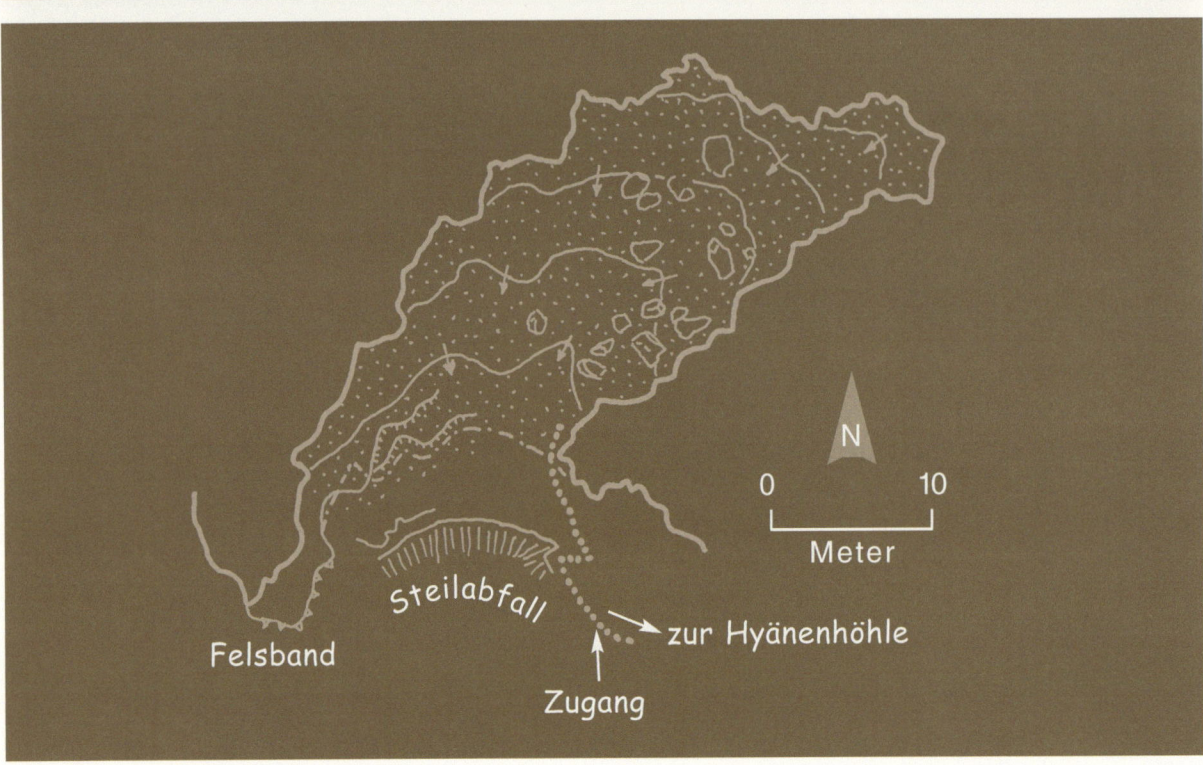

Was Sie erwartet

Die sich in einer Felswand rund 80 m über der Sohle des Kaiserbaches öffnende 40 m lange Halle mit ihrem 20 m breiten und 8,5 m hohen Portal und leicht ansteigender Sohle ist zur Gänze von Tageslicht erhellt. Aufgrund der in der Höhle abgelagerten Gesteins- und Schlammschichten darf angenommen werden, dass dieser Bach gegen Ende der Eiszeit auf Höhlenniveau verlief und sich bis heute, also während eines relativ kurzen Zeitraums, beträchtlich eingetieft hat.

So kommen Sie hin

Das mächtige Höhlenportal befindet sich im südschauenden Hang des Kaisertales im gleichnamigen Gebirgsstock, etwa 60 m unterhalb des „Kaisertalwegs", im Nordsteilhang der Schlucht des Sparchner- bzw. Kaiserbachs und ist über einen bezeichneten Serpentinenweg (im Abstieg vom Kaisertalweg) sowie über den Wanderweg von Sparchen, nordöstlich von Kufstein ausgehend, in etwas mehr als einer halben Stunde zu erreichen.

Wanderkarten des Gebietes

Österreichische Karte: ÖK-50 2313 (Kufstein) bzw. NL-33-01-13
freytag & berndt-Wanderkarte: WK 301 (Kufstein – Kaisergebirge – Kitzbühel, Wanderkarte 1:50 000)
Kompass-Wanderkarte: WK 9 (Kaisergebirge; 1:50 000), WK 09 (Kufstein – Walchsee – St. Johann in Tirol; 1:25 000) und WK 09 (Kufstein – Walchsee – St. Johann in Tirol; 1:50 000)
Alpenvereinskarte: Nr. 8 (Kaisergebirge; 1:25 000)

Die Tischoferhöhle trägt den Charakter einer riesigen Halbhöhle, deren ausgesprochen schöne Lage besonders hervorzuheben ist und die durch bedeutende Funde überregional an Interesse und Bedeutung gewonnen hat. Die Höhle hieß ursprünglich „Schäferhöhle" und wurde im 19. Jahrhundert anlässlich der Landesaufnahme für die Österreichische Generalstabskarte missverständlich als „Tischoferhöhle" eingetragen. Dieser Irrtum fußt auf einer Erzählung aus dem Befreiungskampf von 1809, als Franzosen und Bayern wiederholt bei Kufstein ins Tiroler Land einbrachen. Die Landesverteidiger betrachteten die Höhle angeblich als geeignetes Versteck für ihre Waffen bzw. willkommenen Treffpunkt für Versammlungen. Da sich im Höh-

leninneren ein steinerner Tisch befunden haben soll, antworteten die Landstürmer auf die Frage: „Wohin des Wegs?" mit den geheimnisvollen Worten: „Zum Tisch oba!" Nach einer Variante dieser Überlieferung soll das, „Zum Tisch oba!" ein wichtiges Losungswort zum Verstecken oder Ergreifen der Waffen gewesen sein. Die eher selten für dieses Objekt verwendete Bezeichnung „Bärenhöhle" kam erst auf, nachdem man die große Menge der darin gefundenen Bärenknochen als von Höhlenbären stammend erkannt hatte.

Da man schon in früherer Zeit in der Tischoferhöhle geheimnisvolle Gegenstände und große Knochen fand, war die Höhle jahrhundertelang Ziel von Schatzsuchern und Knochensammlern. Sagen berichten nicht nur von unermesslichen Schätzen, sondern auch davon, dass die Höhle als Tanzplatz und Schlupfwinkel von Hexen diente. So ist uns überliefert, dass der Kufsteiner Schloss-Hauptmann Karl Schurff 1607 einen etwa 6 kg schweren Oberschenkelknochen an seinen Landesherrn Erzherzog Maximilian nach Innsbruck übersandte. Der offenbar im Sparchnerbach (Kaiserbach) gefundene Knochen wurde von Schurff zwar einem „Riesen" zugeschrieben, stammte aber vermutlich von einem Höhlenbären. Weiters berichtete Schurff von der Existenz der Höhle, *„weil worin vor Jahren Leute nach Schätzen gegraben hätten; und die noch weitere Knochen enthalte".* Möglicherweise wurden die damals aufgesammelten Knochen zermahlen und an Ärzte, Bader, Apotheker und Heilpraktiker als wundertätiges Heilmittel verkauft.

Im Jahre 1859 fand durch den Geologen Adolf Bichler die vermutlich erste, offenbar aber nicht sehr erfolgreiche wissenschaftliche Grabung statt.

Der älteste Siedlungsplatz Nordtirols: die Tischoferhöhle, durch deren mächtiges Portal man in das enge Sparchental (Kaisertal) blickt.

Nach vielversprechenden Versuchsgrabungen im Sommer 1906 im hinteren Teil der Höhle durch Mitglieder des Historischen Vereins aus Kufstein führte im Herbst des gleichen Jahres der Münchener Paläontologe Max Schlosser eine eingehende wissenschaftliche Untersuchung der Höhle durch. Die Tischoferhöhle stellt mit den in ihr entdeckten beiden Kulturschichten einen für den Raum Tirol einzigartigen Fundplatz dar. Die untere Schicht erbrachte neben einer späteiszeitlichen Fauna – den Überresten von 380 Höhlenbären (200 erwachsenen und 180 jungen Tieren), von Höhlenlöwen, Höhlenhyänen, Ren u. a. m. – auch den Fund von acht jungpaläolithischen Knochenspitzen, die wahrscheinlich der Gerätekultur des Aurignacien angehören. Untersuchungen ergaben ein Alter von etwa 26 000 Jahren und damit lieferte die Tischoferhöhle den bisher ältesten Nachweis menschlicher Anwesenheit in Nordtirol.

In der jüngeren Kulturschicht fanden sich in der Hauptsache mäßig erhaltene Skelettteile von etwa 30 bis 35 Personen, vermengt mit Haustier- und Nahrungsresten aus der frühbronzezeitlichen „Straubinger Kultur". Darunter befanden sich die sterblichen Überreste von mindestens zwei erwachsenen Männern, sieben meist jüngeren Frauen und 17 Kindern und Jugendlichen. Man nimmt an, dass es sich hierbei um ein kleines Flachgräberfeld handelte. Die Skelettteile waren nicht nur sehr schlecht erhalten, sondern befanden sich auch in einer stark gestörten Position, was den früheren „Schatzgräbern" zu verdanken sein dürfte. Da Gräberfelder in einer Höhle recht außergewöhnlich sind, erhielt die Tischoferhöhle durch diese Fundumstände die besondere Bedeutung als eine der merkwürdigsten Stätten, die in unserer Heimat vom Leben der frühen Menschen zeugen. Im selben Bereich wurden auch die Spuren eines Siedlungsplatzes mit Feuerstellen, Keramikgegenständen, verschiedenen Geräten aus Bronze, Kupfer, Stein, Knochen und Geweih sowie auch Reste einer Bronzeschmelze und einer Gießereianlage gefunden. Diese frühbronzezeitliche Werkstatt wird mit etwa 1500 v. Chr. datiert. Die Untersuchung der gefundenen Erzstücke ergab anhand von Vergleichen verschiedener Lagerstätten, dass sie mit größter Wahrscheinlichkeit aus dem Raum Schwaz – Brixlegg stammen. Damit wurde der

Ein heutiger Besuch der Tischoferhöhle lässt ihre geschichtliche, paläontologische, sowie archäologische Bedeutung nur erahnen.

Beweis erbracht, wenn auch nur indirekt, dass in dem angeführten Gebiet vorgeschichtlicher Bergbau betrieben wurde. Aus dem schwankenden Zinngehalt der Bronzestücke lässt sich ableiten, dass die damaligen Handwerker sichtlich mit Herstellungsproblemen zu kämpfen hatten.

Fast unmittelbar östlich an die Tischoferhöhle anschließend befindet sich eine kleine Halbhöhle. Diese „Hyänen-Halbhöhle" liegt direkt oberhalb des Zugangsweges, aber etwas tiefer als das Hauptziel unserer Wanderung. Sie weist bei einer Höhe von nicht ganz 2 m und einer Breite von 5 m nur die geringe Tiefe von etwa 3 m auf und wurde erstmals 1920 untersucht; auch in ihr wurden Reste einer frühbronzezeitlichen Schmiedewerkstatt gefunden.

In den Sechzigerjahren des 20. Jahrhunderts unterzogen O. Menghin und W. Kneissel beide Höhlenfundkomplexe einer neuerlichen kritischen Untersuchung und brachten die vorhandenen Resultate auf den neuesten Stand der Forschung.

Im Kufsteiner Stadtmuseum, in der Festung der Stadt untergebracht, wurde ein ganzer Saal den Funden aus der Tischoferhöhle gewidmet. In der instruktiven und modern gestalteten Dauerausstellung werden neben drei vollständig zusammengestellten Höhlenbärenskeletten – eines davon ist fast 2,5 m hoch – auch Knochen von Höhlenlöwe, Höhlenhyäne, Rentier, Edelhirsch u. a. präsentiert. Auch jungpaläolithische Knochenspitzen und frühbronzezeitliche Funde, darunter menschliche Skelettreste, werden gezeigt. Als besonders bemerkenswert gelten die tönernen Winddüsen der Schmelztöpfe sowie die Kupfer-Erz-Stücke und der Kupfergusskuchen als charakteristische Relikte einer Kupferschmelze; auch die interessanten Reste von urzeitlichem Dinkelweizen und Holzäpfeln dürfen nicht unerwähnt bleiben.

Verwendete Literatur:
(24): 9, 148–151, 162; (25): 249–253; (104): 265–274; (105): 26 (ohne Pagina); (142): 55; (191): 31–33.

VORARLBERG
SCHNECKENLOCH

Offizieller Name: SCHNECKENLOCH
Weitere Bezeichnungen: Schneckenhöhle, Schneckenlochhöhle
Lage: Im Laubistal (bzw. Laublistal) am Westabfall des Gottesackerplateaus, östlich von Schönenbach (-Vorsäß) bei Bezau
Kat.-Nr.: 1126/1
Seehöhe: 1285 m
Gesamtlänge: 3558 m
Höhenunterschied: 148 m

Offizieller Name: HÖHLENPARKHÖHLE I – V
Lage: Am Fuß des südlichen Abhangs Steinalpe-Sonderdach, unmittelbar am nördlichen Ortsrand von Bezau
Kat.-Nr.: 1125/2-6
Seehöhe: 735 bis 760 m
Gesamtlänge: Die Länge der einzelnen Höhlen beträgt von wenigen Metern bis 24 m

Frei zugänglich oder mit Führung.

Führungszeiten
Über Höhlenbesuche im Schneckenloch mit Führer unter Beistellung von Ausrüstung erteilen zwei Anbieter Auskunft:

Info und Kontakte
Heinz Rhomberg, 6900 Bregenz, Kassian – Haid Gasse 8 a;
Tel.: +43-664-73957307
E-Mail: info@schneckenloch.at

Hotel Sonne Mellau GmbH, 6881 Mellau, Übermellen 65;
Tel.: +43-5518-20100-0
E-Mail: info@sonnemellau.com
www.sonnemellau.com

de.wikipedia.org/wiki/Schneckenlochhöhle
www.sonnemellau.com/sommer-sonne/sommerfrische/outdoor/ http://www.bodensee-shops.de/bodensee-blog/ausfluege/schneckenloch-hoehlen-wanderung

Info für den Höhlenpark:
de.wikipedia.org/wiki/Bezau
www.bezau-bregenzerwald.com/sommer/sport-freizeit/sommeraktiv/erholungslehrpfad-hoehlenpark-klausenstein/
www.wandern.com/oesterreich/vorarlberg/bregenzerwald/wanderwege/naturlehrpfade/

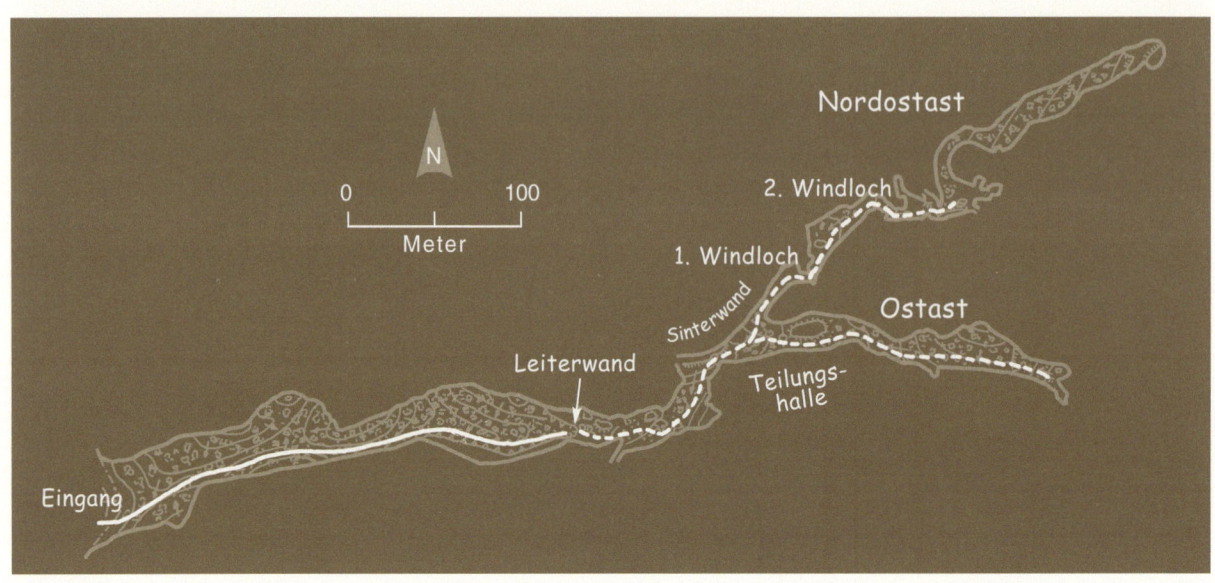

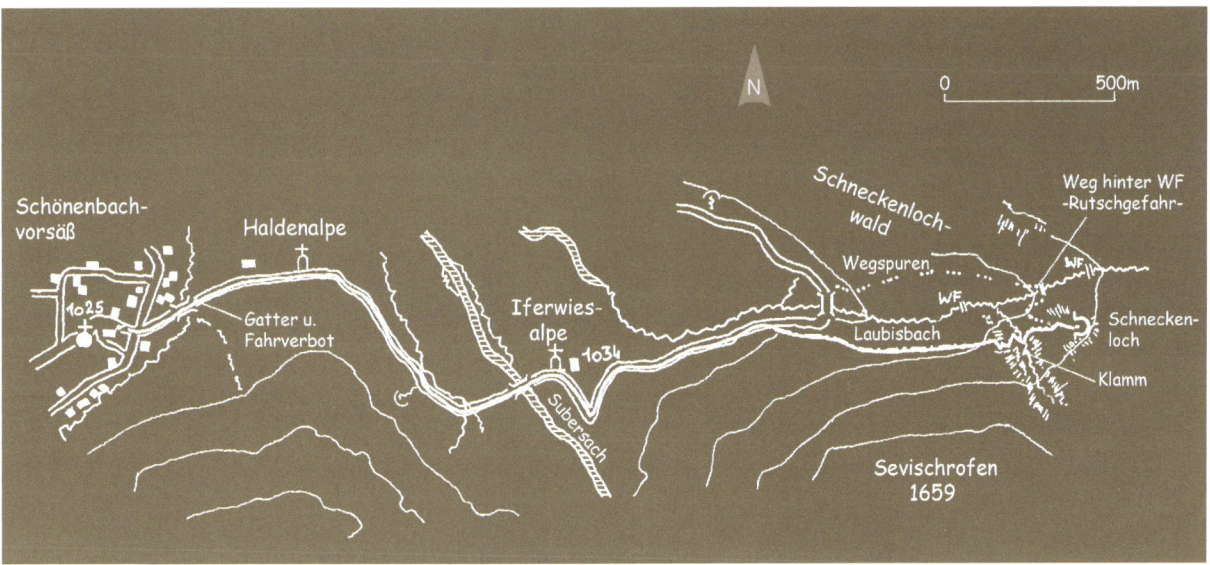

Was Sie erwartet

Im 1285 m hoch gelegenen Portal hat man aufgrund von dessen Ausmaßen genügend Platz, sich für das bevorstehende Erlebnis Höhle umzuziehen und darauf vorzubereiten. Da man hierbei eine über 3,5 km lange hochalpine Höhle mit etlichen Gefahrenstellen betritt, sollte man sich doch eher einer geführten Tour anschließen.

Die abfallende 120 m lange Eingangshalle hat den Charakter eines Ganges mit enormem Querschnitt und ist am besten an der rechten Wandseite zu begehen. Nach einer „Raumverengung" von 12 m geht es in einem weiteren hallenartigen Gangstück aufwärts zur Schlüsselstelle der Höhle, der etwa 3 m hohen „Leiterwand". Früher half hier eine Leiter, von der heute nichts mehr zu finden ist, bei deren Überwindung. Da es sich zwar um eine kurze, aber recht rutschige und ausgesetzte Kletterstelle handelt – darunter setzt der Steilhang an –, ist hier größte Vorsicht geboten! Wer nicht die nötigen Kletterfertigkeiten mitbringt, sollte hier unbedingt umkehren! Nach dieser Kletterstelle geht es über Blockwerk in die nächste Halle, und nach einer zwar 15 m breiten, aber nur 1,4 m hohen Verengung erreicht man eine weitere Halle mit Wasserlacken und einer bemerkenswerten Sinterwand. Unmittelbar danach setzt die „Teilungshalle" an, in welcher deren enormer „Riesenblock" sofort auffällt. Die logische Fortsetzung bildet der vorerst steil ansteigende, ca. 400 m lange „Ostast", dessen Raumhöhe gegen sein Ende stark abnimmt und der in einem 10 m langen Schluf endet. Der in der „Teilungshalle" ansetzende „Nordostast" weist einen völlig anderen

Höhlencharakter auf: Er ist zwar länger, aber oft recht engräumig. Nach den Engstellen „1. und 2. Windloch" ist ein grandioses Naturphänomen zu bewundern: In Armesstärke ergießt sich ein Wasserfall in den Höhlenraum.

Das imposante, bis 40 m breite und 12 m hohe Portal des Schneckenlochs.

So kommen Sie hin

Um die größte Höhle Vorarlbergs im Laubistal am Westabfall des Gottesackerplateaus zu besuchen, sollte man von Bezau im Bregenzerwald über Bizau das knapp über 1000 m hoch gelegene Sommerdorf Schönenbach-Vorsäß aufsuchen. Von Schönenbach führt ein markierter Wanderweg in etwa eineinhalb Stunden zum Schneckenloch. Der Zustieg leitet vorerst über von Wasserläufen durchzogene Almmatten, um kurz vor der Querung des Laubisbachs rechts abzweigend anzusteigen. Von nun an geht's nur bergauf, den Steilhang des „Sefrischrofen" (bzw. Sevrisschrofen oder Sevischrofen) querend, durch eine kleine steile

Klamm und über einen noch steileren Waldhang zum gewaltigen Höhlenportal. Obwohl dieser Eingang zur Unterwelt im Hochifenstock über 40 m breit und ca. 12 m hoch ist, erblickt man ihn erst, wenn man unmittelbar davor steht.

Wanderkarten des Gebietes

Österreich-Karte: ÖK-50 2219 (Lech) bzw. NL-32-03-19 für Schneckenloch und ÖK-50 1224 (Hohenems) bzw. NL-32-02-24 für Höhlenpark bei Bezau

freytag & berndt-Wanderkarte: WK 364 (Bregenzerwald; 1:50 000) und WK 5364 (Hinterer Bregenzerwald – Kleines Walsertal – Damüls; 1:35 000)

Kompass-Wanderkarte: WK 2 (Bregenzerwald – Westallgäu; 1:50 000) und WK 292 (Vorarlberg; 1:50 000)

D as „Schneckenloch" kann konträr zu der in seinem Namen enthaltenen Andeutung schneckenartiger Kleinheit als wahres „Riesenloch im Berg" bezeichnet werden.

In der 1979 unter Schutz gestellten Höhle sind die Raumbildungen nicht nur auf die lösende Wirkung des Wassers, sondern auch – wie bei vielen hochalpinen Höhlen – auf Verstürze zurückzuführen. Da das Schneckenloch an der Grenze zweier verschiedener Gesteine angelegt ist, und zwar im Schrattenkalk, der auf den wasserundurchlässigen Drusbergschichten aufliegt, werden diese Verbruchvorgänge noch begünstigt.

Zu ihrem eigenwilligen Namen soll die Höhle wie folgt gekommen sein: Angeblich bezeichneten Schafhirten, die vom Kleinen Walsertal übers Löwental und den Gottesacker herüberkamen, den Abhang, der vom Laubisbach eingeschnitten wird, als „Schneckenwald". Ob diese Namensgebung auf einem besonders großen Vorkommen dieser Weichtiere fußt, ist nicht geklärt. Auf jeden Fall wurde die dort befindliche altbekannte Höhle „Schneckenloch" genannt.

Natürlich ergriff auch die Sagenwelt von einem derart auffälligen Loch Besitz. Die Legende berichtet von einem großen unterirdischen Reich, das sich bis unter den Gipfelbereich des „Hohen Ifen" ausdehne und sogar bis ins Kleine Walsertal reiche. Heute noch erzählen Einheimische, dass sie von jemandem wüssten, der mit dem Schlauchboot die unterirdische Reise ins Kleine Walsertal durchgeführt hätte.

Ein wildromantischer Rundwanderweg im „Höhlenpark" von Bezau.

Diese märchenhaften Geschichten sind aber aus Gründen der geologischen Gegebenheiten mehr als unwahrscheinlich zu bezeichnen.

Eine leichtere Möglichkeit, Vorarlberger Höhlen, wenn auch weitaus kleinere, zu besuchen, bietet sich im Hauptort des Bregenzerwalds an. Direkt vom Zentrum Bezaus aus erreichbar liegt am Fuß des südlichen steilen Abhangs Steinalpe-Sonderdach der „Höhlenpark", ein als Lehrpfad ausgestalteter Rundwanderweg. Oberhalb des gewaltigen freistehenden Felsblocks „Klausstein" mit Aussichtspavillon, der über eine Brücke erreichbar ist, kann man fünf meist durch Versturzvorgänge gebildete Höhlen besichtigen. 45 ansprechend gestaltete Informationstafeln geben einen Einblick über die Geologie, Fauna und Flora in diesem einzigartigen Gebiet.

Vor wahrscheinlich 500 Jahren kam es durch genuine Vorgänge zu einem enormen Felsabbruch. Hausgroße Felsblöcke legten sich dabei auf dem Weg ins Tal gegeneinander und bildeten so die bestehenden „Bergsturzhöhlen". Diese „Versturzhöhlen" – so ist ihre Fachbezeichnung – sind keine „Karsthöhlen", so wie die meisten österreichischen unterirdischen Naturobjekte.

Verwendete Literatur:
(24): 9, 152–154, 162; (25): 190–193; (100): 114–118; (104): 315–319; (185): 13–28.

Die 120 m lange Eingangshalle wirkt wie ein Tunnel mit riesenhaftem Querschnitt.

Impressionen vom Schneckenloch.

Offizieller Name: SEVERINUSHÖHLE
Lage: Am Grundstück des Hauses Wien 19, Fröschlgasse 14 B. Existiert nicht mehr
Kat.-Nr.: 1917/1
Seehöhe: 275 m
Gesamtlänge: etwa 12 m (1870) bzw. 9 m (1984)

Offizieller Name: PROBUSHÖHLE
Lage: Im Keller des Hauses Wien 19, Probusgasse 17. Existiert nicht mehr

Kat.-Nr.: 1917/2
Seehöhe: 195 m
Gesamtlänge: etwa 8 m

Info
Probushöhle
www.wien.gv.at/wiki/index.php/Probushöhle

Severinushöhle:
www.wien.gv.at/wiki/index.php/Severinus-höhle

Karten des Gebietes

Freytag & berndt-Karte: Stadtplan Wien (1:15 000), Buchplan Wien (1:20 000) und Städteatlas Großraum Wien (1:20 000)
Kompass-Karte: SP 433 (Wien; 1:15 000, Innenstadt 1:10 000)

Auch in einer Großstadt wie Wien können Naturhöhlen vorkommen, da es aber hier kaum verkarstungsfähiges Gestein gibt, ist es nicht verwunderlich, dass innerhalb der Stadtgrenzen erst zwei kleine Höhlen nachgewiesen wurden. Beide Höhlen befinden bzw. befanden sich im 19. Gemeindebezirk und sind nicht mehr zugänglich. Ihre natürliche Entstehung wird heute noch des Öfteren angezweifelt.

Die Severinushöhle, die sich auf einem Privatgrund beim Fußsteig „Teufelsstiege" am Hang gegenüber der Sieveringer Pfarrkirche befand, soll einst etwa 12 m lang, 6 m hoch sowie etwa 4 m breit gewesen sein. Eine Skizze von Th. Fuchs aus dem Jahre 1870 lässt den Schluss zu, dass die Höhle durch Entnahme von Sandstein stark verändert wurde. Ob es sich ursprünglich um eine natürliche oder künstliche Höhle handelte, kann leider nicht mehr geklärt werden. Im Höhleninneren befand sich ein Fundplatz von locker verkitteten rhomboedrischen Kalkspatkristallen mit 2 bis 3 cm Kantenlänge.

Wie der Fund eines Mithrasaltars auf einem Abhang in der Nähe der Severinushöhle vermuten lässt, könnte diese schon seit langer Zeit bekannt gewesen und genutzt worden sein. Getreu dem Brauch, die Mithras geweihten Heiligtümer stets in Höhlen oder Grotten unterzubringen, dürfte es sich bei der Severinushöhle um ein sogenanntes „Mithräum" gehandelt haben. Der Sonnen- und Erlösergott Mithras und sein Kult wurden von römischen Legionären, vorwiegend aus Syrien, auch in unsere Heimat gebracht.

Wie bei fast allen altbekannten Höhlen hat sich die Sagenwelt auch dieser unterirdischen Räumlichkeit angenommen, in der zweiten Hälfte des 5. Jahrhunderts soll der Eremit und Missionar Severin von Noricum – auch „Apostel von Noricum" genannt – die Höhle als Zelle auserwählt haben. Er bemühte sich, die schutzlose christlich-romanische Bevölkerung, die von den über die Donau vordringenden Germanenvölkern bedrängt wurde, mit Rat und Tat – etwa durch Lebensmittel- und Kleiderlieferungen – zu unterstützen. In der Lebensbeschreibung des Heiligen, der *Vita Sancti Severini*, von seinem Schüler Eugippius 511 verfasst, ist jedoch kein Hinweis darauf zu finden, dass sich Severin in einer Höhle aufgehalten habe, weshalb man die fromme Legende, der Heilige habe die Severinushöhle bewohnt, ins Reich der Sage verweisen sollte.

Unter der nahen Heiligenstädter Jakobskirche soll sich einer anderen Legende zufolge das Grab Severins befinden, jedoch gibt uns dieses Grab einige Rätsel auf: Einerseits soll er am 8. Jänner 482 bei Krems (?) gestorben sein, andererseits fand man 1952 unter der Heiligenstädter Kirche bei Renovierungsarbeiten zwischen spätantik-frühchristlichen Bauresten eine leere Grabstelle aus dem 5. Jahrhundert. Die Vermutung, dass diese Grabstelle als locus sanctus die Begräbnisstätte des hl. Severin sei, steht jedoch zu neueren Forschungsergebnissen in schärfstem Widerspruch.

Obwohl man im Jahr 1954 die Höhle auffüllte, wurden noch 1984 schliefbare Höhlenreste von 9 m Ganglänge angetroffen. Bei einer Begehung im August 1993 durch die beiden Autoren konnte die ursprüngliche Lage der Severinushöhle nur noch erahnt werden. Die letzte und wahrscheinlich endgültige Verschließung ist auf natürliche Vorgänge zurückzuführen.

Die Probushöhle befindet sich im Kellergeschoss des Hauses Probusgasse 17, nicht allzu weit vom Pfarrplatz entfernt. Sie wurde 1929 vom Archäologen und Heimatforscher Jaroslav Czech-Czechenherz sowie vom Kaufmann R. Dömer ausgegraben und somit „entdeckt". Die reichlich hochgespielte Sensation der Entdeckung einer Höhle in Wien fand damals in der Regenbogenpresse einen umfangreichen Niederschlag. So schildert die *Kleine Volkszeitung* in dem episch ausgeschmückten Artikel „Meereshöhle in Wien. Geologische Entdeckung in Heiligenstadt – Sage und Wissenschaft" am Sonntag, dem 31. August 1930, Folgendes:

Die Sage wollte nicht schweigen. Aus allen Zeiten wußte sie von geheimen unterirdischen Hohlräumen zwischen Heiligenstadt und der Hohen Warte, ja von einem Gange, der bis zum Kahlenberg hinzieht, zu berichten. In einer dieser Höhlen soll der heilige Severin gewohnt haben, als er um Mitte des 5. Jahrhunderts nach Wien kam, um die trotzigen Germanen zum Christentum zu bekehren. Er schlug die Wotanseiche nieder, verschüttete die heilige Quelle und erbaute die Heiligenstädter Kirche an der Stelle des Götzentempels.

Allein das Wasser rieselt seither unterirdisch weiter, staut sich unter dem Boden der Kirche zu einem See und wird eines Tages wieder hervordringen, um während der Predigt Beter und Gotteshaus zu vernichten. Auch heute noch soll bisweilen in der Stille der Nacht das Rauschen des Wassers vernehmbar sein, und als man vor Jahren eine Gruft ausheben wollte, mußten die Arbeiten abgebrochen werden, weil gar bald Grundwasser emporquoll. (...)

Auch in wissenschaftlichen Kreisen kannte man natürlich die Berichte der Legende und lange suchte

man schon Anhaltspunkte zu ihrer Ueberprüfung. Da vernahm vor einiger Zeit der Wiener Schriftsteller und Archäologe Jaroslav Czech-Czechenherz von einem geheimen Gang, der sich unter einem Gebäude der Probusgasse befinden soll. Er begab sich hin. Das alte freundliche Häuschen ist über mächtigen Kellergewölben erbaut, die einmal wohl zu einem Kloster gehörten und vermutlich schon vor der 2. Türkenbelagerung im Jahre 1682 (Anmerkung: 1683 ist richtig) bestanden haben.

Der Archäologe und Wiener Heimatforscher Jaroslav Czech-Czechenherz in der Probushöhle. Darstellung in der „Illustrierten Kronen Zeitung" vom 1. Mai 1930.

In einer Ecke fand man eine tiefe Grube; hier wurde während des Weltkriegs auffallend feiner Sand zu Waschzwecken gewonnen. Und in einer anderen Ecke sah man eine Falltür. Sie wurde abgehoben, man grub und legte einige gut erhaltene Steinstufen frei und konnte sogar sofort feststellen, daß sich hier eine unterirdische Höhle befinden müsse. (...) Und es fanden sich Tiergerippe, Reste einer Feuerstätte und – zum ersten Mal in Heiligenstadt – auch Gefäßteile, welche die für die alte niederösterreichische Töpferindustrie charakteristischen Zeichen (ein Kreuz und die Buchstaben I.O. am Henkel) trugen. So zeigte sich denn, daß hier schon vor Jahrhunderten Menschen gehaust haben müssen, Flüchtlinge etwa in der Schreckenszeit der Türkenbelagerung, der napoleonischen Kriege und zuletzt vielleicht im Oktober 1848, als Windischgrätz von Nußdorf aus das aufständische Wien stürmte.

Soweit die Veranlassung der eigentlichen „Entdeckung" der Probushöhle. In diesem Artikel folgen eine langatmige Beschreibung der kleinen Höhle und die Theorie, es handle sich um eine Brandungshöhle des Pannonischen Meers. Die eigenwillige Zukunftsvision des Autors sei hier noch wiedergegeben:

Beklommen von der Macht dieser Naturgröße und der Unbedeutendheit des Einzelwesens kehrt man aus der Finsternis der kleinen Erdkammer geblendet ans Tageslicht zurück. Hier, wo die Häuserreihe der Probusgasse steht, hat Kaiser Probus die ersten aus Italien gebrachten Weinreben vor nicht ganz 1700 Jahren pflanzen lassen. Wenige Schritte weiter stand noch vor Jahrzehnten – dort, wo heute der Kuglerpark ist und einstmals Severin die heilige Quelle verschüttete – das berühmte Thermalbad, in dem Beethoven so oft Heilung suchte und das Dezennien hindurch Samstag und Sonntag der Treffpunkt der Wiener vornehmen Gesellschaft war. (...) Nur wenige Jahrhunderte (...) wird es noch dauern, und dann kündet nichts mehr von dem Leben, das hier einst geräuschvoll und freudig flutete, und selbst die kleinen Häuser und vielen Denkmale der Umgebung, in der Grillparzer, Beethoven, Schwind, Feuchtersleben und Krones Jahre verbracht haben, werden verschwunden sein wie alles, was Menschenhand gefügt.

Aber die kleine Höhle wird Zeugnis ablegen davon, daß in der Natur tausend Jahre sind wie ein Tag, und wenn auch alle unsere Schöpfungen vergehen, ihre Werke stets so herrlich sind wie am ersten Tag. Weit prosaischer hört sich der wissenschaftliche Bericht an die „Zentralstelle für Denkmalschutz" von R. Pirker und H. Salzer aus dem Jahr 1934 an. Sie sind der Meinung, es handle sich auf keinen Fall um eine Brandungshöhle des tertiären Meers und bezweifeln überhaupt eine natürliche Entstehung. Das Objekt sei vielmehr zu unbekanntem Zweck in die weichen, wenig verfestigten Sandschichten gegraben, mit Stiegen versehen und mit einer Falltür verschlossen worden.

Später fand es sicherlich als Abfallgrube Verwendung, wie die Funde von Czech-Czechenherz beweisen. Der ca. 8 m lange Hohlraum hatte einen gleichmäßigen, halbkreisförmigen Grundriss und wies, durch einen Pfeiler gestützt, eine ebene Schichtfugendecke auf. Unmittelbar nach der Ausgrabung gab es für die „Höhle" wiederum eine erfreulichere Benützung: Sie diente als Lokalität für Heurigenfeste.

Die Prophezeiung aus dem zitierten Zeitungsartikel vom 31. August 1930 hat sich nicht bestätigt. Obwohl noch immer Häuser in der Probusgasse stehen und sich mehr Menschen denn je dort tummeln, vor allem, wenn sie die Heurigen der Gegend aufsuchen, existiert die kleine Höhle so gut wie nicht mehr. Ende der Fünfzigerjahre wurde die Probushöhle mit Gerümpel vollgestopft und durch eine massive Betonmauer verschlossen.

Verwendete Literatur:
(5): 9–10; (6): 16; (7): 5–6; (23): 103–104; (28): 113–116; (51): 302–303; (120): 3–5; (121): 117–118; (138): 18; (149): –.

Reste einer Höhle in Wien.

In Österreich befinden sich einige Höhlen, die zwar einen Namen besitzen, jedoch werden über deren genauen Lageort keine Angaben gemacht. Der Grund liegt darin, dass diese Höhlen besonders schöne, oft reichliche und sehr zerbrechliche oder seltene Tropfstein- und Sinterbildungen beinhalten. Dieses Schweigen dient ausschließlich dem bedingungslosen Schutz solcher für Österreich einzigartiger Höhlen. Deshalb erwähnen wir in diesem Kapitel weder Namen noch Lage der Objekte, sondern lassen ausschließlich die Bilder sprechen.

Im August 1959 wurde bei einer Schottersprengung ein Loch freigelegt, dessen Ausmaß an Tiefe bzw. Fortsetzung nicht feststellbar war. Eine Gruppe Höhlenforscher erweiterte die Engstelle und stellte somit den Eingang in die bemerkenswerte Höhle her. Mit staunenden Augen erblickten die Forscher eine Vielzahl sogenannter Excentriques, Sonderformen von Kalzit- und Aragonitbildungen, die in ihrer Entstehung nicht nach der Schwerkraft orientiert waren. Ihr Erscheinungsbild ist faden-, wurm- oder bäumchenförmig sowie meist gekrümmt und auch wundersam verschnörkelt.
Obwohl diese Höhle massiv abgesperrt wurde, mussten leider mehrere Einbrüche oder deren Versuche festgestellt werden.

Beim zweiten unterirdischen „Schmuckkästchen" handelt es sich um eine geräumige Halbhöhle mit einem ansetzenden Schluf, der in einen weiteren Raum führt. Die Bilder der eigenwilligen Wasserbecken und der Bergmilch- und Sinterformen in diesem Höhlenraum sprechen für sich.

Verwendete Literatur:
(24): 46–49; (25): 270.

In der Schatzkammer der Natur.

Wundersame „Insellandschaft": vom Wasser umspülte Kalkablagerungen am Höhlenboden.

Excentriques – filigran und zerbrechlich, weniger als 1 mm starke Tropfsteingebilde, die gegen die Schwerkraft wachsen.

Zauberhafte Tropfsteingebilde, Sinterfahnen.

ZUR HÖHLENFOTOGRAFIE

Der geschätzte Leser, der dieses mit viel Liebe und großer Ausdauer bebilderte Buch in seinen Händen hält, kann nur erahnen, welchen Aufwand wir hier betrieben haben, um die Bilder einer Welt, die von grenzenloser Dunkelheit erfüllt ist, zu erarbeiten. Das Fotografieren und Filmen in Höhlen zählt neben der Unterwasserfotografie mit Sicherheit zu den schwierigsten Aufgaben, denen sich ein Fotograf stellen kann. Es existiert hier unten kein Umgebungslicht. Höhlen sind die natürlichen Dunkelkammern unserer Erde. Nur hier kann man das Gefühl der absoluten Dunkelheit erleben. Genau das macht es für uns Fotografen so spannend. Wir sind verantwortlich, wo und welche Lichtquelle platziert ist. Den ureigenen Begriff: „PHOTOGRAPIE", was so viel wie „Mit dem Licht malen" bedeutet, wendet der Darsteller hier zu 100% an. Es ist eine faszinierende Aufgabe, die uns jedes Mal vor neue Herausforderungen stellt.

Im Zeitalter der digitalen Fotografie hat der Fotograf über seinen Monitor eine erste Kontrolle und kann beurteilen, wie intensiv sich das gerade eingesetzte Licht auf den oft nassen Felswänden reflektiert. Das Betätigungsfeld des Höhlenfotografen ist ein sehr breites! Von der Darstellung schwierigster Schachtabstiege bis zum Ausleuchten gewaltiger Hallen oder anderer Raumformen, von der zeitaufwendigen Eisfotografie bis zur Ablichtung feinster Kleinode oder Lebewesen, überall findet der engagierte und mit offenem Geist wirkende Fotograf ein faszinierendes Betätigungsfeld.

Der technische Aufwand ist je nach Ort und Beschaffenheit der Höhlenabschnitte sehr unterschiedlich. Höhlenfotografen gehören zu den Forschern, die meist mit besonders viel Gepäck und einer dadurch erhöhten Gewichtsbelastung in das Labyrinth der Höhlen einsteigen.

Neben der persönlichen Höhlenausrüstung sind Kameras inklusive Zubehör, wie Stative und als

Ersatz für das fehlende Tageslicht eine Menge an Lichtquellen und die dazu notwendigen Energiebringer, in ausreichender Menge mit sich zu führen.

In den Forschergruppen, die sich auf die Vermessung von Neuland konzentrieren, muss wegen der zeitaufwendigen Plandarstellung meist auf gleichzeitige Fotodokumentation verzichtet werden. Die wirklich „tollen" Bilder entstehen oft erst im Verlauf eigener Fototouren. Je nach Vorhaben benötigt man eine bestimmte Anzahl von Helfern, die mit geradezu „masochistischer" Ausdauer ausgestattet sein müssen. Bedeuten die meist niedrigen Temperaturen in unseren heimischen Höhlen (0° bis +13° C) beim Klettern wegen der ständigen Bewegung und körperlichen Anstrengung bei entsprechender Ausrüstung kein Problem, so sieht das beim „Herumstehen als Licht- bzw. Blitzlichthalter zugunsten der oft überlangen Belichtungszeiten etwas anders aus! Beim oft längeren Warten wird dem Höhlenforscher kalt. Eine Redewendung unter uns Insidern lautet: „Entweder gehen und sehen oder fotografieren und frieren!" Letztendlich machen sich die Entbehrungen doch immer bezahlt, da ein gutes Bild der Lohn der ganzen Gruppe ist.

Neben der ständig hohen Luftfeuchtigkeit und

der großen mechanischen Belastung, der die gesamte Fotoausrüstung ausgesetzt ist, spielt auch die Gefahr von Verschmutzung durch Staub oder Lehm in dieser doch etwas rauen Umgebung eine wesentliche Rolle, und schließlich können auch Körperdunst oder Atemnebel die beste Einstellung zunichtemachen. Das in Höhlen oft reichlich vorkommende Wasser zählt nicht minder zu den großen Feinden der teuren Fotoausrüstung! Große Entfernungen und tiefe Schächte erschweren das Lenken der einzelnen Personen, die letztendlich für die richtige Beleuchtung ihrer Umgebung verantwortlich zeichnen.

Die extreme Höhlenfotografie erfordert einen ausgeprägten Teamgeist und ein großes Maß an Disziplin unter den zumeist freiwillig mitwirkenden Teilnehmern. Es gäbe an dieser Stelle noch viel zu schildern, doch wir wollen Sie, liebe Leserinnen und Leser, nicht mit technischen Details überfordern. Was zählt, ist das Erreichen einer möglichst idealen Darstellung von den außerordentlichen Naturschönheiten, die wir in unseren heimischen Höhlen zu Gesicht bekommen. Österreich ist das Land der Höhlen und kann mit Stolz auf eine lange Tradition unzähliger Forscher zurückblicken. Das einst durch Karbidlicht bestimmende Licht, in dem wir die Unterwelt entdeckten, wird heute immer mehr durch die moderne „LED"-Technologie verdrängt. Eine immer höhere Lichtausbeute

verschafft uns immer bessere Möglichkeiten, die Terra incognita auf Bildern besser darzustellen. Begleiten Sie uns in diesem Buch in die Welt ohne Sonne und werden Sie Zeuge eines der unbekanntesten und fantastischsten Bereiche unserer Erde.

ÖSTERREICHS LÄNGSTE HÖHLEN (Stand 10. Oktober 2016)

	HÖHLE	GEBIET, BUNDESLAND	KAT.-NR.	LÄNGE
1.	Schönberg-Höhlensystem	Totes Gebirge, Stmk./OÖ	1626/300	146 702 m
2.	Hirlatzhöhle	Dachstein, OÖ	1546/7	133 340 m
3.	Schwarzmooskogel-Höhlensystem	Totes Gebirge, Stmk.	1623/40	122 919 m
4.	Dachstein-Mammuthöhle	Dachstein, OÖ	1547/9	67 437 m
5.	Lamprechtsofen	Leoganger Steinberge, Sbg.	1324/1	51 000 m
6.	Kolkbläser-Monsterhöhle-System	Steinernes Meer, Sbg.	1331/25	44 487 m
7.	Eisriesenwelt	Tennengebirge, Sbg.	1511/24	42 000 m
8.	Frauenmauer-Langstein-Höhlensystem	Hochschwab, Stmk.	1742/1	41 390 m
9.	Gamslöcher-Kolowrat-Höhlensystem	Untersberg, Sbg.	1339/1	40 554 m
10.	Tantalhöhle	Hagengebirge, Sbg.	1335/30	34 664 m
11.	Klarahöhle	Sengsengebirge, OÖ	1651/	30 791 m
12.	Berger-Platteneck-Höhlensystem	Tennengebirge, Sbg.	1511/162	30 396 m
13.	Ötscher-Höhlensystem	Ybbstaler Alpen, NÖ	1816/6	28 470 m
14.	Jägerbrunntrog-Höhlensystem	Hagengebirge, Sbg.	1335/35	28 026 m
15.	DÖF-Sonnenleiter-Höhlensystem	Totes Gebirge, Stmk.	1625/379	23 847 m
16.	Burgunderschacht	Totes Gebirge, Stmk.	1625/20	22 588 m
17.	Almberg-Höhlensystem	Totes Gebirge, Stmk.	1624/18	20 731 m
18.	Grießkar-Höhlensystem	Totes Gebirge, Stmk.	1627/12	19 184 m
19.	Interessante Höhle	Hagengebirge, Sbg.	1335/495	17 288 m
20.	Verborgene Höhle	Totes Gebirge, OÖ	1616/110	17 264 m
21.	Altherrenlabyrinth	Tennengebirge, Sbg.	1511/550	15 000 m
22.	Hochscharten-Höhlensystem	Hoher Göll, Sbg.	1336/153	14 668 m
23.	Woising-Höhlensystem	Totes Gebirge, Stmk.	1627/74	14 063 m
24.	Gamskar-Eishöhle	Tennengebirge, Sbg.	1511/709	13 204 m
25.	Windlöcher-Klingertalschacht	Untersberg, Sbg.	1339/31	12 000 m
26.	Höhle beim Spannagelhaus	Zillertaler Alpen, Tirol	2515/1	11 500 m
27.	Hölloch	Allgäuer Alpen, Vbg., D.	1127/3	11 000 m
28.	Südwandhöhle	Dachstein, Stmk./OÖ	1543/28	10 904 m
29.	Offenbarungs-Eishöhle	Tennengbirge, Sbg.	1511/666	10 785 m
30.	Warwas-Glatzen-Höhlensystem	Kräuterin, NÖ	1812/39	10 702 m

Verwendete Literatur bzw. Quelle:
(146): 146–148.
hoehle.org/längste-tiefste (PFARR, T., SEEBACHER, R., PLAN, L.)

ÖSTERREICHS TIEFSTE HÖHLEN (Stand 10. Oktober 2016)

	HÖHLE	GEBIET, BUNDESLAND	KAT.-NR.	Δ HÖHE
1.	Lamprechtsofen	Leoganger Steinberge, Sbg.	1324/1	1.632 m
2.	Hochscharten-Höhlensystem	Hoher Göll, Sbg.	1336/153	1.394 m
3.	Berger-Platteneck-Höhlensystem	Tennengebirge, Sbg.	1511/162	1.291 m
4.	Schwer-Höhlensystem	Tennengebirge, Sbg.	1511/268	1.219 m
5.	Dachstein-Mammuthöhle	Dachstein, OÖ	1547/9	1.207 m
6.	Jubiläumsschacht	Hoher Göll, Sbg.	1336/70	1.173 m
7.	Feichtner-Schachthöhle	Glocknergruppe, Sbg.	2573/3	1.145 m
8.	Gamslöcher-Kolowrat-Höhlensystem	Untersberg, Sbg.	1339/1	1.130 m
9.	Schwarzmooskogel-Höhlensystem	Totes Gebirge, Stmk.	1623/40	1.104 m
10.	Schneeloch	Tennengebirge. Sbg.	1511/7	1.101 m
11.	DÖF-Sonnenleiter-Höhlensystem	Totes Gebirge, Stmk.	1625/379	1.092 m
12.	Jägerbrunntrog-Höhlensystem	Hagengebirge, Sbg.	1335/35	1.078 m
13.	Hirlatzhöhle	Dachstein, OÖ	1546/7	1.073 m
14.	Schönberg-Höhlensystem	Totes Gebirge, Stmk./OÖ	1626/300	1.061 m
15.	Herbsthöhle (Mäanderhöhle)	Tennengebirge, Sbg.	1511/272	1.029 m
16.	Bleikogelhöhle (Hedwigshöhle, P351)	Tennengebirge, Sbg.	1511/626	1.023 m
17.	Schartenschacht	Hoher Göll, Sbg.	1336/223	972 m
18.	Wieseroch	Leoganger Steinberge, Sbg.	1324/16	959 m
19.	Schnee-Maria-Höhle	Tennengebirge, Sbg.	1511/382	935 m
20.	Hochlecken-Großhöhle	Höllengebirge, OÖ	1567/29	907 m
21.	Wildbaderhöhle	Totes Gebirge, Stmk.	1625/150	874 m
22.	Höhle in Roten Steinen	Hagengebirge, Sbg.	1335/491	862 m
23.	Trunkenboldschacht	Totes Gebirge, OÖ	1626/117	859 m
24.	Gruberhornhöhle	Hoher Göll, Sbg.	1336/29	854 m
25.	Burgunderschacht	Totes Gebirge, Stmk.	1625/20	848 m
26.	Gipfelloch	Tennengebirge, Sbg.	1511/355	840 m
27.	Grutred-Höhlensystem	Hoher Göll, Sbg.	1336/121	821 m
28.	Lofererschacht	Loferer Steinberge, Sbg.	1323/42	806 m
29.	Thorhöhle	Tennengebirge, Sbg.	1511/153	804 m
30.	Cabrihöhle	Tennengebirge, Sbg.	1511/388	801 m

Verwendete Literatur bzw. Quelle:
(146): 146–148.
hoehle.org/längste-tiefste (PFARR, T., SEEBACHER, R., PLAN, L.)

LÄNGSTE HÖHLEN DER WELT (Stand 10. September 2016)

	HÖHLE	STAAT	LÄNGE
1.	Mammoth Cave	USA	651.784 m
2.	Sistema SacActun (NohochNahChich, Aktun Hu)	Mexiko	335.230 m
3.	Jewel Cave	USA	292.724 m
4.	Sistema Ox Bel Ha	Mexiko	257.146 m
5.	Optimistčeskaja	Ukraine	236.000 m
6.	Wind Cave	USA	229.734 m
7.	Lechuguilla Cave	USA	222.572 m
8.	Clearwater System (Gua Air Jemih)	Malaysia	215.337 m
9.	Fisher Ridge Cave System	USA	201.570 m
10.	Hölloch	Schweiz	200.421 m
11.	Shuanghe Dongqun	China	186.333 m
12.	Siebenhengste-Hohgant-Hoehlensystem	Schweiz	157.000 m
13.	**Schönberg-Höhlensystem (Raucherkar, Feuertal)**	**Österreich**	**146.702 m**
14.	Sistema del Mortillano	Spanien	139.000 m
15.	**Hirlatzhöhle**	**Österreich**	**133.340 m**
16.	Sistema del Alto Tejuelo	Spanien	130.087 m
17.	Ozerna (Gips)	Ukraine	127.779 m
18.	**Schwarzmooskogelhöhlensystem**	**Österreich**	**122.919 m**
19.	Bulll ta Cave System (Burke's Back Vard)	Australien	120.400 m
20.	Systeme de Ojo Guarenja	Spanien	110.000 m
21.	Sistema del Gandara	Spanien	108.670 m
22.	Toca da Boa Vista	Brasilien	107.000 m
23.	Reseau Felix Trombe/Henne-Morte	Frankreich	105.767 m
24.	Sistema Purificaclon	Mexiko	93.755 m
25.	Zolushka (Gips)	Ukraine/Moldawien	91.045 m
26.	Three Counties System	Großbritannien	86.619 m
27.	Gouffre de la Pierre St. Martin – Gouffre des Partages	Frankreich/Spanien	80.200 m
28.	Bärenschacht	Schweiz	75.967 m
29.	Systema K´oox Baal – Sistema Tux Kupaxa	Mexiko	75.870 m
30.	Sistema Huautla	Mexiko	75.602 m

Quelle:www.caverbob.com/wlong.htm(GULDEN, Bob)

TIEFSTE HÖHLEN DER WELT (Stand 10. September 2016)

	HÖHLE	STAAT	Δ HÖHE
1.	Krubera (Voronja) Cave	Georgien	2197 m
2.	Sarma	Georgien	1830 m
3.	Illyuzia-Mezhormogo-Snezhnaya	Georgien	1753 m
4.	**Lamprechtsofen – Vogelschacht - Weg-Schacht**	**Österreich**	**1632 m**
5.	Gouffre Mirolda/Luden Bouclier	Frankreich	1626 m
6.	Reseau Jean Bemard	Frankreich	1602 m
7.	Torca del Cerro del Cuevon – Torca de las Saxifragas	Spanien	1589 m
8.	Sistema Huautla	Mexiko	1560 m
9.	Shakta Vjacheslav Pantjukhina	Georgien	1508 m
10.	Sima de la Cornisa – Torca Magali	Spanien	1507 m
11.	Cehi 2	Slowenien	1502 m
12.	Sistema Cheve (Cuicateco)	Mexiko	1484 m
13.	Sima de las Puertas de lllaminako Ateeneko Leizea	Spanien	1448 m
14.	Sistema del Trave	Spanien	1441 m
15.	Sustav Lukina jama – Trojama (Manual II)	Kroatien	1431 m
16.	Evren Gunay Dudeni – Peynirlikonu EGMA	Türkei	1429 m
17.	Boj-Bulok	Usbekistan	1415 m
18.	Gouffre de la Pierre St. Martin – Gouffre des Partages	Frankreich/Spanien	1408 m
19.	Kuzgun Cave (Ravens Sinkhole)	Türkei	1400 m
20.	**Hochscharten-Höhlensystem**	**Österreich**	**1394 m**
21.	Abisso Paolo Roversi	Italien	1350 m
22.	Sistema Aranonera (Tendenera connected)	Spanien	1349 m
23.	Siebenhengste-Hohgant Höhlensystem	Schweiz	1340 m
24.	Sima del Sabbat	Spanien	1327 m
25.	Gouffre Berger – Gouffre de la Fromagere	Frankreich	1323 m
26.	Slovacka jama	Kroatien	1320 m
27.	Mala Boka – BC4 System	Slowenien	1319 m
28.	Complesso dell'Alto Releccio	Italien	1313 m
29.	**Cosanostraloch-Berger-Platteneck-Höhlensystem**	**Österreich**	**1291 m**
30.	Cueva Charco	Mexiko	1278 m

Quelle: www.caverbob.com/wdeep.htm (GULDEN, Bob)

VERWENDETE UND WEITERFÜHRENDE LITERATUR

(1) ABEL, O., KYRLE, G. (1931): Die Drachenhöhle bei Mixnitz. Speläologische Monographien, Bd. VII u. VIII (Textband), Bd. IX (Tafelband) (Wien).

(2) AELLEN, V., u. STRINATI, P. (1977): Die Höhlen Europas, BLV Höhlenführer (München).

(3) ALBRECHT, T. (o. Ang.): Anton Pölleritzer, welcher die Sage von der Allander Tropfsteinhöhle erlebt haben soll (Baden).

(4) ANONYM (1837): Die Riesengrotte der Norischen Alpen. In: Das Pfennig-Magazin für Verbreitung gemeinnütziger Kenntnisse (Leipzig ?): 76–78.

(5) ANONYM (1930): Aufdeckung einer unterirdischen Höhle in Heiligenstadt. Die erste Naturhöhle in Wien. Neuigkeits-Weltblatt, 6. April 1930 (Wien) 9–10.

(6) ANONYM (1930): Die „Brandungshöhle" in Heiligenstadt. Illustrierte Kronen-Zeitung. 1. Mai 1930 (Wien): 16.

(7) ANONYM (1930): Meereshöhlen in Wien. Geologische Entdeckung in Heiligenstadt – Sage und Wissenschaft. Kleine Volkszeitung, 31. August 1930 (Wien): 5–6.

(8) ANONYM (1933): Eine neu entdeckte Höhle im Anninger. In: Illustrierte Kronen-Zeitung. Nr. 11.977, Mai 1933 (Wien): 3.

(9) ANONYM (1972): Aus dem Vereinsleben, Fahrtenberichte. In: Höhlenkundliche Mitteilungen des Landesvereines für Höhlenkunde in Wien und NÖ, 28. Jg., H 3 (Wien): 59.

(10) ANONYM (1988): Windloch u. Grotte – Höhlenschutz. In: Judenburger Stadtnachrichten, Nr. 5/Mai (Judenburg): 15.

(11) ARNBERGER, E. (1949): In der Unterwelt des Kleinen Priel. In: Edelweiss-Nachrichten, 3 Jg., 10. Folge (Wien): ?

(12) ARNBERGER, E., TRIMMEL, H. (1950): Die wissenschaftliche Erforschung der Kreidelucke bei Hinterstoder im Toten Gebirge. In: Jahrbuch des oberösterreichischen Musealvereins, 95. Jg (Linz).

(13) AUGUSTA, J., BURIAN, Z. (1960): Menschen der Urzeit (Prag).

(14) BEHM, M., HERMANN, E., MUTTENTHALER, A., PLAN, L., WINKLER, R. (1995): Tauplitz-Schachtzone 1994, Forschungen des Landesvereines für Höhlenkunde in Wien und NÖ. In: Höhlenkundliche Mitteilungen des Landesvereines für Höhlenkunde in Wien und NÖ, 51. Jg., H 7–8 (Wien): 106–117.

(15) BENISCHKE, R., SCHAFFLER, WEISSENSTEINER, V. – Red. (1994): Festschrift Lurgrotte 1894 – 1994. Anlässlich des hundertsten Jahrestages der Einschließung von Höhlenforschern durch Hochwasser und ihrer Errettung (Graz).

(16) BOCK, H. (1913): Die Höhle in der Dachstein-Südwand, in: BOCK, H., LAHNER, G.- u. GAUNERSDORFER, G.: Höhlen im Dachstein (Graz): 52–59.

(17) BOCK, H., LAHNER, G. (1913): Die Dachstein-Riesenhöhle, iIn: BOCK, H., LAHNER, G.- u. GAUNERSDORFER, G.: Höhlen im Dachstein (Graz): 15–34.

(18) BOCK, H., LAHNER, G.(1913): Die Dachstein-Mammuthöhle, in: BOCK, H., LAHNER, G.- u. GAUNERSDORFER, G.-: Höhlen im Dachstein (Graz): 72–88.

(19) BOUCHAL, R., (1997), Barbara-Messe in der Seegrotte, Hinterbrühl bei Mödling. In: Höhlenkundliche Mitteilungen des Landesvereines für Höhlenkunde in Wien und NÖ, 53. Jg., H 2 (Wien): 46–47.

(20) BOUCHAL, R., WIRTH, J, (1994): Niederösterreichische und Wiener Höhlen mit kultischen Bezügen; in: STEINER, E. – Red.: Faszination Höhle; Katalog zu einer Sonderausstellung im NÖ Landesmuseum 1994/95. Neue Folge Nr. 361 (Wien): 97–124.

(21) BOUCHAL, R., WIRTH, J (1994): Vergleichende Fotografie im Dienste der Höhlenforschung; In: STEINER, E. – Red.: Faszination Höhle; Katalog zu einer Sonderausstellung im NÖ Landesmuseum 1994/95. Neue Folge Nr. 361 (Wien): 152–156.

(22) BOUCHAL, R., WIRTH, J, (1996): Fotografische Dokumentation von Höhlenveränderungen im Bezirk Baden; in: SCHAUDY, R., ZEGER, J. – Red.: Höhlen in Baden und Umgebung, Bd. 2, Speldok – 4, Freie Reihe der Fachsektion „Karsthydrologie" des Verb. österr. Höhlenforscher und der Karst- und Höhlenkundl. Abt. des Naturhist. Museums Wien (Seibersdorf): 3–14.

(23) BOUCHAL, R., WIRTH, J, (1996): Höhlen als Kultstätten; in: SCHAUDY, R., ZEGER, J. – Red.: Höhlen in Baden und Umgebung, Bd. 2, Speldok – 4, Freie Reihe der Fachsektion „Karsthydrologie" des Verb. österr. Höhlenforscher und der Karst- und Höhlenkundl. Abt. des Naturhist. Museums Wien (Seibersdorf): 69–90.

(24) BOUCHAL, R., WIRTH, J. (2000): Österreichs faszinierende Höhlenwelt (Wien).

(25) BOUCHAL, R., WIRTH, J. (2001): Höhlenführer Österreich (Wien).

(26) BOUCHAL, R., WIRTH, J. (2003): Verborgener Wienerwald (Wien).

(27) BRAUNER, F. (1951): Die Raubritter von Ehrenfels und andere Sagen aus unseren Bergen (Graz).

(28) BREZINA, A. (1870): Sandstein-Krystalle von Sievering bei Wien. In: Jahrbuch der kaiser-lich-königlichen Geologischen Reichsanstalt. 20. Bd. (Wien): 113–116.

(29) BUCHEGGER, G., GREGER, W. – Red. (1998): Die Hirlatzhöhle im Dachstein. In: Wissen-schaftliches Beiheft zur Zeitschrift „Die Höhle" Nr. 52 (Hallstatt).

(30) CALLIANO, G. (1894): Prähistorische Funde in der Umgebung von Baden (Wien).

(31) CHRISTIAN, E. (1994): Vom Leben unter der Erde: Die Kleintierwelt niederösterreichischer Höhlen. In: STEINER, E. – Red.: Faszination Höhle; Katalog zu einer Sonderausstellung im Nö. Landesmuseum 1994/95. Neue Folge Nr. 361 (Wien): 43–49.

(32) CZERWENKA, F. (1979): Hellbrunn. Ein Führer durch Schloss- und Wasserspiele (Salzburg).

(33) DONNER, J. (1978): Wiener Wasser (Wien).

(34) DÖPPES, D., FRANK, Ch. (1997): Spätglaziale und mittelholozäne Faunenreste in der Allander Tropfsteinhöhle (Niederösterreich). In: NAGEL, D. – Hrsg.: Wissenschaftliche Mitteilungen aus dem Niederösterreichischen Landesmuseum. 10. Bd. (St. Pölten): 129–147.

(35) DORFFER, E. u. Ch. (1989): Allerhand über Alland (Alland).

(36) DÜCKHER VON HASSLAU ZU WINCKL, F. (1666): Saltzburgische Chronica (Salzburg).

(37) EMBEL, F. H. (1801): Schilderung der Gebirgsgegenden um den Schneeberg in Österreich unter der Enns (Wien).

(38) ERLMOSER, R. – Hrsg. (1997): Naturhöhle „Entrische Kirche" und Natur-Lehrpfad bei Klamm-stein im Gasteiner Tal. (Dorfgastein).

(39) FARR, M. (1992): Höhlentauchen. Geschichte –Forschung – Technik – Regionen (Cham).

(40) FIELHAUER, H. (1969): Sagengebundene Höhlennamen in Österreich. Wissenschaftliches Beiheft zur Zeitschrift „Die Höhle" Nr. 12 (Wien).

(41) FINK, M. H., HARTMANN, H. u. W. – Red. (1979): Die Höhlen Niederösterreichs, Bd. 1. Wissenschaftliches Beiheft zur Zeitschrift „Die Höhle" Nr. 28 (Wien).

(42) FINK, M. H., PAVUZA, R. (1999): Höhlen in Österreichs Naturparken. Speldok – 7, Freie Reihe der Fachsektion Karsthydrologie des Verbandes österr. Höhlenforscher und der Karst- und höhlenkundl. Abt. des Naturhistor. Museums Wien, H 7 (Wien).

(43) FRANKE, H. W. (1956): Wildnis unter der Erde. Die Höhlen Mitteleuropas als Erlebnis und Abenteuer (Wiesbaden).

(44) FRITSCH, E. (1980): Neuforschungen in der Koppenbrüllerhöhle. In: Die Höhle, 31. Jg., H 2 (Wien): 71–76.

(45) GAMSJÄGER, S. (1982): Die Dachstein-Schauhöhlen. In: Höhlenkundliche Vereinsmitteilung, Hallstatt - Obertraun. 9. Jg., Sonderheft (Obertraun): I–18 – I–20.

(46) GAMSJÄGER, S. (1999): Erlebnis Natur - die aktuellen Tourismus-Angebote in den Dachstein-höhlen. In: Die Höhle, 50. Jg., H 3 (Wien): 153–155.

(47) GWOZD, E., Hrsg. (o. J.): Bergwerk Seegrotte Hinterbrühl bei Wien. Mit einem Beitrag von Franz WALDNER: Kleine Naturkunde der Seegrotte (Hinterbrühl).

(48) HABLE, E. (1982): Der Puxerberg, ein vogelkundlich interessantes Gebiet im Oberen Murtal. In: Die steirische Vogelwelt, 5 Jg., H. 6 (Graz): 13–16.

(49)   HADERLAPP, P. (1997): Die Obir-Tropfsteinhöhle. 2. Aufl. Mit einem Beitrag von BOUCHAL, R., und WIRTH, J.: Das Geleucht des Höhlenforschers im Wandel der Zeit (Bad Eisenkappel).

(50)   HAMMER, M. J. (o. Jahr): Pitten, Pfarrgeschichte, Pfarrhof, Kirche und Kapellen. Eigenverlag (Pitten).

(51)   HARTMANN, H. u. W. – Red. (1982): Die Höhlen Niederösterreichs, Bd. 2. Wissenschaftliches Beiheft zur Zeitschrift „Die Höhle" Nr. 29 (Wien).

(52)   HARTMANN, H. u. W. (1985): Die Rosaliengrotte (3933/1) bei Globasnitz, Kärnten. Höhlenkundl. In: Mitt. d. Landesvereines f. Höhlenkunde in Wien u. NÖ, 45. Jg., H. 9 (Wien): 148.

(53)   HARTMANN, H. u. W. – Red. (1985): Die Höhlen Niederösterreichs, Bd. 3, Wissenschaftliches Beiheft zur Zeitschrift „Die Höhle" Nr. 30 (Wien).

(54)   HARTMANN, H. u. W. (1985): Höhlen im Raume Baden. In: MAIS, K., SCHAUDY, R. – Red.: Höhlen in Baden und Umgebung. Wissenschaftliches Beiheft zur Zeitschrift „Die Höhle" Nr. 34 (Seibersdorf): 27–54.

(55)   HARTMANN, H. u. W. (1989): Die Rosaliengrotte (3933/1) bei Globasnitz, Kärnten. In: Höhlenkundl. Mitt. d. Landesvereines f. Höhlenkunde in Wien u. NÖ, 45. Jg., H. 9 (Wien): 184.

(56)   HARTMANN, H. u. W. – Red. (1990): Die Höhlen Niederösterreichs, Bd. 4. Wissenschaftliches Beiheft zur Zeitschrift „Die Höhle" Nr. 37; Ergänzungsband zu den Bänden 1–3 (Wien).

(57)   HARTMANN, H. u. W. – Red. (2000): Die Höhlen Niederösterreichs, Bd. 5. Wissenschaftliches Beiheft zur Zeitschrift „Die Höhle" Nr. 54; Ergänzungsband zu den Bänden 1–4 (Wien).

(58)   HARTMANN, H. u. W., MRKOS, H. – Red. (1997): Die Hermannshöhle in Niederösterreich. Wissenschaftliches Beiheft zur Zeitschrift „Die Höhle" Nr. 50 (Wien).

(59)   HARTMANN, W. (1999): Tätigkeitsberichte 1998 der dem Verband österreichischer Höhlenforscher angeschlossenen Vereine und Forschergruppen (II); Landesverein für Höhlenkunde in Wien und Niederösterreich (Wien). In: Die Höhle, 50 Jg., H 4 (Wien): 202–203.

(60)   HELLER, H. (1924): Höhlensagen aus dem Lande unter der Enns (Wien).

(61)   HELLER, H., MADER, E. (1926): Führer durch die Drei Därrischen-Höhle am Anninger (Siebenbrunngraben) (Mödling).

(62)   HELMINGER, B., SCHALLY, S. (o. Ang.): Hellbrunn. Ein Führer durch Wasserspiele, Park und Schloss (Salzburg).

(63)   HERRMANN, E. – Red. (1993): Die Tauplitz-Schachtzone. Wissenschaftliches Beiheft zur Zeitschrift „Die Höhle" Nr. 44 (Wien).

(64)   HERRMANN, E. (1994): Neue Forschungsergebnisse in der Tauplitz-Schachtzone (Steiermark). In: Die Höhle, 45. Jg., H 4 (Wien): 145–146.

(65)   HERRMANN, E. (1996): Schauhöhlen als Element der Landschaftsplanung. Dipl. Arbeit Inst. f. Landschaftsplanung u. Gartenkunst, Techn. Univ. Wien (Wien).

(66)   HEY, J. (1960): Sage und Legende über die heilige Rosalia am Hemmaberg – Jauntal. In: Die Kärntner Landsmannschaft, Nr. 10 (Klagenfurt): 41.

(67)   HIMMELBAUER, M. (1993): Hobbytaucher tot aus der Höhle geborgen. In: Kurier, Dienstag, 18. Mai 1993 (Wien): 18.

(68)   HOCHSCHORNER, K. H. (1979): Zur Geschichte des höhlenkundlichen Vereinswesens. Die Entstehung, Entwicklung und Bedeutung der höhlenkundlichen Vereine in Österreich. Hausarbeit im Studienfach Geschichte (Wien).

(69)   HOCHSCHORNER, K. H. (1994): Höhlen – Ihre Entstehung und ihr Formenschatz. In: STEINER, E. – Red.: Faszination Höhle; Katalog zu einer Sonderausstellung im Nö. Landesmuseum 1994/95. Neue Folge Nr. 361 (Wien): 11–18.

(70)   HOCHSCHORNER, K. H. (1999): Der Landesverein für Höhlenkunde in Wien und Niederösterreich – ein Rückblick auf fünf Jahrzehnte Forschungs- und Vereinsarbeit. In: Die Höhle, H. 4., 50. Jg. (Wien): 168–171.

(71)   HOFER, H. (1954): Die Dürntaler Tropfsteinhöhlen bei Weiz – Steiermark (Wien).

(72)   HOFER, H. u. R. (o. J.): Tropfsteinhöhle Kateloch (Graz).

(73)   HOFMANN-MONTANUS, H., PETRITSCH, E. F. (1952): Die Welt ohne Licht. Höhlenforscher und Höhlengänger in Tragödien und Abenteuern (Regensburg).

(74)   HOLZMANN, H. (1994): Schauhöhlen in Niederösterreich. In: STEINER, E. – Red.: Faszination Höhle; Katalog zu einer Sonderausstellung im Nö. Landesmuseum 1994/95. Neue Folge Nr. 361 (Wien): 157–165.

(75)   HOLZMANN, H., MAYER, A., RASCHKO, H., und WIRTH, J. (1992): Höhlenansichtskarten, Niederösterreich I, Bd. 1, Wissenschaftliches Beiheft zur Zeitschrift „Die Höhle" Nr. 40 (Wien).

(76)   ILMING, H. (1979). Schauhöhlen in Österreich. In: SCHULTZ, O., SEEMANN, R., u. MRKOS, H., Red.: Höhlenforschung in Österreich; Veröffentlichung aus dem Naturhistor. Museum Wien, Neue Folge 17 (Wien): 118–131.

(77)   JACOBY, E. (1981): Zur Geologie des Spannagelhöhlen-Systems und dessen nähere Umgebung (Zillertal, Tirol). Wissenschaftliches Beiheft zur Zeitschrift „Die Höhle" Nr. 26 (Wien).

(78)   JEUTTER, P., SEEBACHER, R. (1999): Tiefenvorstoß im DÖF-Schacht (Totes Gebirge, Steiermark). In: Die Höhle, 50. Jg, H 2 (Wien): 91.

(79)   JEUTTER, P., SEEBACHER, R. (2000): Aktuelles aus dem DÖF-Sonnenleiter-Höhlensystem (Steiermark, Österreich). In: Die Höhle, 51. Jg., H. 2 (Wien): 72.

(80)   KAINEDER, H. (1990): Naturschutzgebiet Hundsheimer Berg. Eine Begleitbroschüre zum Naturlehrpfad (Wien).

(81)   KALCHHAUSER, W. (1997): Geheimnisvoller Wienerwald (Wien).

(82)   KECK, E., Red. (1998): Die Höhlen und Karst im Burgenland. Wissenschaftliches Beiheft zur Zeitschrift „Die Höhle" Nr. 51 (Eisenstadt).

(83)   KITTEL, E. (1970): Höhlensagen aus den Alpen (Linz).

(84)   KLAMPFER, J. (1963): Das Land um den Neusiedlersee (Wien).

(85)   KLAPPACHER, W. – Red. (1992): Salzburger Höhlenbuch Bd. 5 (Salzburg).

(86)   KLAPPACHER, W. – Red. (1996): Salzburger Höhlenbuch Bd. 6. Ergänzungsband zu den Bänden 1–5 (Salzburg).

(87)   KLAPPACHER, W., HASEKE-KNAPCZYK, H. – Red. (1985): Salzburger Höhlenbuch, Bd. 4 (Salzburg).

(88)   KLAPPACHER, W., KNAPCZYK, H. – Red. (1977): Salzburger Höhlenbuch, Bd. 2 (Salzburg).

(89)   KLAPPACHER, W., KNAPCZYK, H. –Red. (1979): Salzburger Höhlenbuch, Bd. 3 (Salzburg).

(90)   KLAPPACHER, W., MAIS K. – Red. (1975): Salzburger Höhlenbuch, Bd. 1 (Salzburg).

(91)   KLAPPACHER, W., MAIS, K. (1996): Frühe Unfälle in der Kolowrathöhle am Untersberg bei Salzburg und die Höhlenforschung am Untersberg im 19. Jahrhundert. In: PAVUZA, R., STUMMER, G. – Red.: ALCADI ´94, Akten zum Symposion zur Geschichte der Speläologie im Raum Alpen, Karpaten und Dinariden; Wissenschaftliches Beiheft zur Zeitschrift „Die Höhle" Nr. 49 (Wien): 55–62.

(92)   KÖSTINGER, B. (1995): 12-Jährige fand 1933 Wasser im Anninger, Neue NÖN, 10. Woche (St. Pölten): 36.

(93)   KRAUS, F. (1887): Der Hohlenstein bei Mariazell. In: Oesterreichische Touristenzeitung, VII, 4 (Wien): 42.

(94)   KRAUS, F. (1894): Höhlenkunde (Wien): 207–219.

(95)   KREJCI, G. (1992): 40 Jahre Landesverein für Höhlenkunde in Tirol. In: KOGLER, H., J., und M. – Red.: 40 Jahre Landesverein für Höhlenkunde in Tirol, 25 Jahre Hundalm Eis- und Tropfsteinhöhle. Festschrift (Wörgl): 9–21 (ohne Pagina).

(96)   KREJCI, G. (1992): Höhle beim Spannagelhaus (2411/1). Erforschungsgeschichte. In: KOGLER, H., J., und M. – Red.: 40 Jahre Landesverein für Höhlenkunde in Tirol, 25 Jahre Hundalm-Eis- und Tropfsteinhöhle. Festschrift (Wörgl): 39–43 (ohne Pagina).

(97)   KREJCI, G. (1999). Der Werdegang der Hundalm-Eis- und Tropfsteinhöhle als Schauhöhle. In: Die Höhle, 50. Jg., H. 4 (Wien): 199–200.

(98)   KRENMAYR, G. – Red. (1999): Rocky Austria. Eine bunte Erdgeschichte von Österreich. Hrsg. Geologische Bundesanstalt (Wien).

(99) KRIEG, W. (1952): Die Tauplitz-Schacht-Expedition 1951. In: Die Höhle, 3. Jg., H. 3/4 (Wien): 37–46.

(100) KRIEG, W. (1983): Geschützte Höhlen in Vorarlberg. In: Die Höhle, 34. Jg., H. 3 (Wien): 114–118.

(101) KUFFNER, D. (1987): Die Höhlen im Gemeindegebiet von Ebensee. In: Red.: Höhlenforschung in Ebensee. Herausgegeben anlässlich der Jahrestagung des Verbandes österreichischer Höhlenforscher 1987 in Ebensee (Ebensee): 45–53.

(102) KUFFNER, D. – Hrsg. (1993): 1918 – 1993, 75 Jahre Gassel-Tropfsteinhöhle; Festschrift anlässlich 75 Jahre Entdeckung der Gassel-Tropfsteinhöhle, 60 Jahre Verein für Höhlenkunde Ebensee, 60 Jahre Schauhöhlenbetrieb/Linz).

(103) KUFFNER, D. (1998): Die Erschließung der Gassel-Tropfsteinhöhle. In: KUFFNER, D. – Red.: Akten zum Seminar „Schauhöhlen-Höhlenschutz-Volksbildung". Speldok – 5, Freie Reihe der Fachsektion „Karsthydrologie" des Verb. österr. Höhlenforscher und der Karst- und Höhlenkundl. Abt. des Naturhist. Museums Wien (Ebensee): 15–22.

(104) KUNTSCHER, H. (1986): Höhlen – Bergwerke – Heilquellen in Tirol und Vorarlberg. Bilderwanderbuch (Berwang).

(105) KUNTSCHER, H. (1992): Tiroler Höhlen in Sage und Volksmeinung. In: KOGLER, H., J., und M. – Red.: 40 Jahre Landesverein für Höhlenkunde in Tirol, 25 Jahre Hundalm-Eis- und Tropfsteinhöhle. Festschrift (Wörgl): 26 (ohne Pagina).

(106) KUSCH, H. u. I. (1998): Höhlen der Steiermark, mit einem Beiheft aller Schauhöhlen und Schaubergwerke (Graz).

(107) LAGGER, K. (2000): Zur Geschichte des Landesvereines für Höhlenkunde in Kärnten. Die Höhle, 51. Jg., H. 1 (Wien): 22–23.

(108) LAHNER, G. (1913): Die Koppenbrüllerhöhle bei Obertraun, in: BOCK, H., LAHNER, G., u. GAUNERSDORFER, G.: Höhlen im Dachstein (Graz): 5–14.

(109) LAUERMANN, E. (1994): Mensch und Höhle. In: STEINER, E. – Red.: Faszination Höhle; Katalog zu einer Sonderausstellung im Nö. Landesmuseum 1994/95. Neue Folge Nr. 361 (Wien): 65–73.

(110) LEITHEIM, H. (1977): Höhlen der Nördlichen Kalkalpen (München).

(111) LIPPERT, A. – Hrsg. (1985): Reclams Archäologieführer Österreich und Südtirol (Stuttgart).

(112) LUKAN, K. (1965): Alpen-Wanderungen in die Vorzeit (Wien u. München).

(113) LUKAN, K. (1979): Herrgottsitz und Teufelsbett. Wanderungen in die Vorzeit (Wien – München).

(114) LUKAN, K. (1980): Das Wienerwaldbuch. Kulturhistorische Wanderungen (Wien – München).

(115) LUKAN, K. (1988): Weißer Stein und Rotes Türl (Wien – München).

(116) LUKAN, K. (1995): Seltsame Kultstätten – Sonderbare Heilige (Wien).

(117) MAIS, K. (1998): Franz Kraus (1834–1897) – ÖTK-Mitglied und Pionier der Höhlenforschung. In: ÖTZ Österreichische Touristenzeitung des ÖTK, Nr. 2/3 (Wien): 20–21.

(118) MANDEL, A. (1837): Die Grasel-Höhle und das Katerloch nächst Weiz in der Steiermark. In: Steiermärkische Zeitschrift, 1. H., 4 Jg. – neue Folge (Graz): 137–151.

(119) MATZ, H. (1995): Die Steirische Salza. Ein Naturparadies in Österreich (Oberschleißheim).

(120) MAYER, A., RASCHKO, H., WIRTH, J. (1988): Die Höhlen der Teilgruppe 1917 (Nördl. Wienerwald). In: Höhlenkundliche Mitteilungen des Landesvereins für Höhlenkunde in Wien und NÖ, H. 1, 44. Jg. (Wien): 3–5.

(121) MAYER, A., RASCHKO, H., WIRTH, J. (1988): Die Severinushöhle Kat.-Nr. 1917/1) in Wien-Sievering. In: Höhlenkundliche Mitteilungen des Landesverein für Höhlenkunde in Wien und NÖ, H 5, 44. Jg. (Wien): 117-118.

(122) MAYER, A., RASCHKO, H., WIRTH, J. (1993): Die Höhlen des Kremstales, 2. Aufl., Wissenschaftliches Beiheft zur Zeitschrift „Die Höhle" Nr. 33 (Wien).

(123) MAYER, A., WIRTH, J. (1990): Artenliste der österreichischen Fledermäuse. In: STUMMER, G. – Red.: Merkblätter zur Karst- und Höhlenkunde. 3. Lieferung 1990 (Wien): B4a – B4b.

(124) MAYER, C. (1985): Die archäologischen Funde aus der Königshöhle von Baden. In: MAIS, K., SCHAUDY, R. – Red.: Höhlen in Baden und Umgebung. Wissenschaftliches Beiheft zur Zeitschrift „Die Höhle" Nr. 34 (Seibersdorf): 97–107.

(125) MESSNER, M. (1957): Das Eggerloch bei Warmbad Villach – ein verwüstetes Naturdenkmal. In: Die Höhle, 8. Jg., H. 2 (Wien): 55–56.

(126) MORENT, R. (1987): Hundsheim. Einst und Jetzt (Hundsheim).

(127) MORTON, F. (1962): Wenn Bäche und Quellen toben … In: Neue illustrierte Wochenschau, Sonntag, 4. Februar 1962, Nr. 5 (Wien): 3.

(128) MÜHLHOFER, F. (1923): Die Eisensteinhöhle nächst Bad Fischau und Brunn am Steinfeld (NÖ). Österreichischer Höhlenführer, Bd. IV (Wien).

(129) MÜLLNER, M. (1926): Die Nixhöhle und Gredlhöhle bei Frankenfels an der Mariazellerbahn. Natur- u. höhlenkundl. Führer d. Bundeshöhlenkomm, IX (Wien).

(130) MÜLLNER, M. (1926): Die Ötschertropfsteinhöhle. Natur- und höhlenkundlicher Führer der Bundeshöhlenkommission. Bd. VI (Wien).

(131) MÜLLNER, M. (1927): Die Paulinenhöhle bei Türnitz. Natur- und höhlenkundl. Führer d. Bundeshöhlenkomm. (Wien).

(132) MÜLLNER, M. (1931): Die Höhlen in der Umgebung von Wien. Führer für Lehrwanderungen und Schülerreisen, H. 12 (Wien).

(133) MÜLLNER, M. (1942). Die Schauhöhlen des Reichsgaues Niederdonau. Niederdonau, Ahnengau des Führers, Schriftenreihe für Heimat und Volk, H. 26 (St. Pölten).

(134) MURAWSKI, H., MEYER, W. (1998): Geologisches Wörterbuch, 10. Aufl. (Stuttgart).

(135) NEUGEBAUER, J. W. (1990): Österreichs Urzeit. Bärenjäger – Bauern – Bergleute (Wien, München).

(136) NEUGEBAUER-MARESCH, Ch. (1993): Altsteinzeit im Osten Österreichs. Wissenschaftliche Schriftenreihe Niederösterreich 95/96/97 (St. Pölten).

(137) NEUHARDT, J. (1994): Die Wolfgang-Heiligtümer auf dem Falkenstein. Christliche Kunststätten Österreichs, Nr. 252 (Salzburg).

(138) NEUMANN, A. (1953): Ausgrabungen und Funde im Wiener Stadtgebiet 1949/50. Veröffentlichung des Historischen Museums der Stadt Wien, 2 (Wien).

(139) NOWOHRACKY, H. A. (1857): Jubiläums-Festblüthen zur frommen Erinnerung an den Gnadenort Maria-Zell im Jahre des Heiles 1857 (Wien – Graz).

(140) NUCK, K. (1982): Die Höhlenburgen im Oberen Murtal. In: Mitteilungen des steirischen Burgenvereines, 17. Folge (Graz): 11–21.

(141) PASSAUER, U. (1994): Pflanzen in Höhlen Niederösterreichs. In: STEINER, E. – Red.: Faszination Höhle; Katalog zu einer Sonderausstellung im Nö. Landesmuseum 1994/95. Neue Folge Nr. 361 (Wien): 39–42.

(142) PAULIN, K. – Hrsg. (1951): Die schönsten Sagen aus Nordtirol (Innsbruck).

(143) PETERKA, H., END, W. (1964): Wiener Hausberge (Wien).

(144) PETZOLDT, L. – Hrsg. (1992): Sagen aus Tirol. Lizenzausgabe für die Buchgem. Donauland (Wien).

(145) PETZOLDT, L. (1993): Sagen aus Kärnten. Lizenzausgabe für die Buchgem. Donauland (Wien).

(146) PFARR, T., SEEBACHER, R., PLAN, L. (2014): Die längsten und tiefsten Höhlen Österreichs. In: Die Höhle. 65 Jg., H.1–4 (Wien): 146–148.

(147) PFARR, T., STUMMER, G. (1988): Die längsten und tiefsten Höhlen Österreichs. Wissenschaftliches Beiheft zur Zeitschrift „Die Höhle" Nr. 35 (Wien).

(148) PILZ, R. (1978): Der Deserteur in der Koppenschlucht (Obertraun).

(149) PIRKER, R., SALZER, H. (1934): Unveröffentlichter Bericht über die Begehung der Probushöhle am 4. Dezember 1934 (Wien).

(150) PLAN, L., WINKLER; G. (2000): Zur Neubearbeitung der Eisensteinhöhle (1864/1) bei Bad Fischau-Brunn, Niederösterreich. In: Höhlenkundliche Mitteilungen des Landesvereines für Höhlenkunde in Wien und NÖ, 56. Jg., H. 4 (Wien): 66–73.

(151) POLLAND, O. (1911): Die Höhle im Odelstein bei Johnsbach. In: Mitteilungen für Höhlenkunde, 4. Jg., H. 3 (Graz): 1–7.

(152) RABEDER, G. (1994): Höhlenbären in Niederösterreich; in: STEINER, E. – Red.: Faszination Höhle; Katalog zu einer Sonderausstellung im Nö. Landesmuseum 1994/95. Neue Folge Nr. 361 (Wien): 57–63.

(153) RABL, J. (1898): Illustrierter Führer durch Steiermark und Krain mit besonderer Berücksichtigung der Alpengebiete von Obersteiermark und Oberkrain. 2. Verm. Aufl. (Wien – Pest. – Leipzig).

(154) RADER, G., MOSER, E. (2012): Höhlenkunst für immer zerstört. In: Kleine Zeitung vom 8. November 2012 (Graz).

(155) REITER, A. (1974): Kleiner Höhlenführer (Graz).

(156) RICEK, L. G. (o. J.): Wachauer Sagen. Pichlers Jugendbücherei 77 (Wien).

(157) ROUBAL, M. – Red. (1989): 40 Jahre Verband Österreichischer Höhlenforscher – Jahrestagung in Göstling a. d. Ybbs (Wien).

(158) SAAR, R., PIRKER, R. (1979): Geschichte der Höhlenforschung in Österreich. Wissenschaftliches Beiheft zur Zeitschrift „Die Höhle" Nr. 13 (Wien).

(159) SARTORI, F. (1807): Naturwunder des Oesterreichischen Kaiserthumes. Erster Theil (Wien).

(160) SCHEIGER, J. (1828): Andeutungen zu einigen Ausflügen im Viertel unter dem Wienerwalde und seinen nächsten Umgebungen (Wien).

(161) SCHLESINGER, G. (1936): Die „Günther-Höhle" bei Hundsheim. Jahrbuch für Landeskunde von Niederösterreich XXVI, 1936 – Festschrift für Max Vancsa (Wien).

(162) SCHMUTZ, K. (1816): Die Graselhöhle an den Göser Wänden. In: Der Aufmerksame. Nr. 114, Donnerstag den 26. September 1816 (Graz).

(163) SCHÖN, S. (1998): Wasser, Staub und High-Tech tief im „Dachsteinloch". In: Sächsische Zeitung, 2. Juli 1998 (Dresden): 27.

(164) SCHULZ-DÖPFNER (1927): Eröffnung der Rettenwandhöhle. In: Blätter für Naturkunde und Naturschutz, 14. Jg., H. 3 (Wien): 39.

(165) SPEIL, R. (1996): An tosenden Wassern. Klammen und Schluchten in Österreich. 2. Aufl. (Graz).

(166) STREICHER, A. (1986): Zur Erforschungsgeschichte der Dachsteinsüdwandhöhle (1543/28). In: Mitteilungen für Höhlenkunde in Obersteier, 5. Jg., 2. Folge, Aug. 1986 (Schladming): 62–64.

(167) STUMMER, G. (1980): Atlas der Dachstein-Mammuthöhle 1:1000. Wissenschaftliches Beiheft zur Zeitschrift „Die Höhle" Nr. 32 (Wien).

(168) STUMMER, G. (1980): Höhlenforschung gestern und heute – am Beispiel von 70 Jahren Mammuthöhlenforschung. In: Die Höhle, 31. Jg., H. 2 (Wien): 50–62.

(169) STUMMER, G., ÖDL, F., Aktualisierung: TAUBER, A. (2016): Schauhöhlen in Österreich – Stand 2016. Informationsblatt des Verbandes Österr. Höhlenforscher (Wien).

(170) STUMMER, G., PAVUZA, R., WENZEL, W.: (2001): Kraushöhle, Gams bei Hieflau (Gams).

(171) STUMMER, G., TRIMMEL, H. (1990): Höhlenforscherskriptum. Wissenschaftliches Beiheft zur Zeitschrift „Die Höhle" Nr. 36 (Wien).

(172) SZIVÁRY, E. (1998): Die „Katakomben" im St.-Peters-Friedhof zu Salzburg. Faltprospekt (Salzburg).

(173) TRIMMEL, H. (1952): Aus der Höhlenwelt – Wunderwelt unter Tag; In: ARNBERGER, E., WISMEYER, R.: Ein Buch vom Wienerwald (Wien).

(174) TRIMMEL, H. (1952): Die Ötschertropfsteinhöhle bei Kienberg. In: Die Höhle, 3. Jg., H. 2 (Wien): 17–22.

(175) TRIMMEL, H. (1957): Die Griffener Tropfsteinhöhle; in: Carinthia II, Naturwissenschaftliche Beiträge zur Heimatkunde Kärntens, Mitteilungen des Naturwissenschaftlichen Vereines für Kärnten, 67. Jg. (Klagenfurt): 21–36.

(176) TRIMMEL, H. (1959): Beobachtungen aus den Tropfsteinhöhlen bei der Unterschäffleralpe im Hochobir (Kärnten). In: Die Höhle, 10. Jg., H. 2 (Wien): 25–33.

(177) TRIMMEL, H. (1959): Das Ludlloch (Bärenhöhle) bei Winden. In: Landschaft Neusiedlersee. Wissenschaftliche Arbeiten aus dem Burgenland, H. 23, Bgld. Landesmuseum (Eisenstadt): 32.

(178) TRIMMEL, H. (1963): Die Höhlen der Villacher Alpe. In: Carinthia II, Mitteilungen des Naturwissenschaftlichen Vereines für Kärnten, 73. bzw. 153. Jg. (Klagenfurt): 115–124.

(179) TRIMMEL, H., – Red. (1965): Speläologisches Fachwörterbuch (Wien).

(180) TRIMMEL, H. (1967): Die Klamm des Tuxerbaches bei Hintertux (Tirol) und das Alter der Schraubenfallhöhle. In: Die Höhle, 18. Jg., H. 2 (Wien): 54–61.

(181) TRIMMEL, H. (1968): Höhlenkunde. (Braunschweig).

(182) TRIMMEL, H. (1969): Gedanken über den Zusammenhang zwischen Höhleneis und Vegetationsbedeckung über einer Eishöhle. In: Die Höhle, 20. Jg., H. 1 (Wien): 4–6.

(183) TRIMMEL, H. (1972): Die „Lurgrotte" (Steiermark) als Schauhöhlenbetrieb. In: Die Höhle, 23. Jg., H. 4 (Wien): 122–135.

(184) TRIMMEL, H. (1975): Höhlenschutz in Österreich – gestern, heute, morgen. In: Die Höhle, 26. Jg., H. 1 (Wien): 3-10.

(185) TRIMMEL, H. (1988): Das Schneckenloch (1270 m) bei Schönenbach. In: KRIEG, W., – Red.: Karst und Höhlen in Vorarlberg (Dornbirn): 13–28.

(186) TRIMMEL, H. (1988): Erklärung weiterer Höhlen der Steiermark zum Naturdenkmal. In: Die Höhle, 39. Jg., H. 3 (Wien): 101–102.

(187) TRIMMEL, H. (1991): Die Obir-Tropfsteinhöhlen – eine neue Schauhöhle in Kärnten. In: Die Höhle, 42. Jg., H. 1 (Wien): 57–66.

(188) TRIMMEL, H., - Red. (1998): Die Karstlandschaften der österr. Alpen und der Schutz ihres Lebensraumes und ihrer natürlichen Ressourcen (Wien).

(189) UCIK, F.H. (1990): Führer durch die Tropfsteinhöhle im Griffener Schlossberg (Griffen).

(190) URBAN, L., Hrsg. (o. J.): Besuchen Sie die Seegrotte mit Bootsfahrt auf unterirdischen Gewässern in der Hinterbrühl bei Mödling (Wien).

(191) URBAN, O. H. (1989): Wegweiser in die Urgeschichte Österreichs; Archäologie sehen, erkennen, verstehen. (Wien).

(192) WALDNER, F. (1936): Die Paulinenhöhle und die Wildfrauenhöhle bei Türnitz. In: Unsere Heimat, Neue Folge, Jg. 9, H. 11 (Wien): 321–324.

(193) WALDNER, F. (1937): Höhlen im Ausflugsgebiet von Wien. Jahresbericht der Bundesrealschule in Wien, Jagdgasse Nr. 40 (Wien).

(194) WATTEK, N. (1972): Einsiedler. Inklusen, Eremiten, Klausner und Waldbrüder im Salzburgischen (Salzburg).

(195) WEISSENSTEINER, V. (1972): Höhlenunfälle in der Steiermark (III). In: Mitteilungen des Landesvereins für Höhlenkunde in der Steiermark, 1. Jg., H. 3 (Graz): 57–59.

(196) WEISSENSTEINER, V. (1972): Höhlenunfälle in der Steiermark (IV). In: Mitteilungen des Landesvereins für Höhlenkunde in der Steiermark, 1. Jg., H. 4 (Graz): 91–99.

(197) WEISSENSTEINER, V. (1973): Höhlenunfälle in der Steiermark (VII und Schluss). In: Mitteilungen des Landesvereins für Höhlenkunde in der Steiermark, 2. Jg., H 3. (Graz): 62.

(198) WESTERHOFF, W. (1989): Karner in Österreich und Südtirol (St. Pölten).

HÖHLENKUNDLICHE INSTITUTE, ORGANISATIONEN UND VEREINE IN ÖSTEREICH

Karst- und höhlenkundliche Abteilung des Naturhistorischen Museums in Wien
Messeplatz 1/10 (Eingang Mariahilfer Straße 2/1), 1070 Wien
web.utanet.at/speleoaustria – speleo.austria@nhm-wien.ac.at

Verband österreichischer Höhlenforscher
Obere Donaustraße 97/1/61, 1020 Wien – Tel: +43 676 9015196 (Mobilbox) – Fax: +43 (1) 523 04 19 19 – info@hoehle.org (Generalsekretariat) – webmaster@hoehle.org
Der „Verband Österreichischer Höhlenforscher" ist die Dachorganisation und Koordinationsstelle von derzeit 26 höhlenkundlichen Vereinen und 30 Schauhöhlen mit insgesamt mehr als 2500 Mitgliedern.

<u>Mitgliedsvereine des „Verbandes Österreichischer Höhlenforscher":</u>

KÄRNTEN

Landesverein für Höhlenkunde in Kärnten
Reitschulgasse 3, 9500 VILLACH
www.kaer.at/

Fachgruppe für Karst- und Höhlenforschung im Naturwissenschaftlichen Verein
Museumgasse 2, 9020 KLAGENFURT
members.aon.at/karst/

Verein für Höhlenkunde und Höhlenrettung in Villach
9500 VILLACH
www.spelaeo.at/

Verein für Speläologie
Gemeindeweg 12/4, 9523 LANDSKRON
www.cavum.at – peter.tabojer@gmx.at

NIEDERÖSTERREICH und WIEN

Landesverein für Höhlenkunde in Wien und Niederösterreich
Obere Donaustraße 97/1/61, 1020 WIEN
www.cave.at

Forschergruppe Neunkirchen des LV. f. Hk. Wien und NÖ
www.gsenger.at

Sport & Culture AIT
2444 SEIBERSDORF

Tauch und Fahrtenclub Hannibal
Am Kaisermühlendamm 5/12, 1220 WIEN
members.chello.at/ekeck

„Höhlenkundliche Gruppe" des österreichischen Touristenklubs (ÖTK)
Bäckerstraße 16, 1010 WIEN
www.touristenklub.at

OBERÖSTERREICH

Landesverein für Höhlenkunde in Oberösterreich
Promenade 37/24, 4020 LINZ
www.hoehlenforschung.at

Verein für Höhlenkunde in Hallstatt-Obertraun
Postlagernd, 4820 BAD ISCHL

Verein für Höhlenkunde Ebensee
z. H. Dietmar Kuffner, Reindlmühl 48, 4814 NEUKIRCHEN
www.gasselhoehle.at

Verein für Höhlenkunde Sierning
Hochstraße 2, 4522 SIERNING
www.edv-knoll.at/dab/hoehlenkunde

SALZBURG

Landesverein für Höhlenkunde in Salzburg
Schloss Hellbrunn, Obj. 9, 5020 SALZBURG
www.hoehlenverein-salzburg.at

Höhlenforscherclub Salzburg
St. Martin bei Lofer
karoline@glitzner.cc

STEIERMARK

Landesverein für Höhlenkunde in der Steiermark
Brandhofgasse 18, 8010 GRAZ
www.lvhstmk.at

Verein für Höhlenkunde in Obersteier
Postfach 39, 8983 BAD MITTERNDORF
www.hoehle.at

Verein für Höhlenkunde Kapfenberg
Adalbert-Stifter-Straße 10, 8605 KAPFENBERG

Verein für Höhlenkunde in Mürzzuschlag
Obere Waldrandsiedlungsgasse 35, 8680 MÜRZ-ZUSCHLAG

Sektion Zeltweg des Landesvereins für Höhlenkunde
Kathal 17, 8742 OBDACH

Verein für Höhlenkunde Langenwang
Hans-Klöpfer-Gasse 25, 8665 LANGENWANG

Verein für Höhlenkunde „Höhlenbären"
Rückertgasse 9/15, 8010 GRAZ
www.hoehlenbaeren.com

Eisenerzer Höhlenverein Fledermaus
Erzherzog-Johann-Straße 5L/3,
8793 TROFAIACH
ehv.fledermaus@gmail.com

TIROL

Landesverein für Höhlenkunde Tirol
Brixentaler Straße 1, 6300 WÖRGL
www.hoehle-tirol.at

VORARLBERG

Karst- und Höhlenkundlicher Ausschuss
Weiherstrasse 10/2; 6900 BREGENZ
www.karst.at

AUSSERHALB ÖSTERREICHS:

DEUTSCHLAND

FUND – Freunde der Unterwelt Dachstein e.V.
z. H. Frau Ursula Trotter, Fritz-Keck-Str. 11,
D-89568 HERMARINGEN
www.fund-ev.de

ÖSTERREICHISCHE HÖHLENRETTUNG

Bundesnotruf der österreichischen Höhlenrettung: 02622/144

Österreichischer Höhlenrettung-Bundesverband (ÖHR-BV)
www.oer.at

Höhlenrettungsdienst Salzburg
www.hoehlenrettung.at

GLOSSAR

Acheuléen: Periode vor etwa 300 000 Jahren mit Funden von Steinwerkzeugen in Form typischer Faustkeile. Ihren Namen erhielten die Acheuléen-Werkzeuge nach dem französischen Fundort Saint-Acheul.

Altsteinzeit: siehe Paläolithikum.

aphotisch: lichtlos. Aphotische Region ist die Bezeichnung für jene Teile der Höhle, in denen, weil absolut lichtlos, besondere Lebensbedingungen herrschen.

Archäologie: wissenschaftliche Bezeichnung für Altertumsforschung.

Artefakt: Gerät und Werkzeug aus vorgeschichtlicher Zeit, das menschliche Bearbeitung erkennen lässt.

Aurignacien: jungpaläolithische Gerätekultur (etwa vor 40 000/30 000–25 000 Jahren), besonders in West- und Mitteleuropa verbreitet, nach dem französischen Fundplatz benannt.

Befahrung: Sammelbegriff für jegliche Art der Begehung von Höhlen ohne Berücksichtigung der Beweggründe.

Bergmilch: weiche, wasserreiche, meist weiße Kalkablagerung, in trockenem Zustand kreidig und sehr leicht, kann gelegentlich sinterähnliche Formen annehmen.

Brekzie (Breccie): verfestigtes Trümmergestein (Schutt) aus kantigen Bruchstücken.

Bronzezeit: prähistorische Epoche, vorwiegend Bronze als Grundstoff für Schmuck, Waffen und Gebrauchsgegenstände. Die frühe und mittlere Bronzezeit umfasst in Mitteleuropa 2300/2200 bis 1300/1200 v. Chr., die späte Bronzezeit (Urnenfelderzeit) 1300/1200 bis 750/700 v. Chr.

Canyon: klammartige, oft auch mäandrierende Strecke.

Cro-Magnon-Mensch: der erste moderne Mensch (*Homo sapiens sapiens*), benannt nach dem Fundort in der Halbhöhle von Cro-Magnon bei Eyzies in Frankreich. In dieser Höhle wurde der Typus eines Menschen gefunden, der als „Alter Mann von Cro-Magnon" in die Urgeschichtsforschung einging. Dieser Typ war der Begründer der meisten Kulturen des Spät-Paläolithikums in Europa. Sein Auftreten in Österreich begann vor etwa 40 000 bis 35 000 Jahren.

Doline: trichter-, wannen-, mulden- oder kesselförmige Vertiefung der Karstoberfläche.

Durchgangshöhle: eine Höhle mit mindestens zwei nicht nebeneinanderliegenden Eingängen.

Eisenzeit: letzte prähistorische Epoche, in der Bronze durch Eisen als Werkstoff abgelöst wurde. Die ältere Eisenzeit, auch Hallstattzeit genannt, dauerte von 750/700 bis 500/400 v. Chr., die jüngere Eisenzeit (Latènezeit) von 500/400 v. Chr. bis zur römischen Okkupation (15 v. Chr.).

Erdzeitalter: nennt man die Gliederung der Geschichte unserer Erde unter Berücksichtigung geologischer und klimatischer Faktoren, wobei sich Datierung und Benennung der Zeitalter vorwiegend nach den Lebensformen richten, die sie hervorgebracht haben. Die Evolution des Menschen nimmt in dieser Abfolge nur einen äußerst geringen Zeitraum in Anspruch.

Archäikum	etwa 4600 Millionen Jahre
Proterozoikum	2500 Millionen Jahre
Paläozoikum (Kambrium, Ordovizium, Silur, Devon, Karbon, Perm)	545 Millionen Jahre
Mesozoikum (Trias, Jura, Kreide)	248 Millionen Jahre
Känozoikum (Tertiär, Quartär)	65 Millionen Jahre bis heute

Erosion: die mechanisch abtragende Tätigkeit des Wassers.

Excentriques: Sinterformen von Kalzit- und Aragonitbildungen, die in ihrer Entstehung nicht schwerkraftorientiert sind. Ihr Erscheinungsbild ist faden-, wurm- bis bäumchenförmig und meist gekrümmt und auch verschnörkelt.

Exponat: Ausstellungs- bzw. Museumsstück.

Fauna: die Tierwelt.

Fließfacetten: regelmäßig angeordnete und meist in größerer Zahl vorhandene Einbuchtungen in Gestein oder Felswänden, die an ihrer Form oftmals die Fließrichtung der Wässer erkennen lassen, denen sie ihre Entstehung verdanken.

Flora: die Pflanzenwelt.

fossil: ausgestorben, oft als Versteinerung erhalten, aus geologischer Vergangenheit stammend.

Genese: Entwicklung, Entstehung, Entstehungsgeschichte.

Geografie: Wissenschaft, die sich mit der Erforschung der Erdoberfläche beschäftigt.

Geologie: Lehre von Entstehung, Zusammensetzung, Struktur und Entwicklung der Erdkruste sowie den damit verbundenen Kräften.

Gneis: Sammelbegriff für saure Umwandlungsgesteine.

Grotte: An sich ist die Bezeichnung „Grotte" im deutschsprachigen Gebiet nur für künstliche unterirdische Hohlräume zulässig, Ausnahmen gibt es für einzelne schon längst eingebürgerte Höhlennamen, wie es bei der „Lurgrotte", der „Maximiliansgrotte" oder der „Grotte bei Judenburg" der Fall ist.

Grus (Gesteinsgrus): eckiges Schuttmaterial von Feinkiesgröße, das bei der Verwitterung körnigen Gesteins entsteht, z. B. Dolomitgrus.

Halbhöhle: Höhle mit einer geringeren Tiefe als Breite des Portals, ihr fehlt die aphotische Region.

Halle (Höhlen-): begrenzter Höhlenraum mit erheblicher Längen- und Breitenentwicklung.

Hangendes, hangend: das eine Bezugsschicht überlagernde Gestein. Das Gegenteil, das unterlagernde Gestein, wird als „Liegendes bzw. liegend" bezeichnet. Beide Bezeichnungen sind alte bergmännische Ausdrucke.

Höhle: Natürlich entstandener Hohlraum im festen Gestein, kann ganz oder teilweise von gasförmigen (meist Luft), flüssigen (Wasser) oder festen Stoffen (Sediment) erfüllt sein.

Höhlen werden nach ihrer Entstehung folgendermaßen unterschieden: Primäre H. sind Höhlen, die mit dem Muttergestein entstanden sind (Tuffhöhlen, Lavahöhlen usw.). Sekundäre H. entstanden später als das Muttergestein (die oftmals ausgedehnten Karsthöhlen, Windhöhlen, Versturzhöhlen usw.). Weitere Unterteilungen werden anhand des Erscheinungsbildes, gelegentlich auch aufgrund ihrer Nutzung vorgenommen. Bezüglich ihrer Gesamtlänge gibt es die folgende systematische Unterteilung: Kleinhöhle = 5–49 m, Mittelhöhle = 50–499 m, Großhöhle = 500–4999 m und Riesenhöhle = über 5000 m.

Höhleneis: ist innerhalb der Höhle entstanden und hat sich entweder aus eingewehtem und verfirntem Schnee oder aus Tropf- oder Sickerwasser gebildet. Die Entstehung des Höhleneises steht in engem Zusammenhang mit dem Höhlenklima. Unterirdische Naturobjekte, in denen das Eis ganzjährig erhalten bleibt, nennt man Eishöhlen.

Höhlenperle: ist ein entweder von Tropfwässern abgerolltes Sinterstück oder aus einem Fremdkörper entstanden, der in ein mit Wasser gefülltes Sinterbecken gelangt ist und an dem sich während länger dauernden Abrollens Kalkschichten ansetzen.

Jungsteinzeit: siehe Neolithikum.

Karbidlampe: früher im Bergbau, heute in der Höhlenforschung häufig verwendete Beleuchtungsart, die das durch die chemische Reaktion von Wasser und Kalziumkarbid entstehende Azetylengas verwendet. Das durch eine Brennerdüse ausströmende Gas gibt beim Verbrennen ein gleichmäßiges regelbares Licht von relativ hoher Leuchtkraft.

Karren: bei verkarstungsfähigem Gestein auftretende Verwitterungsform. Dabei entstehen aufrecht stehende Gesteinsrippen mit dazwischenliegenden Rinnen in mannigfaltigen Erscheinungsformen.

Karst bzw. Karstgebiet: Landschaftstyp, der infolge der Klüftigkeit und Löslichkeit des Gesteins bestimmte charakteristische ober- und unterirdische (u. a. Karsthöhlen) Formen aufweist. Wichtiges Merkmal ist die unterirdische Entwässerung. Benannt nach der Gebirgslandschaft um Triest und im südwestlichen Slowenien.

Karstwasserspiegel (Karstwasserniveau): die zusammenhängende obere Grenzfläche des Bereiches vollständig wassererfüllter Klüfte und Räume entsprechend dem Grundwasserspiegel. In einigen Karstgebieten kann diese Definition nicht folgerichtig angewendet werden.

Klaustrophobie: Bezeichnung für den überdurchschnittlichen Angstzustand in geschlossenen Räumen. Kann in Höhlen zu panikartigen Angstzuständen mit der Befürchtung des Einsturzes oder Steckenbleibens in Schlüfen führen.

Kolk: durch die mechanische und lösende Kraft des strömenden und wirbelnden Wassers an Felsen erzeugte wannen- und topfartige Hohlform von Decke und Wänden von Höhlen.

Konglomerat: verfestigtes Gestein aus Geröll mit abgerundeten Bruchstücken.

kristallin: ist die Eigenschaft von Stoffen, deren Atome, Moleküle und Ionen in Kristallgittern angeordnet sind. Der Gegensatz wird als „amorph" bezeichnet.

Kulturschicht: fundführende Schicht in vorzeitlichen Siedlungsgebieten.

Kupferzeit: jüngste Phase des Spätneolithikums von 3900 bis 2300/2200 v. Chr., Beginn der Metallurgie.

Liegendes, liegend: siehe „Hangendes, hangend".

Magdalènien: jungpaläolithischer Werkzeugkreis in West- und Mitteleuropa der sogenannten Rentierjäger-Kultur mit charakteristischen Steinwerkzeugen (Bohrer, Kratzer, Stichel und Klingen). Auch sehr reichhaltige Knochenindustrie (u. a. Harpunen, zum Teil mit Gravierungen und Kleinkunstgegenstände). Diese nach dem französischen Fundort La Madeleine benannte Kultur fällt etwa in die Zeit von 15 000 bis 10 000 v. Chr.

Mesolithikum: Mittlere Steinzeit (8000–5500/5000 v. Chr.) mit nacheiszeitlichen Jäger-, Sammler- und Fischerkulturen.

Mineralogie: Wissenschaft von den Mineralien und Gesteinen.

Moustèrien: Fundgruppe, die in das Ende der letzten Zwischeneiszeit (*Interglazial*) und in den Anfang der letzten Vereisung fällt. Benannt wurde die mittelpaläolithische Kulturstufe nach der französischen Fundstätte Le Moustier. Ihre Werkzeuge sind für den Neandertaler typisch, Knochenwerkzeuge wurden selten gefunden.

Neandertaler: Form des Altmenschen (*Homo sapiens neanderthalensis*) der letzten Kaltzeit (Würm) von kurzbeinigem und gedrungenem Habitus, Schädel mit niedriger, fliehender Stirn, Überaugenwülsten und ausladendem Hinterkopf. Benannt nach dem Erstfund im Neandertal bei Düsseldorf/Deutschland.

Neolithikum: Jungsteinzeit, von 5500/5000 bis etwa 3900 v. Chr., die Zeit der ersten Bauern.

orografisch: Geländebeschreibung, aus der Sicht in Richtung des Fließwassers.

Paläolithikum: Ältere Steinzeit bzw. Altsteinzeit. Vor etwa 2 000 000 Jahren Aufkommen der ersten Vor- und Frühmenschen. Das Mittelpaläolithikum (400 000 bis 40 000) wurde vorwiegend vom Neandertaler bestimmt, die Epoche von 40 000 bis 10 000 v. Chr. (Jungpaläolithikum) ist durch die Jäger der letzten Eiszeit geprägt. Der Zeitraum um das Ende der Eiszeit von 10 000 bis 8 000 wird als Endpaläolithikum bezeichnet.

Paläontologie: Lehre von den vorzeitlichen (fossilen) Lebewesen.

Petrografie: beschreibende Gesteinskunde. Wissenschaftszweig, der sich mit der Zusammensetzung der Gesteine, ihrem natürlichen Vorkommen sowie ihren Bildungen und Umbildungen beschäftigt.

Phosphaterde: gutes Düngemittel, das aus zersetzten Knochen sowie Weichteilen und Exkrementen von in Höhlen lebenden bzw. darin verendeten Tieren entstand.

Pleistozän (oder Dilivium, Eiszeitalter): letzter geologischer Abschnitt vor der geologischen Gegenwart, dem Holozän, mit mehreren periodisch wiederkehrenden Eiszeiten, Beginn vor etwa 2,5 Mio. Jahren.

prähistorisch: vorgeschichtlich. Prähistorie ist ein Zeitabschnitt, in dem der Historiker nur aus archäologischen Quellen recherchieren kann.

rezent: gegenwärtig noch lebend, der geologischen Gegenwart angehörend.

Schacht: lotrecht bzw. annähernd vertikal in die Tiefe entwickelte Höhle oder Höhlenteil.

Schlot: annähernd vertikal nach oben entwickelter Höhlenteil.

Schauhöhle: Durch Steiganlagen, Wege und Beleuchtung erschlossene Höhle, in der öffentliche Führungen (laut Betriebsordnung), meist ohne spezielle Ausrüstung, gegen eine Gebühr besucht werden können.

Schluf: eine niedere, gelegentlich auch enge Höhlenstrecke, die nur kriechend befahren werden kann.

Sediment: Absatzgestein. Bei dem in Höhlenräumen abgelagerten Material kann es sich sowohl um lockeres oder gefestigtes Zerstörungsprodukt von Gestein als auch um Reste abgestorbener Organismen handeln.

Sinter: in Höhlen eigentlich meist Kalksinter. Sinter dient als Sammelbegriff für Mineralausscheidungen aus wässrigen Lösungen. Neben Kalkausscheidungen kommen gelegentlich auch Sinterbildungen aus Aragonit, Dolomit, Gips, Steinsalz, Alaun, Phosphoreisen und Schwefel vor. Bedingt durch die unterschiedlichsten Erscheinungsformen ist die Vielzahl der Bezeichnungen zu erklären. Am verbreitetsten sind die flächigen Boden- und Wandversinterungen. Die sogenannten Tropfsteine können die Gestalt von dünnwandigen Tropfsteinröhrchen, von Stalaktiten (Deckenzapfen), von Stalagmiten (Bodenzapfen) oder von durchgehenden Tropfsteinsäulen annehmen. An weiteren Sonderformen existieren u. a. Knöpfchensinter (Perl- bis Karfiolsinter), Sinterfahnen, Sintertrommeln, Sinterbecken, Excentriques.

Speläologie: (griech.: σπηλαιον/spélaion = Höhle) ist im deutschen Sprachraum als Bezeichnung für die wissenschaftliche Höhlenkunde gebräuchlich, im Englischen auch für die sportliche Höhlenforschung. Die Speläologie als Lehre von den Naturhöhlen und Karsterscheinungen umfasst als interdisziplinäre Wissenschaft Gesichtspunkte aller Naturwissenschaften und auch einen beachtlichen Teil der Humanwissenschaften.

Stalagmit: Sinterbodenzapfen. Wächst unter ständiger Zufuhr von kalkhaltigem Tropfwasser vom Boden nach oben. Meist kegel- oder zylinderförmige Tropfsteinbildung.

Stalaktit: Sinterdeckenzapfen. Die Basis des Zapfens ist an der Decke angewachsen, er entwickelt sich der Schwerkraft folgend in Richtung Höhlenboden.

Störung: allgemeiner Ausdruck für eine Trennfuge im Gebirge, an der es zu einer Verstellung der angrenzenden Gesteinspakete kam.

subfossil: Bezeichnung für Organismen, die erst in historischer Zeit ausgestorben sind.

Tektonik: Lehre vom Bau der Erdkruste und deren Bewegungsvorgängen.

Topografie: Darstellung geografischer Örtlichkeiten und deren Beschreibung.

Tropfstein: siehe Sinter.

verkarstungsfähiges Gestein: Sammelbegriff für alle Gesteine, die im kohlensäurehaltigen Wasser löslich sind. Das sind vor allem Dolomit, Gips, Steinsalz und das wichtigste Karstgestein Kalk.

Wetterführung: auch „Höhlenwind", Luftströmung in Höhlen.

Verwendete Literatur:
(24): 162–164; (25): 273–277; (42): 36; (69): 11–18; (98): –; (134): –; (79): –; (191): 254–269.

ORTSREGISTER

Adressen, Glossar, Auflistungen (wie die längsten und tiefsten Höhlen) und Bezeichnungen von Wanderkarten wurden in dieser Zusammenstellung nicht berücksichtigt.

Tropfsteingruppe in der Lurgrotte, Semriach/Steiermark.

HÖHLENREGISTER

Das Glossar und die Auflistungen (wie die längsten und tiefsten Höhlen) wurde in dieser Zusammenstellung nicht berücksichtigt

DANKSAGUNG

Bei unseren langen und zeitaufwendigen Recherchen zur Erstellung dieses Buches, bei den wir alle Bundesländer Österreichs besuchten, wurden wir von einigen Personen unterstützt:

Susanne Bouchal
Helga und Wilhelm Hartmann
DI Eckart Herrmann
Prof. Mag. Heinz Ilming
Sieglinde Kern
Hofrat Dr. Karl Mais
Lukas Plan
Harald Polt
Dr. Johannes Sachslehener
Günter Stummer
Renate Tobitsch
Univ.-Prof. Mag. Dr. Hubert Trimmel
Bruno Wegscheider
Mag. Michael Riedl

Alexander Polacek für die Durchsicht der einzelnen Texte und der langen Lesungen.

Wir bedanken uns für den Einblick und die Zur-Verfügung-Stellung von diversen Daten und Angaben beim Landesverein für Höhlenkunde in Wien und Niederösterreich, weiters bei der höhlenkundlichen Abteilung des Naturhistorischen Museums Wien.

Wir danken weiters allen Höhlenforschern und -innen und höhlenkundlichen Vereinen und auch allen höhlenkundlichen Organisationen, welche uns bei unseren Recherchen und der Suche nach Informationen unterstützt haben.

BILD- UND QUELLENNACHWEIS

Seite10: Die Verbreitung der verkarstungsfähigen Gesteine in Österreich: Darstellung nach G. Stummer, 1978

Seite 11: Schema der Entstehung von Tropfsteinen: Darstellung nach J. Wirth, 2001

Seite 18: Die Rechtslage bezüglich der reproduzierten Darstellung von Zdenek Burianwurde sorgfältig geprüft, konnte jedoch nicht geklärt werden. Eventuell berechtigte Ansprüche werden bei Nachweis vom Verlag in angemessenerWeise abgegolten.

Seite 19: Markante Artefakte aus der Gudenushöhle: Darstellung nach O. Menghin

Seite 28 und 29: Übersichtskarte von Walter Fritz (xl-graphic ges.m.H.), 2016

Seite 31: Bärenhöhle: Grundriss-Plan nach H. Trimmel, 1956

Seite 35: Eggerloch: Plan nach O. Hosse, 1941, Supterra, 1975, und H. Pucher, 1993

Seite 39: GriffenerTropfsteinhöhle: Plan nach H. Trimmel, 1956/57, und F. H. Ucik,1984

Seite 43: Obir-Tropfsteinhöhlen: vereinfachter Plan nach P. Haderlapp

Seite 47: Rosaliengrotte: Grundriss-Skizze nach J. Wirth, 1999

Seite 50: Zirknitzgrotte: Lageskizze nach J. Wirth, 2016

Seite 52: „Die Höhle beim Zirknitzer-Fall". Handkolorierte Lithografie von A. v. Saar um 1830.

Seite 53: Handkolorierter Holzstich nach einer Federzeichnung von Ridi Püttner um 1890.

Seite 54: Allander Tropfsteinhöhle: Grundriss nach W. Hartmann, 1981/82

Seite 58: Dreidärrischenhöhle: nach P. Pichler,1982

Seite 62: Einhornhöhle: Grundriss nach M. H. Fink, 1960

Seite 66: Aufriss der Eisensteinhöhle (Führungsbereich) von Osten gesehen: nach G. Winkler, 1981

Seite 67: Eisensteinhöhle: stark generalisierter Grundriss nach L. Plan, 1996

Seite 71: Elfen- und Einödhöhle: Grundriss aus „Die Höhlen Österreichs", Band 2,1982, S. 275

Seite 75: Grundriss der Güntherhöhle und der Knochenspalte nach Wirth, 1978

Seite 79: Hermannshöhle: Grundriss nach W. Hartmann, 1995

Seite 82: Hochkarschacht: Grundriss nach P. Pichler, 1983

Seite 91: Lage der Höhle beim „Kremszwickel", nach J. Wirth, 1983

Seite 92: Gudenushöhle: Grundriss nach Trimmel, 1961

Seite 94: Rentierdarstellung auf Nadelbüchse Magdalénien-Lochstab: nach Menghin

Seite 96: Höhlen in der Steinwandklamm: Grundriss-Plan nach E. Herrmann, 1987

Seite 101: Kaiserbrunnen: Grundriss der Höhle und des Wasserschlosses nach F. Karrer, 1877

Seite 104: Karnerhöhle: Plan nach R. Pirker, 1934 und J. Wirth, 1999

Seite 109: Kohlerhöhle: vereinfachter Grundriss nach M. Körner, 1985

Seite 113: Königshöhle: Grundriss nach O. Schultes, 1978

Seite 117: Nixhöhle: Grundriss nach F. Koudelka, 1973

Seite 120: Ötscherhöhlensystem: generalisierte Darstellung nach E. Herrmann, W. Hartmann und G. Knobloch, 2000

Seite 129: Ötscher-Tropfsteinhöhle: generalisierter Grundriss nach E. Herrmann,1986

Seite 132: Paulinenhöhle: Grundriss nach M. Körner, 1985

Seite 137: Seegrotte: Grundriss nach einer Darstellung vom Landesverein für Höhlenkunde in Niederösterreich, um 1931

Seite 143: Dachstein-Mammuthöhle (Führungsbereich): generalisierter Grundriss des Führungsteiles nach G. Stummer, 1980

Seite 146: Dachstein-Rieseneishöhle: Plan nach R. Freiherr von Saar

Seite 152: Gassel-Tropfsteinhöhle (Führungsbereich): vereinfachter Grundriss nach G. Wiesinger, 1987

Seite 160: Koppenbrüllerhöhle (Führungsbereich): Grundriss nach E. Troyer, 1959

Seite 164: Kreidelucke: Grundriss nach H. Trimmel, 1949

Seite 175: Eiskogelhöhle: vereinfachte Darstellung nach G. Abel, 1942, bzw. W. Klappacher, um 1985

Seite 179: Eisriesenwelt (Führungsbereich): Plan des Eis- und Führungsteiles nach A. Morokutti, 1973

Seite 177: Foto aus Sammlung des Grazer Höhlenvereines

Seite 184: Entrische Kirche (Führungsbereich): Grundriss nach Speleo Limburg

Seite 191: Feuchter Keller: Grundriss nach Czoernig, Gadermayr und Rachelsperger

Seite 192: Feuchter Keller Archiv Höhlenrettungsdienst Landesverband Salzburg

Seite 193: Feuchter Keller Archiv Höhlenrettungsdienst Landesverband Salzburg

Seite 194: Kolowrathöhle: Grundriss nach W. Waagner, 1974

Seite 203: Lamprechtsofen (Führungsbereich): Grundriss des Führungsteiles nach W. Klappacher und F. X. Koppenwallner, 1973

Seite 208: St.-Ägidiuskapelle und Maximushöhle: Plan der Höhlen in den „Katakomben" beim Petersfriedhof nach Tietze, 1913

Seite 212: Prax-Eishöhle: Grundriss nach H. Knapczyk, 1975

Seite 217: St.-Wolfgang-Höhle: Auf- und Grundriss nach E. Fritsch, 1974

Seite 230: Dachsteinsüdwandhöhle: Stark generalisierter Grundriss nach H. Bock, 1919 und W. Gadermayr, 1986

Seite 234: Drachenhöhle (oberer Horizontalteil): Plan nach B. Wolf und L. Teissl, 1919, sowie E. Feier, 1977

Seite 239: Frauenmauerhöhle: generalisierter Plan nach S. Ausobsky, J. Gangl undLandesverein für Höhlenkunde Steiermark

Seite 246: Grasslhöhle in Dürnthal: Grundriss nach G. Stummer, 1973

Seite 251: Grotte bei Judenburg: Schnitt und Grundriss nach W. Czoernig-Czernhausen, 1925

Seite 255: Hohlensteinhöhle: Grundriss nach W. Morgenbesser, 1974

Seite 258: Katerloch: Plan nach H. und R. Hofer, 1955

Seite 263: Klassische Schachtzone beim Jungbauerkreuz: Plan nach E. Herrmann,1993, und H. Trimmel, 1952

Seite 268: Kraushöhle: vereinfachter Grundriss nach H. Trimmel, 1964, und G. Stummer, 2000

Seite 272: Lurgrotte: Längsschnitt nach H. Bock und A. Dolischka, um 1955

Seite 278: Vereinfachter Längsschnitt der Odelsteinhöhle: nach H. Bock, 1910

Seite 280: Grundriss der Odelsteinhöhle: nach R. Freiherr von Saar, 1909

Seite 286: Puxer Lueg mit Resten der Burgmauern: Plan nach K. Nuck und V. Weißensteiner, 1973

Seite 290: Rettenwandhöhle: Plan nach E. Bednarik und L. Kahisiovsky, 1979

Seite 293: Arzberghöhle: Grundriss nach H. Trimmel, 1946

Seite 295: Zeichnung der neuen Treppen-Leiter in der Arzberghöhle von J. Wirth, 2016

Seite 296: Hundalm-Eis- und Tropfsteinhöhle: Grundriss nach Landesverein für Höhlenkunde in Tirol, 1996

Seite 305: Spannagel Höhle: Grundriss des Höhlensystems nach W. Sieberer, 2002

Seite 310: Tischoferhöhle, nach einer Darstellung eines unbekannten Verfassers

Seite 314: Schneckenloch: Grundriss nach H. Trimmel, 1955

Alle Übersichts- und Zugangsskizzen wurden von Josef Wirth vereinheitlicht sowie umgezeichnet bzw. entworfen, 1999-2001, 2016.

Fotos und sonstige Bilder, Ansichtskarten und Stiche aus der Sammlung JosefWirth:
Seite 52, 53, 56, 60, 65, 76, 81, 102, 103, 115, 126, 127, 139, 140, 141, 147, 197, 201, 210, 235, 244, 245, 257, 260, 273, 288, 301 und 319.

Alle übrigen Fotos sind Originalaufnahmen von Robert Bouchal.

ROBERT BOUCHAL

Lebt in Niederösterreich und beschäftigt sich in sehr frühen Jahren mit der Fotografie. Ermuntert durch seinen Großvater, der begeisterter Kameramann ist, entwickelt Robert Bouchal schon sehr früh das Gefühl für den Umgang mit der Kamera. Die große Liebe des begeisterten Höhlenforschers gilt der Fotodokumentation in der Höhlenkunde. Der staatlich geprüfte Höhlenführer erreicht seinen fotografischen Durchbruch durch seine zahlreichen Diavisionsshows, die über das Thema Höhlenforschung, wie auch über Reisen in viele Länder der Erde international, große Anerkennung finden. Robert Bouchal entwickelt sich zum Experten für das „Unterirdische Österreich". Nicht nur Naturhöhlen, sondern auch die großen, von Menschen errichteten Hohlräume wie Stollen und Bunkeranlagen sowie die Unterwelt von Wien und Niederösterreich wecken sein Interesse. Er ist Verfasser zahlreicher Bücher und Gewinner internationaler Fotowettbewerbe, weiters Autor von bereits über 35 Publikationen. Seine große Liebe gilt der aufwendigen Fotografie aller unterirdischen Bereiche seiner Heimat Österreich.

JOSEF WIRTH

Jahrgang 1940, arbeitete bis zu seiner Pensionierung als Bankangestellter. Seit dem Jahre 1965 beschäftigt er sich in seiner Freizeit intensiv mit der Höhlenforschung. Der staatlich geprüfte Höhlenführer ist Verfasser zahlreicher Publikationen zu den unterschiedlichsten höhlenkundlichen Themen. Bei seinen Höhlenfahrten entstand eine große Anzahl von Höhlenplänen und Übersichtskarten. Unter anderem setzte sich Josef Wirth seit Jahrzehnten mit der Höhlenfauna auseinander, sein besonderes Augenmerk galt dabei den Fledermäusen, einer massiv bedrohten Tierart. Diese Tätigkeiten wurden vom Naturhistorischen Museum in Wien und von der Niederösterreichischen Landesregierung mittels Ehrungen gewürdigt. Gemeinsam mit zahlreichen Speläologen und vor allem mit seinem Freund Robert Bouchal unternahm er rund 3 000 Höhlentouren auf fast allen Kontinenten. Seine große Liebe sind aber neben den österreichischen Höhlen auch die von Griechenland.